上海市精品课程

高等职业教育“十二五”规划教材

机械制图及计算机绘图
项目化教程

主　编　朱培勤

副主编　倪　军　易根苗

编　者　朱培勤　倪　军　易根苗

孟青云　侯冰玉　熊　敏

上海交通大學出版社

内 容 简 介

本书将机械制图、计算机绘图及项目化教学有机地结合为一体。在内容取舍和安排上充分考虑到高职高专相关专业对本课程的教学要求，在“必需、够用”原则下，对画法几何内容作了精简，对机械制图部分增加了计算机绘图、读图和测绘的内容。通过做项目，引入相关的知识点，着重提高学生的实际工作能力。本书配有教学课件，其中有介绍测绘方法的录像，有帮助学生提高空间想象能力的三维动画等，是教师进行课堂教学的得力助手，也是学生进行自学、掌握相关知识的好帮手，并且可用于网上教学。

全书共有8个项目，包括AutoCAD基本训练、轴套类零件测绘与绘制、读图训练、盘盖类零件测绘与绘制、叉架类零件测绘与绘制、标准件与常用件绘制、箱体类零件测绘与绘制、减速器装配体测绘与绘制，本书将传授知识点穿插在各项目中。

本书可作为高职高专机械类或近机械类各专业机械制图及计算机绘图的教材，也适合本科院校近机械类专业学生、成人教育学生、工程技术人员自学等使用。

为了方便老师教学及学生自学，本书配有多媒体课件，欢迎读者来函来电索取，作者联系方式为：zhupq@smic.edu.cn

与本书配套的《机械制图及计算机绘图项目化教程习题集》另行出版。

图书在版编目(CIP)数据

机械制图及计算机绘图项目化教程/朱培勤主编.
—上海:上海交通大学出版社,2010(2014重印)
ISBN 978-7-313-06607-7

Ⅰ.①机… Ⅱ.①朱… Ⅲ.①机械制图—高等学校—教材②计算机制图—高等学校—教材 Ⅳ.①TH126

中国版本图书馆CIP数据核字(2010)第123084号

机械制图及计算机绘图项目化教程

朱培勤 主编

上海交通大学 出版社出版发行
(上海市番禺路951号 邮政编码200030)
电话：64071208 出版人：韩建民
常熟市文化印刷有限公司印刷 全国新华书店经销
开本：787mm×1092mm 1/16 印张：17.25 字数：424千字
2010年9月第1版 2014年7月第3次印刷
印数：6 061~8 090
ISBN978-7-313-06607-7/TH
ISBN978-7-900697-33-2 定价:(含CD-ROM)：42.00元

前　言

在上海市精品课程建设及国家示范性高等职业院校建设的基础上，本书将机械制图、计算机绘图及项目化教学有机地结合为一体。在内容取舍和安排上充分考虑到高职高专相关专业对本课程的教学要求，在“突出实践能力培养”原则下，对画法几何内容作了精简，对机械制图部分增加了计算机绘图、读图和测绘的内容。本书以一级齿轮减速器为载体，通过实施项目教学引入相关的知识点，着重提高学生的实际动手能力和工作能力。

本书特点：

(1) 采用项目化结构体系。全书共有8个项目，包括AutoCAD基本训练、轴套类零件测绘与绘制、读图训练、盘盖类零件测绘与绘制、叉架类零件测绘与绘制、标准件与常用件绘制、箱体类零件测绘与绘制、减速器装配体测绘与绘制。

(2) 注重实践性教学。在项目课程中，将知识点穿插在其中，任务由简单到复杂，模拟真实工作过程，引导学生身临其境地完成学习目标。

(3) 全书采用最新颁布的《技术制图》和《机械制图》国家标准。

(4) 另有配套《机械制图及计算机绘图项目化教程习题集》出版。

(5) 本书配有教学课件，采用大量动画，可以帮助学生提高空间想象能力。该课件是教师进行课堂教学的得力助手，也是学生进行自学、掌握相关知识的好帮手，并且可用于网上教学。

本书可作为高职高专机械类或近机械类各专业机械制图及计算机绘图的教材，也适合本科院校近机械类专业学生、成人教育学生、工程技术人员自学等使用。

本书由上海医疗器械高等专科学校朱培勤副教授担任主编，倪军和番禺职业技术学校易根苗担任副主编，朱培勤、倪军、易根苗、孟青云、侯冰玉、熊敏共同编写，其中绪论、项目一、项目二由朱培勤执笔，项目三由朱培勤、易根苗共同完成，项目四、项目七、项目八由倪军执笔，项目五由孟青云执笔，项目六由侯冰玉执笔，熊敏老师编写了项目一和项目八中的测绘部分和附录。本书的配套光盘由朱培勤和熊敏负责制作。

本书在编写中得到了单位领导和许多老师的支持和帮助，在此表示衷心的感谢。

由于编者水平有限，书中不足在所难免，恳请读者批评指正。

编　者

2010年5月

目录

绪　论

1. 本课程的研究对象

在平面上用图形表示空间几何元素和物体的原理及方法称为图示法。

在平面上通过作图解决空间几何问题的原理和方法称为图解法。

学习本课程的主要目的是通过研究图示法和图解法，并根据工程技术领域的有关规定和知识，绘制和阅读工程图样。

工程图样指的是准确地表达工程技术方面各类物体（如机器设备、电子仪器、土木建筑等）的结构形状、尺寸及技术要求的图形。工程图样是设计者表达设计思想，制造者和使用者用来制作、检验、调试、使用和维修产品的重要技术资料，又是进行工程技术交流、传递技术信息的重要载体，因而被称作“工程界的共同语言”。在当今信息时代，本课程又被赋予了计算机绘图、计算机辅助设计和制作等新概念、新任务。因此，本课程是所有工科专业必不可少的一门技术基础课程。

2. 本课程的任务

本课程是一门既有系统理论、又有较强实践性的技术基础课，其主要教学目的在于培养学生绘制和阅读机械图样的能力。其主要任务：

（1）学习正投影法的基本原理及其应用。

（2）培养绘制和阅读机械工程图样的基本能力。

（3）培养空间想象能力和空间构思能力。

（4）培养徒手绘图、仪器绘图和计算机绘图的实际应用能力。

（5）培养自学能力、创新能力和审美能力。

（6）培养认真负责的工作态度和严谨细致的工作作风。

3. 本课程的教学方法和学习方法

本课程以一级齿轮减速器为载体，以任务为驱动，采用项目化教学，通过做项目让学生掌握绘图和读图的基本技能。

右图是一级齿轮减速器的三维图，减速器是由封闭在刚性壳体内的齿轮传动所组成，由于其结构紧凑、工作效率高、传递运动准确可靠、使用简单而在机械行业中被广泛应用。也由于其零件较为典型，许多学校也将它作为教学模具引入教学中。

大多数减速器的箱体是用中等强度的铸

铁铸成，减速器外壳通常由箱体和箱盖两部分所组成，其剖分面则通过传动的轴线。为了方便卸盖，在剖分面处的一个凸缘上攻有螺纹孔，拧进螺钉时能将盖顶起来。连接箱体和箱盖的螺栓应合理布置，并注意留出扳手空间。在轴承附近的螺栓宜稍大些并尽量靠近轴承。为保证箱体和箱盖位置的准确性，在剖分面的凸缘上设有2～3个圆锥定位销。箱盖上备有为观察传动啮合情况和为排出箱内热空气用的视孔和通气孔，箱盖上还设有提取用的吊钩。在箱体上则常设有为提取整个减速器用的起重吊钩和为观察或测量油面高度用的油面指示器或测油孔。箱体的壁厚、肋厚、凸缘厚、螺栓尺寸等均可根据经验公式计算，可参见有关机械设计图册。

在生产实际中的常用零件可分为箱体类零件、轴套类零件、盘盖类零件、标准件、常用件(齿轮、弹簧等)。

减速器中的主要零件有：箱盖、箱体(箱体类零件)、从动轴(轴套类零件)、齿轮(常用件)、轴承、键、定位销、螺栓、垫圈、螺母(标准件)、端盖等。

本课程的学习贯穿了齿轮减速器的拆卸、各零件的测绘以及最后完成减速器的装配图和三维立体图。

项目一 AutoCAD 基本训练

任 务

用 AutoCAD 基本绘图命令和基本编辑命令绘制 8 个平面图形。

能力目标

能用 AutoCAD 基本绘图命令和基本编辑命令完成平面图形绘制。

相关知识

第一讲 启动与初始化操作

一、AutoCAD 2008 启动

图 1－1 AutoCAD 快捷图标

（1）在桌面上选中 AutoCAD2008 的快捷图标，见图 1－1 所示，双击鼠标左键，或进入“开始”→“程序”→“AutoCAD2008”单击。也可打开“我的电脑”在相应的驱动盘中找到“AutoCAD2008”执行文件，单击打开 AutoCAD2008。

（2）打开 AutoCAD 后，出现如图 1－2 所示界面，进入 AutoCAD2008 操作系统。

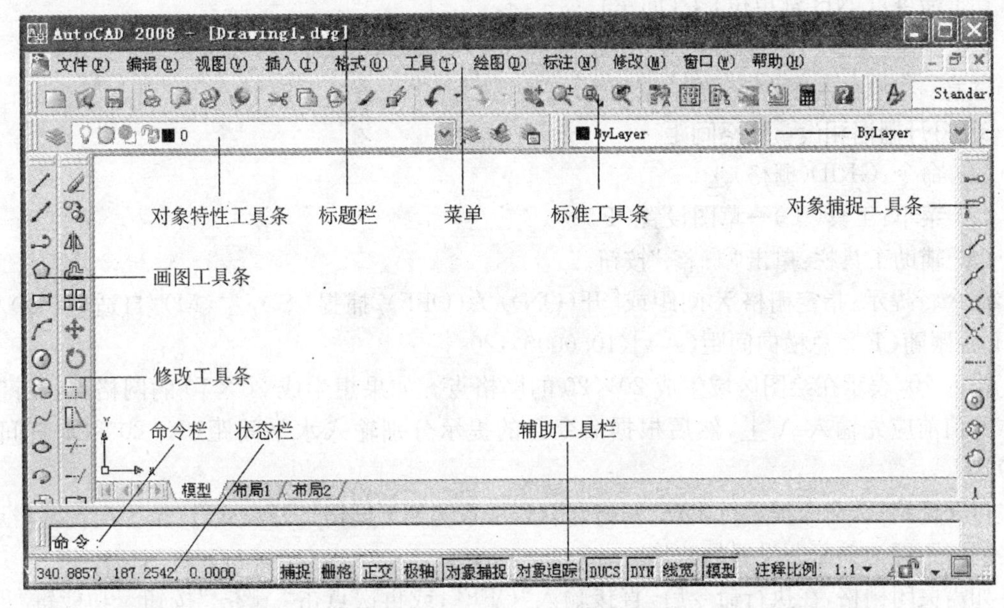

图 1－2 AutoCAD2008 操作界面

二、AutoCAD 2008 的工作界面

用前面所述方法打开 AutoCAD 后，出现如图 1-2 所示的界面，中间的空白区域为作图窗口，是绘图区域。窗口中其他内容均在图 1-2 中说明，在此不再详述。工具条可在窗口中随意拖动，一般情况下，标准工具条和对象特性工具条放置在绘图区域上方，绘图工具条和修改工具条放置在绘图区域左侧，对象捕捉等工具条放置在绘图区域右侧。

三、绘图环境设置与基本绘图工具应用

1. 设置图形界限

绘图区域的设定是根据实际的绘图需要来进行的。其命令的输入方式有以下两种：

(1) 命令：LIMITS(图形界限)↓。

(2) 菜单：格式(O)→图形界限(I)。

命令行提示：指定左下角点或[开(ON)/关(OFF)]〈0.0000,0.0000〉：↓。

命令行提示：指定右上角点]〈12.0000,0.9000〉：420,297 ↓。

注意：

① 当命令行提示："指定左下角点或[开(ON)/关(OFF)]〈0.000,0.000〉："时，若回应"ON"，表示打开界限检查开关，此时如果输入的点超过了绘图界限，则系统会提示"** Outside limits **"；若回应"OFF"，表示关闭界限检查开关，此时如果输入的点超过了绘图界限，则系统不会提示；

② 命令行中出现的"〈0.0000,0.0000〉、〈12.0000,9.0000〉"是系统默认值(英制)，操作者可根据自己的需要将其改为公制，此时系统默认值为〈0,0〉、〈420,297〉，输入相应的坐标值，或直接按"回车"，即"↓"表示认可默认值，420,297 ↓表示输入该两个坐标值后回车。

2. 设置图形单位

绘图时，一般都有明确的绘图单位和小数点保留的位数。

(1) 命令：UNITS(单位)↓(回车)。

(2) 菜单：格式(O)→单位(U)…。

注意： 在机械制图中，绘图单位为 mm(默认)。

3. 打开栅格和设置栅格间距

(1) 命令：GRID(栅格)↓。

(2) 菜单：工具(T)→草图设置(F)…。

(3) 辅助工具栏：单击"栅格"按钮。

命令行提示：指定栅格 X 间距或[开(ON)/关(OFF)/捕捉(S)/主(M)/自适应(D)/界限(L)/跟随(F)/总横向间距(A)]〈10.0000〉：20 ↓。

输入 20，表示在绘图区域生成 20×20 的网格点。如果想生成 20×10 的网格点，在键入具体数值前应先输入 A ↓，然后根据命令行的提示分别输入水平间距(X)20 和垂直间距(Y)10。

打开栅格后，命令提示行出现"栅格开"，表示系统处于栅格打开方式，屏幕上出现网格点，网格的间距即为前面所设置的数值。

如需关闭栅格，在执行命令后，直接输入"OFF"；或再次点击"栅格"按钮。功能键"F7"

也是控制栅格显示模式的开关。

4. 打开捕捉模式并设置捕捉间距

(1) 命令:SNAP(捕捉)↓。

(2) 菜单:工具(T)→草图设置(F)…。

(3) 辅助工具栏:单击"捕捉"按钮。

命令行提示:指定捕捉间距或[开(ON)/关(OFF)/总横向间距(A)/样式(S)/类型(T)]〈10.0000〉:20 ↓。

输入 20,表示捕捉间距为 20×20 的栅格点,即鼠标只能在间距为 20 的栅格点上跳动。如果想捕捉 20×10 的栅格点,在键入具体数值前应先输入 A ↓,然后根据命令行的提示分别输入水平间距(X)20 和垂直间距(Y)10。

打开捕捉功能后,命令提示行出现"捕捉 开",表示系统处于栅格点捕捉方式,此时,鼠标在屏幕上最小移动距离即为前面所设置的数值。

如需关闭捕捉栅格点,在执行命令后,直接输入"OFF";或再次点击"捕捉"按钮。功能键"F9"也是控制捕捉模式的开关。

注意: 捕捉栅格点间距值可以与栅格点间距值不同。

5. 设置正交功能

(1) 命令:ORTHO(正交)↓。

(2) 辅助工具栏:单击"正交"按钮。

打开正交方式后,命令提示行出现"正交 开",表示系统处于正交方式。此时,在屏幕上只能画水平线和垂直线。

如需关闭正交方式,在执行命令后,直接输入"OFF";或再次点击"正交"按钮。功能键"F8"是控制正交方式的开关。

6. 设置极轴追踪功能

(1) 菜单:工具(T)→草图设置(F)…。

设置角度增量,在屏幕上可画与水平方向成所设置角度及角度倍数的直线。

(2) 辅助工具栏:单击"极轴"按钮。

(3) 功能键"F10":操作基本同上。

7. 设置坐标显示功能

单击状态栏中的坐标值" 1342.9572, 186.6549, 0.0000 ",可显示当前鼠标所在的坐标值;再次点击,即关闭坐标值显示。

8. 图形显示中的缩放

(1) 命令:ZOOM(缩放)↓(Z)。

(2) 菜单:视图(V)→缩放(Z)▸。

(3) 工具栏:标准工具栏→" "等。

命令行提示:[全部(A)/中心点(C)/动态(D)/范围(E)/上一个(P)/比例(S)/窗口(W)]〈实时〉:A ↓。

正在重新生成模型。

注意:

① 在执行 LIMITS 命令后,一定要用 ZOOM 命令中的 ALL 选项对绘图区域进行重新规

划调整。

② (Z)表示可用直接输入字母 Z,执行缩放命令。

9. 图形显示中的平移

(1) 命令:PAN(平移)↓(P)。

(2) 菜单:视图(V)→平移(P)▸。

(3) 工具栏:标准工具栏→“ ”。

以上 2～9 的命令均为透明命令。所谓透明命令,就是在其他命令执行过程中可以任意插入这些命令,执行完这些命令后,继续执行前面的操作命令。

第二讲　建立图形文件

一、建立新图形文件

1) 命令

NEW(新建)↓。

2) 菜单

文件(F)→新建(N)。

3) 工具栏

标准工具栏→“ ”。

(1) 在空白图纸上开始绘制新图。

选择“ (从草图开始)”选项。

进入 AutoCAD 绘图状态。

(2) 用样板文件开始绘一幅新图。

选择“ (使用样板)”选项。

AutoCAD 自带许多样板文件,可选其中的文件作为模板进行绘图。一般情况下,根据使用者的需要,自己建立样板文件保存。

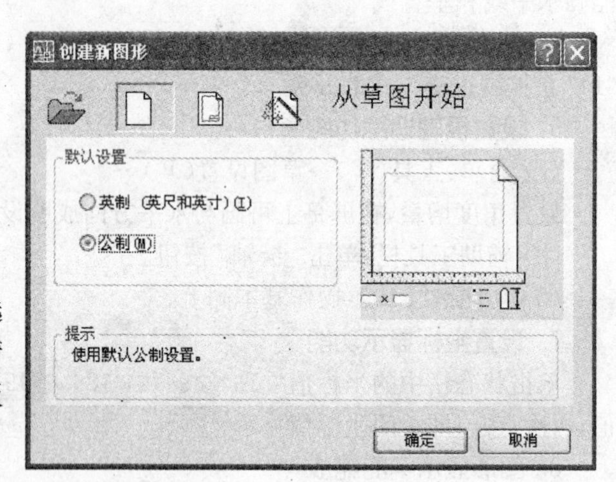

图 1-3　创建新图形

(3) 使用向导。

选择“ (使用向导)”选项。

在“选择向导”中有“高级设置”和“快速设置”两个选项,初学者先选择“快速设置”,然后选择测量单位→“小数”。最后确定绘图区域大小→“420×297”。

注意:

① 要使绘图区域准确显示“420×297”范围,必须执行 Zoom 命令。

② 执行新建命令后,如果不出现图 1-3 所示对话框,应在命令行中输入系统变量 STARTUP 将默认值“0”改为“1”。

二、打开和编辑已存在的图形文件

(1) 命令:OPEN(打开)↓。

(2) 菜单:文件(F)→打开(O)…。

(3) 工具栏:标准工具栏→“ ”。

(4) 选择“创建新图形”对话框中的“ (打开图形)”。

打开已经存在的 AutoCAD 文件,利用各种命令可对其进行修改。

三、保存文件

1. 存盘命令

(1) 命令:SAVE(保存)↓。

(2) 菜单:文件(F)→保存(S)。

(3) 工具栏:标准工具栏→“ ”。

注意: 该命令是保存已命名的文件,如文件尚未命名,则相当于 Save As。

2. 改名存盘命令

(1) 命令:SAVEAS(另存为)↓。

(2) 菜单:文件(F)→另存为(A)…。

注意: 该命令可以为未命名的图形文件指定一个名称并保存,或者把当前所绘制的图形改名保存以及改变路径保存。

四、退出 AutoCAD

(1) 命令:QUIT(退出)↓,EXIT ↓。

(2) 菜单:文件(F)→退出(X)。

(3) 鼠标直接点击右上角“ ”。

第三讲　基本绘图命令

一、画直线命令(LINE)

功能:使用该命令,可以在输入的两点之间绘制一条直的线段,输入第一个端点后,在屏幕上会出现一条从该端点到鼠标当前位置的直线,并会随鼠标移动而动,这条线称为橡皮筋。输入另一端点后,方可确定一条直线。该命令是 AutoCAD 最常用的命令之一。

(1) 命令:LINE(画直线)↓(L)。

(2) 菜单:绘图(D)→直线(L)。

(3) 工具栏:绘图工具栏→“ ”。

命令行提示:_Line 指定第一点:输入线段的起始坐标值。

命令行提示:指定下一点或[放弃 U]:输入线段的终点坐标值或放弃。

1. 命令输入方式

鼠标和键盘是使用 AutoCAD 时最常用的命令输入设备。

1) 使用鼠标输入命令

鼠标按钮的定义：

左键——一般定义为拾取键，用其单击对象时，表示选取该选项或执行该命令；

右键——相当于回车键，或弹出快捷菜单。

2) 使用键盘输入命令

2. 点的坐标数值输入方式

1) 鼠标输入点

用鼠标在屏幕上点击，所点的点即为输入点。

2) 通过键盘输入点的坐标

(1) 直角坐标：

AutoCAD 的坐标系采用笛卡儿坐标系，即直角坐标系。空间点的坐标为(x, y, z)。AutoCAD 定义了一个绝对坐标系，称为通用坐标系又称为世界坐标系，简称 WCS。该坐标系是指相对于当前坐标系坐标原点的坐标，在这个坐标系里一般原点取屏幕的左下角，X 轴为屏幕的水平方向，且向右为正，Y 轴为屏幕的垂直方向，且向上为正。

(2) 极坐标：

极坐标是用户通过输入某点在 XOY 坐标面上的投影与坐标系原点的距离以及这两点之间的连线与 X 轴正向的夹角(中间用"＜"号隔开)来确定点的坐标形式。

注意：

极坐标中角度输入有正负之分，角度以逆时针方向增加为正；以顺时针方向增加为负。

坐标值的输入形式又可分为绝对坐标和相对坐标，WCS 坐标为绝对坐标；相对坐标是基于上一输入点的坐标，相对坐标也有直角坐标、极坐标之分。假如图面已输入一点 A(1, 1)，要继续输入另一点 B(3, 3)，有如表 1-1 所示的四种输入方式。

表 1-1　坐标输入法

坐标系统	坐标方式	输入格式	输入数据
直角坐标	绝对坐标	x, y	3, 3
	相对坐标	@x, y	@2, 2
极坐标	绝对坐标	距离＜角度	4.242＜45
	相对坐标	@距离＜角度	@2.828＜45

3) 利用目标捕捉方式进行点的定位输入(特殊点的捕捉)

在绘图过程中往往需要利用已绘制的图形实体上某些特殊点的位置，AutoCAD 绘图系统提供了在已绘制图形实体上特殊点的捕捉功能。

(1) 连续特殊点捕捉的设置：

命令：OSNAP(对象捕捉)↓。

菜单：工具(T)→草图设置(F)…。

(2) 临时特殊点捕捉选用：

Shift＋鼠标右键单击或打开特殊点捕捉工具条。

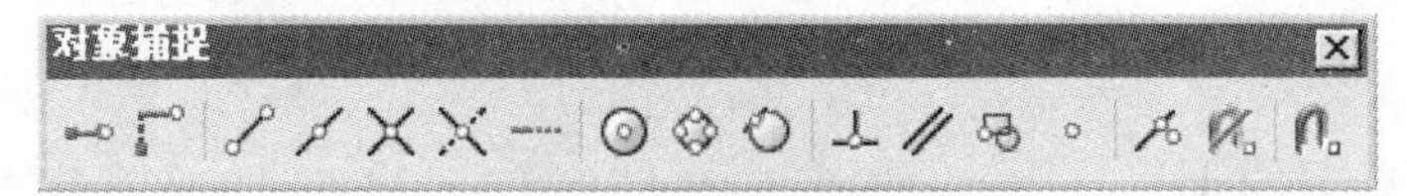

图 1－4　对象捕捉工具条

注意：在绘图过程中，特殊点的捕捉功能只有在命令窗口提示中出现要求输入点时才能生效。

例 1－1　利用点的绝对或相对直角坐标绘制图 1－5 所示的图形。

分析：图中标出了一个坐标点(200，160)，即要求从该点开始画，其他点可以根据该点的位置用相对坐标进行定位。如用绝对坐标，需算出各点的坐标值，比较繁琐，不建议使用。

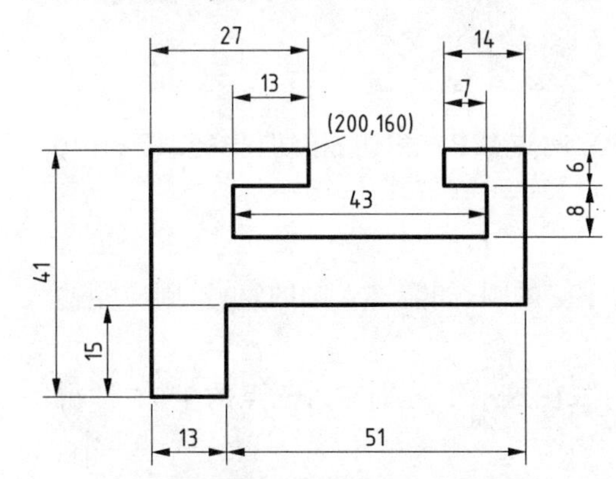

图 1－5　输入点的绝对或相对直角坐标画线

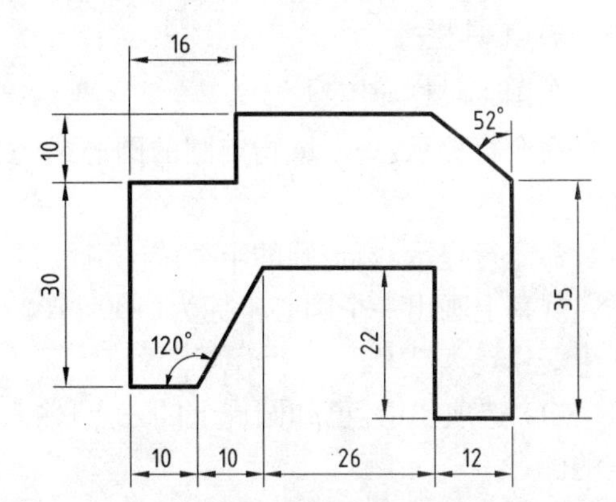

图 1－6　输入点的相对直角坐标和相对极坐标画线

例 1－2　利用点的相对直角坐标和相对极坐标绘制图 1－6 所示的图形。

分析：该图可以从左下角开始向右边画，当画到 52°斜线时，因斜线长未知，不能直接画出，可利用极坐标画出斜线的方位，线长任意给定，结束命令；再回到左下角，继续向上画直线，直到最上面的水平线与斜线相交。

例 1－3　利用正交模式或极坐标追踪模式画线，打开正交模式，通过输入直线的长度绘制图 1－7 所示的图形。

分析：打开正交方式，执行画直线命令，确定左下角点，将鼠标向右放置，直接输入 30 ↓，即得到一条长 30 的水平线，这样可快速地绘制图形。

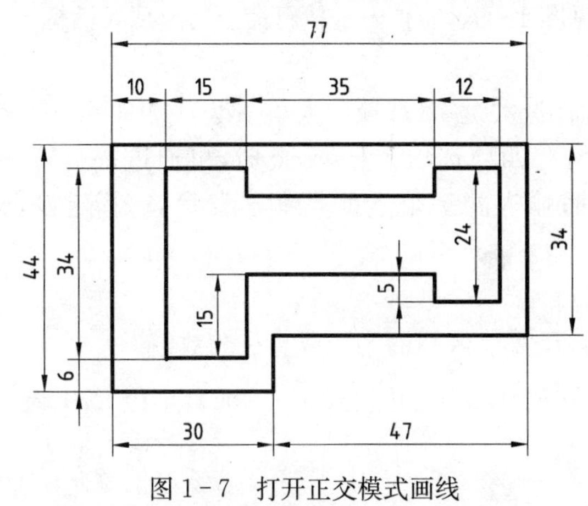

图 1－7　打开正交模式画线

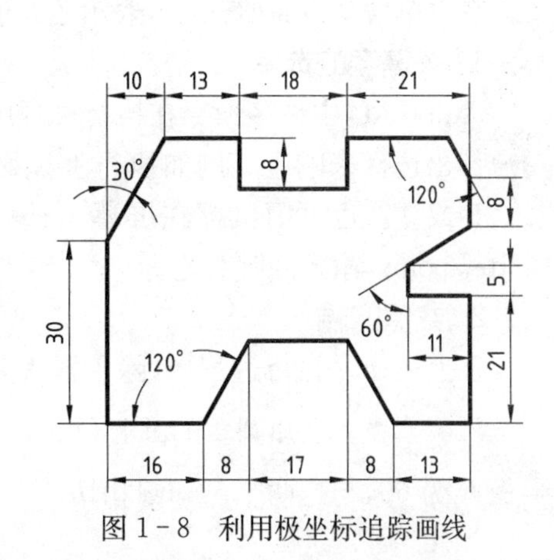

图 1－8　利用极坐标追踪画线

例 1-4　设定极坐标追踪角度为 30°，打开极坐标追踪(POLAR)，然后通过输入直线的长度画出图 1-8 所示的图形。

二、画圆命令(CIRCLE)

功能：在屏幕上生成圆周图形。

1）命令

CIRCLE(画圆)↓(C)。

2）菜单

绘图(D)→画圆(C)▸。

3）工具栏

绘图工具栏→“⊘”。

命令行提示：_circle 指定圆的圆心或[三点(3P)/两点(2P)/相切、相切、半径(T)]：100，100 ↓。

命令行提示：指定圆的半径或[直径(D)]：100 ↓。

屏幕上画出一个圆心坐标为(100，100)半径为 100 的圆，如需输入圆的直径，则应先输入 D ↓。

(1) 选项(3P)：已知圆周上的三点，输入“3P ↓”，在提示下分别输入三点的坐标，即得所需的圆；

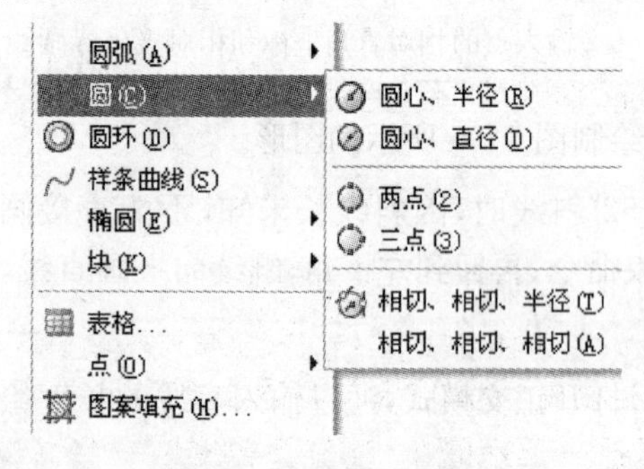

图 1-9　菜单子选项

(2) 选项(2P)：已知圆直径上的两端点，输入“2P ↓”，在提示下分别输入直径的两个端点坐标，即得所需的圆；

(3) 选项(T)：一个圆与另两个圆或直线相切，并已知该圆的半径(或直径)，输入“T ↓”，在提示下分别点击另两个圆的圆周，输入半径(或直径)，即得所需的圆。

绘图菜单中圆的子菜单下有 6 个选项，其中 5 个选项与上面内容相同，最后一个选项“相切、相切、相切(A)”，画一个圆与另外三个圆或直线相切。

注意：

在菜单命令后面如有“▸”，表示还有子选项，见图 1-9，如有“…”，执行命令后出现对话框。

1. 关键字的选择

AutoCAD 中许多命令在执行过程中会提示任选关键字(选项中大写字母为关键字)，要求用户作出选择来响应。例如执行上述画圆命令，有四项选项供选择，此时，可通过键盘输入 3P/2P 或 T。也可用鼠标在屏幕上选一点，这时输入的一个点就是在缺省状态〈指定圆心 Center point〉输入的圆心坐标。

2. 数值的输入

在上述命令执行过程中，除了输入关键字后，还需输入圆的半径或直径的数值。

例 1-5　已知圆 1 的圆心(100，100)，半径 R50，圆 2 的圆心(300，100)，半径 R70，圆 3 半径 R 为 60，与这两个已知圆相切。

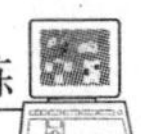

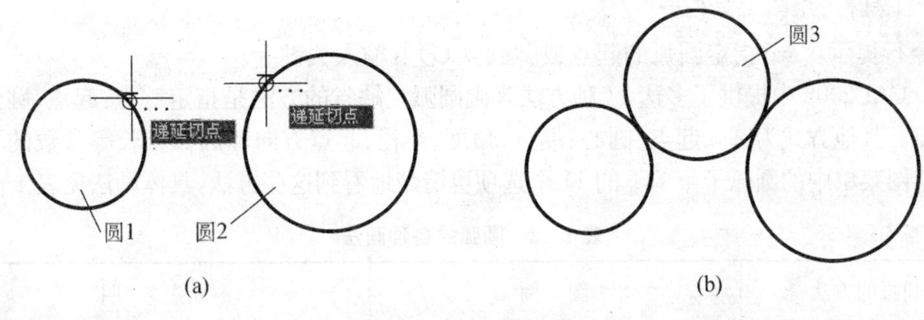

图 1-10 圆的画法

作图过程：①先执行画圆命令，输入圆心坐标(100, 100)↓，输入半径 50 ↓；②再执行画圆命令，输入圆心坐标(300, 100)↓，再输入半径 70 ↓；③执行画圆命令，输入 T ↓，按图 1-10(a)所示在两个圆周上拾取点，而后输入半径 60 ↓，得到图 1-10(b)所示图形。

例 1-6 已知圆的圆心(300, 100)，半径 $R70$，作一条直线，起点(100, 100)，与该圆相切。

作图过程：①先执行画圆命令，输入圆心坐标(300, 100)↓，输入半径 70 ↓；②执行画直线命令，输入起点坐标(100, 100)↓，然后在"特殊点捕捉工具条"上点击"◌"，在圆周上拾取点，得到图 1-11。

注意：

过圆外一点可作圆的两条切线，作图时应根据切线所在位置，在圆周适当位置上取点。

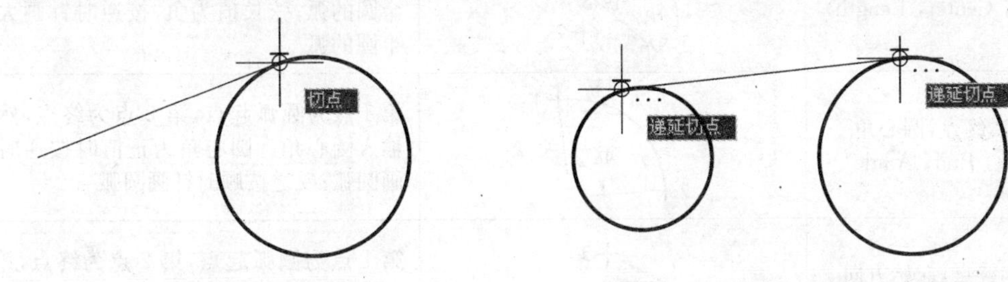

图 1-11 直线与圆相切的画法　　图 1-12 直线与两圆相切的画法

例 1-7 已知圆 1 的圆心(100, 100)，半径 $R50$，圆 2 的圆心(300, 100)，半径 $R70$，画一条直线与这两圆相切。

作图过程：①先执行画圆命令，输入圆心坐标(100, 100)↓，输入半径 50 ↓；②再执行画圆命令，输入圆心坐标(300, 100)↓，再输入半径 70 ↓；③执行画直线命令，然后在"特殊点捕捉工具条"上点击"◌"，在圆周上拾取点，再在"特殊点捕捉工具条"上点击"◌"，得到图 1-12。

三、画圆弧命令(ARC)

功能：生成圆弧。

(1) 命令：ARC(圆弧)↓(A)。

(2) 菜单：绘图(D)→圆弧(A)▸。

(3) 工具栏:绘图工具栏→"　"。

命令行提示:_arc 指定圆弧的起点或[圆心(C)]:输入关键字。

AutoCAD2008 中提供了多达 11 种方法来画圆弧。缺省的方法是指定三点:起点、圆弧上一点和端点。其他方式为圆弧起点、圆心、端点、角度、半径、起点方向和圆弧弦长等参数的不同组合。从绘图菜单中的圆弧子菜单下的 11 个选项可清楚地看到这些方法,具体画法见表 1-2。

表 1-2　圆弧的各种画法

画圆弧的方法	图　例	说　　明
三点 (3Point)	1 2 3	依次输入(或拾取)1, 2, 3 点
起点,圆心,终点 (Start, Center, End)	1 3 2	第 1 点为圆弧起点,第 2 点为圆心,第 3 点位终点
起点,圆心,圆心角 (Start, Center, Angle)	1 94° 2	第 1 点为圆弧起点,第 2 点为圆心,然后输入圆心角。圆心角为正值时按逆时针画圆弧;反之按顺时针画圆弧
起点,圆心,弦长 (Start, Center, Length)	1 26 2	第 1 点为圆弧起点,第 2 点为圆心,然后输入弦长。弦长值为正,按逆时针画小于半圆的弧;弦长值为负,按逆时针画大于半圆的弧
起点,终点,圆心角 (Start, End, Angle)	1 94° 2	第 1 点为圆弧起点,第 2 点为终点,然后输入圆心角。圆心角为正值时按逆时针画圆弧;反之按顺时针画圆弧
起点,终点,起始方向 (Start, End, Direction)	3 1 2	第 1 点为圆弧起点,第 2 点为终点,第 3 点确定圆弧起点的切线方向;虚线为另一方向的圆弧
起点,终点,半径 (Start, End, Radius)	2 18 1	第 1 点为圆弧起点,第 2 点为终点,输入半径。只能顺时针画圆弧,故起点和终点的输入次序要考虑清楚
圆心,起点,终点 (Center, Start, End)	2 3 1	第 1 点为圆弧圆心,第 2 点为起点,第 3 点为终点。只能顺时针画圆弧,故起点和终点的输入次序要考虑清楚
圆心,起点,圆心角 (Center, Start, Angle)	2 94° 1	第 1 点为圆弧圆心,第 2 点为起点,然后输入圆心角。圆心角为正值时按逆时针画圆弧;反之按顺时针画圆弧

（续表）

画圆弧的方法	图　例	说　　明
圆心，起点，弦长 (Center, Start, Length)	2 26 1	第 1 点为圆弧圆心，第 2 点为起点，然后输入弦长。弦长值为正，按逆时针画小于半圆的弧；弦长值为负，按逆时针画大于半圆的弧
连续画光滑连接的圆弧 (Continue)	1 2 3	12 圆弧为最近所画的圆弧，23 为与 12 圆弧相切的圆弧，只要指定终点即可

例 1-8　画图 1-13(a)所示圆弧，具体尺寸见图。

分析：图中圆弧分内外两圈，内圈两端小圆弧半径为 $R9$，中间圆弧半径分别为 $R45$ 和 $R63$；外圈两端圆弧半径为 $R14$，中间圆弧半径分别为 $R40$ 和 $R68$；作图时，先画 23 圆弧，再画 34 圆弧，然后画 45 圆弧，最后画 52 圆弧，见图 1-13(b)。

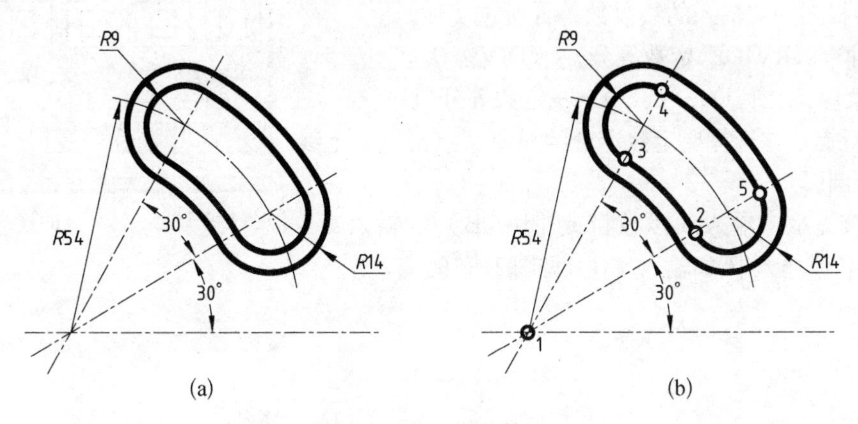

图 1-13　画圆弧技巧

作图过程：①23 圆弧以圆心、起点和角度方式完成，执行画圆弧命令，输入 C ↓，在屏幕上点击“1”点(任意)，输入@45<30 ↓ 确定点“2”，再输入 A ↓（指定包含角），输入 30 ↓（角度）；②连续键入两个回车（回车 1 继续执行前一个命令，回车 2 拾取屏幕上最后点），鼠标自动拾取点“3”，并且所画圆弧与前一圆弧相切，输入@18<60 ↓，确定点“4”；③圆弧 45 也是用圆心、起点和角度（圆心点“1”，角度－30）；④同圆弧 34 画法相同，在确定点“2”时，只需捕捉端点即可。外圈圆弧画法同前，只是尺寸有所不同。

例 1-9　利用前面所学的命令，按图 1-14 中所示尺寸绘制图形。

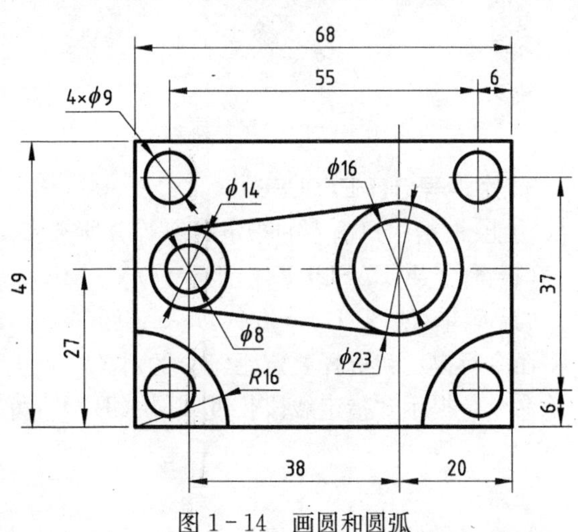

图 1-14　画圆和圆弧

绘图小技巧：画图 1-14 中四个直径为 $\phi9$ 圆时，可先执行画直线命令或其他命令，然后利用特殊点捕捉，点击图中矩形的一个角点（如左下角），按"Esc"键（退出执行命令），再执行画圆命令，用相对坐标输入圆心坐标（@6，6），再输入直径即可。

四、画点命令（POINT）

功能：生成点。

(1) 命令：POINT（画点）↓（PO）。

(2) 菜单：绘图（D）→点（O）▸→单点（S），多点（P）。

(3) 工具栏：绘图工具栏→" ▪ "。

1. 点的样式设置

菜单：格式（O）→点样式（P）…。

出现点样式对话框，见图 1-15。

根据需要，选择适当的点的样式。

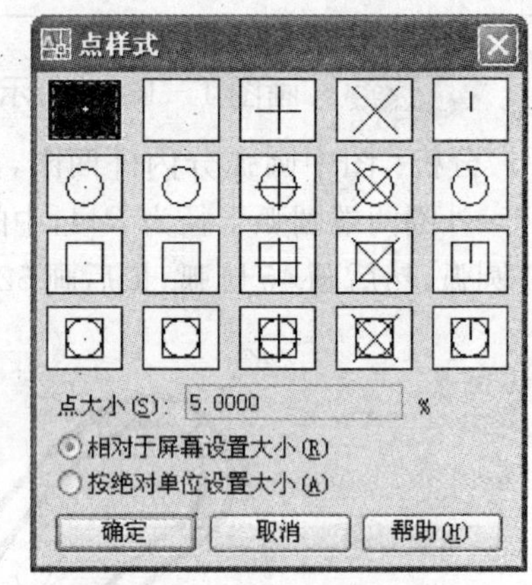

图 1-15 点的样式

2. 定数等分（DIVIDE）

功能：根据用户输入的线段数等分所选实体。

(1) 命令：DIVIDE（定数等分）↓（DIV）。

(2) 菜单：绘图（D）→点（O）▸→定数等分（D）。

命令行提示："选择要定数定分的对象："点击屏幕上线段（直线或圆弧）。

命令行提示："输入线段数目或［块（B）］"：输入 2～32767 的值，或输入 b，如输入 4 ↓，见图 1-16。

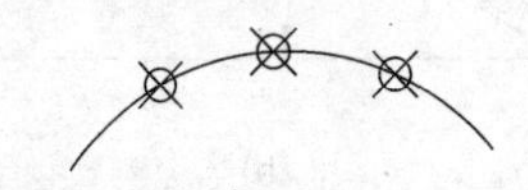

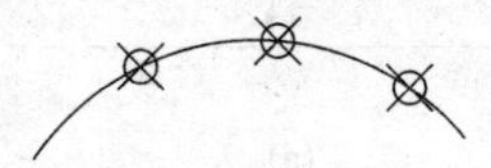

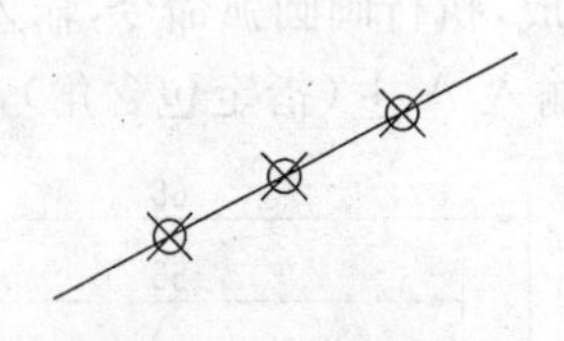

图 1-16 定数定分

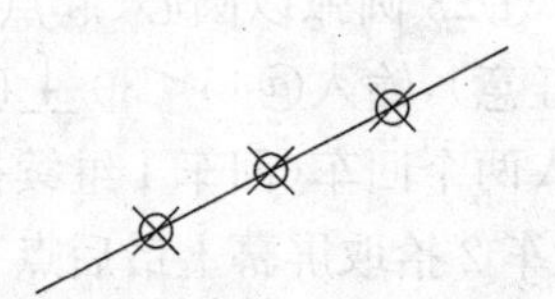

图 1-17 定量定分

3. 定距等分（MEASURE）

功能：根据用户输入的指定距离等分所选实体。

(1) 命令：MEASURE（定距等分）↓（ME）。

(2) 菜单：绘图（D）→点（O）▸→定距等分（M）。

命令行提示："选择要定距等分的对象："点击屏幕上线段（直线或圆弧）。

命令行提示："指定线段长度或［块（B）］"：可输入一段距离，或输入 b，如输入 80 ↓，见图 1-17。

注意：

测量线段的起始端是鼠标点击线段时，靠近的那个端点。

五、重画命令(REDRAW)

功能:刷新当前画面上的显示内容。

(1) 命令:REDRAW(重画)↓(R)。

(2) 菜单:视图(V)→重画(R)。

六、重生成命令(REGEN)

功能:重新计算当前画面上所有实体的坐标值刷新画面。

(1) 命令:REGEN(重生成)↓(RE)。

(2) 菜单:视图(V)→重生成(G)。

在屏幕上画的圆或圆弧,在用视图缩放命令放大到一定程度时,圆弧看起来像一段段折线。因为在画圆或圆弧时,计算机是用正多边形来逼近圆弧,多边形的边数越多,弧线越光滑,当这些圆或圆弧被放大显示时,即正多边形边长被放大,明显看出是折线,执行重生成命令后,计算机重新用更多边数的多边形来逼近圆或圆弧,使绘图区域中的圆弧更光滑。

七、放弃命令(UNDO),重做命令(REDO)

功能:UNDO 命令用于取消前面一个或几个命令的影响,而把图形恢复到未用这些命令之前的状态。

REDO 与 UNDO 命令正好相反。

(1) 命令:UNDO(放弃)↓(U)。

(2) 菜单:编辑(E)→放弃(U)。

(3) 工具栏:标准工具栏→“  ”。

(4) 命令:REDO(重做)↓。

(5) 菜单:编辑(E)→重做(R)。

(6) 工具栏:标准工具栏→“  ”。

第四讲　基本编辑命令

一、删除命令(ERASE)

功能:从屏幕上删除被选中的实体。

(1) 命令:ERASE(删除)↓(E)。

(2) 菜单:修改(M)→删除(E)。

(3) 工具栏:修改工具栏→“ 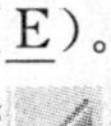 ”。

命令行提示:“选择对象:”选择所需删除对象↓。

注意:

一般情况下,执行编辑命令后,光标变成小方块,以便选择对象实体,实体选择方法有三种:

① 直接用光标点选实体;

② 光标在屏幕右上角或右下角点击，朝左下方或左上方拉出一个框再次点击，所有在框内或被框压住的实体均被选中；

③ 光标在屏幕左上角左下角点击，朝右下方或右上方拉出一个框再次点击，所有在框内的实体被选中，而被框压住的实体不选。后两种选择方式称作“框选”。

二、恢复删除(OOPS)

功能：恢复最后一次使用ERASE命令删去的实体，且只能恢复一次被删去的实体。也能恢复BLOCK命令中建块时被隐去的实体。

命令：OOPS(删除取消)↓。

三、修剪实体命令(TRIM)

功能：TRIM命令既可以用于截断实体，又可以裁去中间的一部分，它依赖用户指定的实体和点。该命令可以使用户能裁去直线、圆弧、圆、多义线、射线以及样条曲线中穿过用户所选切割边的部分，用户可以把多义线、圆弧、圆、椭圆、直线、浮动视区、射线、区域、样条曲线、文本以及构造线作为切割边。在待剪裁的实体上拾取的点决定了哪个部分将被裁减掉。

(1) 命令：TRIM(修剪)↓(TR)。

(2) 菜单：修改(M) →修剪(T)。

(3) 工具栏：修改工具栏→“ -/-- ”。

命令行提示：“选择对象或〈全部选择〉”选择切割边↓见图1-18(a)。

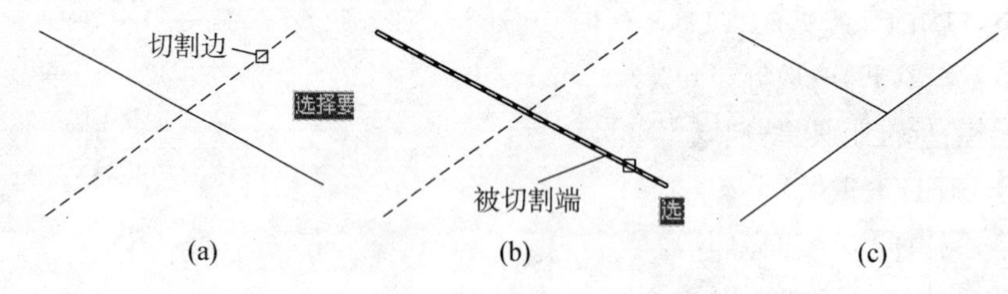

图1-18　切割边与被切割端选择

命令行提示：“[栏选(F)/窗交(C)/投影(P)/边(E)/删除(R)/放弃(U)]：”点击所需被切割的部分，见图1-18(b)。所得结果见图1-18(c)。

四、延伸实体命令(EXTEND)

功能：在指定边界后，可连续选择要延伸的实体，延伸到边界边为止。

(1) 命令：EXTEND(延伸)↓(EX)。

(2) 菜单：修改(M)→延伸(D)。

(3) 工具栏：修改工具栏→“ --/ ”。

命令行提示：“选择对象或〈全部选择〉选择延伸对象(目标)”：↓见图1-19(a)。

命令行提示：“[栏选(F)/窗交(C)/投影(P)/边(E)/放弃(U)]：”点击所需被延伸的部分，见图1-19(b)。

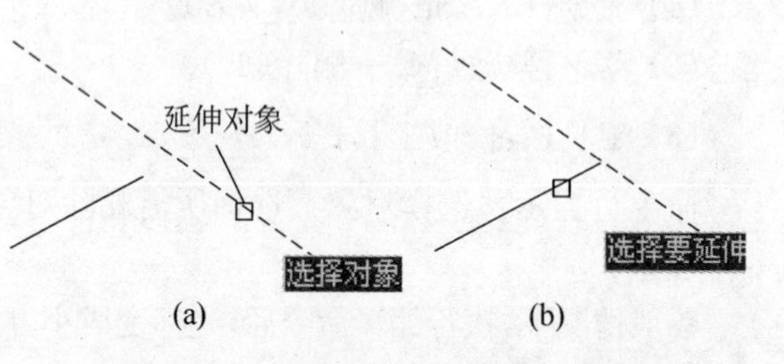

图1-19　延伸对象与被延伸边选择

注意：

如被延伸线段是圆弧，延伸端是鼠标点击时靠近的一端；被延伸的线段延长后必须与延伸对象相交。

五、偏移复制命令(OFFEST)

功能：绘制产生同心的或平行的实体。

(1) 命令：OFFEST(偏移)↓(O)。

(2) 菜单：修改(M)→偏移(S)。

(3) 工具栏：修改工具栏→"[icon]"。

命令行提示："指定偏移距离或[通过(T)/删除(E)/图层(L)]〈通过〉："输入所需偏移的数值或鼠标在屏幕上点取两个点，如输入50↓。

命令行提示："指定要偏移的那一侧上的点，或[退出(E)/多个(M)/放弃(U)]〈退出〉："鼠标在屏幕上点击所要复制的那一侧，图1-20中"十字形"鼠标所在位置即为要复制的一侧。

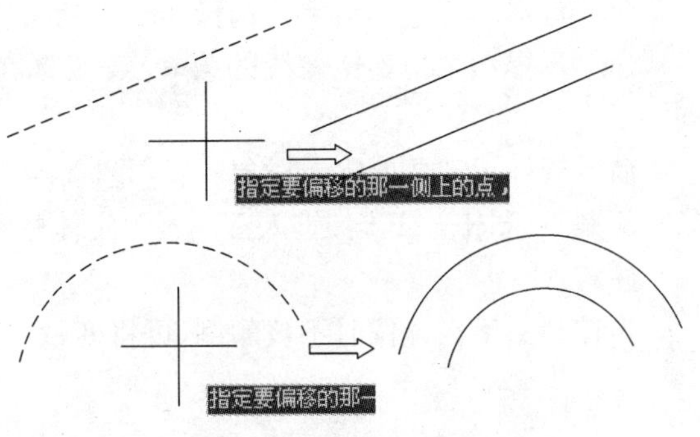

图1-20 直线或圆弧偏移

六、移动命令(MOVE)

功能：用于把一组图形实体从当前位置移动到新的位置。

(1) 命令：MOVE(移动)↓(M)。

(2) 菜单：修改(M)→移动(V)。

(3) 工具栏：修改工具栏→"[icon]"。

命令行提示："选择对象："选择需移动的实体↓。

命令行提示："指定基点或[位移(D)]〈位移〉：根据需要在屏幕上点选一点作为基准点，输入所需移动的坐标(Δx, Δy)如输入@100，50↓。两点的距离即为实体移动距离和方向或光标在屏幕上取点。

七、复制命令(COPY)

功能：根据一组已有的实体在合理的位置上复制生成新的实体，如果复制一份称为单一复制，而复制多份则称为多重复制。

(1) 命令：COPY(复制)↓(CO)。

(2) 菜单：修改(M)→复制(Y)。

(3) 工具栏：修改工具栏→"[icon]"。

命令行提示："选择对象："选择需复制的实体↓。

命令行提示："指定基点或[位移(D)/模式(O)]〈位移〉：根据需要在屏幕上点选一点作为基准点，输入复制对象所需移动的坐标(Δx, Δy)如输入@100,50↓或光标在屏幕上取点。

注意：此命令可复制多个实体。

八、镜像复制命令(MIRROR)

功能:镜像复制图形实体,使复制出来的新实体与原实体相对于直线为轴对称关系。

(1) 命令:MIRROR(镜像)↓(MI)。

(2) 菜单:修改(M)→镜像(I)。

(3) 工具栏:修改工具栏→"▲|▲"。

命令行提示:"选择对象:"选择需复制的实体↓。

命令行提示:"指定镜像线的第一点:鼠标在屏幕上点取两个点,即为对称轴线的两个端点↓。

命令行提示:"要删除源对象吗?[是(Y)/否(N)]〈N〉":〈N〉默认选项为不删除源实体镜像复制,见图1-21。如输入Y↓,源实体删除。

注意:

为控制文字在镜像时不被颠倒,可将变量 Mirrtext 设为0。

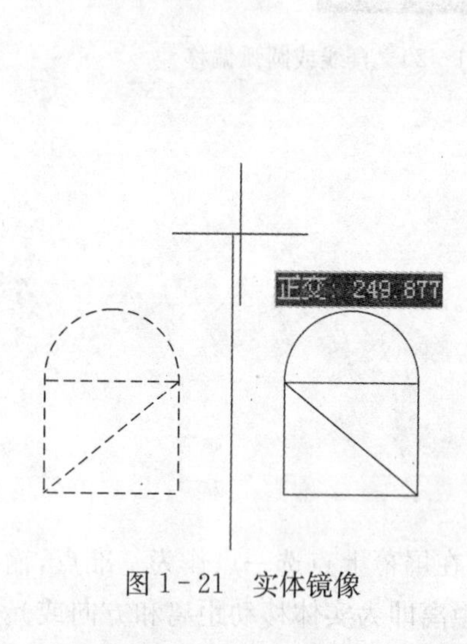

图1-21　实体镜像

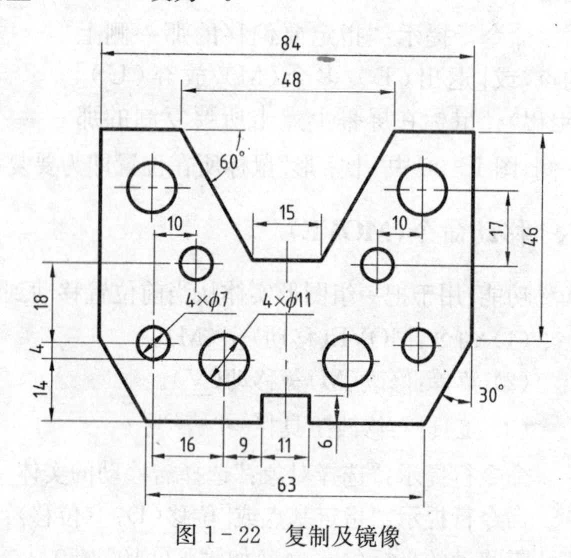

图1-22　复制及镜像

例1-10　绘制图1-22所示的图形。

分析:图1-22中两个尺寸4×ϕ11和4×ϕ7表示相同的圆各有4个。从图中可以看出,该图形左右完全对称,因此,只需先画左面(或右面)一半,然后利用镜像复制命令完成另一半。

作图步骤:①先画中心线,然后由中间向左(或右)依次绘制外部轮廓线;②而后定四个圆的中心,再画圆;③镜像复制另一半。

九、实体阵列命令(ARRAY)

功能:ARRAY命令可以将已有的图形实体有效地复制成有一定规则的图形实体阵列。可分矩形阵列和环形阵列两种。

1) 命令

ARRAY(阵列)↓(AR)。

2）菜单

修改(M)→阵列(A)。

3）工具栏

修改工具栏→“”。

(1) 矩形阵列(R)：

所复制的结果是以行、列排列的方阵，在图 1-23 阵列对话框中，输入行数和列数，输入行距(正值，向上复制，负值，向下复制)和列距(正值，向右复制，负值，向左复制)。点击“选择对象”按钮，对话框消失，在绘图区域选择需要阵列的对象↓，在对话框中点击“预览”，观察结果，不满意可继续修改。

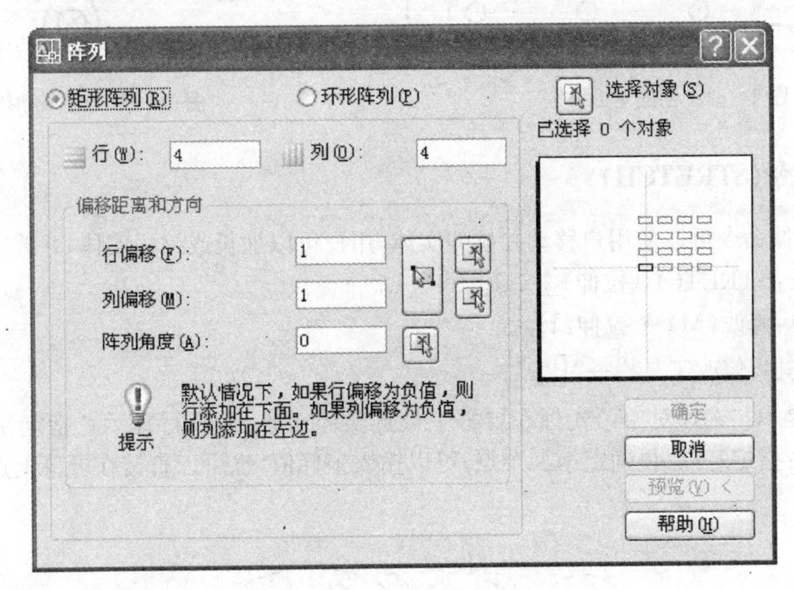

图 1-23　阵列对话框

(2) 环形阵列：

所复制的结果是实体绕一点环形排列。先选择“环形阵列”单选框，输入中心点的坐标值，或点击右边“”按钮，在屏幕上拾取点，然后在项目总数后输入需复制的个数，在填充角度后输入角度，再点击“选择对象”，后面内容如前所述。在复制时可选择实体旋转否。

例 1-11　绘制图 1-24 所示的图形。

画图步骤：绘制这个图形时，可先画一组同心圆，然后矩形阵列，进行剪切，完成上半部分(或下半部分)，再进行镜像复制。

例 1-12　绘制图 1-25 所示的图形。

分析：该图形外圈中的小圆弧和圆分两步环形阵列，先画出上面中间部分形状，然后环形阵列，复制右半部分，此时，填充角应输入－180，复制个数为 4；再环形阵列，复制左边部分，此时，填充角为 75，复制个数为 2。

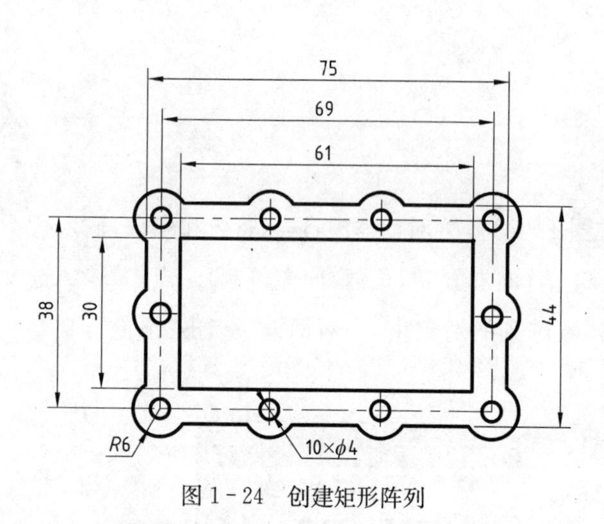

图 1-24　创建矩形阵列

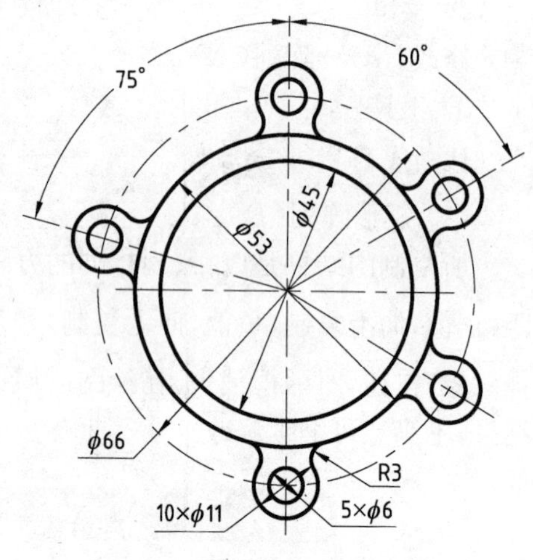

图 1-25　创建环形阵列

十、拉伸命令(STRETCH)

功能：拉伸命令可以使用户移动并拉伸实体，用户可以加长或缩短实体，并改变它的形状。

(1) 命令：STRETCH(拉伸)↓(S)。

(2) 菜单：修改(M)→ 拉伸(H)。

(3) 工具栏：修改工具栏→“ ”。

命令行提示：“选择对象：”光标在屏幕上框选实体对象，命令行提示：“指定基点或[位移(D)]〈位移〉：指定基点，再确定第二个点，可以输入坐标值，也可以直接在屏幕上点，具体过程见图 1-26。

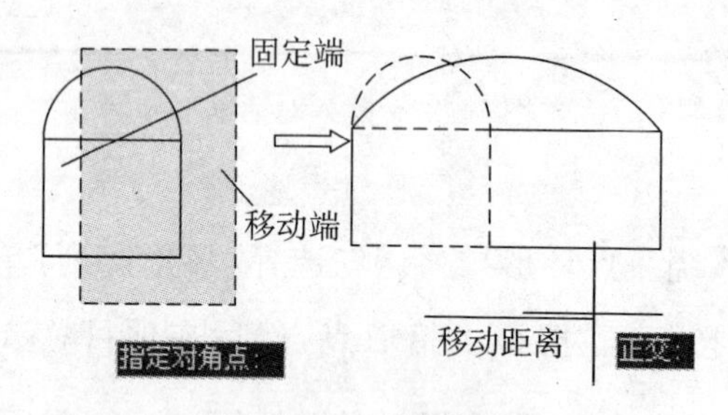

图 1-26　实体拉伸

注意：

① 选择实体时，只能从右向左框选，同时要保证有一部分不被选中(称固定端)，有一部分被框选(称移动端)，如实体全被选中，执行命令的结果相当于执行移动命令；

② 圆不能被拉伸变形，选择框选中圆心，相当于执行移动命令；没有选中圆心，相当于不执行命令。

例 1-13　绘制图 1-27 所示的图形。

分析：该图中的一些线条所构成的形状大致相同，只是深度和宽度有所不同，因此，在画完一个形状后，其余几个可通过拉伸完成。

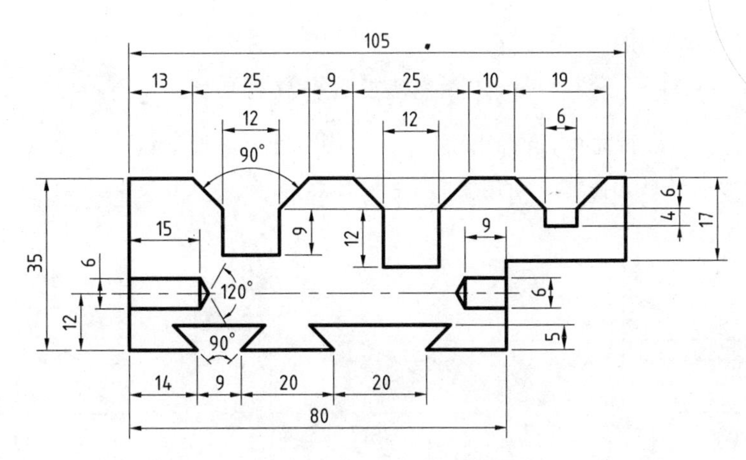

图 1-27　利用拉伸命令绘制图形

十一、打断命令(BREAK)

功能:该命令用于将实体指定的两点间的部分删除,或将一个图形实体打断成两个具有同一端点的实体。

(1) 命令:BREAK(打断)↓(BR)。

(2) 菜单:修改(M)→打断(K)。

(3) 工具栏:修改工具栏→“ ”。

命令行提示:“_break 选择对象:”选择需被打断的线段。

命令行提示:“指定第二个打断点或[第一点(F)]:”鼠标点取第二个点。

线段中间被断开,其起始点就是选择线段时的点,断开的距离就是刚才点取的两点距离。如输入 F ↓,表示重新确定断开起始点,然后依次点取第一点和第二点。

绘图小技巧:需要将线段一分为二,又不希望中间有间隙,只要将第一点和第二点重合,即两次都点同一个点。

十二、旋转实体命令(ROTATE)

功能:用于旋转一个或一组实体。该命令要求用户首先输入一个基点,然后输入要旋转的角度,其中,正的角度值使实体按逆时针方向旋转,负的角度值使实体按顺时针方向旋转。然后实体则以基点为旋转基准点,按输入的角度值进行旋转。

(1) 命令:ROTATE(旋转)↓(RO)。

(2) 菜单:修改(M)→旋转(R)。

(3) 工具栏:修改工具栏→“ ”。

命令行提示:“选择对象:”在屏幕上点选或框选。

命令行提示:“指定基点:”选取旋转中心。

命令行提示:“指定旋转角度,或[复制(C)/参照(R)]〈0〉:”输入角度。

选中的实体按输入的角度绕旋转中心顺时针(角度是正值)或逆时针(角度是负值)旋转。

如输入 C ↓,表示实体旋转复制,即旋转时,原实体不动,复制出一个与原实体成角度的对象。

如输入 R ↓,则按参照方式进行旋转。此时需依次输入参考角和新角,被旋转对象旋转的角度为新角减去参考角。

例 1-14　将图 1-28(a)中的小矩形绕点 A 旋转到与斜线重合位置。

作图过程:①执行旋转命令,选择小矩形↓;②用特殊点捕捉工具点击 A 点,输入 R ↓,输入参照角 0 ↓(矩形水平);③在输入新角度时,点取 B 点,如图 1-28(b),图(c)为作图结果。

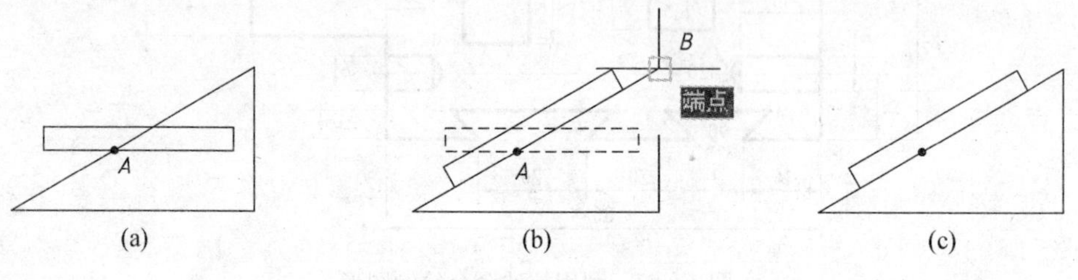

图 1-28　利用参照角旋转实体

注意:

如小矩形不是水平放置,在输入参考角时,也应点取矩形右端的角点,这点与点 A 的连线与水平线的夹角即为参考角。

十三、缩放命令(SCALE)

功能:将图形实体的尺寸按指定的比例进行缩放。

(1) 命令:SCALE(缩放)↓(SC)。

(2) 菜单:修改(M) →缩放(L)。

(3) 工具栏:修改工具栏→“ ”。

命令行提示:“选择对象:”在屏幕上点选或框选。

命令行提示:“指定基点:”选取缩放的基准点。

命令行提示:“指定比例因子或[复制(C)/参照(R)]〈1.0000〉:”输入比例因子。

比例因子大于 1 表示放大;小于 1 表示缩小。

如输入 C ↓,表示实体放大(或缩小)复制,即放大(或缩小)时,原实体保留,复制出一个比原实体大(或小)的对象。

如输入 R ↓,则按参照方式进行放大。此时需依次输入参照长度和新长度,被放大(或缩小)对象的缩放因子是新长度与参照长度的比值。

例 1-15　将图 1-29(a)中的小矩形放大,使其水平边长与下面的矩形水平边长相等。

作图过程:(1)执行缩放命令,选择小矩形↓;(2)用特殊点捕捉工具点击 A 点,如图

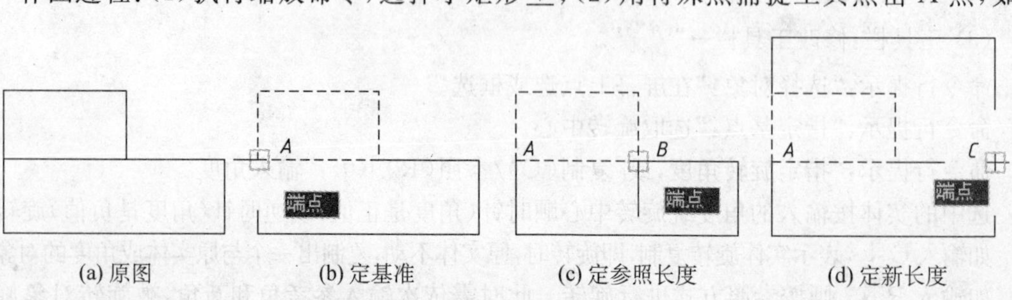

A　端点　A　B　端点　A　C　端点

(a) 原图　(b) 定基准　(c) 定参照长度　(d) 定新长度

图 1-29　利用参照长度缩放实体

1-29(b),输入 R ↓;(3)点击 B 点,即为参照长度,如图 1-29(c);(4)在输入新长度时,点取 C 点,如图 1-29(d),即得所需结果。

例 1-16　绘制图 1-30 所示的图形。

分析: 图中两组直径为 $\phi11$ 和 $\phi18$ 的同心圆的圆心与直径为 $\phi31$ 的圆的圆心距离相同,都为 52,可先画水平部分图形,然后通过旋转复制得到倾斜部分图形,最后画一条半径为 $R8$ 的圆弧与两条直线相切。

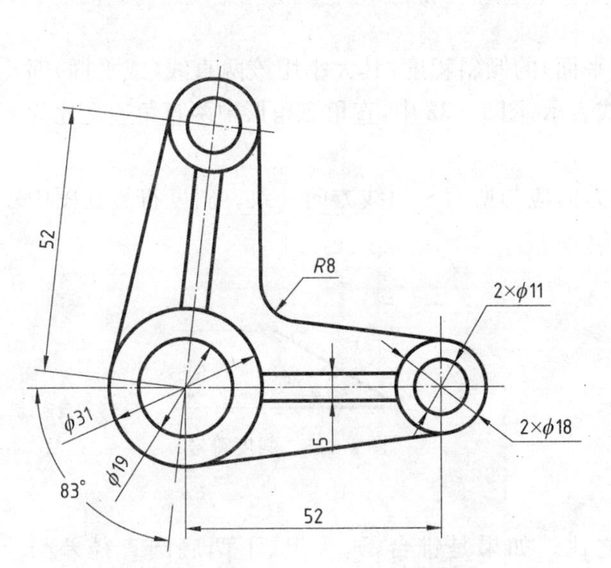

图 1-30　利用旋转及镜像命令绘制图形

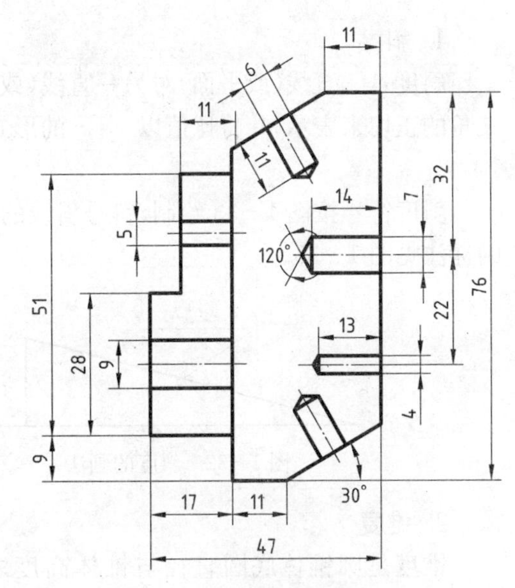

图 1-31　利用缩放命令绘制图形

例 1-17　绘制图 1-31 所示的图形(图中两个倾斜部分图形的中心线分别过相应斜线的中点,并与其垂直,左边两个尺寸为“9”和“5”的图形,中心线也过相应线段的中点,并与其垂直)。

十四、改变长度命令(LENGTHEN)

功能:修改已有的图形实体的长度。

(1) 命令:LENGTHEN (拉长) ↓ (LEN)。

(2) 菜单:修改(M)→拉长(G)。

(3) 工具栏:修改工具栏→“ ”。

命令行提示:“选择对象或[增量(DE)/百分数(P)/全部(T)/动态(DY)]:”DE ↓。

(1) 选项(DE):“输入长度增量或[角度(A)] ‹0.0000›:”输入 20 ↓,点击线段,在鼠标靠近的一端被伸长 20(绝对增量),如输入负值,则缩短。

(2) 选项(P):“输入长度百分数‹100.0000›:”50 ↓,点击线段,在光标靠近的一端被缩短原长度的 50%(相对增量),如输入值大于 100,则线段拉长。

(3) 选项(T):“输入总长度或[角度(A)]‹1.0000›:”输入 100 ↓,点击线段,在光标靠近的一端被伸长或缩短,此时线段总长 100(线段总长)。

(4) 选项(DY):“选择要修改的对象或[放弃(U)]:”点击线段,线段距离光标近的一端可被任意拉长或缩短(动态拉伸或缩短)。

第五讲 几何作图

一、斜度与锥度

1. 斜度

斜度是一直线(或平面)对另一直线(或平面)的倾斜程度,其大小用该两直线(或平面)间夹角的正切来表示,并将比值以 1∶n 的形式表示,图 1-32 中,直角三角形中两直角边之比为 1∶4。

斜度符号按图 1-33 绘制,符号斜线的方向应与所表示斜线方向一致。斜度符号在图中的标注见图 1-35。

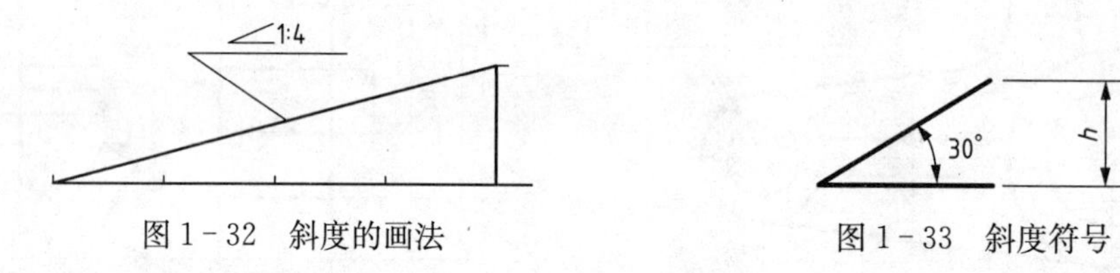

图 1-32 斜度的画法　　图 1-33 斜度符号

2. 锥度

锥度是圆锥体底圆直径与锥体高度之比。如果是锥台,则为上、下两底圆直径差与锥台高度之比值。锥度也以简化形式 1∶n 表示,图 1-34 中,圆锥底圆直径与圆锥高之比为 1∶4。

锥度符号按图 1-35 绘制,符号斜线的方向应与所表示斜线方向一致。锥度符号在图中的标注见图 1-37。

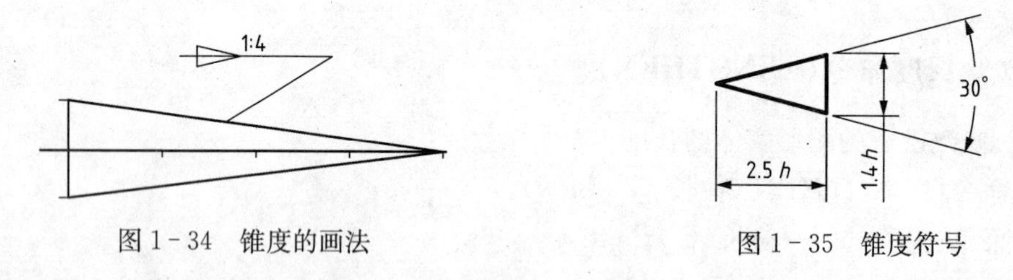

图 1-34 锥度的画法　　图 1-35 锥度符号

注意:

图中指引线与斜度、锥度符号均为细实线。

二、圆弧连接

绘图时,经常需要用圆弧来光滑连接已知直线或圆弧(光滑连接即相切)。为了保证相切,必须准确地作出连接圆弧的圆心和切点,这个起连接作用的圆弧称为连接弧。

1. 圆弧与直线连接的画法

半径为 R 的圆弧连接一条直线(即圆弧与直线相切),其圆心的轨迹在与直线距离为 R 的

平行线上（两条）如图 1－36 所示。具体作法是：在圆心轨迹线上任取一点，过该点作直线的垂线，得到的交点即为圆弧与直线的切点。如圆弧连接两直线，只要分别作出与两直线平行且距离为 R 的直线，找到所作两直线的交点，该点即为圆弧的圆心，同时作出两切点，在两切点之间画出圆弧即可，如图 1－37。

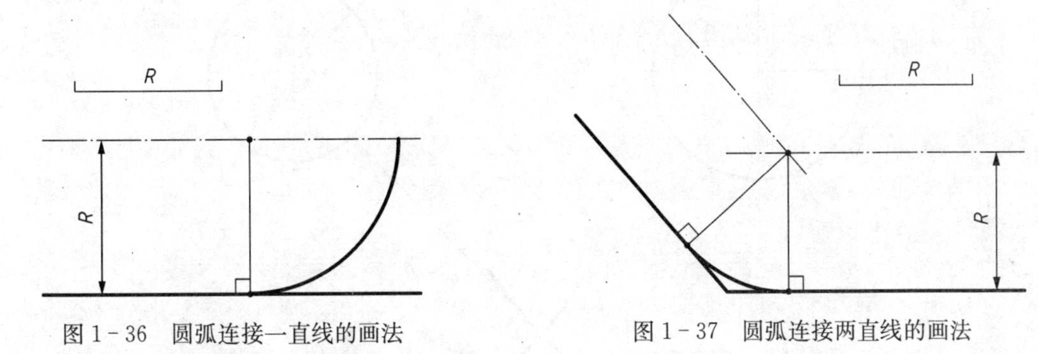

图 1－36　圆弧连接一直线的画法　　图 1－37　圆弧连接两直线的画法

2. 圆弧与圆弧连接的画法

1）外切

连接弧与圆心为 O_1，半径为 R_1 的圆弧外切时，半径为 R 的连接圆弧圆心的轨迹在以 O_1 为圆心，R_1+R 为半径的圆弧上。图 1－38 中，半径为 R 的圆弧与半径为 R_1 圆 1 和半径为 R_2 圆 2 外切，作相切圆弧时，分别以 O_1、O_2 为圆心，以 R_1+R、R_2+R 为半径画两条圆弧，要保证圆弧同时与两个圆相切，其圆心必定在这两个圆弧的交点上，即图中的 O 点。

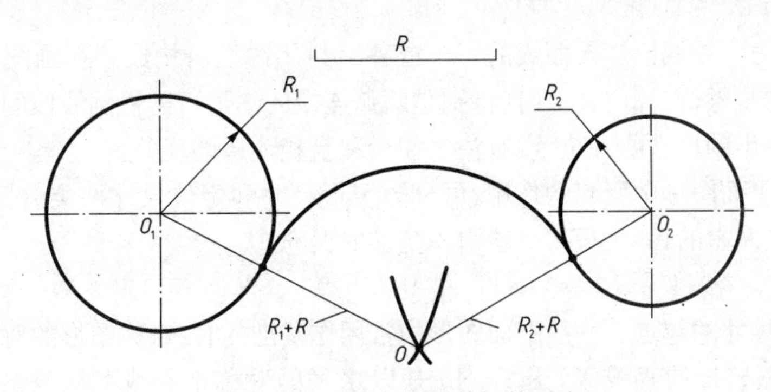

图 1－38　圆弧与圆弧外切的画法

2）内切

连接弧与圆心为 O_1，半径为 R_1 的圆弧内切时，半径为 R 的连接圆弧圆心的轨迹在以 O_1 为圆心，$R-R_1$ 为半径的圆弧上。图 1－39 中，半径为 R 的圆弧与半径为 R_1 圆 1 和半径为 R_2 圆 2 内切，作相切圆弧时，分别以 O_1、O_2 为圆心，以 $R-R_1$、$R-R_2$ 为半径画两条圆弧，要保证圆弧同时与两个圆相切，其圆心必定在这两个圆弧的交点上，即图中的 O 点。

连接圆弧与已知圆弧外切或内切时，切点是连接圆弧和被连接圆弧的圆心连线或其延长线（内切）与被连接圆弧的交点。

作出了圆心和切点后，就可以画出这段连接圆弧，达到与已知的相邻线段光滑连接的目的。

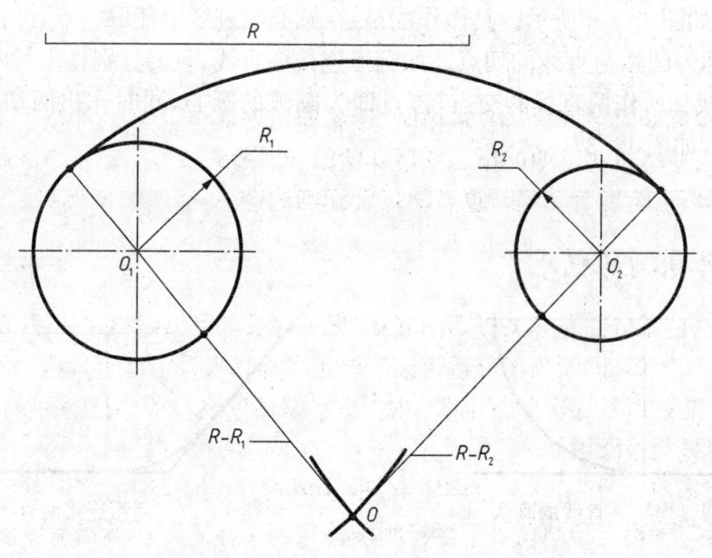

图 1-39 圆弧与圆弧内切的画法

第六讲 绘制平面图形的方法和步骤

一、平面图形的尺寸分析

平面图形常由一些线段连接而成的一个或整个封闭线框所构成。在画图时，要能根据图中尺寸，确定画图步骤；在标注尺寸时（特别是圆弧连接的图形），需根据线段间的关系，分析需要注什么尺寸；注出的尺寸要齐全，没有注多注少和自相矛盾的现象。

尺寸按其在平面图形中所起的作用，可分为定形尺寸和定位尺寸两类。要想确定平面图形中线段的上下、左右的相对位置，必须引入基准的概念。

1）基准

基准是标注尺寸的起点。一般平面图形中常用作基准的有：对称图形的对称中心线；较大圆的对称中心线；较长的直线等，图 1-40 是以水平的对称中心线和较长的铅垂线作基准线的。

2）定形尺寸

定形尺寸是确定平面图形上各线段形状大小的尺寸，如直线的长度、圆及圆弧的直径或半径，以及角度大小等，图 1-40 中的 $\phi15$、$\phi30$、$\phi5$、$R15$、$R20$、$R60$、$R8$、20 均为定形尺寸。

3）定位尺寸

定位尺寸是确定平面图形上线段或线框间相对位置的尺寸，标注定位尺寸时，一定要有基准，如图 1-40 中确定 $\phi5$ 小圆位置的尺寸 11 和确定 $R8$ 位置的 82 均为定位尺寸。

二、平面图形中圆弧线段的分类

确定一个圆弧，一般需要知道圆心的两个坐标 X、Y 及半径尺寸 R，凡具备上述三个尺寸的圆弧称已知线段；具备两个尺寸（其中一个是圆心坐标，一个是半径 R）的圆弧称中间线段；

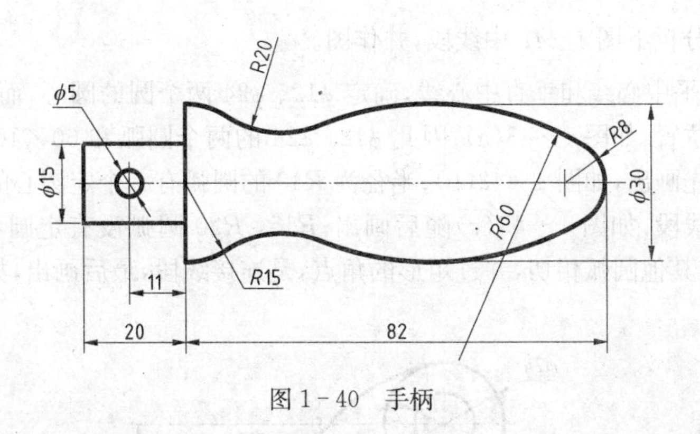

图 1-40　手柄

具备一个尺寸(半径 R)的圆弧称连接线段。图 1-40 中左边框中的线段包括 $R15$ 和右边 $R8$ 圆弧均为已知线段;$R60$ 圆弧为中间线段,因为已知一个坐标(如以水平中心线为 X 轴,其 Y 坐标为60～15)和一个相切条件;圆弧 $R20$ 为连接线段,因为有圆心坐标未知,但有两个相切条件。

注意:

一个相切条件可顶一个定位尺寸。

三、平面图形的作图步骤

在绘制平面图形时,先画已知线段,后画中间线段,最后画连接线段。以图 1-40 为例说明绘图过程:①先画基准线,图中一条长水平线,再画已知线段(左端部和右端圆弧 $R8$)如图 1-41(a);②然后画中间线段(圆弧 $R60$),从水平中心线作平行线,距离为 45,再通过相切条件(内切)找到圆弧圆心如图 1-41(b);③最后画连接线段(圆弧 $R20$),通过两个相切条件(均为外切)找到圆心如图 1-41(c)。在标注尺寸时,根据线段分析标出相应的尺寸。

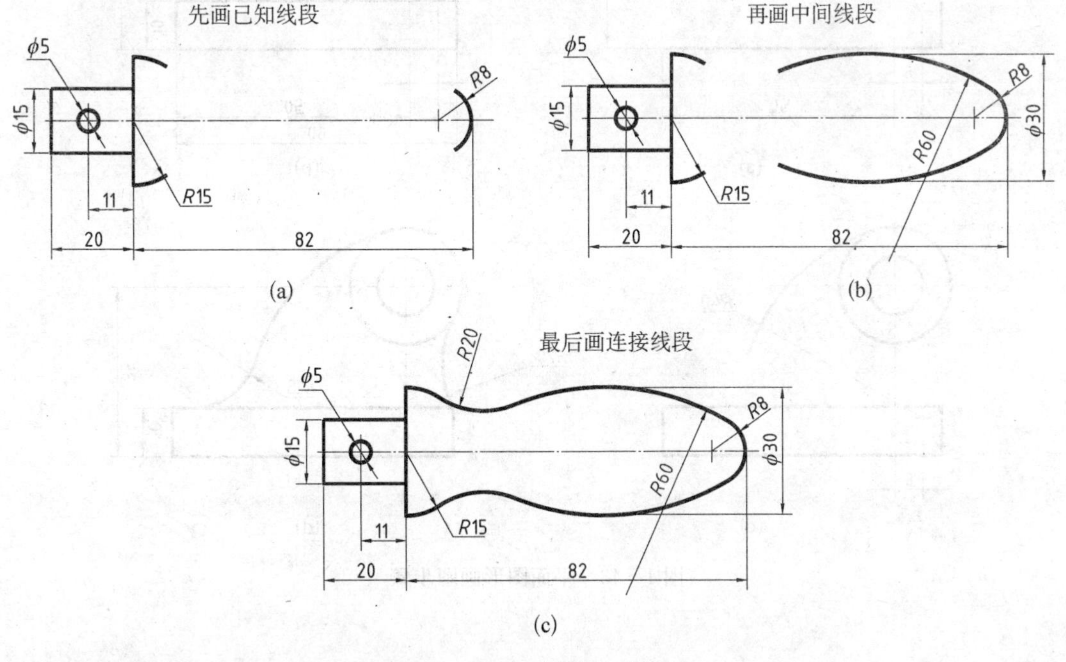

图 1-41　平面图形尺寸分析

例1-18 分析下图1-42中线段,并作图。

分析: 先画水平中心线和垂直中心线,确定 $\phi12$、$\phi24$ 两个圆的圆心,而后根据35,6,50定出60×10矩形位置,如图1-43(a);因此 $\phi12$,$\phi24$ 的两个圆弧和60×10矩形的四条线段是已知线段,可以先画出,如图1-43(b);半径为 $R40$ 的圆弧有一个定圆心的尺寸6,还与 $\phi24$ 圆弧相切,是中间线段,如图1-43(c)随后画出;$R15$,$R20$ 圆弧没有定圆心尺寸(无定位尺寸),但它们分别与其他圆弧相切,并过矩形的角点,是连接线段,最后画出,如图1-43(d)。

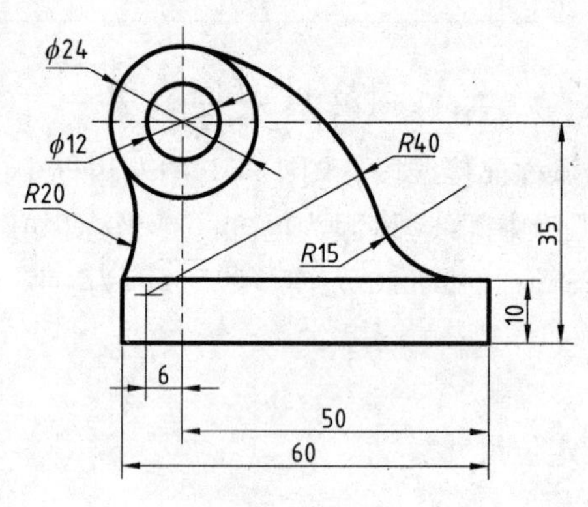

图1-42 平面图形尺寸分析

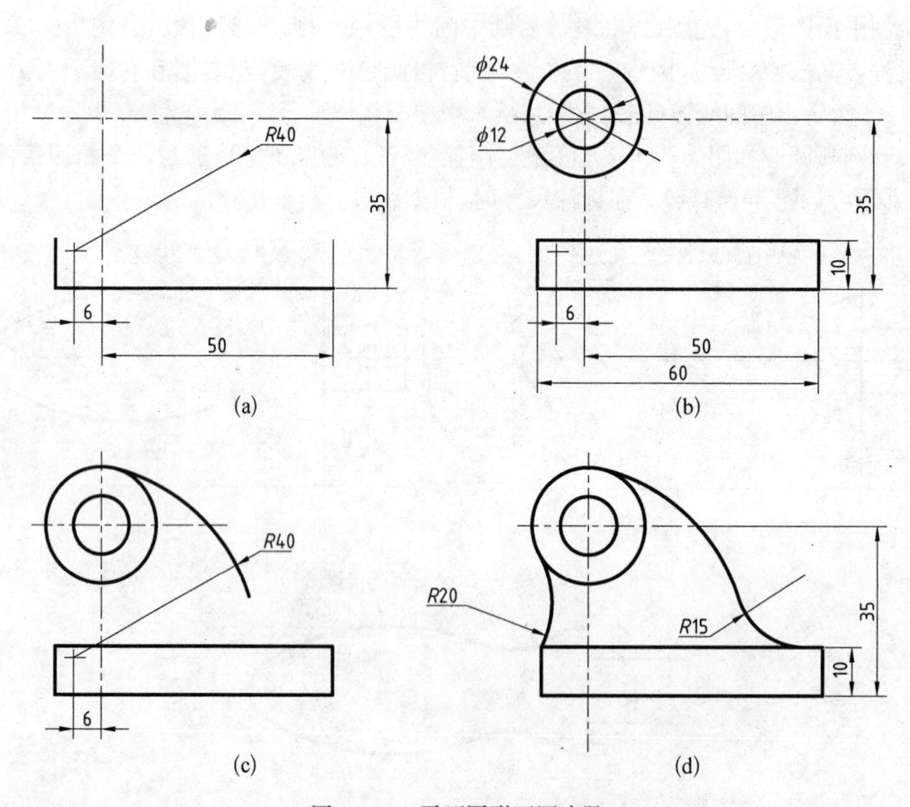

图1-43 平面图形画图步骤

第七讲　工作任务单

一、任务

正确快速地绘制教材中例 1～例 4、例 8～例 12、例 15、例 16 的图形。

二、要求

1. 掌握

(1) AutoCAD 的基本操作。

(2) 各种基本绘图命令和编辑命令。

(3) 基本的几何作图以及平面图形的绘制方法和步骤。

2. 了解

(1) AutoCAD 的发展概况。

(2) 抄画企业图纸。

3. 分析

(1) 分析图中的定形尺寸、定位尺寸和尺寸基准。

(2) 根据尺寸分析，依次找出图中的已知线段、中间线段和连接线段。

项目二 轴套类零件测绘与绘制

任 务

1. 测绘一级齿轮减速器中的调节圈、大小端盖和输出轴。
2. 徒手绘制上述四个零件(只绘制外形)。
3. 用 AutoCAD 基本绘图命令和基本编辑命令绘制上述零件。

能力目标

1. 能按国家标准《技术制图》的基本规定绘制调节圈、大小端盖和输出轴。
2. 能将 AutoCAD 与机械制图有机结合,用 AutoCAD 较快速地绘制上述 4 个零件。

相关知识

第一讲 机械图概述

一、机械图样

1. 工程图样

语言和图形是人类交流信息的主要手段,特别是图形能够表达其他手段难以表达或不能够表达的信息。人类在为实现自己的愿望而进行的“制作”活动中,往往都是通过图形来交流的。但要用普通的图将自己的愿望完整逼真地表达出来是很困难的,所以就产生了用投影图交流制作信息的方法。要将自己的设计思想准确地传递,必须制定共同使用并遵守的规定。为了生产和技术交流的需要,对于图的内容、格式和表达方法等,必须有一个统一的规定、准则、规范,这就是制图的标准。制图的标准是制图和读图的基础。

工程图样是使用投影原理、遵循制图标准在图纸上绘制的平面图形,在工程界要通过工程图样来交流零件的形状、尺寸、加工要求等信息,被誉为工程界的交流语言。机械图样是在机械行业中使用并流通的,不仅要遵循技术制图标准,还要遵循机械制图标准。在这些标准中规定了机械零件图和装配图的画法和标注等内容。

2. 机械制图与机械图样

绘制图样的过程叫做制图,绘制与机械有关的图样叫做机械制图。

机械设计人员要通过图样来完整和准确地表达设计意图,实施零件制造的人员要能够看懂、读懂图样,根据图样中表达的零件形状、尺寸、加工要求等完成产品。设计者在制图时必须将设计意图正确、明白地表现在图纸上。因此,机械图样的内容不仅包括表达对象的形状、尺寸,还应有对象的表面状态,材料和加工要求等信息。这些内容必须按照国家标准规定的方法

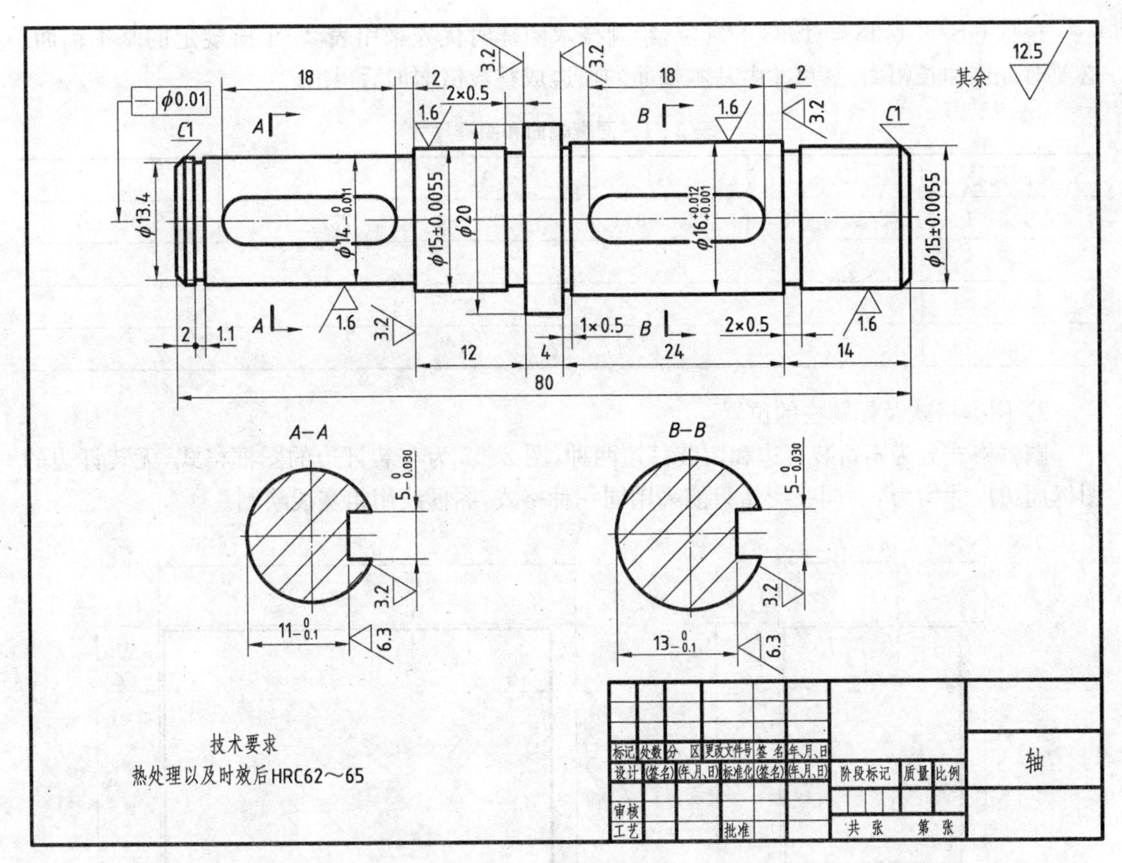

图 2-1　轴零件图

来图示，或加以简单文字说明，如图 2-1 所示。

绘制机械图样的方法主要有传统的手工绘图和计算机绘图。手工绘制的图样也叫做尺规图，即使用丁字尺、三角板和圆规等工具绘制图样。手工绘图也称为仪器绘图，目前的主流绘图方法是计算机绘图，即利用计算机绘图软件(AutoCAD)在计算机上绘制机械图样，图纸需要通过绘图仪或打印机输出。

在计算机上还可以直接绘制三维立体图，并与数控机床相连，不需要输出图纸，直接通过指令控制机床加工出机件，实现无纸化生产。由于这种技术尚不成熟，目前大多数生产还都需要机械图样，而且尺规绘图与计算机绘图共存，这种状态将会持续相当长的时间。

二、《技术制图》的基本规定

《技术制图》国家标准是工程界重要的技术基础标准，是绘制和阅读机械图样的准则和依据，它统一规定了有关机械方面的生产和设计部门共同遵守的画图规则。我国于 1959 年制定了国家标准《机械制图》，后来经过几次修改，目前使用最新标准 2006 年修订的《技术制图》国家标准。国家标准(简称国标)的代号是“GB”(“GB/T”为推荐性国标)，字母后面的两组数字分别表示标准顺序号和标准批准年份。如：GB/T 131—2006，131——标准顺序号；2006——标准批准年份。

1. 图纸幅面和格式(GB/T 14689—1993)

1) 图纸幅面尺寸

根据 GB/T 14689—1993 的规定，绘制技术图样时优先采用表 2-1 所规定的基本幅面。必要时允许加长幅面，其尺寸由基本幅面的短边成整数倍增加后得出。

表 2-1　图纸幅面和图框尺寸

幅面代号	A0	A1	A2	A3	A4
尺寸 $B\times L$	841×1 189	594×841	420×594	297×420	210×297
e	20		10		
c	10			5	
a	25				

2）图框格式及标题栏的位置

图框格式分为不留装订边和留装订边两种，图 2-2 为有装订边的图框格式，无装订边的图框周边尺寸均为 e。同一产品只能采用同一种格式，图框线用粗实线绘制。

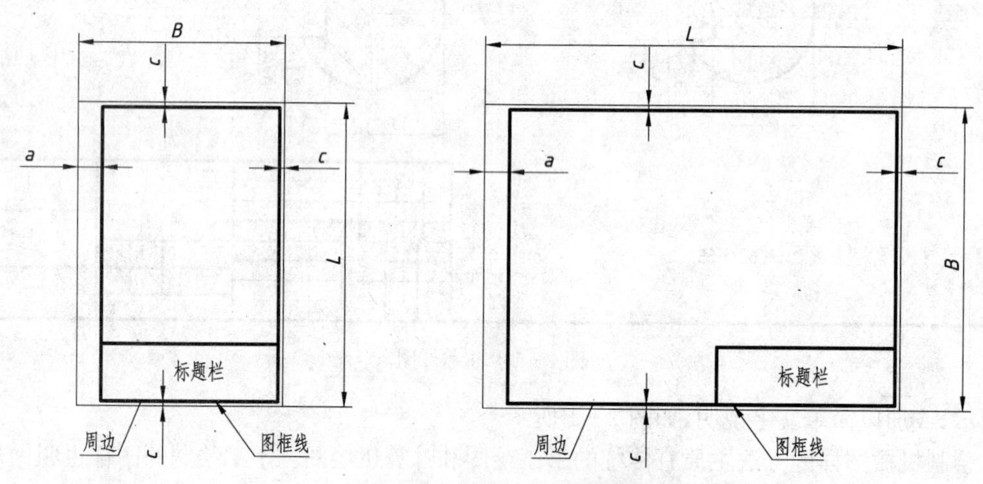

图 2-2　有装订边的图框格式

标题栏位于图纸的右下角。标题栏的格式和尺寸按 GB/T 10609—1989 的规定绘制，如图 2-3 所示。

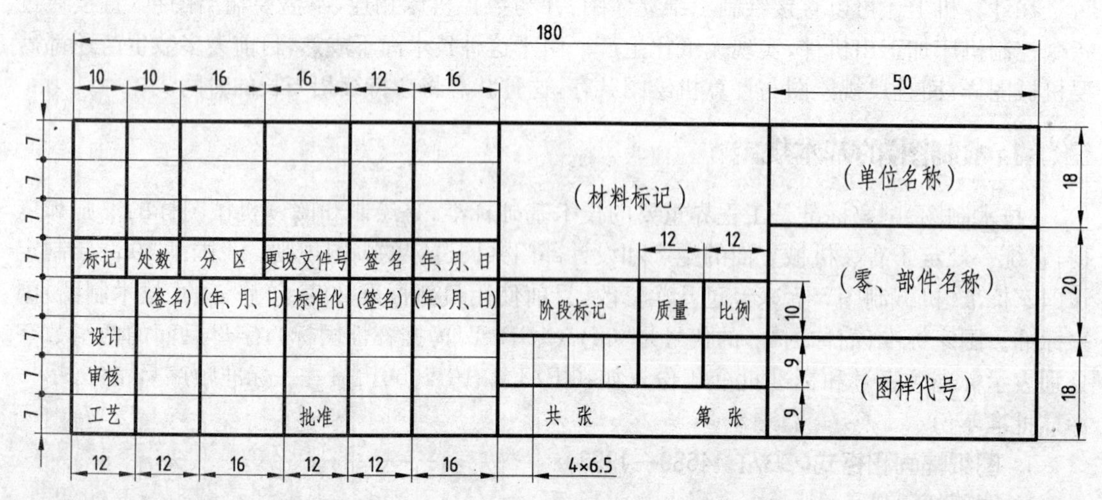

图 2-3　标题栏

2. 绘图比例(GB/T 14690—1993)

根据 GB/T 14690—1993 的规定,图样中的图形与其实物相应要素的线性尺寸之比称为比例。绘制技术图样时一般应在表 2-2 规定的系列中选取适当的比例。

$$\text{绘图比例} = \frac{\text{图中图形线性尺寸}}{\text{实物相应要素尺寸}}$$

表 2-2 一般选用的比例

种类	比例		
原值比例	1∶1		
放大比例	5∶1 5×10^n∶1	2∶1 2×10^n∶1	 1×10^n∶1
缩小比例	1∶2 1∶2×10^n	1∶5 1∶5×10^n	1∶10 1∶1×10^n

注:n 为正整数

必要时也允许在表 2-3 规定的比例系列中选用

表 2-3 允许选用的比例

种类	比例				
放大比例		4∶1 4×10^n∶1		2.5∶1 2.5×10^n∶1	
缩小比例	1∶1.5 1∶1.5×10^n	1∶2.5 1∶2.5×10^n	1∶3 1∶3×10^n	1∶4 1∶4×10^n	1∶6 1∶6×10^n

注:n 为正整数

一般情况下,比例应填写在标题栏中的比例栏内。当某个视图采用不同于标题栏内的比例时,可在视图名称下方注出比例,如图 2-4 所示,或在视图名称右侧。

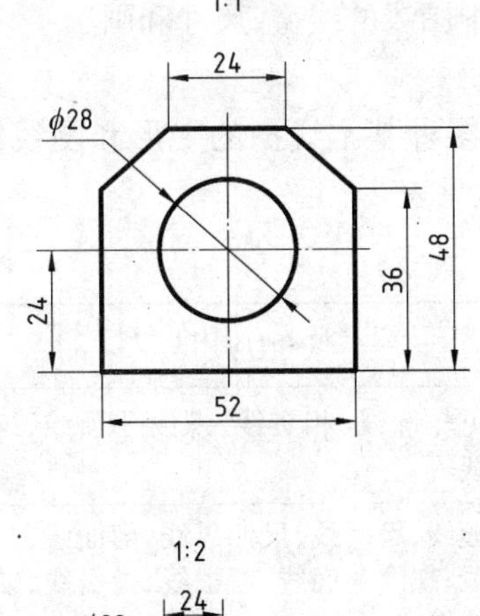

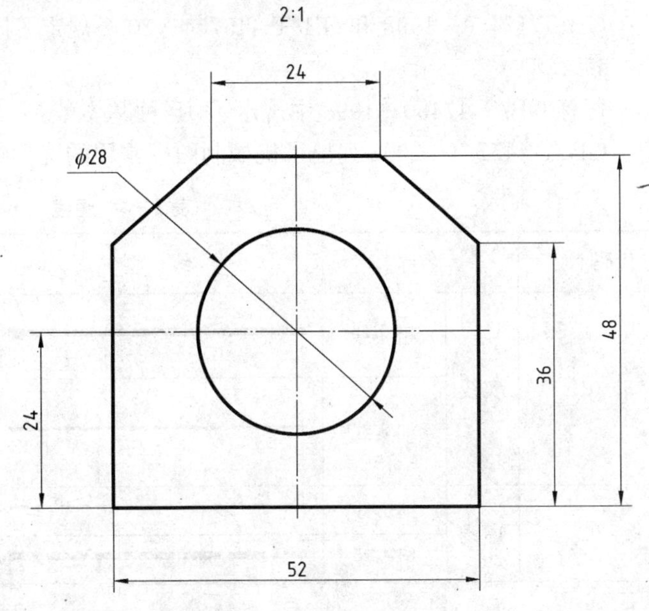

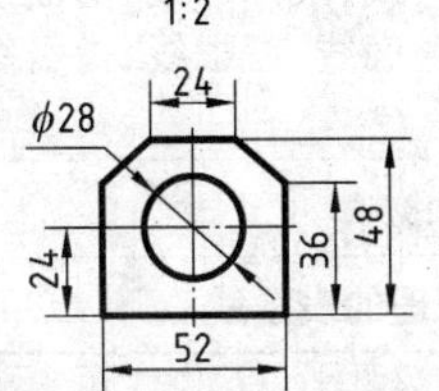

图 2-4 比例的标注

3. 字体(GB/T 14691—1993)

GB/T 14691—1993 规定了技术图样及有关技术文件中书写的汉字、字母、数字的结构形式及基本尺寸。

字体工整笔画清楚间隔均匀排列整齐

横平竖直注意起落结构均匀填满方格

技术制图机械电子汽车航空船舶土木建筑矿山井坑港口纺织服装

螺纹齿轮端子接线飞行指导驾驶舱位挖填施工引水通风闸阀坝棉麻化纤

图 2-5　长仿宋体汉字示例

字体高度(用 h 表示)的公称尺寸系列为 1.8 mm，2.5 mm，3.5 mm，5 mm，7 mm，10 mm，14 mm，20 mm 等八种。字体高度称为字体的号数。若需要书写大于 20 号的字，其字体高度应按$\sqrt{2}$的比例递增。

字母及数字分 A 型和 B 型，在同一张图上只允许用同一种形式的字体。

A 型字体的笔画宽度(d)为字高(h)的 1/14。

B 型字体的笔画宽度(d)为字高(h)的 1/10。

字母及数字可写成斜体或直体，斜体字的字头向右倾斜，与水平基准线成 75°。

汉字只能写成直体。

4. 图线(GB/T 17450—1998)

GB/T 17450—1998 和 GB/T 4457.4—2002 规定了图样中图线的线型、尺寸和画法。

1) 线型

国标 GB/T 17450—1998 中规定了 15 种基本线型，以及多种基本线型的变形和图线组合。GB/T 4457.4—2002 列出了机械制图中常用的九种线型，见表 2-4。

表 2-4　图线

代码 NO.	名称		线　型	一般应用
01	实线	粗实线	(粗实线)	可见轮廓线、相贯线、螺纹牙顶线、齿顶线等
		细实线	(细实线)	过渡线、尺寸线、尺寸界线、剖面线、弯折线、螺纹牙底线、齿根线、指引线、辅助线等
02	虚线	细虚线	(细虚线)	不可见轮廓线
		粗虚线	(粗虚线)	允许表面处理的表示线

（续表）

代码 NO.	名称		线　型	一般应用
04	点画线	细点画线		轴线、对称中心线、齿轮分度圆线等
		粗点画线		限定范围表示线
05	细双点画线			轨迹线、相邻辅助零件的轮廓线、极限位置的轮廓线、剖切面前的结构轮廓线等
基本线型的变形	波浪线			断裂处的边界线、剖视图与视图的分界线
图线的组合	双折线			断裂处的边界线、视图与剖视图的分界线

2）图线的尺寸

GB/T 17450—1998 规定，所有线型的图线宽度（d），应按图样的类型和尺寸大小在下列数系中选择（数系公比为 $1:\sqrt{2}$，单位为mm）：0.13，0.18，0.25，0.35，0.5，0.7，1，1.4，2。

粗线、中粗线和细线的宽度比率为 4∶2∶1。在同一图样中，同类图线的宽度应一致。

在机械制图中常用的图线，除粗实线、粗虚线和粗点画线以外均为细线，粗线与细线的线宽比为 2∶1。

为了保证图样清晰、易读和便于缩微复制，应尽量避免在图样中出现宽度小于 0.18 mm 的图线。

3）图线的画法

（1）除非另有规定，两条平行线间的最小间隙不得小于 0.7 mm。

（2）在较小的图形中绘制细点画线或细双点画线有困难时，可用细实线代替。

（3）细点画线、细双点画线、细虚线、粗实线彼此相交时，应交于画线处，不应留空，见图 2-8。

（4）两种图线重合时，只需画出其中一种，优先顺序为：可见轮廓线，不可见轮廓线，对称中心线，尺寸界限。

各种图线的应用举例示于图 2-6。间断线的画法见图 2-7。

5. 尺寸标注的基本规定（GB/T 4458.4—2003）

图形表示机件的形状，机件的大小是由图样上所注的尺寸来决定的，所以标注尺寸时，必须严格按照国家标准的有关规定进行。

1）尺寸标注的基本规则

（1）机件的真实大小应以图样上所注的尺寸数值为依据，与图形的大小及绘图的准确度无关。

（2）图样中的尺寸单位为 mm（毫米）时不需注明。

（3）机件的每一尺寸，一般只注一次，并注在表示该结构最清晰的图形上。

（4）图样中所注的尺寸，为该图样所示机件的最后完工尺寸，否则应另加说明。

2）尺寸线、尺寸界线

（1）尺寸线和尺寸界线均以细实线画出。

（2）线性尺寸的尺寸线应平行于所表示长度（或距离）的线段（图 2-9(a)）。

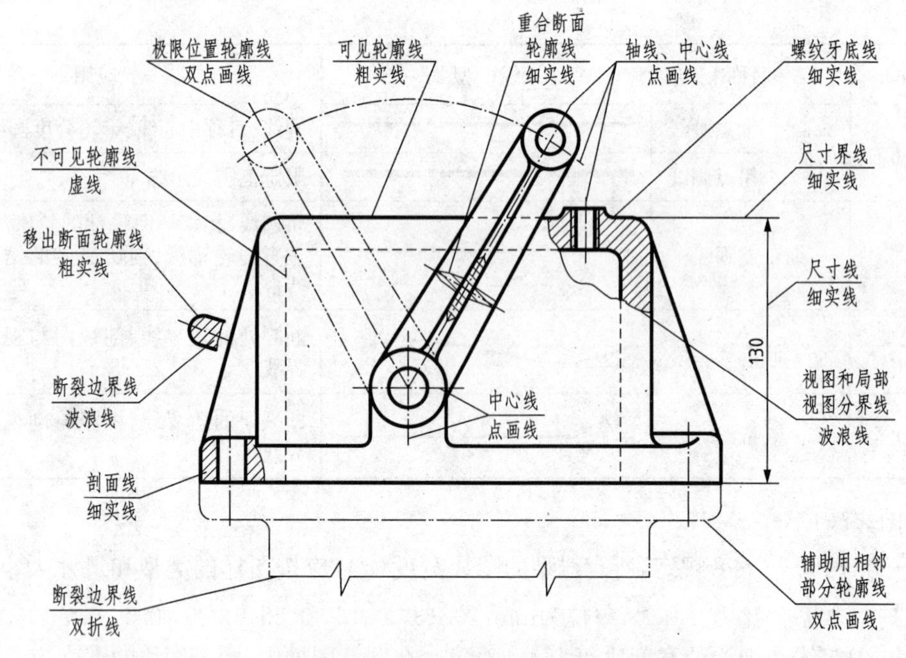

图 2-6　各种图线应用举例

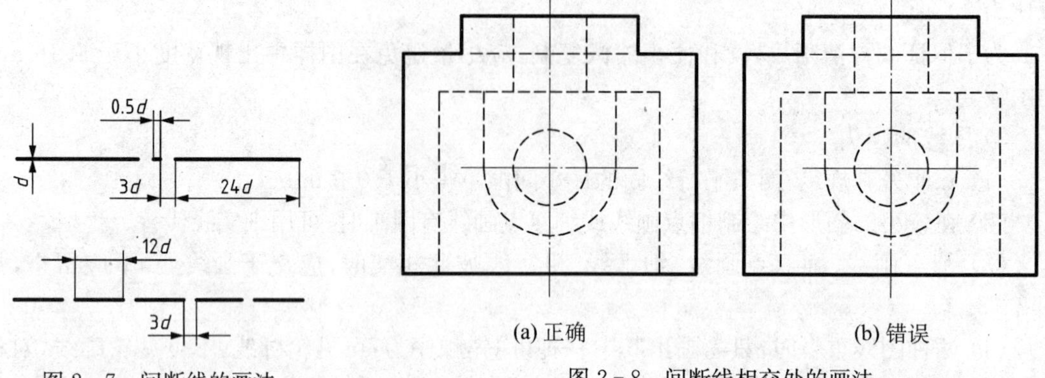

图 2-7　间断线的画法

图 2-8　间断线相交处的画法

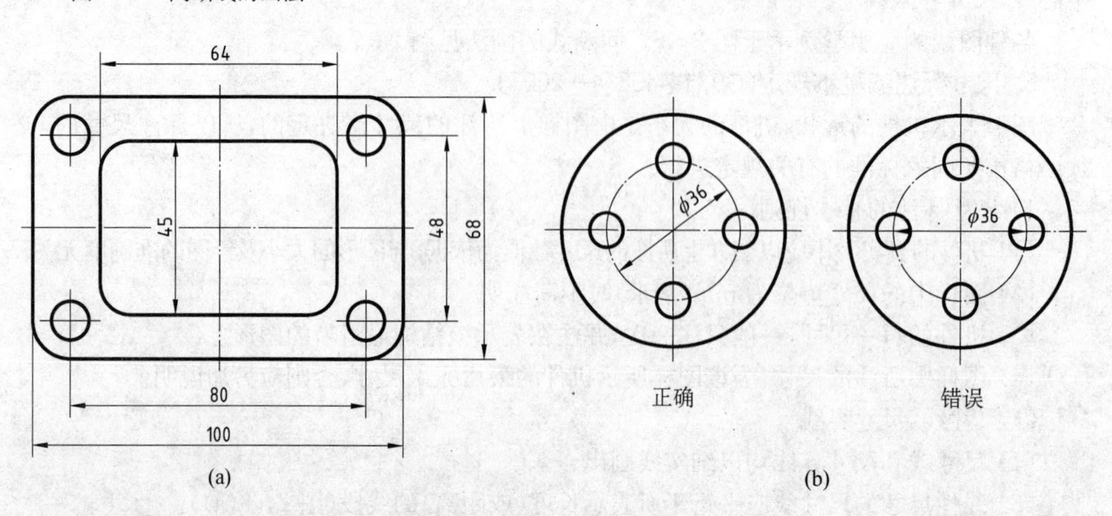

图 2-9　尺寸注法示例(一)

(3) 图形的轮廓线、中心线或它们的延长线，可用作尺寸界线，但不能用作尺寸线(图 2-9(a)、(b))。

(4) 尺寸界线一般应与尺寸线垂直。当尺寸界线过于贴近轮廓线时，允许将其倾斜画出。在光滑过渡处，需用细实线将轮廓线延长，从其交点引出尺寸界线(图 2-10)。

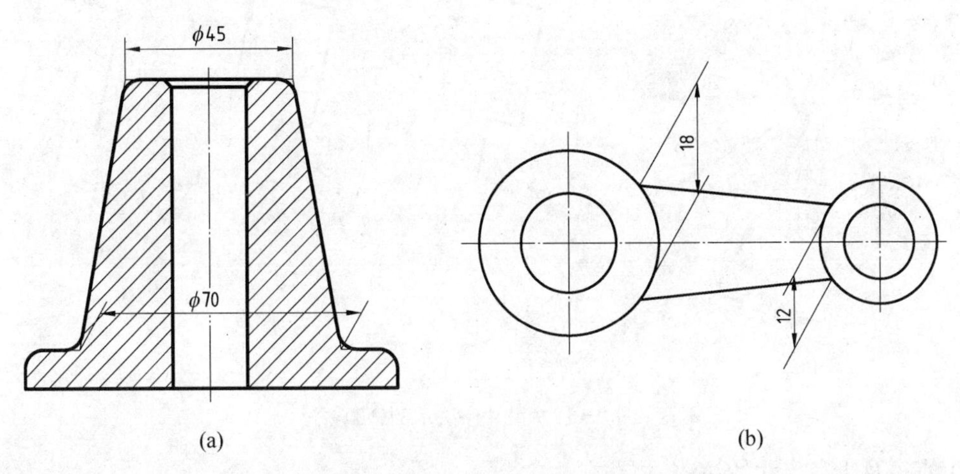

图 2-10　尺寸注法示例(二)

(5) 尺寸线的终端为箭头，箭头的画法见图 2-11(a)，图中 d 为粗实线宽度。线性尺寸线的终端允许采用斜线，其画法如图 2-11b，图中 h 为字高。当采用斜线时，尺寸线与尺寸界线必须垂直。同一张图样，尺寸的终端只能采用同一种形式。

(6) 对于未完整表示的要素，可仅在尺寸线的一端画出箭头，但尺寸线应超过该要素的中心线或断裂处 2-11(c)。

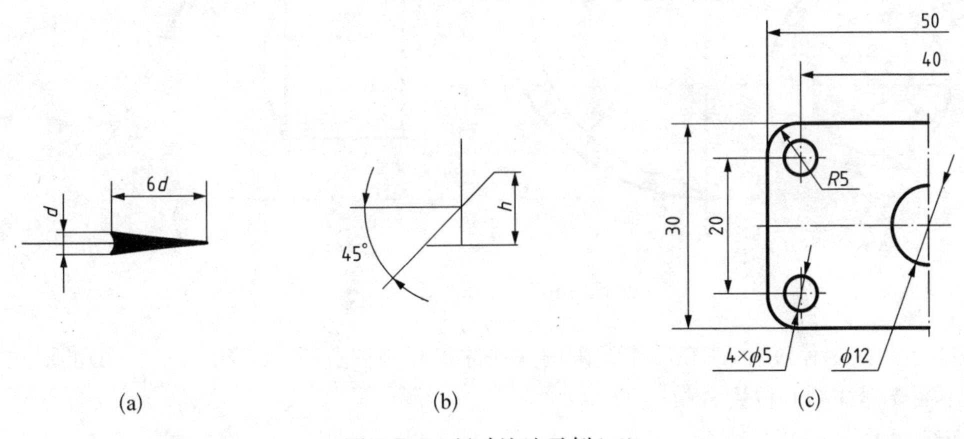

图 2-11　尺寸注法示例(三)

3) 尺寸数字

(1) 线性尺寸数字的方向应按图 2-12(a)所示方式注写，并尽量避免在图示 30°范围内标注尺寸，无法避免时，可按图 2-12(b)的方式标注。

(2) 尺寸数字不可被任何图线通过，不可避免时，需把图线断开图 2-9(a)中的 45，图 2-13(a)中的 ϕ54 和 ϕ40。

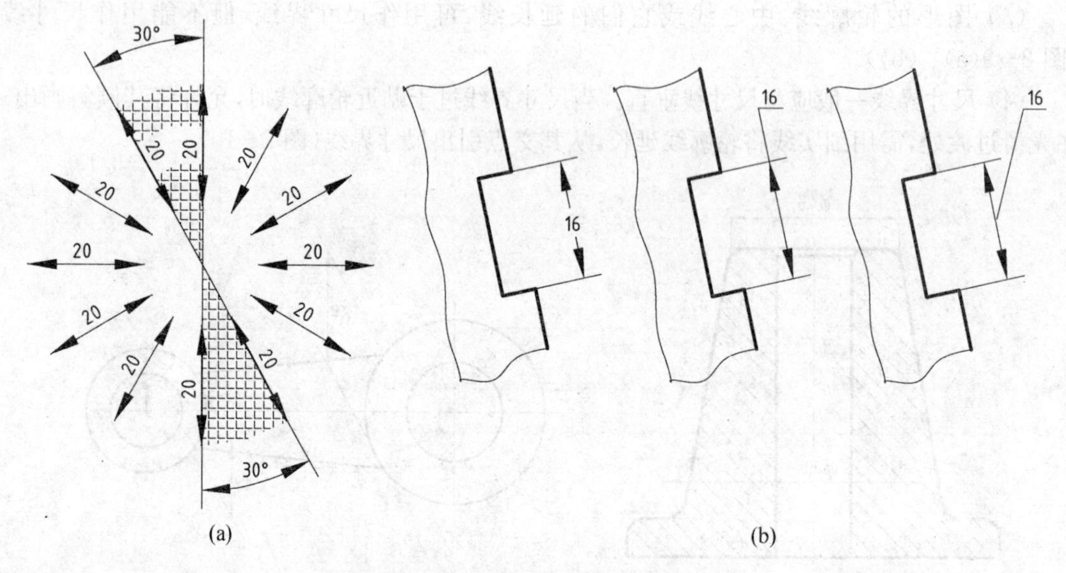

图 2-12　尺寸注法示例(四)

4) 直径及半径尺寸的注法

(1) 直径尺寸的数字之前应加注符号“ϕ”(图 2-13(a))。

(2) 半径尺寸数字之前应加注符号“R”,其尺寸线应通过圆弧的中心。

(3) 半径尺寸应注在投影为圆弧的视图上(图 2-13(b))。

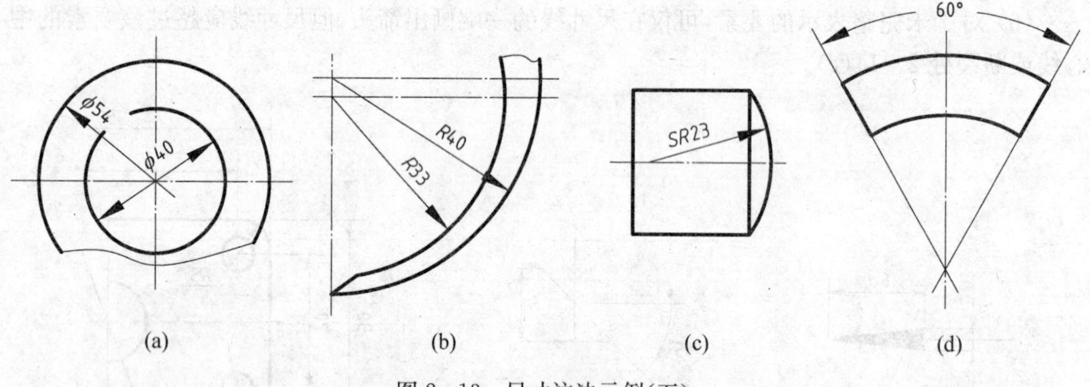

图 2-13　尺寸注法示例(五)

(4) 当圆弧半径过大,或在图纸范围内无法注出圆心位置时,可按图 2-14(b)的形式标注半径,不需要标注圆心位置。

5) 球面尺寸的注法

标注球面的直径和半径时,应在直径符号“ϕ”、半径符号“R”前再加注符号“S”(图 2-13(c))。

6) 角度尺寸的注法

(1) 角度尺寸的尺寸界线应沿径向引出,尺寸线应画成圆弧,其圆心是该角的顶点,尺寸线的终端应画成箭头(图 2-13(d))。

(2) 角度的数字一律写成水平方向,一般注写在尺寸线的中断处,必要时可按图 2-14(a)的形式标注。

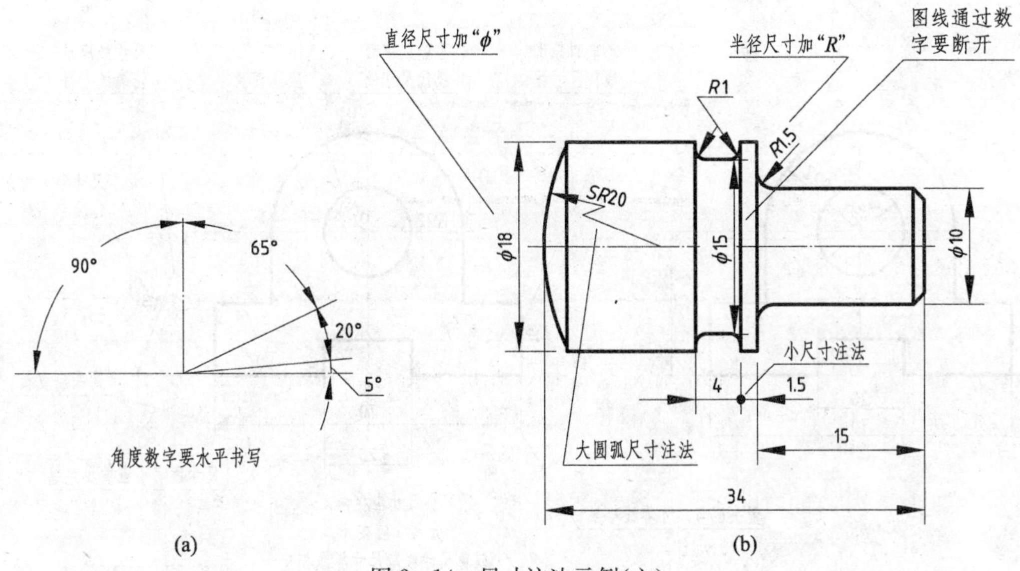

图 2-14　尺寸注法示例(六)

7) 小部位尺寸的注法

在没有足够的位置画箭头或注写尺寸数字时,可按图 2-15 的形式标注尺寸。

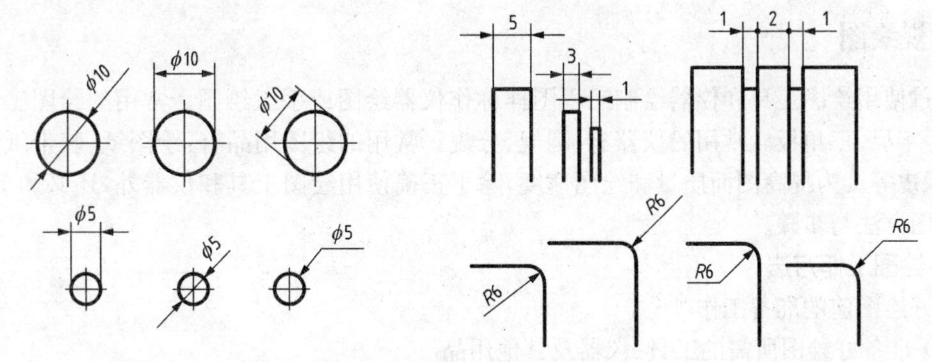

图 2-15　尺寸注法示例(七)

8) 尺寸注法示例

图 2-16 说明尺寸的注法和应该注意的细节,图 2-17 是尺寸标注正误对照。

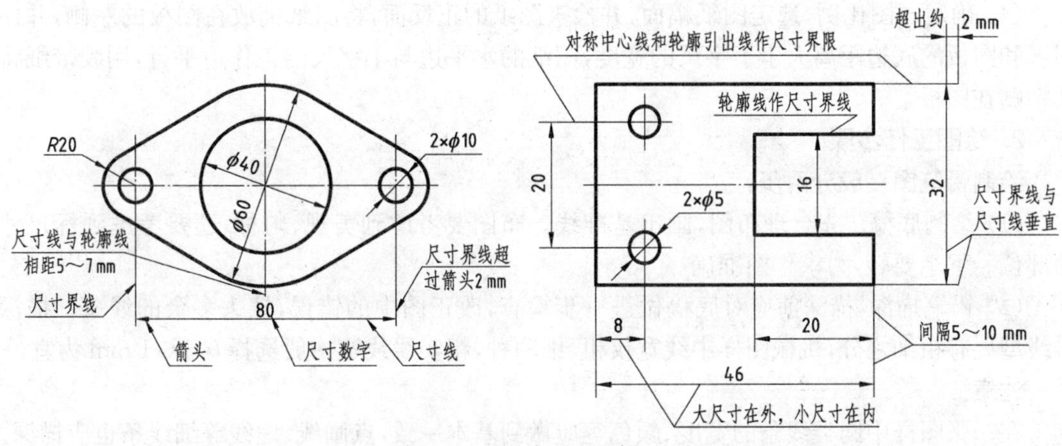

图 2-16　尺寸注法示例(八)

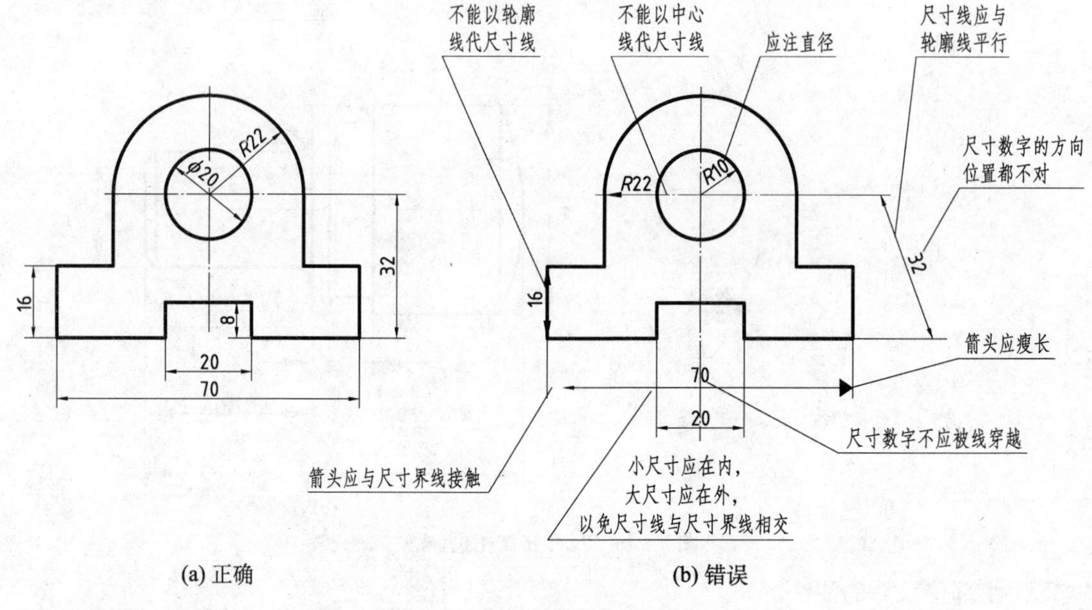

图 2-17　尺寸注法示例(九)

三、尺规绘图

通过使用绘图工具和仪器绘制工程图样称作仪器绘图或手工绘图。常用的绘图工具有：图板、丁字尺、三角板。常用的仪器有：圆规、分规。常用的绘图用品有：绘图纸、胶带纸、绘图铅笔、橡皮等。为提高图面质量和绘图速度，除了正确使用绘图工具和仪器外，还必须掌握正确的绘图方法与步骤。

1. 绘图工作方法

做好绘图前的准备工作：

(1) 准备好绘图所需的工具、仪器及其他用品。

(2) 削磨好铅笔。

(3) 用干布将图板、丁字尺及三角板等擦干净。在作图过程中应该经常进行清洁，以保证图面整洁。

(4) 确定画图比例，选定图纸幅面，并检查图纸的正反面，将图纸铺放在图板的左侧，并使图纸和图板的底边距离大于丁字尺的宽度，图纸的水平边与丁字尺的工作边平行，用胶带纸将其粘贴在图板上。

2. 绘图工作步骤

绘制铅笔图一般分两步：

(1) 绘制底稿。先合理布图，画出基准线。布图要考虑到美观、匀称，还要考虑到标尺寸的部位。下笔要轻，力求作图准确。

(2) 铅笔描深，描深前应对底稿做进一步检查，改正图中的错误，擦去多余的线条。描深时线型要有粗细之分，机械图样中线宽仅粗、细两种，粗实线线宽一般选择 0.7～1 mm 为宜。

注意：

在一张图样中同类线条的宽度、颜色等应做到基本一致，点画线、虚线等细线条也应描深。

描深的步骤:①先曲线后直线,先粗线后细线,先水平垂直后垂斜;②丁字尺自上而下移动,三角板自左而右移动;③铅笔的走向是画水平线时自左而右,画垂直线时自下而上,且铅笔在三角板的左边;④将图形描深后再标注尺寸,写文字说明,填写标题栏。

四、徒手绘图

徒手图也称草图,是不借助绘图工具,目测物体的形状及大小,徒手绘制的图样。在机器测绘、讨论设计方案、技术交流、现场参观时,受现场条件或时间限制,常用徒手绘制草图,然后再整理成仪器图或计算机图。所以,徒手绘图也是工程技术人员必须具备的能力。

1. 徒手绘图的要求

(1) 画线要稳,图线要清晰。

(2) 目测尺寸要准(尽量符合实际),各部分比例正确。

(3) 绘图速度要快。

(4) 标注尺寸无误,字体要工整。

2. 直线的徒手画法

水平线自左向右画,眼睛看着直线所要到达的端点;垂直线自上向下画,同样眼睛看着直线所要到达的端点,如图 2-18 所示。

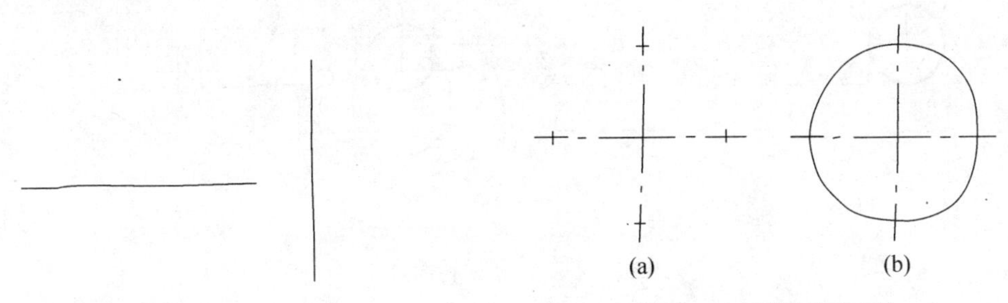

图 2-18　直线的徒手画法

图 2-19　圆的徒手画法

3. 圆的画法

先画两条垂直相交的点画线,然后根据圆的半径,以交点为中心,在点画线上画四段短划,如图 2-19(a),将四个点短划用圆弧连接得到圆,如图 2-19(b)所示。

五、零件的测绘

零件测绘是以零件为对象,通过测量和分析,并绘制其制造所需的全部零件图的过程。测绘是一个认识实物和再现实物的过程。在仿造、维修或对部件进行技术改造时,经常要对零件进行测绘。

1. 常用测量工具

测量尺寸的常用工具有:直尺、外卡钳和内卡钳;测量较精密的零件时,要用游标卡尺、千分尺或量块、量规等其他工具。直尺、游标卡尺和千分尺上有尺寸刻度,测量零件时可直接从刻度上读出零件的尺寸,如图 2-20,图 2-21。用内、外卡钳测量时,必须借助直尺才能读出零件的尺寸,图 2-22 是测量阶梯孔的直径,该结构外面孔小,里面孔大,用游标卡尺无法测量大孔的直径。可用内卡钳测量,借助直尺读数。在测绘时,对零件上的尺寸应集中测量,同时应根据零件尺寸的精确程度选用不同的量具。

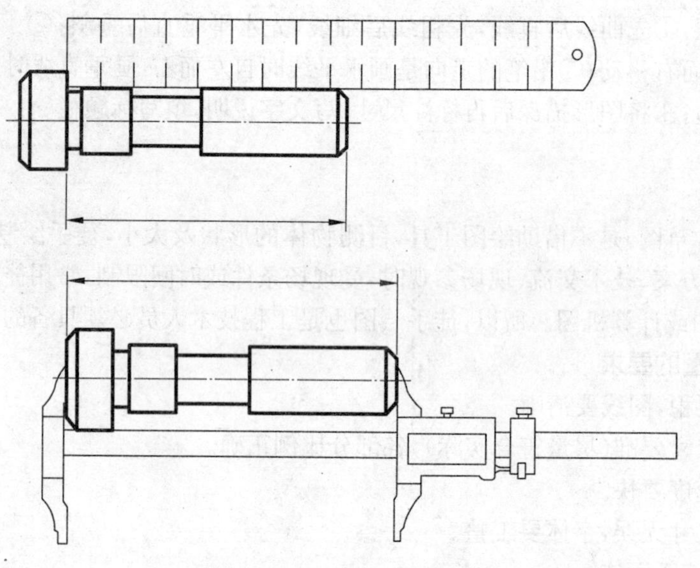

图 2-20　测量直线尺寸

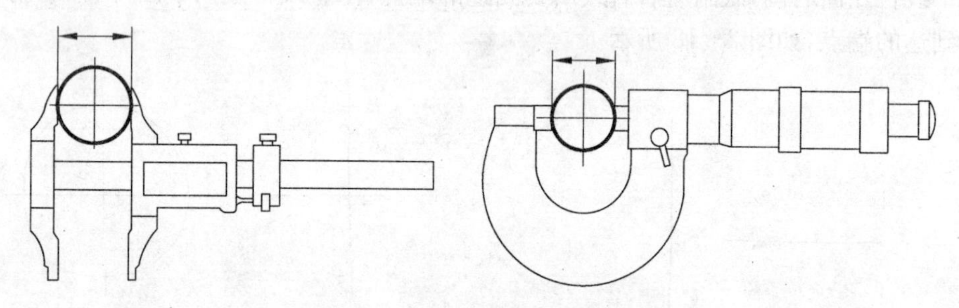

图 2-21　测量回转面直径

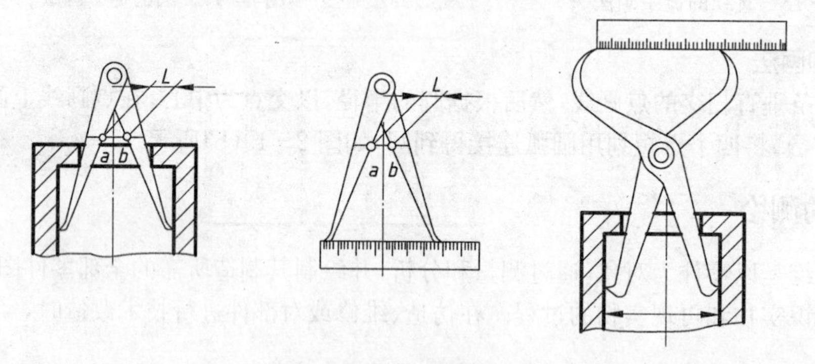

图 2-22　测量阶梯孔直径

2. 常用测量方法

(1) 测量直线尺寸：可用直尺、游标卡尺直接量得尺寸的大小。

(2) 测量回转面的直径：可用外卡钳、内卡钳、游标卡尺、千分尺或其他工具。

(3) 测量壁厚：一般可用两把直尺测量，见图 2-23(a)，测得的刻度差即为壁厚。若孔径较小时，可用带测量深度的游标卡尺测量，如图 2-23(b)所示。有时也会遇到用直尺或游标卡尺都无法测量的壁厚。这时则需用卡钳来测量，如图 2-23(c)所示。

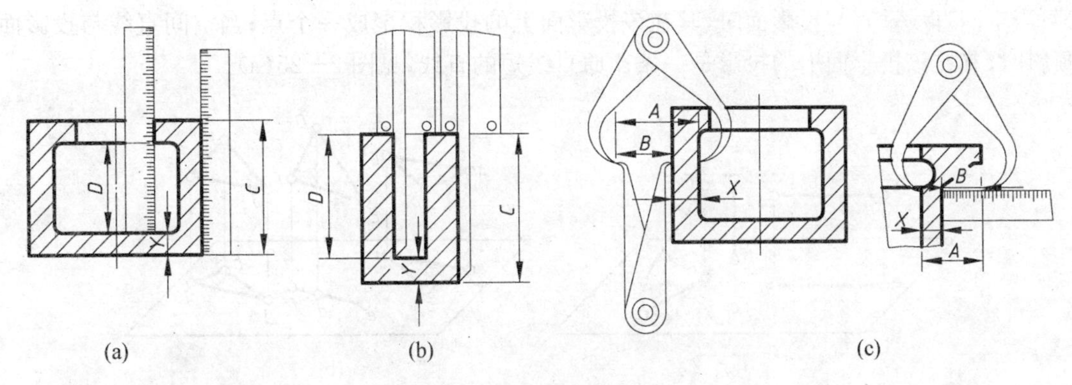

图 2－23　测量壁厚

(4) 测量圆角：一般用圆角规测量。每套圆角规有很多片，一半测量外圆角，一半测量内圆角，每片刻有圆角半径的大小。测量时，只要在圆角规中找到与被测部分完全吻合的一片，从该片上的数值可知圆角半径的大小。

(5) 测量角度：可用量角规测量。

第二讲　三视图

一、投影知识

光线(投影线)通过物体，向选定的面(投影面)投影，得到该物体的图形(投影)的方法，称为投影法。

在图 2－24(a)中有平面 P 以及不在该平面上的一点 S，需作出空间任一点 A 在平面 P 上的图像，将 S、A 连成直线并延长，作出 SA 与平面 P 的交点 a，即为点 A 的图像。平面 P 称为投影面，点 S 称为投影中心，直线 SA 称为投影线，点 a 称为点 A 的投影。

投影线互相平行且垂直于投影面的投影称为正投影，简称投影，如图 1－24(b)所示。机械图主要是用正投影法绘制。

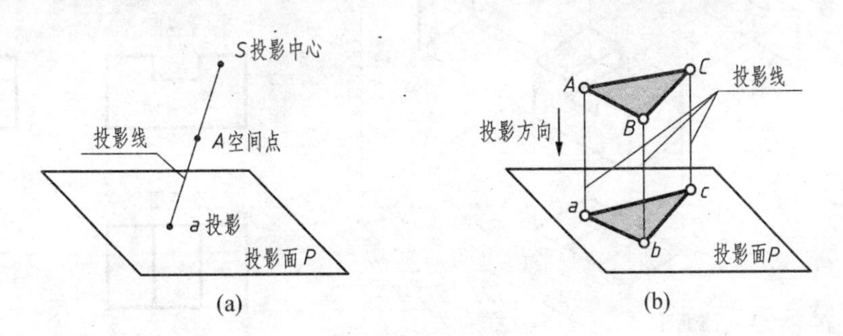

图 2－24　投影知识

投影法就是用二维平面图形表示立体的三维形状的方法。只有掌握投影法，才能够准确无误地表达和理解立体的三维形状。

1. 投影规律

(1) 当空间直线与投影面平行时，其在该投影面上的投影是一条直线，且长度与原直线相等;当空间直线垂直与投影面时,其在该投影面上的投影积聚成一个点;当空间直线与投影面倾斜时,其在该投影面上的投影是一条比原直线短的直线,见图 2-25(a)。

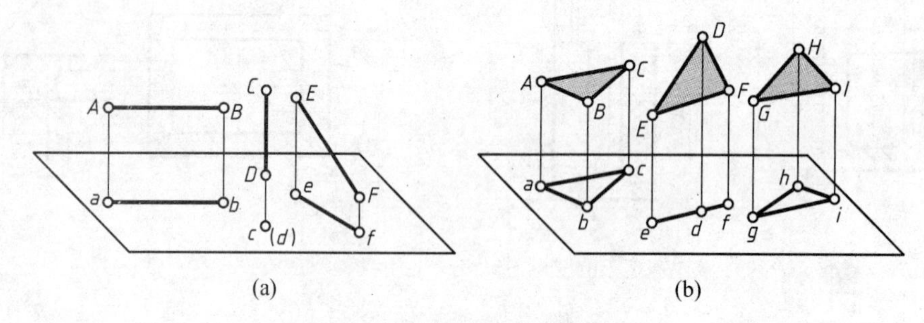

图 2-25　投影基本规律(一)

(2) 当空间平面与投影面平行时,其在该投影面上的投影反映平面的真实形状和大小(实形);当空间平面垂直于投影面时,其在该投影面上的投影为直线;当空间平面与投影面倾斜时,其在该投影面上的投影反映类似性,且面积缩小,见图 2-25(b)。

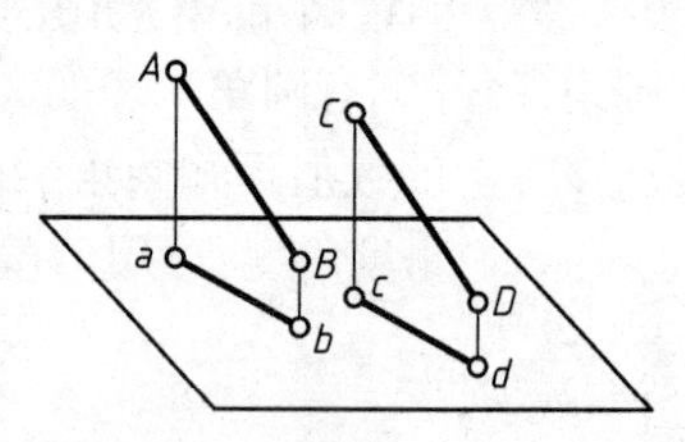

图 2-26　投影基本规律(二)

空间两直线如互相平行,则它们在同一投影面上的投影也互相平行,见图 2-26。

2. 多面投影

如图 2-26 所示,分别过 A, B 两点,向平面作垂线,得到两个垂足 a, b。连接 ab 即为直线 AB 在平面上的投影。但是如果知道直线 AB 的投影 ab,无法确定空间直线 AB 的具体位置。只有一个投影面无法做到空间对象与平面投影一一对应,因此需要几个互相垂直的投影面,将空间物体向这几个投影面作投影形成多面投影,见图 2-27。

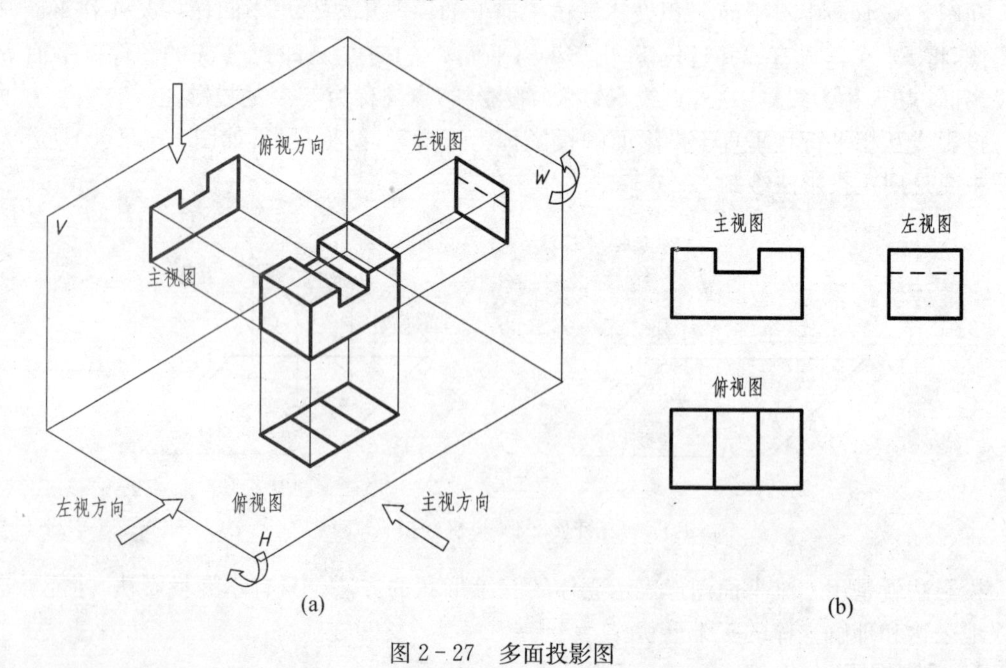

图 2-27　多面投影图

多面正投影图是指物体在互相垂直的两个或多个投影面上所得到的正投影图,见图

2-27(a)。将这些投影面旋转展开到同一图面上，使该物体的各视图(正投影图)有规则地配置，并且相互之间形成对应关系，见图 2-27(b)。

多面正投影图才能够完整表达立体的三维形状，所以工程制图采用的是多面正投影，机械图样就是多面正投影图。

二、三视图的形成

三视图就是三面正投影图，这三个投形平面分别为正立投影面 V(简称正平面)；水平投影面 H(简称水平面)；侧立投影面 W(简称侧平面)，立体在三个面上的投影分别称为正面投影、水平投影和侧面投影。三视图包括：主视图、俯视图和左视图，如图 2-27(b)所示，它们对应上述三个投影，即正面投影→主视图；水平投影→俯视图；侧面投影→左视图。在表达立体时，常使用主视图、俯视图和左视图。

投影线可理解为观察者的“视线”，所以投形图也称为“视图”。俯视图和左视图的名称就是由眼“看”立体的方向而得，如果根据这一规则，主视图应叫“前视图”，但因主视图要表达立体主要结构形状特征而得名，所以在画图时，必须选择好主视图。

三视图的相对位置是固定的，以主视图为基准，俯视图在主视图的正下方，左视图在主视图的正右方，因此不标注视图名称。每个立体都有长、宽、高三个方向尺寸，如果将物体左右方向尺寸称为长，前后方向尺寸称为宽，上下方向尺寸称为高，则主视图表达长、高尺寸；俯视图表达长、宽尺寸；左视图表达宽、高尺寸。因此，在画三视图时，要牢记这一口诀：“主、俯视图长对正；主、左视图高平齐；俯、左视图宽相等。”这也是立体在投影中的投影规律，即三视图的形成规律，也称“三等”规律。

画三视图时，要注意投影规律和投影方位关系，这是正确画图和读图的依据。还要注意，每个视图只能反映立体的两个方向的形状，见图 2-28。

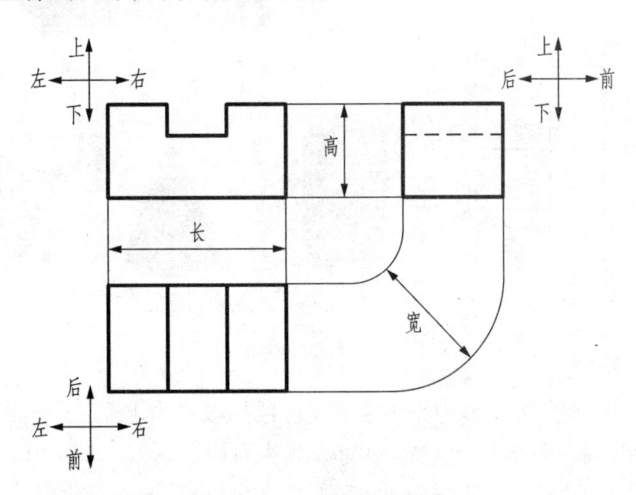

图 2-28　三视图的形成

画图时需要特别注意俯视图与左视图宽相等(前后方位)，一般用圆规或分规量取；读图时要知道在俯视图与左视图中，距离主视图近的一侧为后，远的一侧为前。能够分清视图中的前后方位是建立起空间想象能力的第一步。

可见轮廓线在视图中用粗实线表示，不可见的轮廓线用虚线表示。可见性因投射方向不同,在每个视图中的表现也不同。在主视图中为前遮后;在俯视图中为上遮下;在左视图中为左遮右。

三、基本立体的三视图

构成立体的基本单元是简单的基本体,如:棱柱、棱锥、圆柱、圆锥、圆球、圆环。复杂的立体正是由这些简单立体经过切割或组合形成,见图 2-29,这些简单立体统称为基本立体。

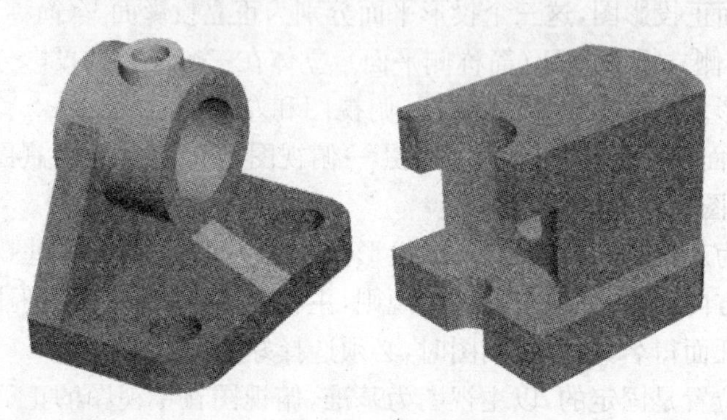

图 2-29　立体的构成

1. 基本立体的种类

根据基本立体表面的构成及其投影规律将基本体分成如下几类。

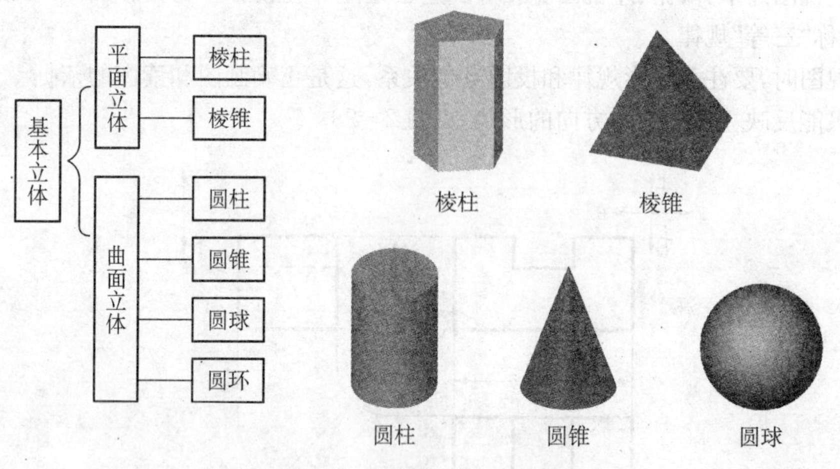

图 2-30　基本立体的种类

表面完全由平面围成的立体称为平面立体,它包括棱柱和棱锥。平面立体的投影完全由直线段构成,投影中的每一条线段与立体中的棱线相对应。

表面由曲面和平面围成,或完全由曲面围成的立体称为曲面立体,它包括圆柱、圆锥、圆球和圆环,前两者由曲面和平面围成,后两者完全由曲面围成,这四种曲面立体也称为回转体。曲面立体的投影则是由曲线段和直线段,或完全由曲线段构成。投影中每条线段对应的可能是曲面立体的棱线(面与面的交线),也可能是曲面的轮廓素线(不是立体表面上的棱线)。

回转体是由回转面和平面或完全由回转面围成。回转面是由母线(动线)绕轴线旋转形

成的。

2. 平面立体的三视图

1）棱柱

图 2－31 所示立体为正五棱柱，其形状特征：由上下两个正五边形和五个矩形围成，其投影规律：上下两个平面和后面平面的投影为特征面实形，其余四个平面垂直于水平投影面。

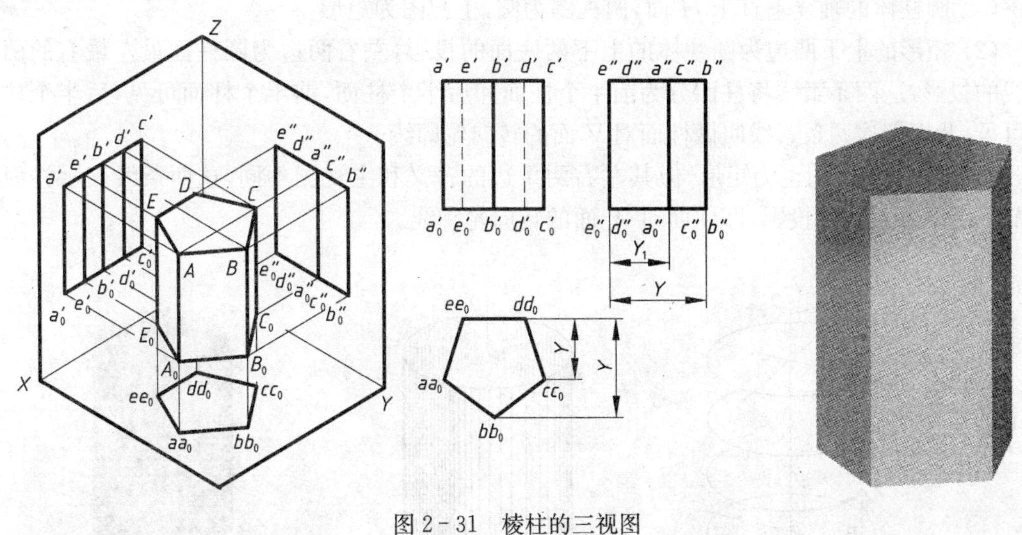

图 2－31 棱柱的三视图

2）棱锥

图 2－32 所示为正三棱锥，其形状特征：由一个正三角形和三个等腰三角形围成，其投影规律：正三角形的水平投影为特征面实形，平面 SBC 垂直于正平面，其余两个平面既不平行也不垂直于任何一个投影面。

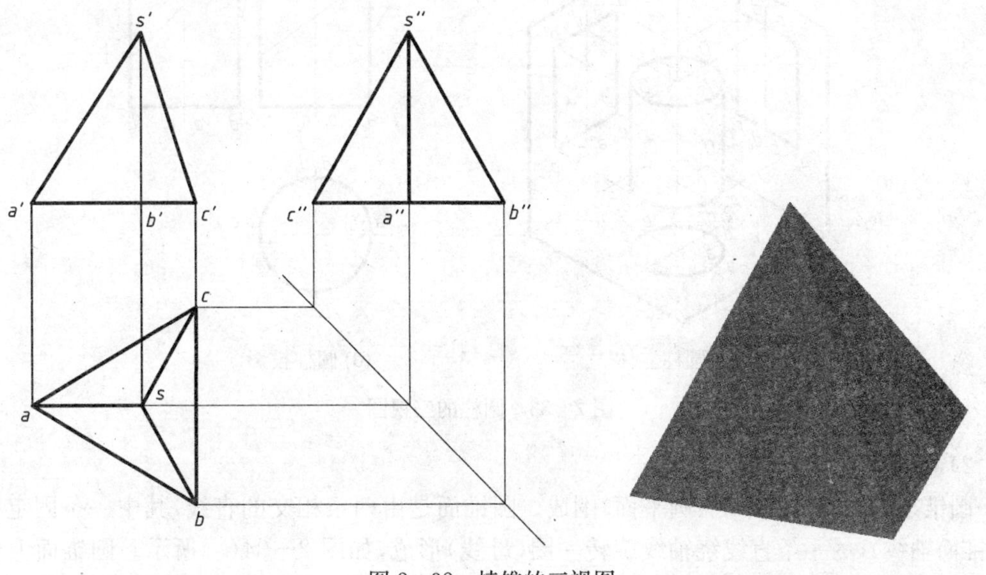

图 2－32 棱锥的三视图

3. 曲面立体三视图

1）圆柱

圆柱是由上底、下底（圆平面）和圆柱面围成。圆柱面是由两条互相平行的直线，其中一条固定不动（圆柱面轴线），另一条直线绕轴线旋转一圈（母线）形成，如图 2－33(a)所示。圆柱面上任何一条平行于轴线的直线为素线。其投影规律：上下两个平面的投影为特征面实形（圆），圆柱面垂直于其中一个投影面。图 2－33 所示圆柱的投影规律为：

(1) 圆柱体的轴线垂直于 H 面，俯视图为圆，主视图为矩形。

(2) 矩形的上下两边为圆柱体的上下两底面的投影，左右两边为圆柱面最左最右的两条素线的投影，这两条素线将柱面分为前半个柱面和后半个柱面，前半个柱面可见，后半个柱面不可见，我们把这两条素线叫做柱面对 V 面的转向轮廓线。

(3) 同理，左视图也为矩形，但其左右两条边的含义和主视图不同，这两条线表示柱面上最前最后两条素线的投影，即柱面对 W 面的转向轮廓线。

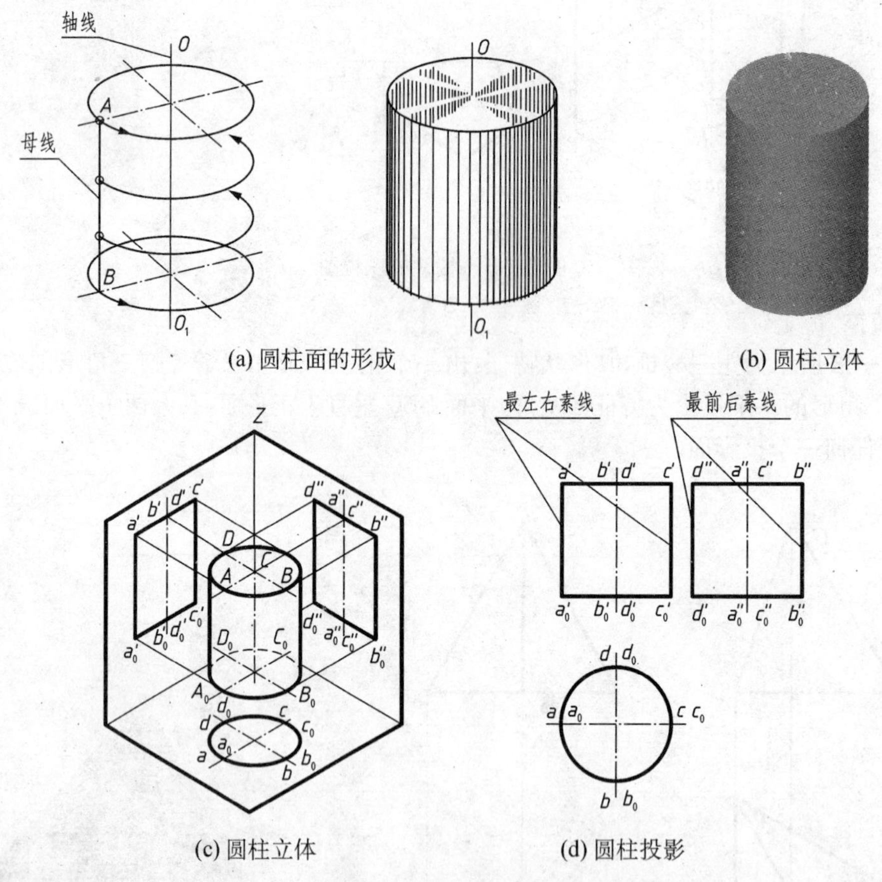

(a) 圆柱面的形成　(b) 圆柱立体

(c) 圆柱立体　(d) 圆柱投影

图 2－33　圆柱的三视图

2）圆锥

圆锥是由圆锥面和下底（圆平面）围成。圆锥面是由两条相交的直线，其中一条固定不动（圆锥面轴线），另一条直线绕轴线旋转一圈（母线）形成，如图 2－34(a)所示。圆锥面上任何一条过圆锥锥顶的直线（与轴线相交）为素线。其投影规律：圆柱下底的投影为特征面实形

(圆),圆锥面不垂直于任何一个投影面。图 2-34 所示圆锥的投影规律为:

(1) 圆锥体的俯视图为圆,这个圆表示圆锥体底面的投影。

(2) 主视图和左视图为等腰三角形,主视图的两腰为锥面对 V 面的转向轮廓线的投影,左视图的两腰,为锥面对 W 面的转向轮廓线的投影。

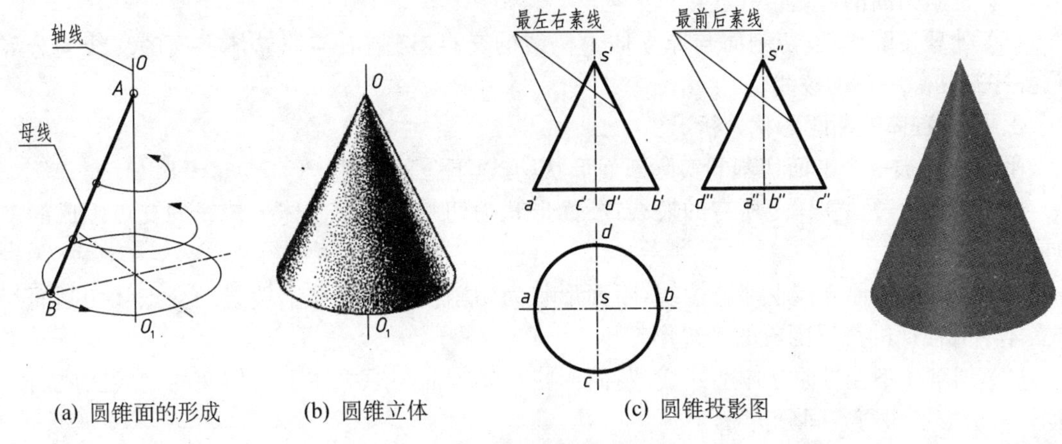

(a) 圆锥面的形成　(b) 圆锥立体　(c) 圆锥投影图

图 2-34　圆锥的三视图

3) 圆球

圆球是由球面围成。球面是由半个圆弧(母线)绕其直径(轴线)旋转形成,如图 2-35(a)所示。圆球的投影规律:三个投影都是直径相同的圆,这三个圆是球上最大圆,但这三个圆代表球体上三个不同方向的纬圆,这三个纬圆分别平行于三个投影面,如图 2-35(b)所示。

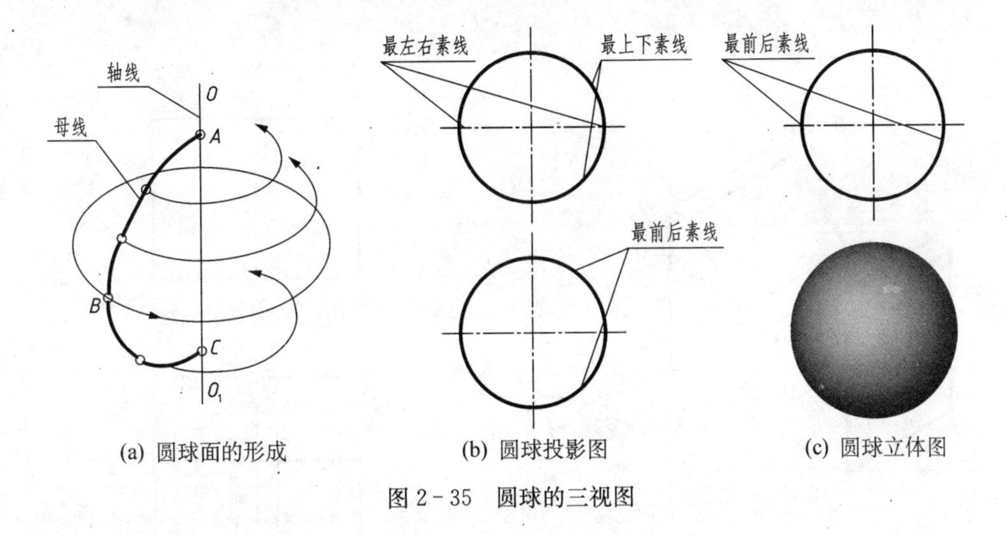

(a) 圆球面的形成　(b) 圆球投影图　(c) 圆球立体图

图 2-35　圆球的三视图

四、切割体的三视图

1. 切割体的作图步骤

基本体被切割面切割后得到的立体为切割体。画切割体的投影首先要画出切割前的简单立体,然后再画切割断面。在画切割断面之前,应大致分析出断面的实际形状,具体作图过程如下:

(1) 空间分析:切割前的立体,切割面的个数。

(2) 断面分析:切割面的位置和实际形状。

(3) 作断面:先作切割面与原立体上棱线的交点,切割面与原立体上面的交线(这是作平面立体切割后的断面),然后连接交点和交线。

(4) 判断断面的可见性并连接。

(5) 处理轮廓线:以切割面与原立体上棱线的交点,切割面与原立体上面的交线为分界点,擦净被切除一侧的棱线。

2. 平面立体的断面形状分析

平面立体被一个平面切割的实际断面形状,有以下三种情况:

(1) 切割面过原立体上所有的棱线:断面形状为切割面与原立体上棱线的交点围成的多边形。

(2) 切割面过原立体上部分棱线:断面形状为切割面与原立体上棱线的交点和切割面与原立体上其他面的交线围成的多边形。

(3) 切割面不经过原立体上棱线:断面形状为切割面与原立体上其他面的交线围成的多边形(一般需要进行空间分析)。

3. 作图实例

例 2-1 画出图 2-36(a)所示柱状体的三视图。

分析:该立体在主视图上反映特征面的实形,应先画主视图。图 2-36(b)、(c)、(d)为画特征面实形的过程,图 2-36(e)、(f)、(g)为根据特征面按三视图形成规律画俯视图和左视图的过程。

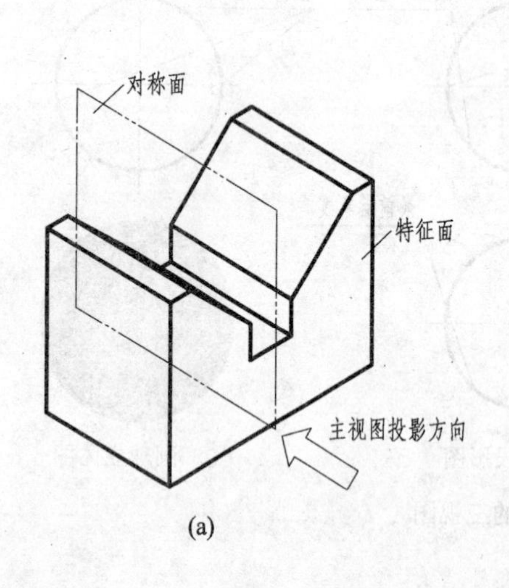

(a)

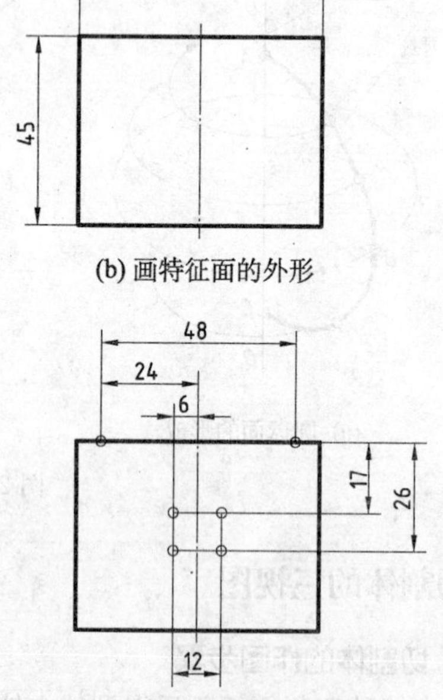

(b) 画特征面的外形

(c) 按尺寸画出V形槽的顶点

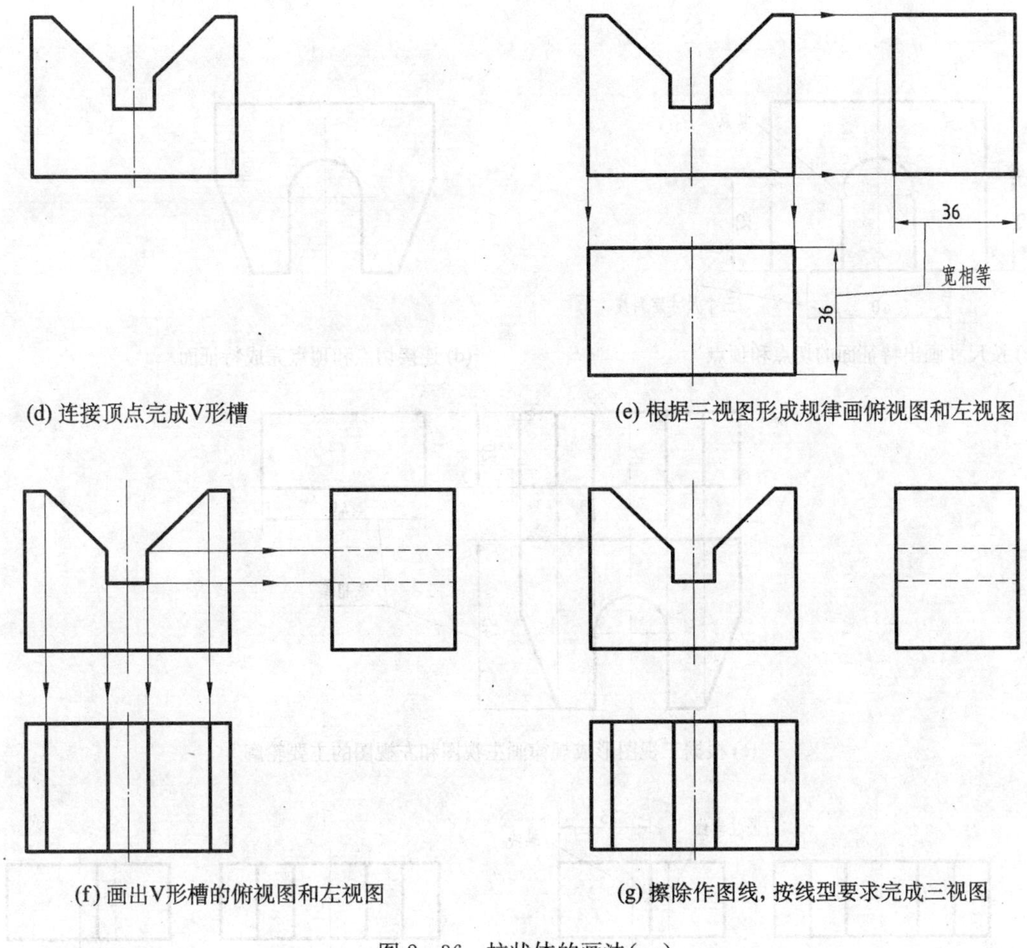

(d) 连接顶点完成V形槽　　(e) 根据三视图形成规律画俯视图和左视图

(f) 画出V形槽的俯视图和左视图　　(g) 擦除作图线，按线型要求完成三视图

图 2-36　柱状体的画法(一)

例 2-2　画出图 2-37 所示广义柱状体的三视图。

分析：该立体在俯视图上反映特征面的实形，应先画俯视图。图 2-37(b)、(c)、(d)为画特征面实形的过程，图 2-37(e)、(f)、(g)为根据特征面按三视图形成规律画主视图和左视图的过程。

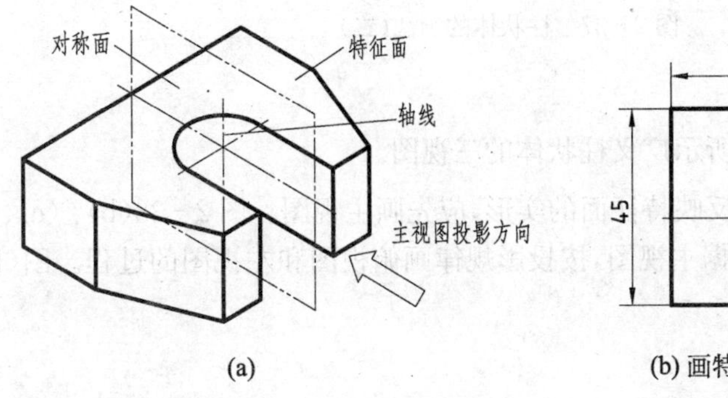

(a)

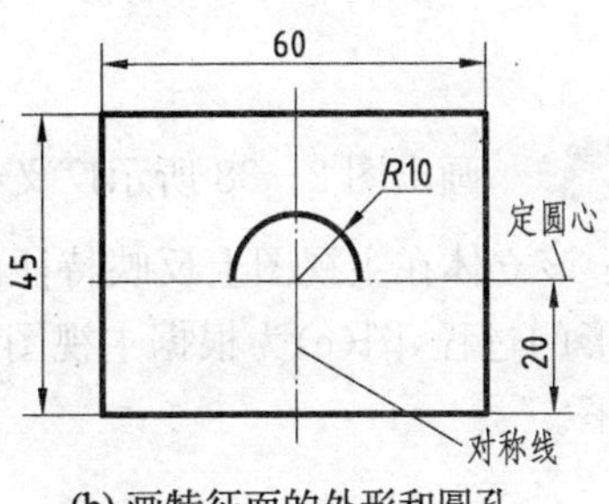

(b) 画特征面的外形和圆孔

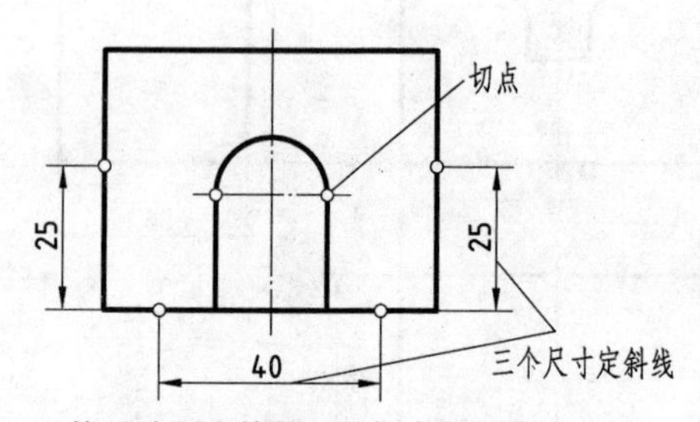

(c) 按尺寸画出特征面的切点和顶点

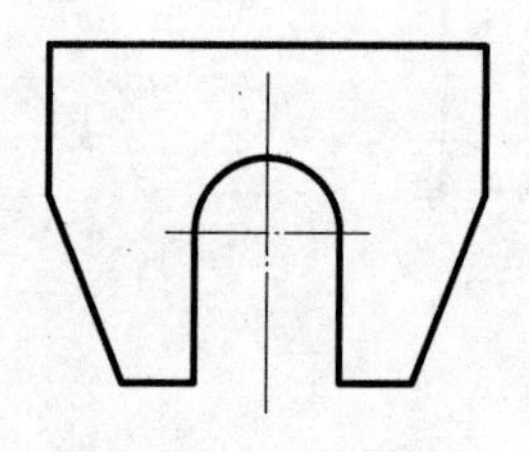

(d) 连接切点和顶点完成特征面

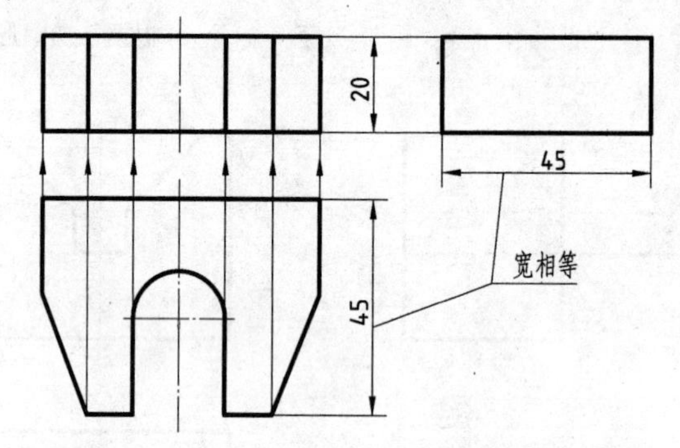

(e) 根据三视图形成规律画主视图和左视图的主要轮廓

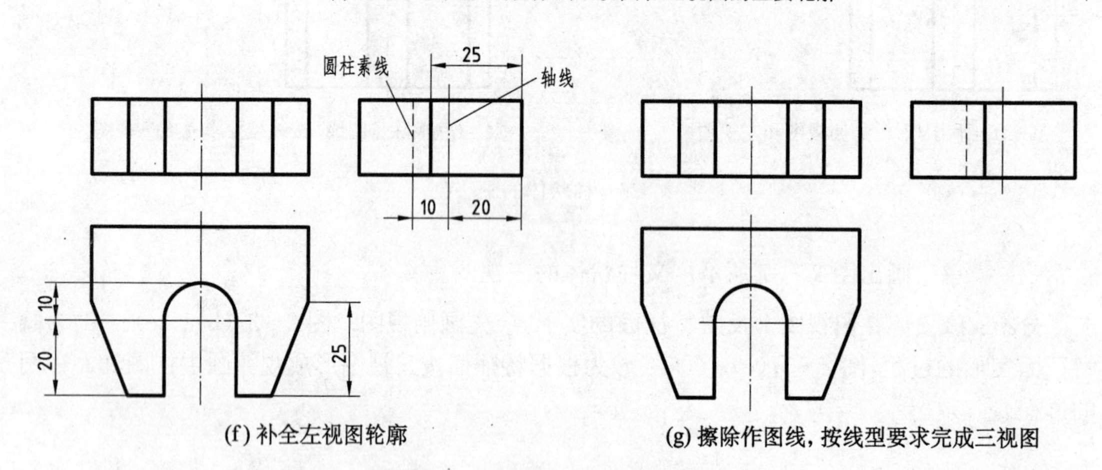

(f) 补全左视图轮廓

(g) 擦除作图线，按线型要求完成三视图

图 2-37　柱状体的画法(二)

例 2-3　画出图 2-38 所示广义柱状体的三视图。

分析：该立体在主视图上反映特征面的实形，应先画主视图。图 2-38(b)、(c)、(d)为画特征面实形的过程，图(e)为根据主视图，按投影规律画俯视图和左视图的过程。图(f)为完成后的三视图。

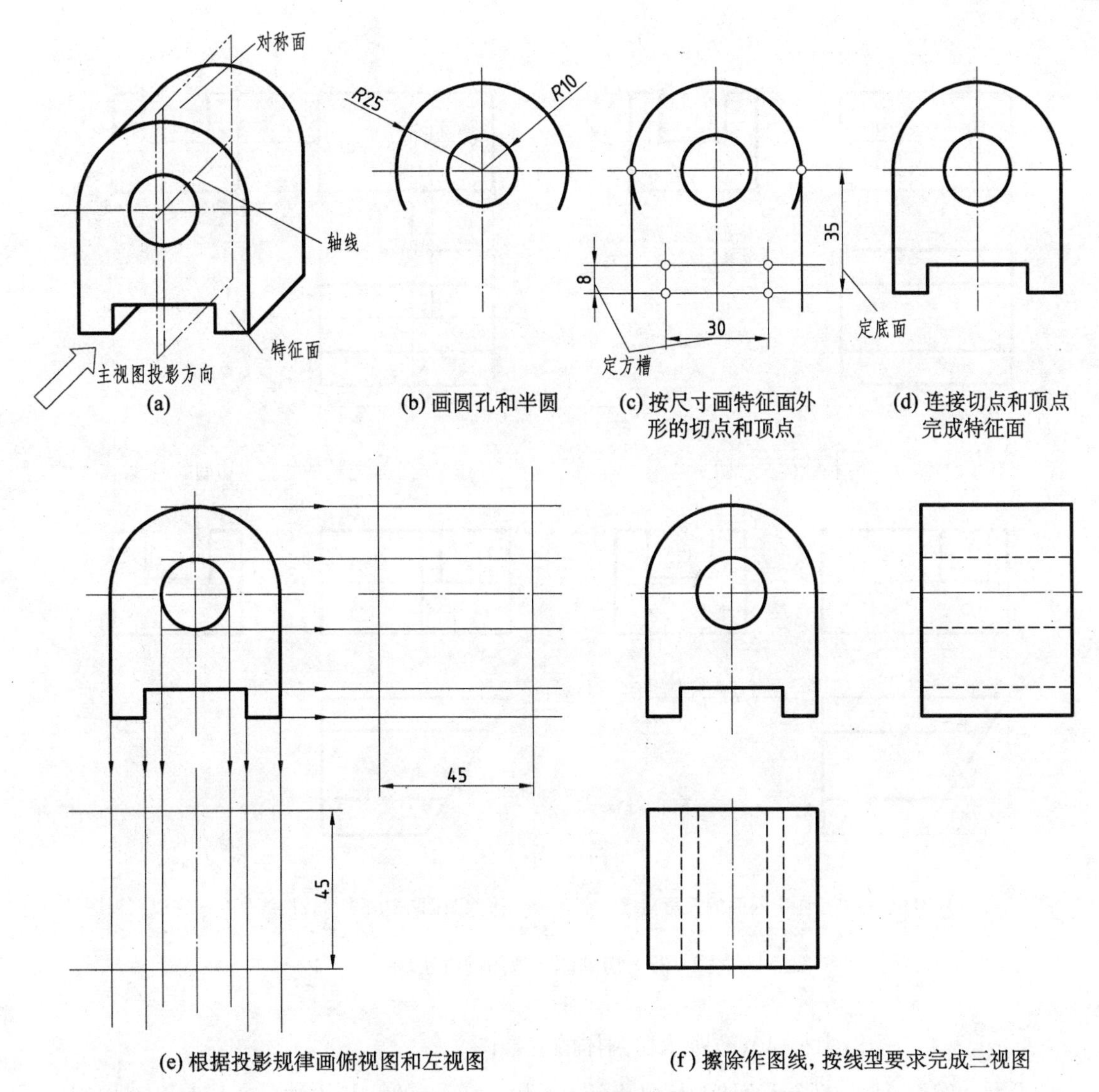

(a)　(b) 画圆孔和半圆　(c) 按尺寸画特征面外形的切点和顶点　(d) 连接切点和顶点完成特征面

(e) 根据投影规律画俯视图和左视图　(f) 擦除作图线，按线型要求完成三视图

图 2－38　柱状体的画法(三)

例 2－4　画出图 2－39(c)所示切割体的三视图。

分析：图 2－39(c)所示的切割体是由图 2－39(a)所示的柱状体被一个切割平面切割后形成的。切割前的立体是特征面为“凹”字形的柱状体，切割平面经过柱状体的所有棱线，有 8 个交点，断面形状是这 8 个交点按顺序连接成的，见图 2－39(b)。断面右边部分即为要求的切割体。

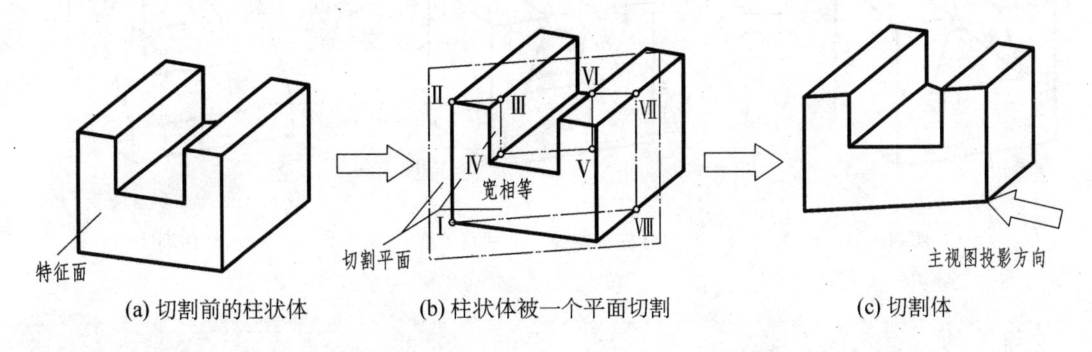

(a) 切割前的柱状体　(b) 柱状体被一个平面切割　(c) 切割体

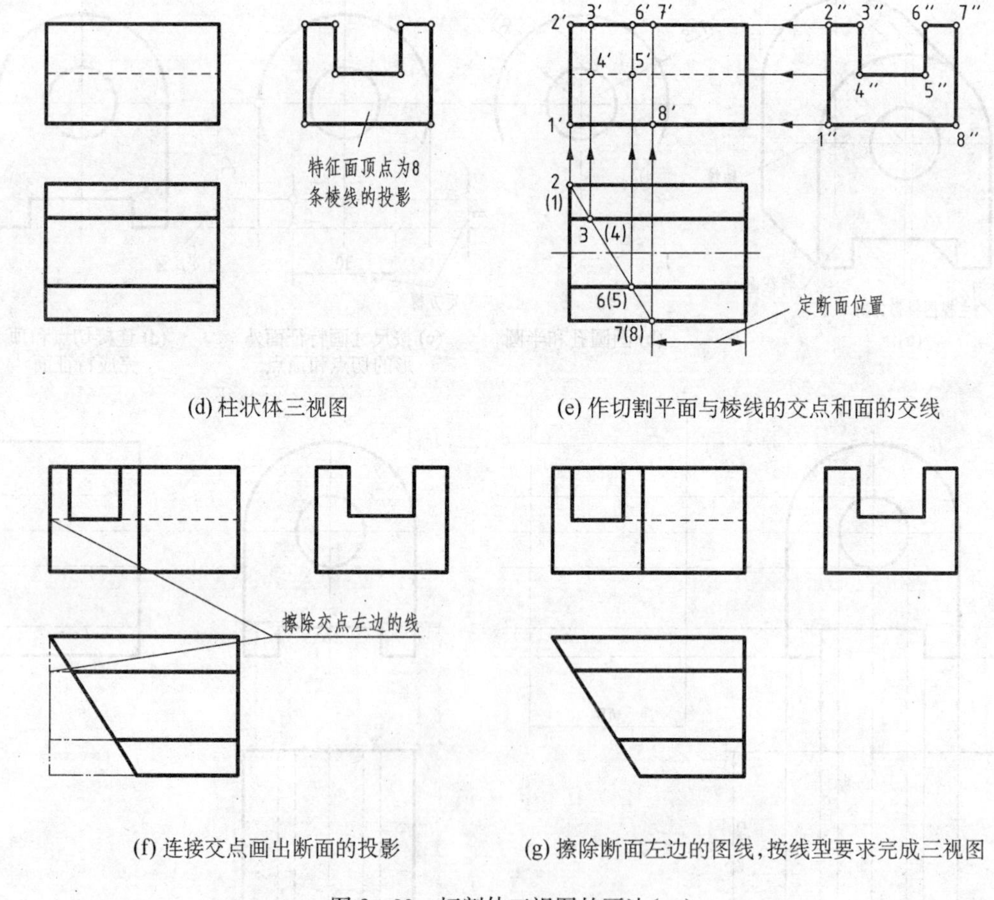

(d) 柱状体三视图

(e) 作切割平面与棱线的交点和面的交线

(f) 连接交点画出断面的投影

(g) 擦除断面左边的图线，按线型要求完成三视图

图 2-39　切割体三视图的画法(一)

例 2-5　画出图 2-40(c)所示切割体的三视图。

分析：图 2-40(c)所示的切割体是由图 2-40(a)所示的柱状体被一个切割平面切割后形成的。切割前的立体是带燕尾槽的柱状体，切割平面经过柱状体上部的 6 条棱线，并与左端的特征面相交。断面形状是由这 6 个交点和与特征面交线按顺序连接构成的，见图 2-40(b)。断面右边部分即为要求的切割体。

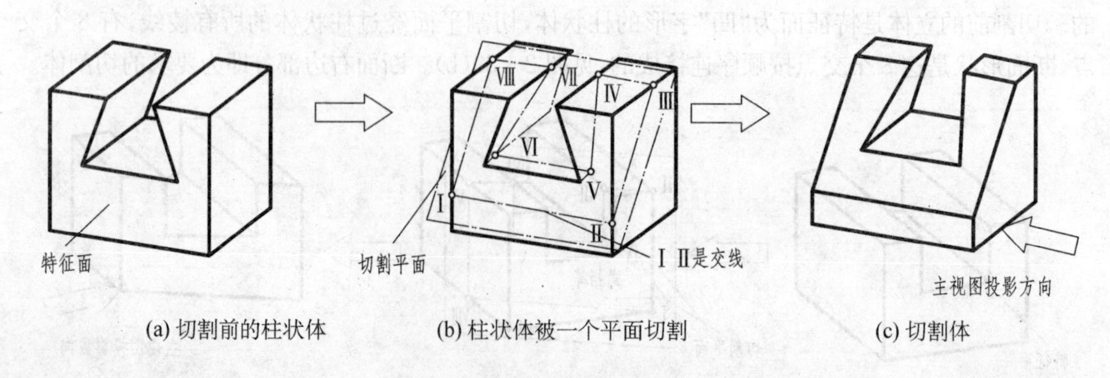

(a) 切割前的柱状体　　(b) 柱状体被一个平面切割　　(c) 切割体

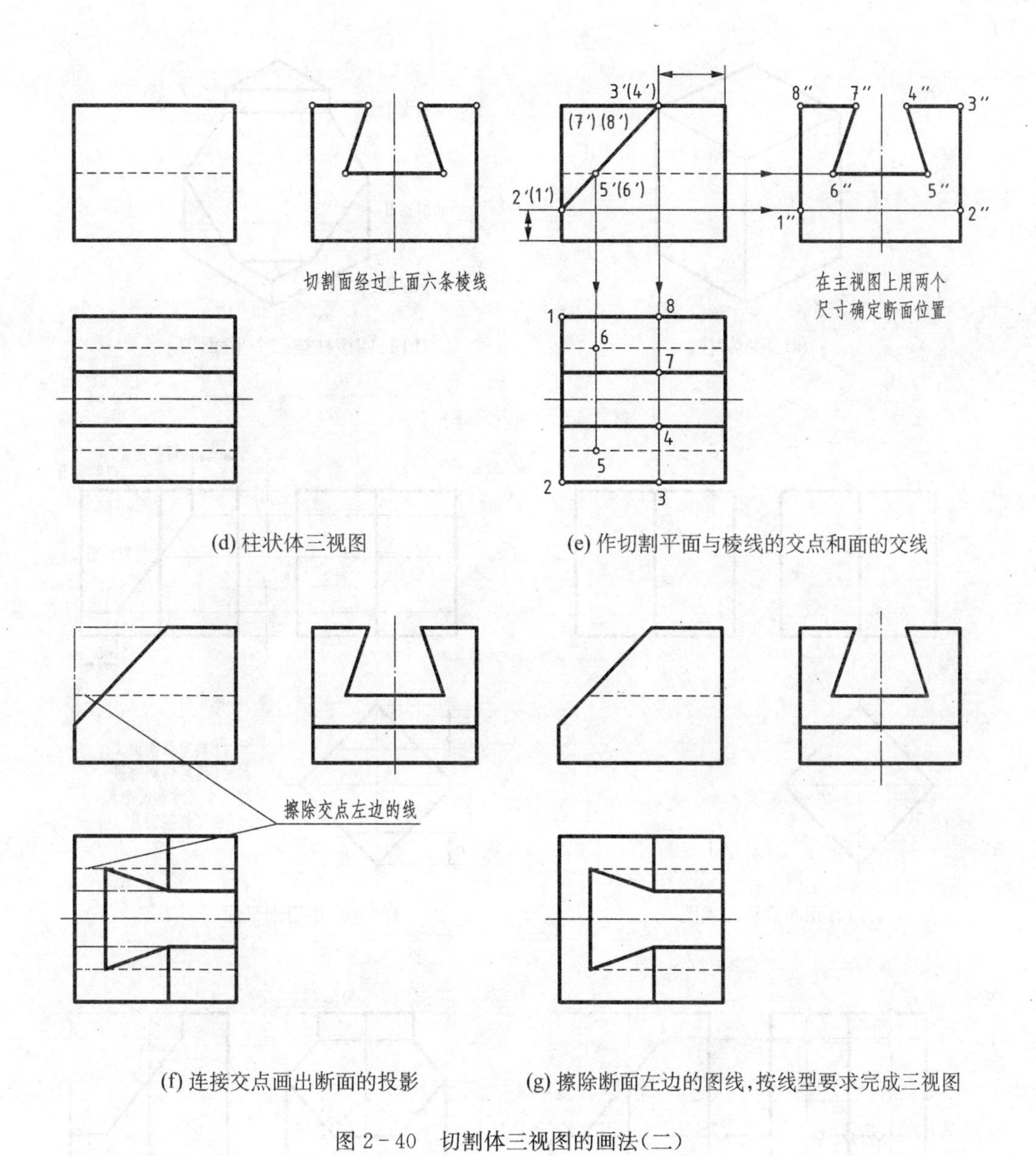

(d) 柱状体三视图　　(e) 作切割平面与棱线的交点和面的交线

(f) 连接交点画出断面的投影　　(g) 擦除断面左边的图线,按线型要求完成三视图

图 2-40　切割体三视图的画法(二)

例 2-6　画出图 2-41(h)所示切割体的三视图。

分析：图 2-41(h)所示的切割体是由正四棱柱(图 2-41(a))被三个平面切割后形成的。切割平面Ⅰ没有切割到棱线,与切割平面Ⅱ相交,断面形状是矩形;切割平面Ⅲ经过四棱柱最前面的棱线,与切割面Ⅱ相交,断面形状是三角形;切割面Ⅱ经过四棱柱最左和最右两条棱线,并且上边与切割面Ⅰ相交,下边与切割平面Ⅲ相交,断面形状是六边形。

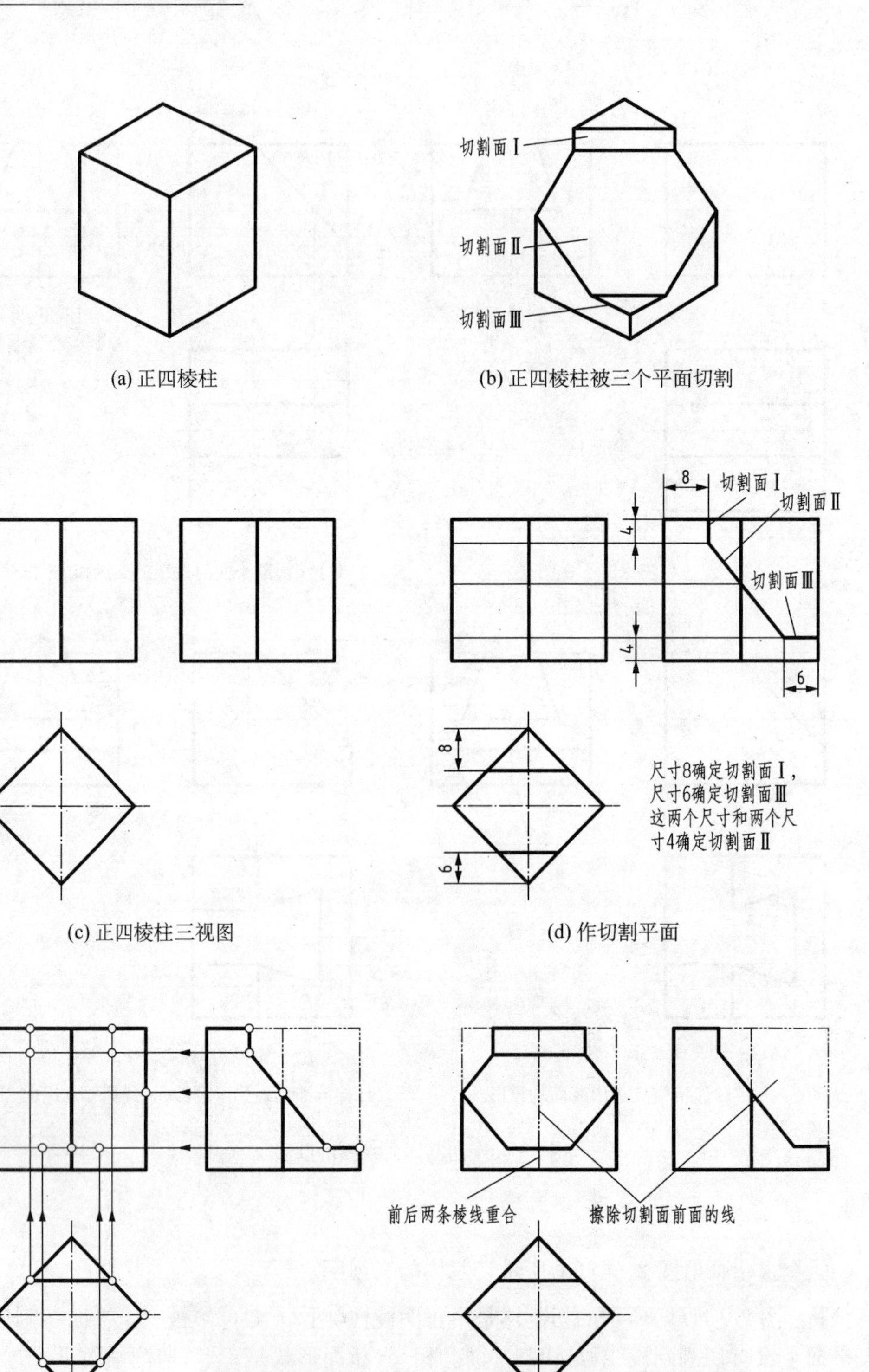

(a) 正四棱柱

(b) 正四棱柱被三个平面切割

(c) 正四棱柱三视图

(d) 作切割平面

(e) 求交点和交线

(f) 连接交点和交线完成断面的投影

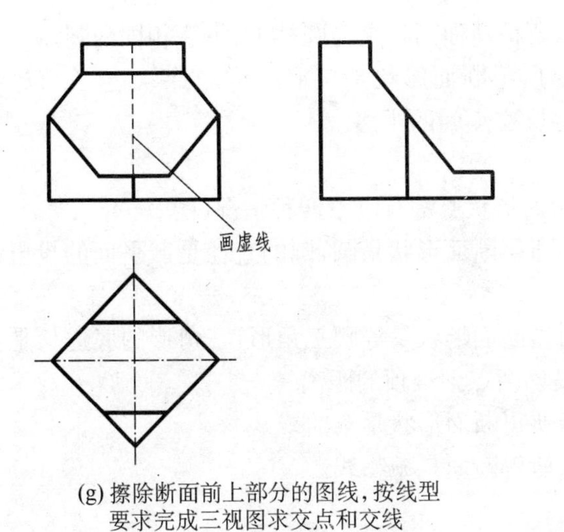

主视图投影方向

(g) 擦除断面前上部分的图线，按线型要求完成三视图求交点和交线

(h) 切割体

图 2-41　切割体三视图的画法(三)

五、回转体的断面形状分析及画法

回转体被一个平面切割，实际断面形状根据切割面与回转体位置不同而异。

1. 圆柱

圆柱被各种位置平面切割后，其断面形状有以下三种情况(图 2-42)：

(1) 当截平面与圆柱轴线倾斜时，所得断面形状是椭圆。

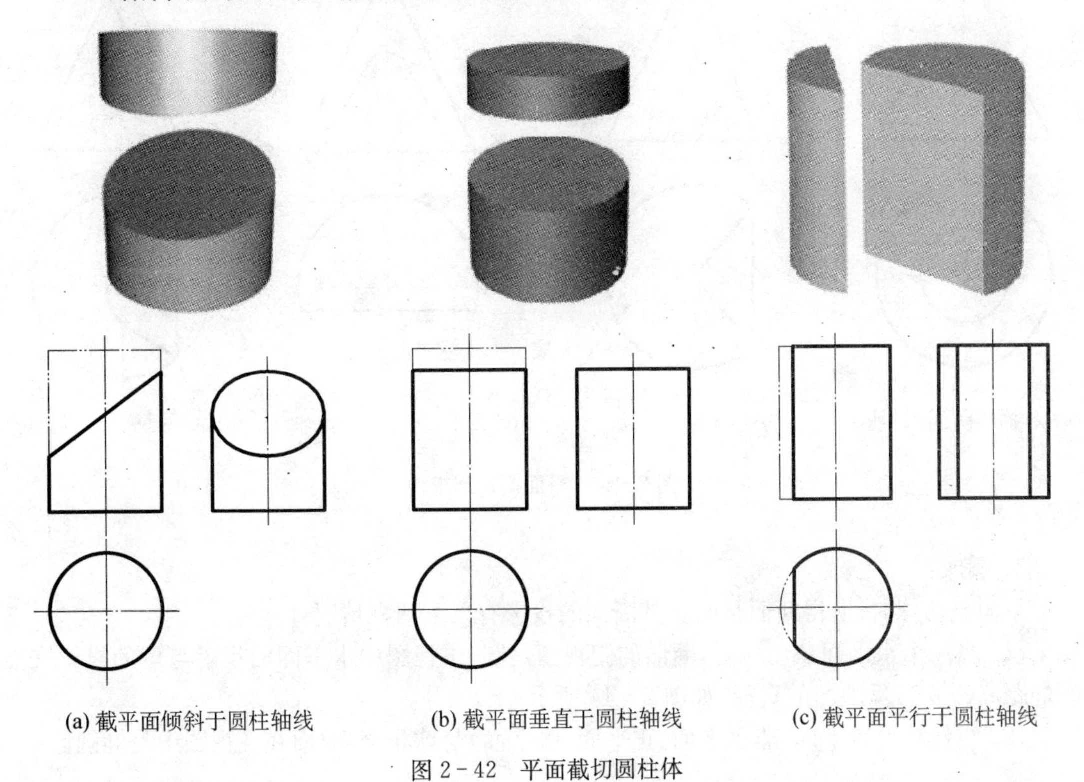

(a) 截平面倾斜于圆柱轴线　(b) 截平面垂直于圆柱轴线　(c) 截平面平行于圆柱轴线

图 2-42　平面截切圆柱体

(2) 当截平面与圆柱轴线垂直时，所得断面形状是与圆柱上、下底相同的圆。

(3) 当截平面与圆柱轴线平行时，所得断面形状是矩形，矩形的一对边长与母线长度相等，另一对边长是切平面与圆柱上下底圆交点间的距离。

2. 圆锥

圆锥被各种位置平面切割后，其断面形状通常有以下四种情况(图 2-43)：

(1) 当截平面与圆锥轴线垂直时，所得断面形状是圆，圆的直径是截平面的投影线与圆锥母线两交点间的距离。

(2) 当截平面经过圆锥锥顶时，所得断面形状是等腰三角形，三角形的底边长是截平面与圆锥底圆两交点间的距离，腰长分别是该两点到锥顶的距离。

(3) 当截平面与圆锥轴线平行时，所得断面形状是双曲线。

(4) 当截平面平行于圆锥母线时，所得断面是抛物线。

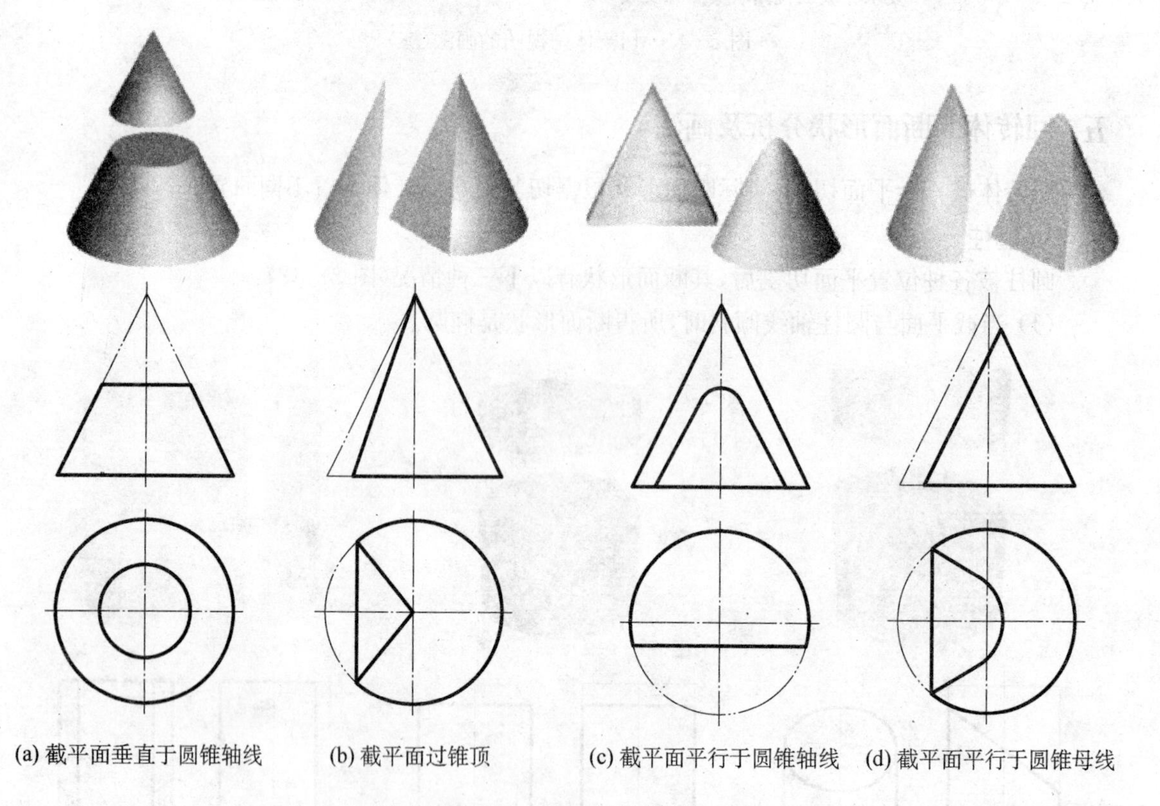

(a) 截平面垂直于圆锥轴线　(b) 截平面过锥顶　(c) 截平面平行于圆锥轴线　(d) 截平面平行于圆锥母线

图 2-43　平面截切圆锥体

3. 圆球

平面截切球时，所得断面是圆。其断面的投影有以下两种情况：

(1) 当一个水平面截切球时，断面的俯视图是圆，主视图中水平面的投影与球的投影交点间的距离($a'b'$)，反映图的直径，如图 2-44 所示。

(2) 当任意位置平面(非水平面、正平面、侧平面)与球相交，断面在各视图中是椭圆。

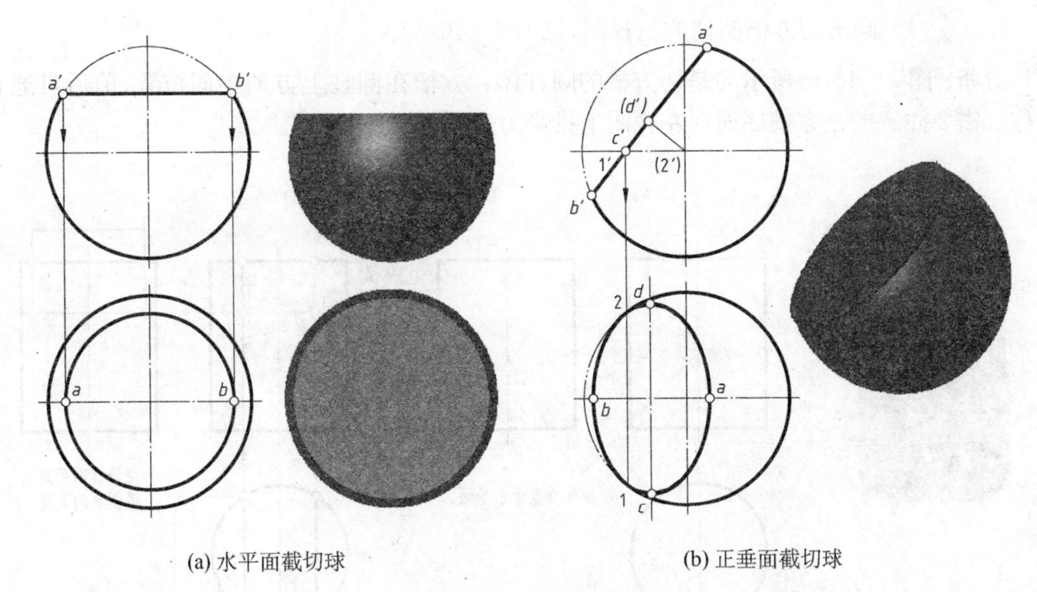

(a) 水平面截切球　　(b) 正垂面截切球

图 2-44　平面截切球

4. 作图实例

例 2-7　画出图 2-45(a)所示圆柱切割体的三视图。

分析：图 2-45(a)所示的立体是由圆柱体经过切割后形成的，其切割面相对于圆柱体的轴线位置分别垂直和平行，被切部位在圆柱体左侧，上下对称。可先分析它的一半。

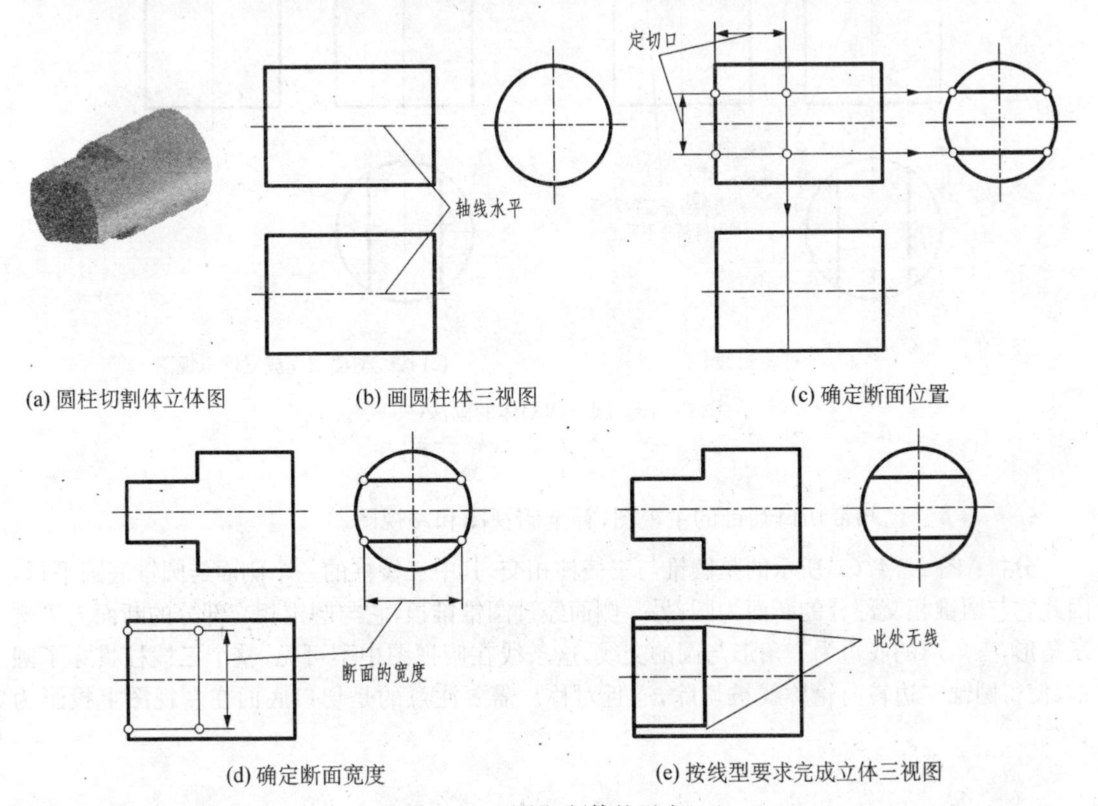

(a) 圆柱切割体立体图　(b) 画圆柱体三视图　(c) 确定断面位置

(d) 确定断面宽度　(e) 按线型要求完成立体三视图

图 2-45　圆柱切割体的画法(一)

例 2-8　画出切方槽圆柱的三视图，见图 2-46(a)。

分析：图 2-46(a)所示的是切方槽的圆柱体。方槽在圆柱上方的中间位置，前后贯通且对称。需要注意的是方槽底面在左视图上投影为直线，部分不可见。

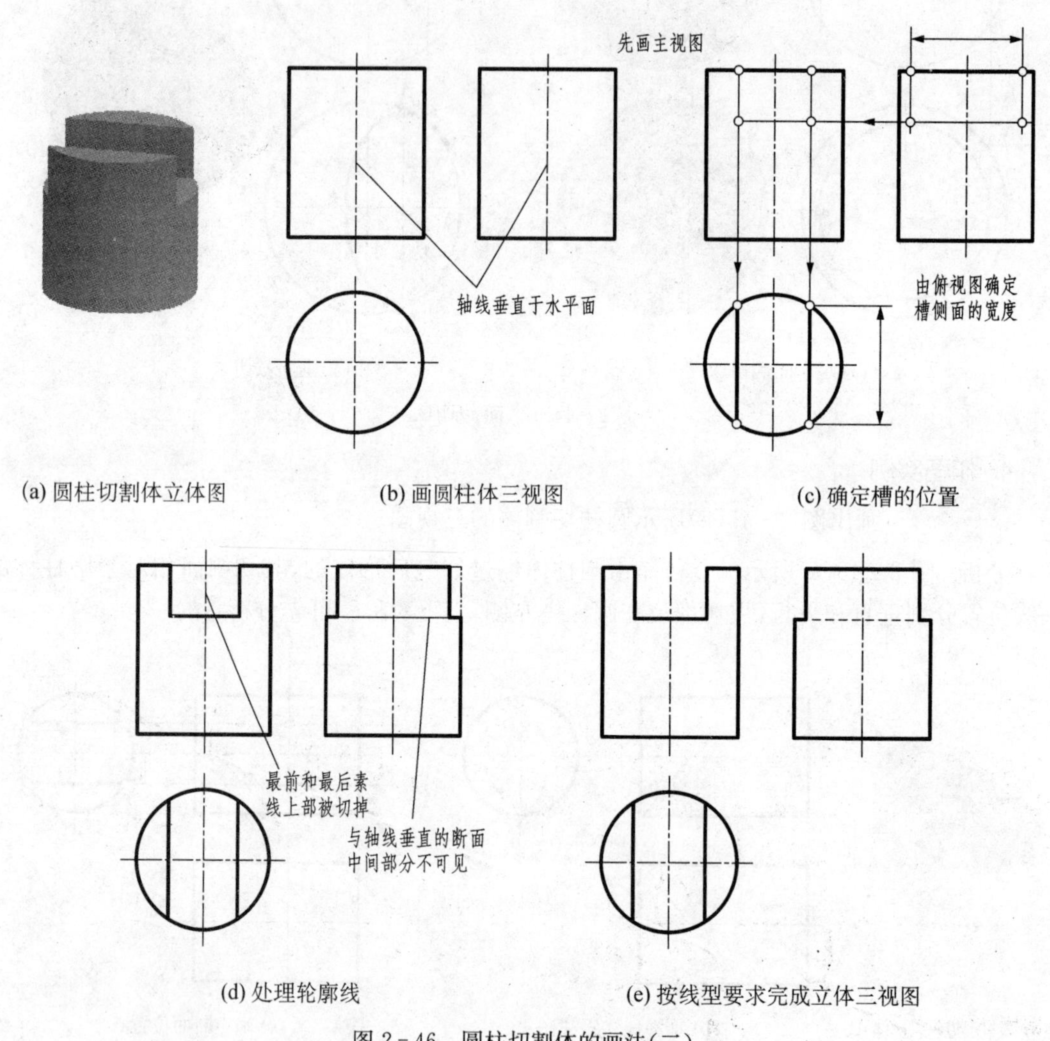

图 2-46　圆柱切割体的画法(二)

例 2-9　已知带切口圆锥的主视图，补全俯视图和左视图。

分析：图 2-47(a)所示的是圆锥与三棱柱相交，其中三棱柱的一个侧面与圆锥底圆平行，因此它与圆锥相交部分的断面为圆；另一侧面经过圆锥锥顶，它与圆锥相交部分的断面为等腰三角形，三角形的底边为三角形与圆的交线，这条线在俯视图中不可见，整个三棱柱贯穿了圆锥，使得圆锥左边转向轮廓线被切除，通且对称。需要注意的是切口底面在左视图上投影为直线。

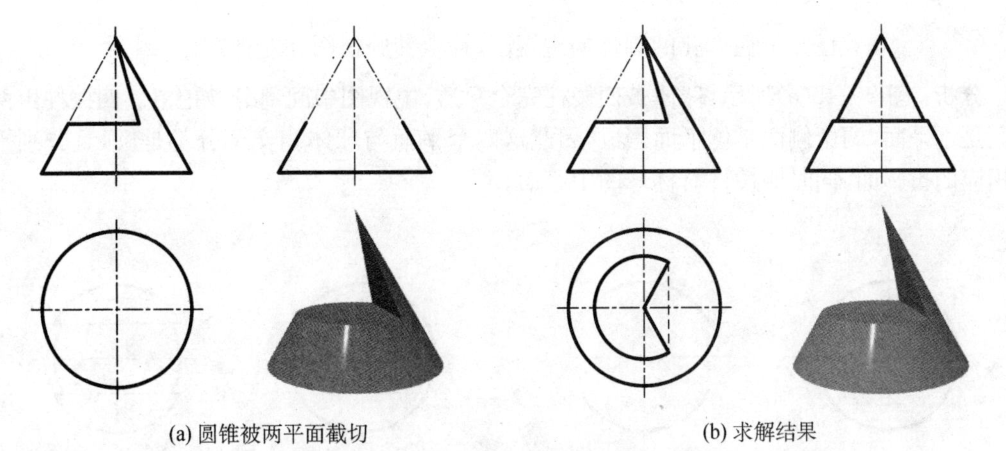

(a) 圆锥被两平面截切　　(b) 求解结果

图 2-47　圆锥切割体的画法

例 2-10　画出有切口球体的三视图，见图 2-48(a)。

分析：图 2-48(a)所示，切口位于球体的前上方位置，两个断面都是由圆弧和直线构成。上方的断面平行于正投影面，下方的断面平行于水平面，所以作图的关键是画主视图和俯视图上这两个圆弧的投影。也可以认为球与棱柱相交，棱柱完全贯穿球体，使得球前上部分被切除，反映在左视图右边的转向轮廓线被切除。

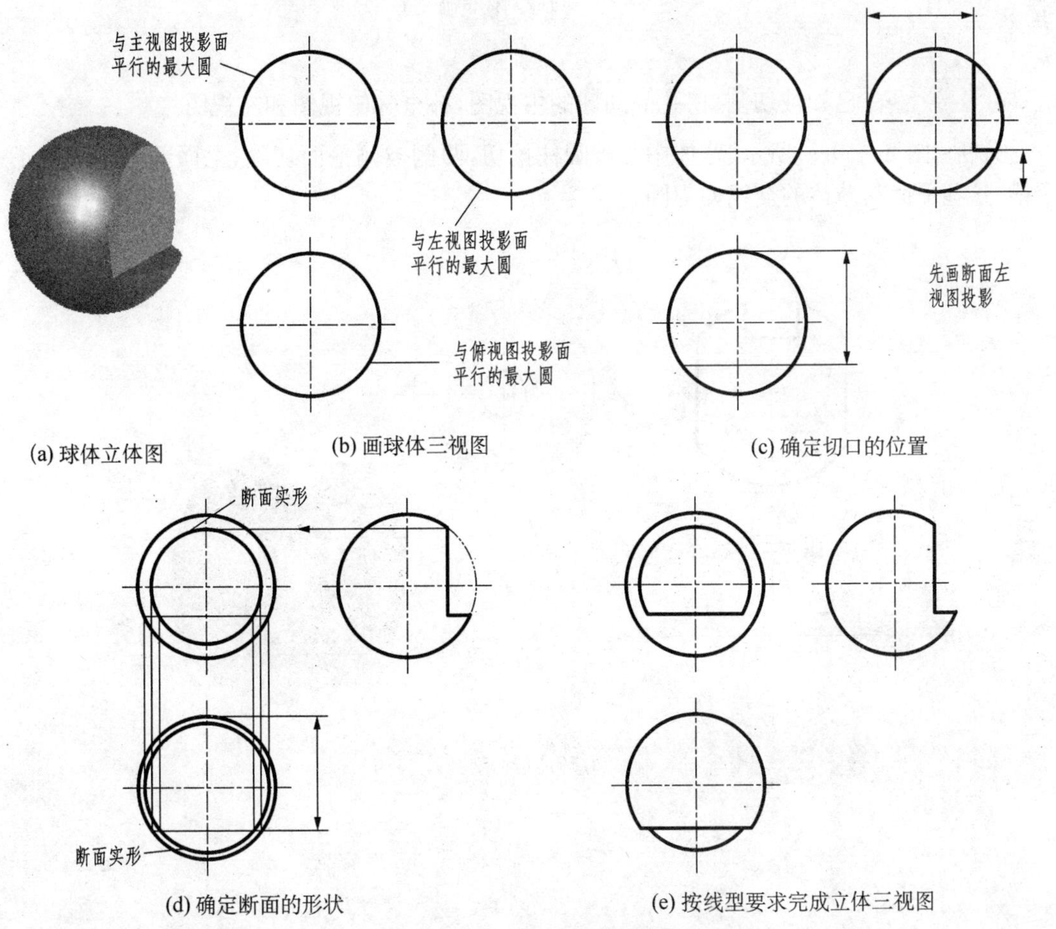

(a) 球体立体图　(b) 画球体三视图　(c) 确定切口的位置

(d) 确定断面的形状　(e) 按线型要求完成立体三视图

图 2-48　球体切割的画法

例 2-11 已知贯通方孔的圆球的主视图，补全其俯视图和左视图。

分析：图 2-49(a)所示，球体被四棱柱完全穿透，主视图中间部分被挖空。四棱柱由两个侧面是水平面，两个侧面是侧平面围成，因此这四个平面与球体相交部分都是圆，且分别平行于相应的投影面，同时四棱柱对称球的中心面。

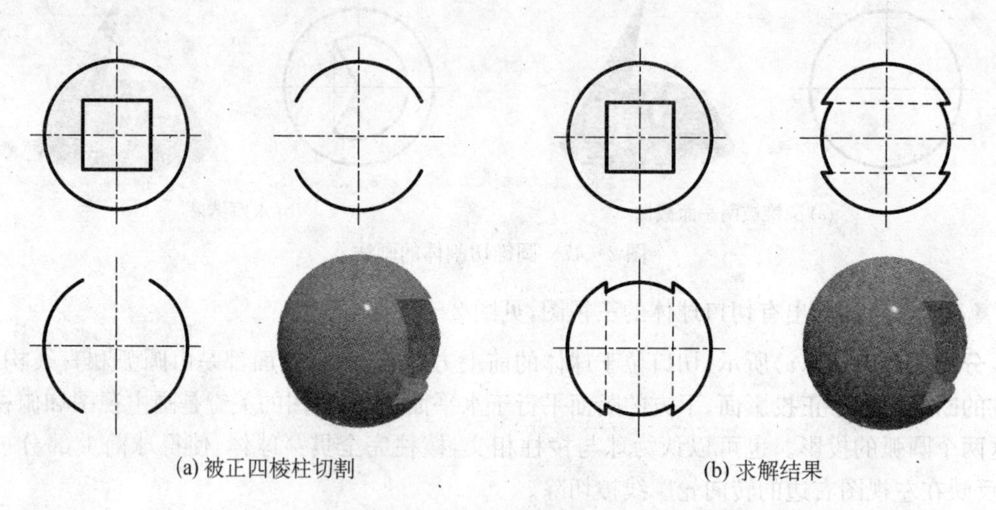

(a) 被正四棱柱切割　　(b) 求解结果

图 2-49　圆球割体的画法(一)

例 2-12 已知被切割、挖孔的圆球的主视图，补全其俯视图和左视图。

分析：图 2-50(a)所示，球体中心被圆柱挖切，两侧被侧平面切除，上面部分中间切了一个槽，这些平面与球体的交线均为圆。

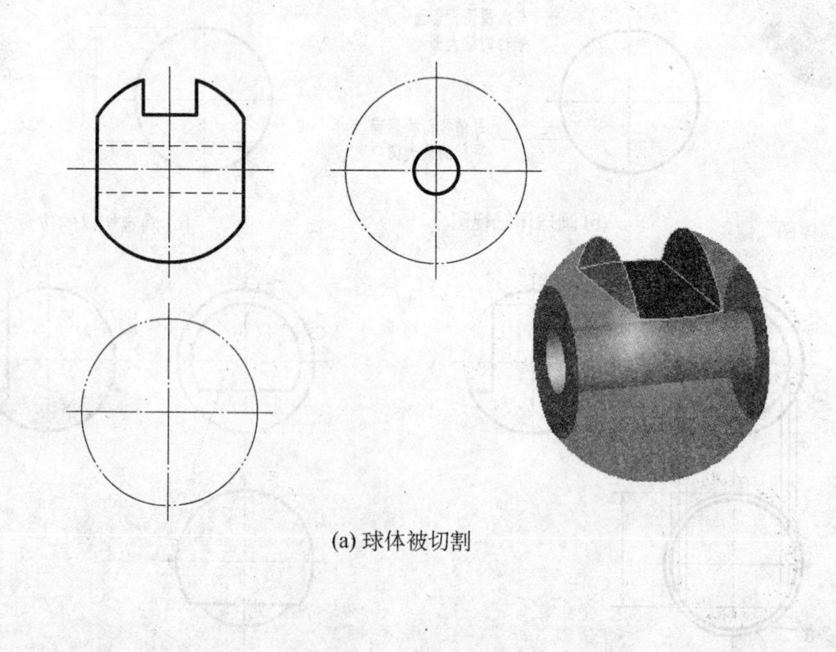

(a) 球体被切割

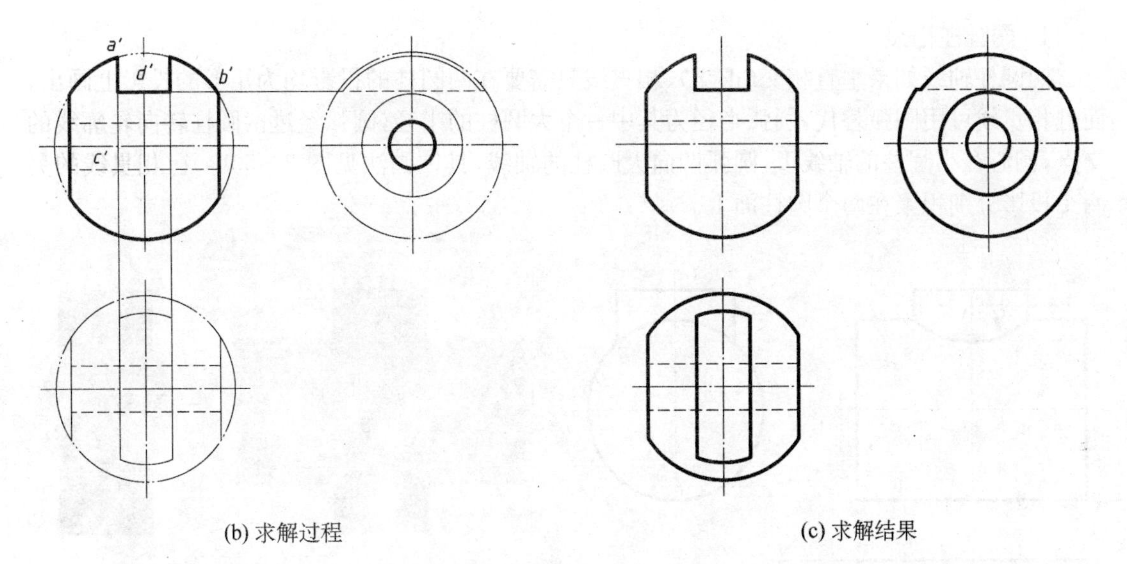

(b) 求解过程　　(c) 求解结果

图 2－50　圆球割体的画法(二)

六、立体与立体相交

立体与立体相交时，表面会出现交线，这种交线称为相贯线，见图 2－51 等。立体包含平面立体和曲面立体。相贯线具有以下基本性质：

(1) 相贯线是两立体的共有线。

(2) 相贯线一般是封闭的空间曲线，特殊情况下可能是平面曲线或直线。

图 2－51　三通管接头

(a) 两圆柱相交　　(b) 圆柱与棱柱相交　　(c) 棱柱与圆锥相交

图 2－52　立体相交

1. 两圆柱相交

两圆柱轴线如果垂直相交(正交)、相贯线只需要在两圆柱的投影均为矩形的投影上画出，而且相贯线可用圆弧替代，圆弧半径为其中一个大圆柱的半径，圆弧经过两圆柱转向轮廓线的交点，圆心在小圆柱的轴线上，圆弧凹向大圆柱的轴线，具体画法见图 2－53(a)。相贯线的另两个投影分别积聚在两个圆柱面上。

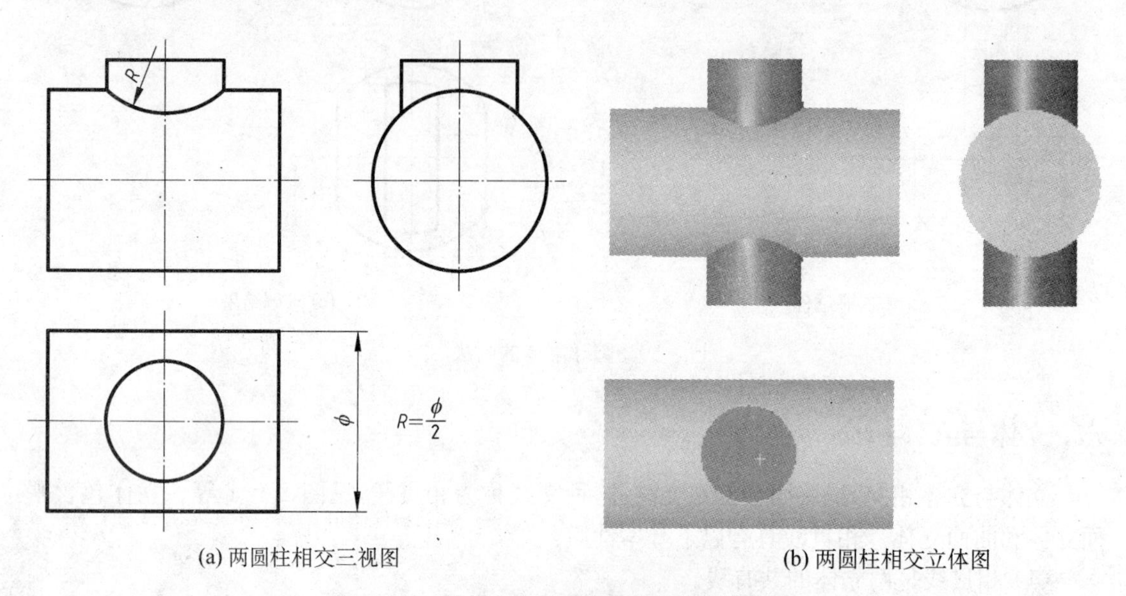

(a) 两圆柱相交三视图　　(b) 两圆柱相交立体图

图 2－53　轴线正交的两圆柱相贯线简化画法

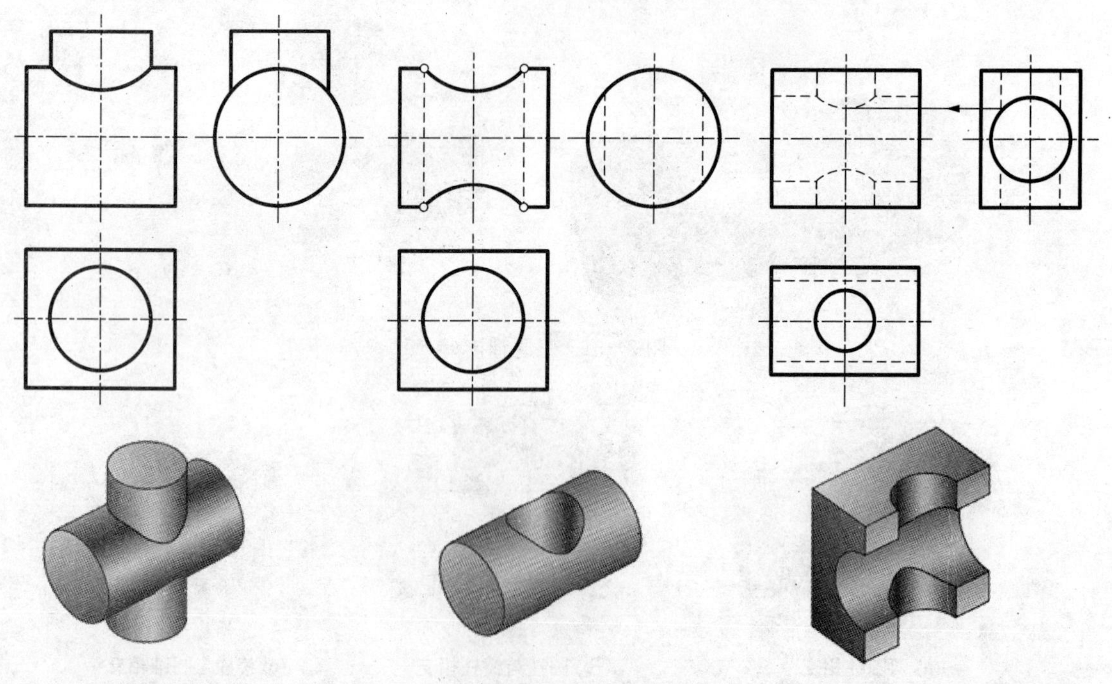

图 2－54　两内外表面相交圆柱的相贯线

2. 相贯线的变化趋势

在图 2-55(a)中，$d < \phi$，相贯线画在小圆柱一端，圆弧凹向大圆柱轴线；当 d 逐渐变大，相贯线的最低点越来越向大圆柱轴线靠近；当 $d = \phi$ 时，相贯线为椭圆，其中一个投影为两条过交点的直线，如图 2-55(b)；当 $d > \phi$ 时，相贯线改变方位，见图 2-55(c)。

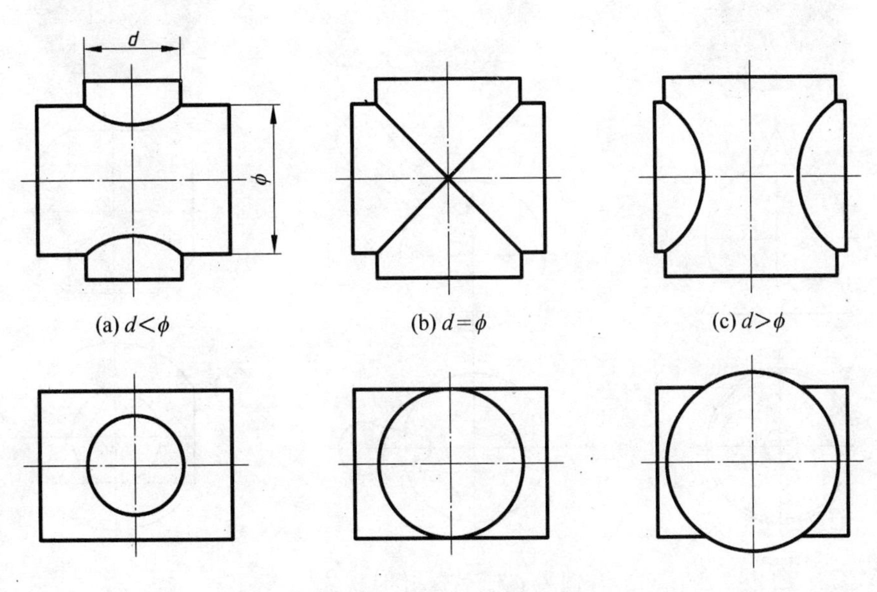

图 2-55　相贯线的变化趋势

3. 特殊相贯线

圆柱与任何一个回转体相交，只要圆柱的轴线经过回转体的中心，或与回转体同轴，那么这两个立体的交线就是平面图形——圆，圆的半径为两立体转向轮廓线两交点的距离，见图 2-56，图 2-57。

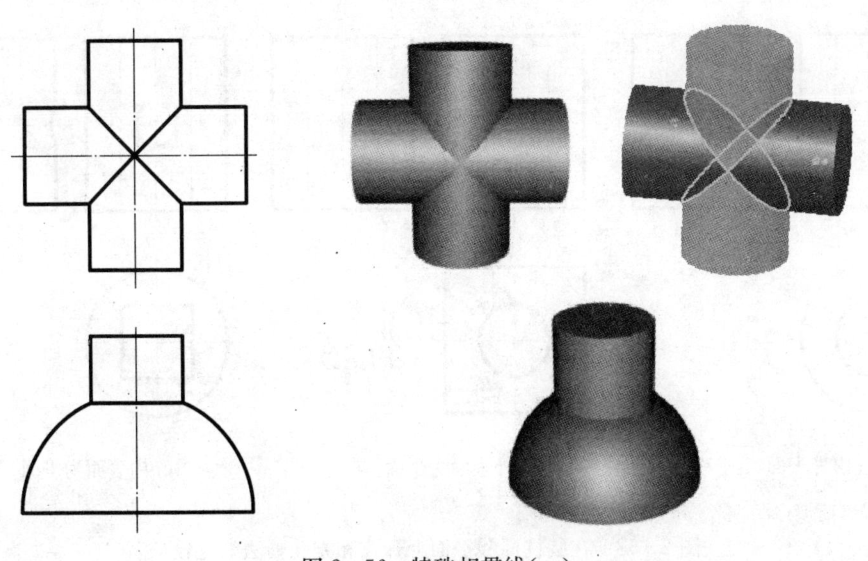

图 2-56　特殊相贯线(一)

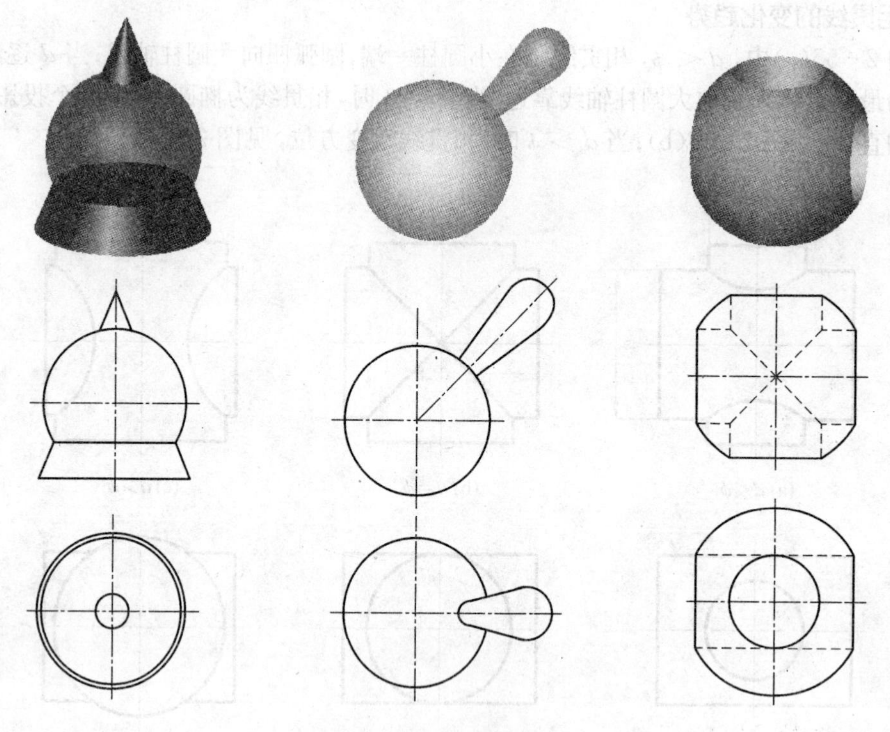

图 2－57　特殊相贯线(二)

4. 圆柱与圆柱相交与开孔槽的情况讨论

两圆柱面正交有三种:两圆柱外表面相交、两圆柱面内表面相交、圆柱外表面与圆柱内表面相交。图 2－58、图 2－59 和图 2－60 是常见立体表面相贯线的画法。

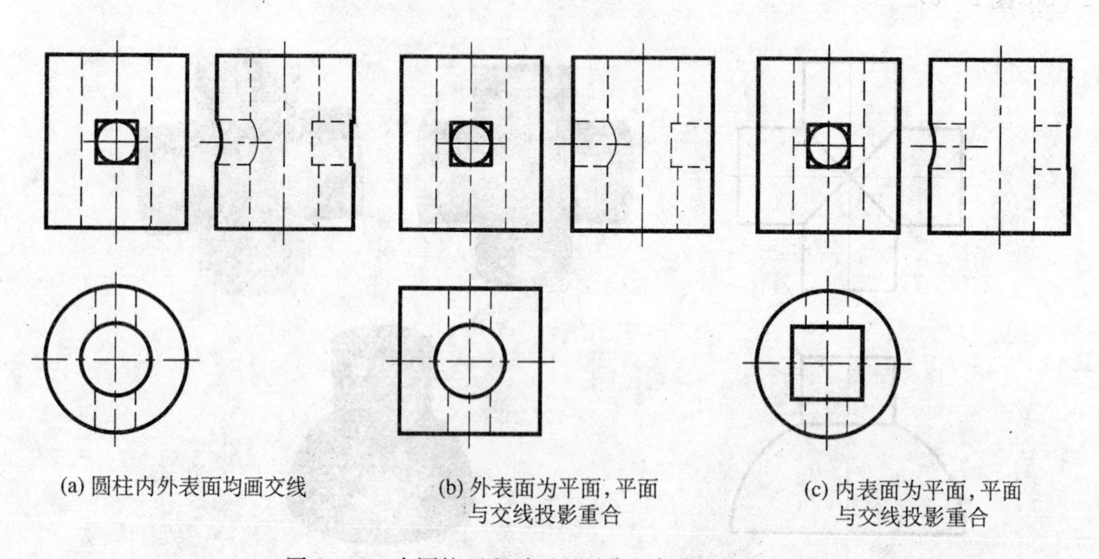

(a) 圆柱内外表面均画交线　(b) 外表面为平面,平面与交线投影重合　(c) 内表面为平面,平面与交线投影重合

图 2－58　在圆柱面和平面上开孔和方孔画法的比较

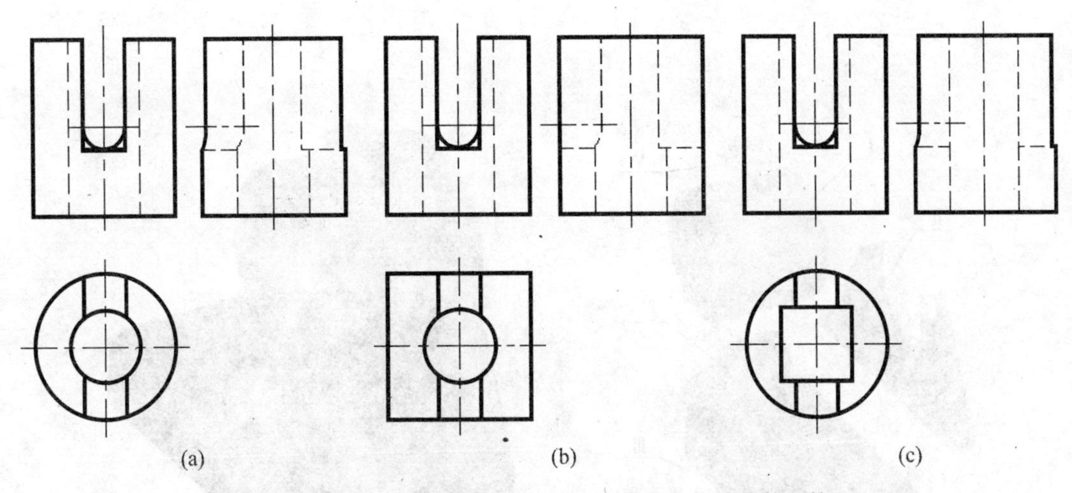

图 2-59　在圆柱面和平面上开长圆槽和方槽画法的比较

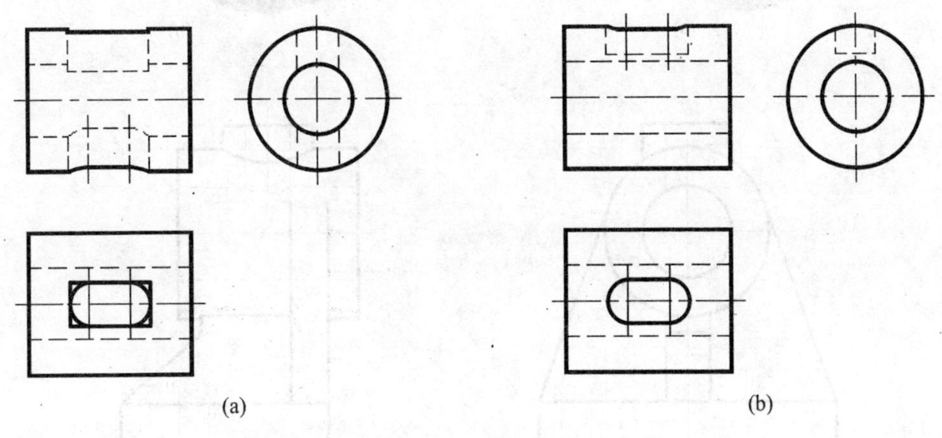

图 2-60　在圆柱面上开长圆槽和长方槽画法的比较

七、组合体的三视图

复杂的立体通常是由两个或两个以上简单的几何体或切割体组合而成，通常称这些立体为组合体。在画组合体三视图前，首先将复杂的立体分解为简单的几何体，切割体，然后将这些简单的立体按一定顺序画到一张图纸上，就得到复杂立体的三视图，见图 2-61(c)。这种由复杂到简单后综合的方法称为形体分析法。在按顺序画分解体时，要注意这些分解体之间的关系，即在立体分解之前表面的状态。组合体的表面状态有共面、相切和相交。

1. 共面

两个基本体的连接表面在同一面上称为共面，在这种情况下，两基本体之间不应有分界线，在视图上不可画出分界线(图 2-62)。当两个基本体的连接表面不共面时，在图中间应该有线隔开。又如图 2-63 所示支架，由于底板与竖板的前、后两个表面处于同一平面上，所以在主视图上两个形体叠合处不画线；而竖板上凸台的圆柱面与竖板左壁面不是同一表面，所以应有分界线。

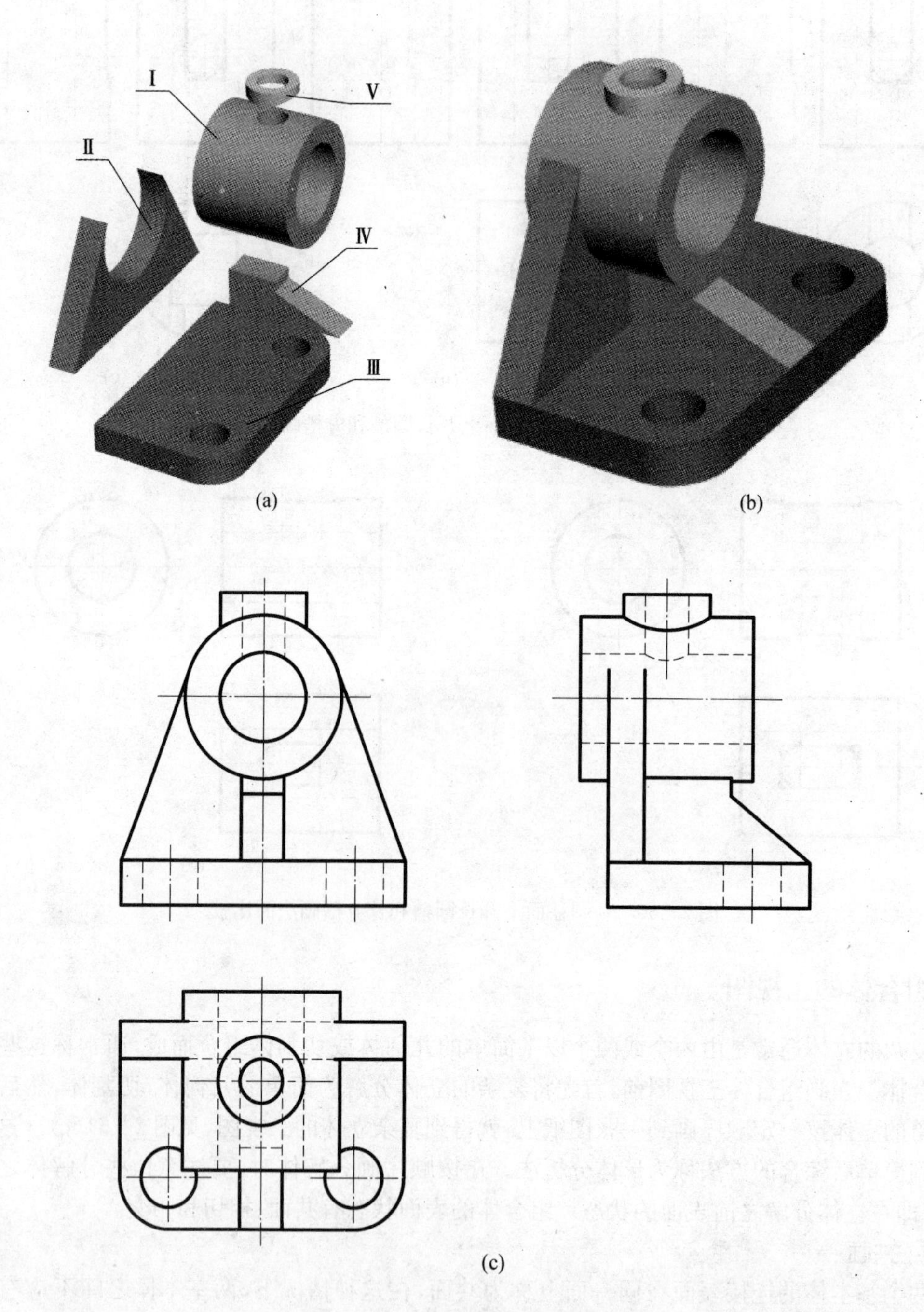

图 2-61　轴承座的三视图(一)

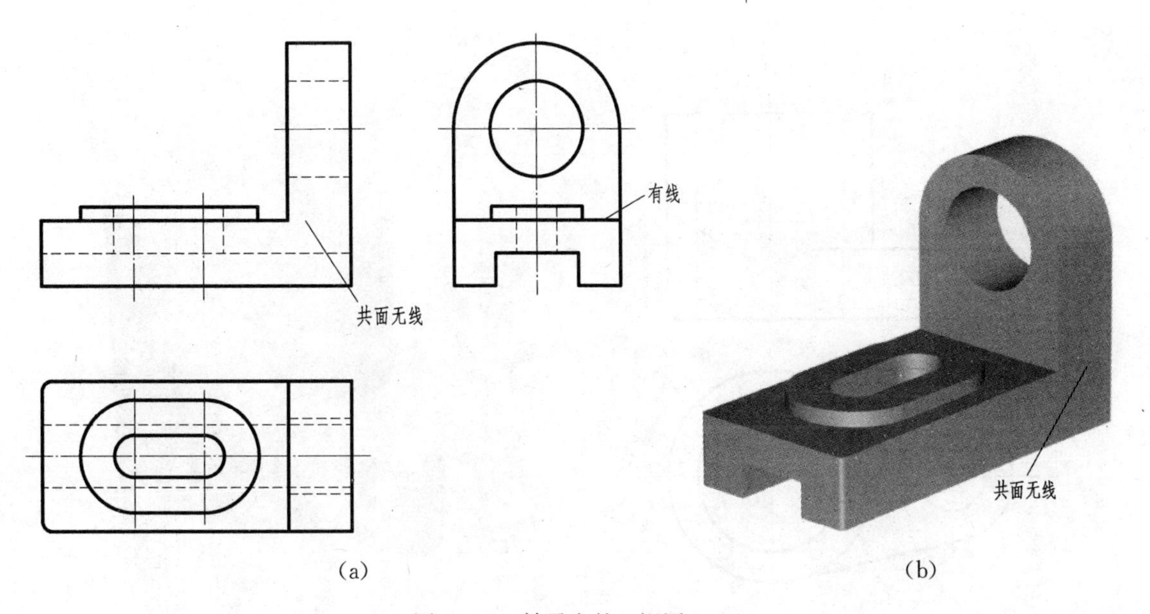

图 2-62　轴承座的三视图(二)

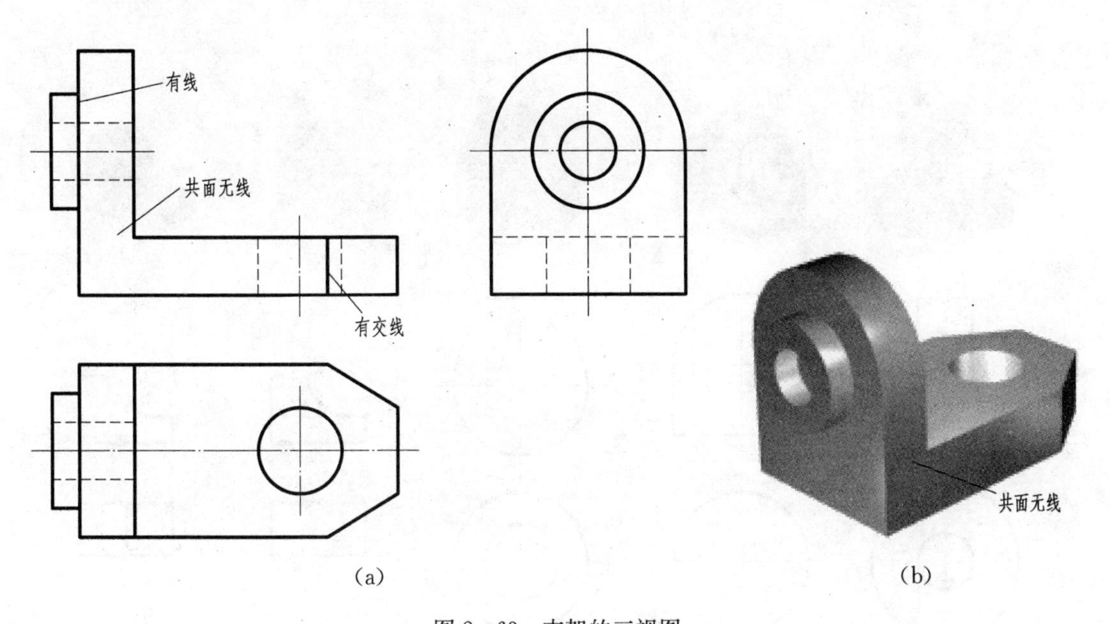

图 2-63　支架的三视图

2. 相切

当两个基本体的表面(平面与曲面或曲面与曲面)相切时,由于相切是光滑过渡,所以相切处无交线,在视图上一般不画分界线,如图 2-64 所示。

有一种特殊情况必须注意:当两圆柱面相切时,若它们的公切平面倾斜或平行于投影面,不画出相切的素线在该投影面上的投影,即两圆柱面间不画分界线,如图 2-65(a)~(d)所示;而当圆柱面的公切平面垂直于投影面时,应画出相切的素线在该投影面上的投影,也就是两个圆柱面的分界线,如图 2-65(e)所示。

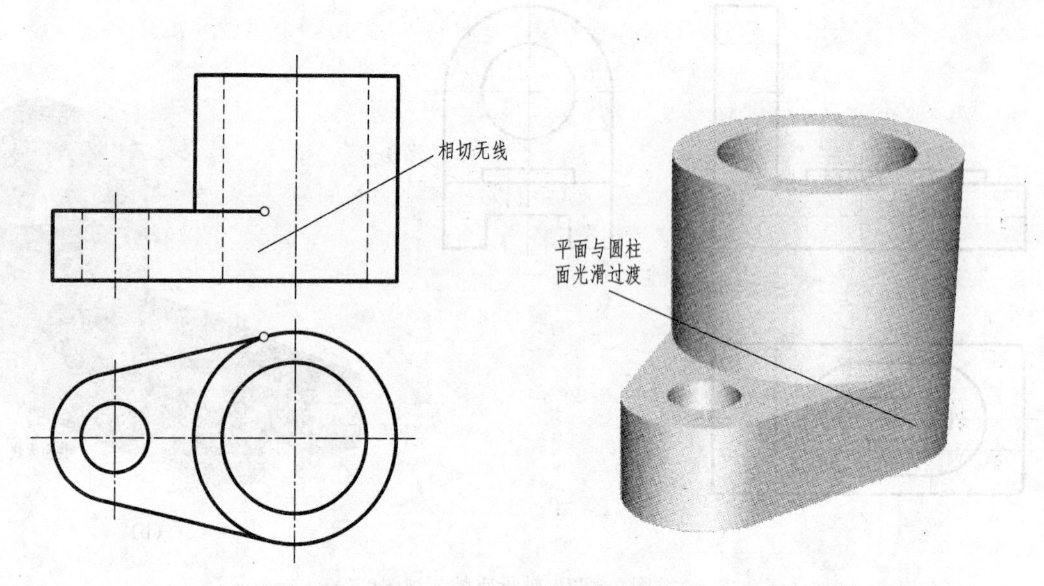

图 2-64　平面与圆柱相切

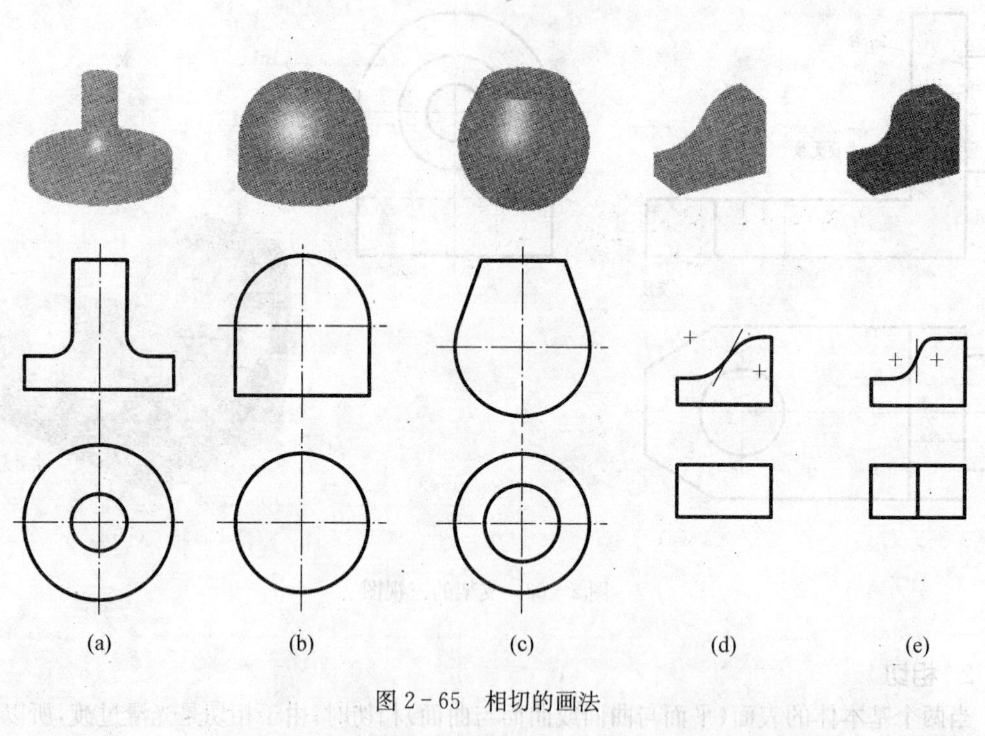

图 2-65　相切的画法

3. 相交

当两个基本体的表面相交时，在相交处应画出交线，如图 2-66 所示；图 2-63 底板上两个侧面相交，应画交线。

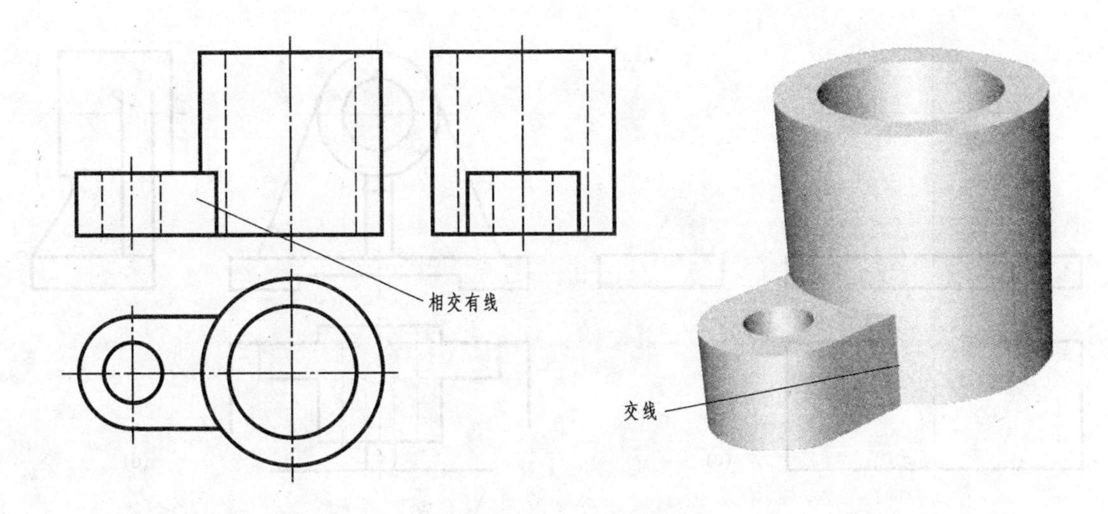

图 2－66　相交的画法

4. 作图实例

例 2－13　画出图 2－67(a)所示组合体的三视图。

分析：图 2－67(a)所示组合体是由底板、支撑板、肋板和圆柱组合而成，其中支撑板后面与底板后面平齐，即共面；两侧面与圆柱面相切，肋板分别与底板和圆柱相交。

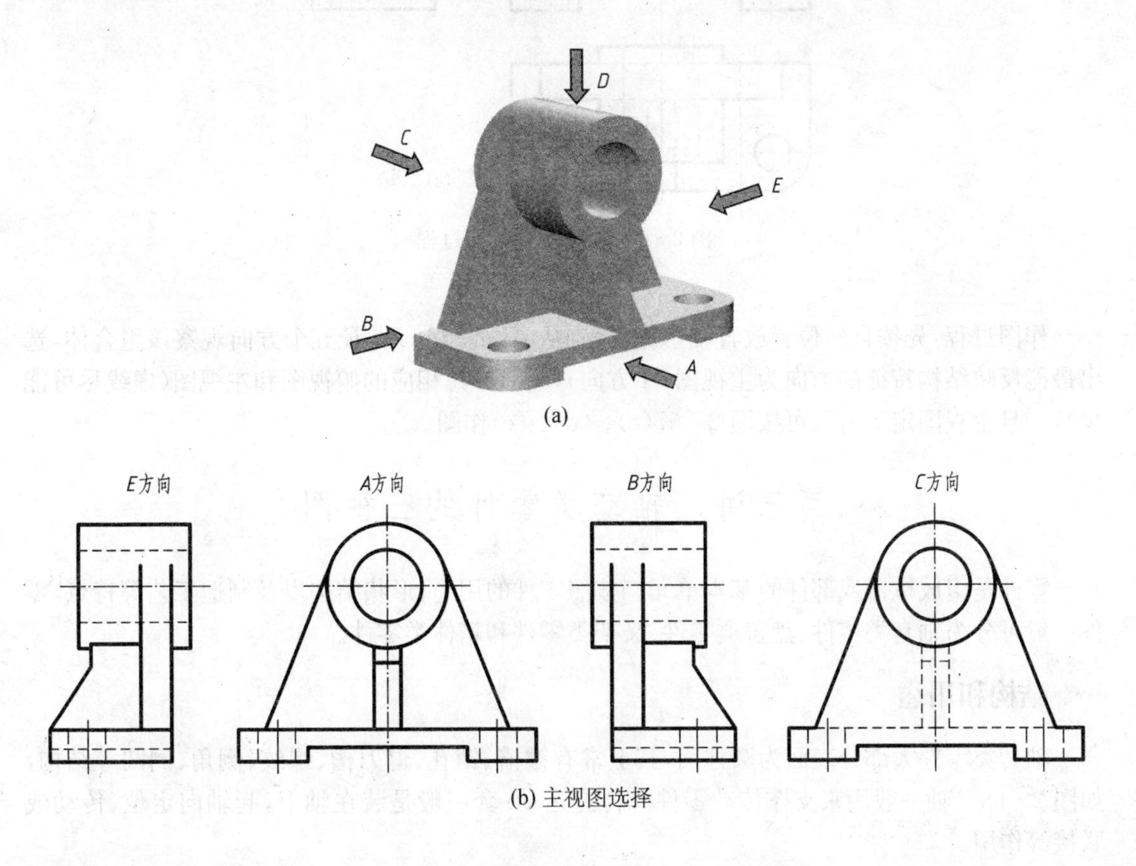

(b) 主视图选择

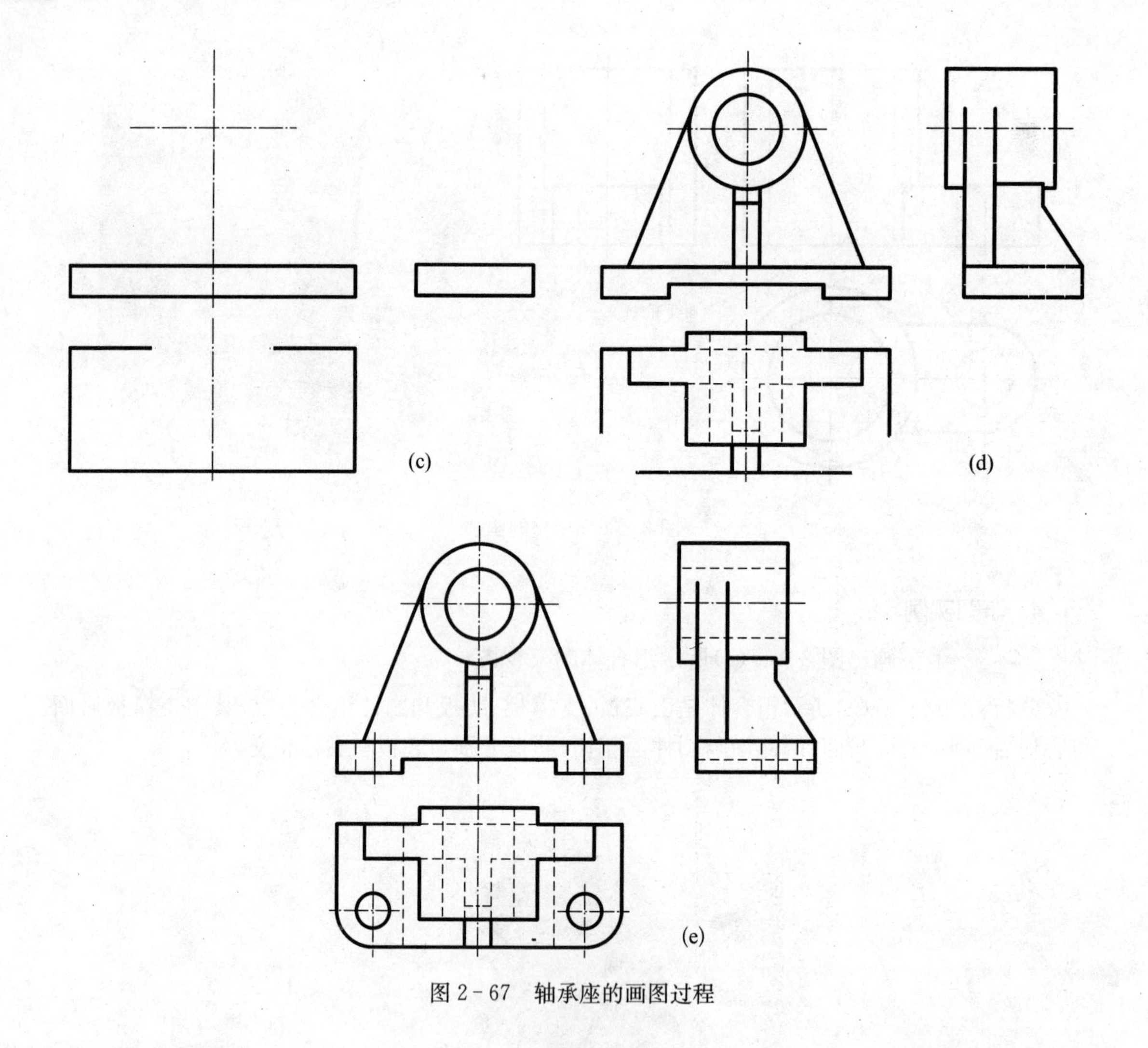

图 2-67　轴承座的画图过程

作图过程：先按自然位置放置轴承座，分别从 A、B、C、D、E 五个方向观察该组合体，选出最能反映结构特征的方向为主视图(A 方向)，然后考虑相应的俯视图和左视图(虚线尽可能少)，一旦主视图定下后就可按图 2-67(c)、(d)、(e)作图。

第三讲　轴套类零件的三视图

零件是组成机器或部件的基本单元。按照零件的用途、形状结构以及制造工艺等特点，零件一般可分为轴套类零件、盘盖类零件、叉架类零件和箱体类零件。

一、结构和用途

轴套类零件大部分表面为圆柱面，其上常有键槽、销孔、退刀槽、螺纹、倒角、倒圆等结构，如图 2-68。轴一般用来支撑传动零件和传递运动；套一般是装在轴上，起轴向定位、传动或联接等作用。

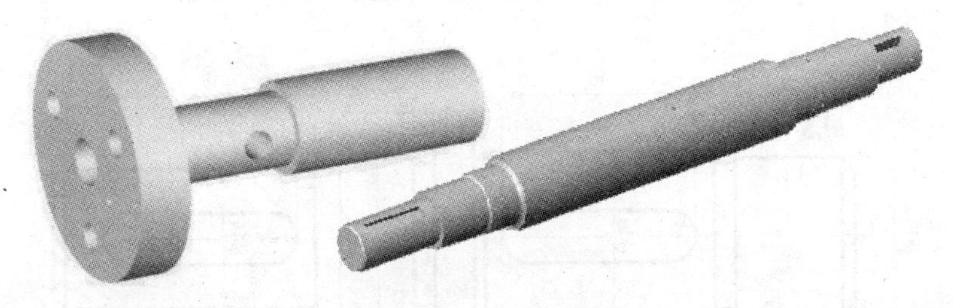

图 2 - 68　轴套类零件

图 2 - 69 是一级齿轮减速器中的从动轴，它装在轴承孔中，主要功用是支承齿轮以便传递扭矩(或动力)，并与外部设备连接。从动轴结构形状形成过程如下：

(1) 图 2 - 69 中，1 所指部分在减速器中伸出箱体外部与其他零部件相接，制出一轴颈。

(2) 为了用轴承支承轴，在 1 的右端作一轴颈(图 2 - 69 中，2 所指部位)，其尺寸大于轴颈 1。

(3) 为了固定齿轮的轴向位置，增加一直径稍大于 2 的轴肩(图 2 - 69 中，3 所指部位)。

(4) 为了支承齿轮和用轴承支承轴，在轴的右端再做一轴颈 4。

(5) 为了与齿轮和外部传动零件连接，在左右两端分别做一键槽(图 2 - 69 中 5，6 所指部位)。

(6) 为了装配方便，保护装配表面，在图 2 - 69 的 7，8，9，10 处做成退刀槽和倒角。

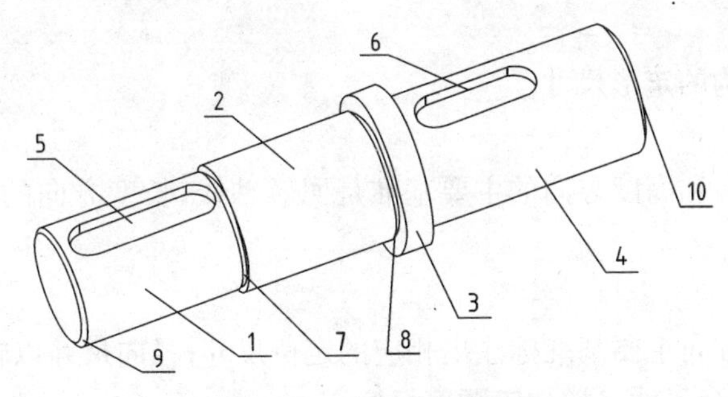

图 2 - 69　从动轴结构分析

二、表达方案

轴套类零件一般在车床上加工，所以应按形状特征和加工位置确定主视图，轴线横放，大头在左，小头在右，键槽、孔等结构可以朝前，也可以朝上。因这类零件主要结构形状是回转体，一般只画主视图和其他辅助视图，在后面再详细阐述。

1. 视图选择

以图 2 - 69 所示的轴为例，先对零件进行结构分析和各组成部分的功能分析，该轴是由多段同轴圆柱组成，其各部分的作用前面已表述。在视图表达方面：考虑到这类零件主要是在车床和磨床上加工，主视图方向选择如图 2 - 70，与加工位置一致；左视图是几个同心圆，不能表达轴的结构，无必要，俯视图基本与主视图相同，故省略；同时为了反映两键槽的形状，将键槽朝前放置，见图 2 - 70。至于键槽深度的表达将在后面作讨论。

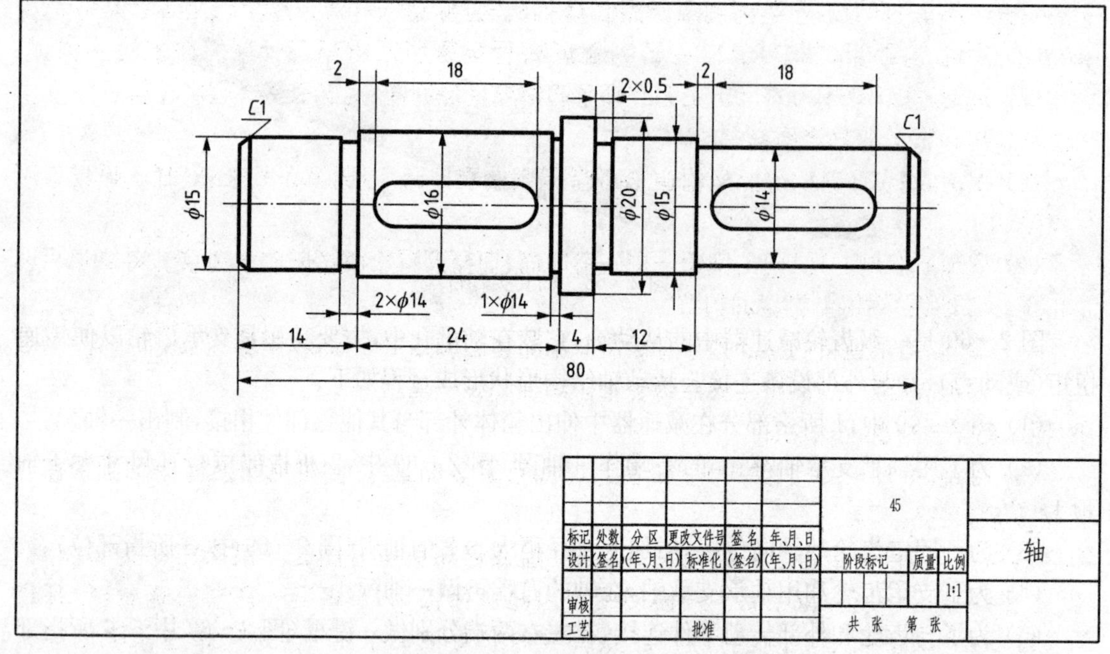

图 2-70　从动轴的画法

2. 尺寸标注

1) 定形尺寸

先标注各部分结构的定形尺寸。

2) 尺寸基准

输出轴的宽度方向和高度方向的主要基准是回转轴线，长度方向的主要基准是轴肩的左端面。

3) 定位尺寸

以左端面为长度方向主要基准标注出相应的定位尺寸；径向尺寸以轴线为基准，功能尺寸必须直接标注出来，其余尺寸多按加工顺序标注。

4) 零件上的标准结构(倒角、退刀槽、键槽、越程槽等)应按有关标准确定并标注。

注意：

水平方向尺寸应标注在尺寸线上方居中，且数字头部朝上；垂直方向尺寸应标注在尺寸线的左面居中，数字头部朝左，如尺寸数字与图中其他线条相交，在不影响视图表达的前提下，应断开线条。

第四讲　工作任务单

一、任务

(1) 测绘轴套。

(2) 测绘调节圈。

(3) 测绘端盖。

图 2-71　轴套

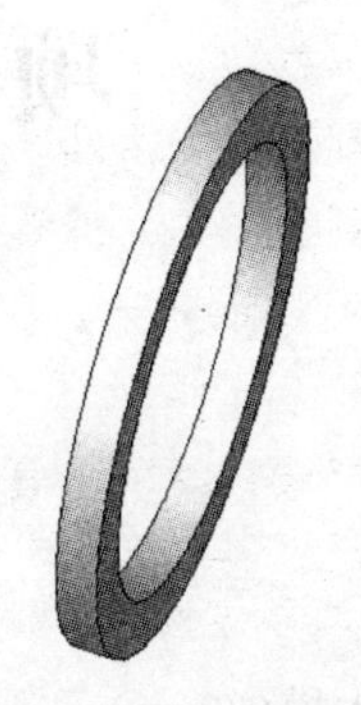

图 2-72　调节圈

图 2-73　端盖

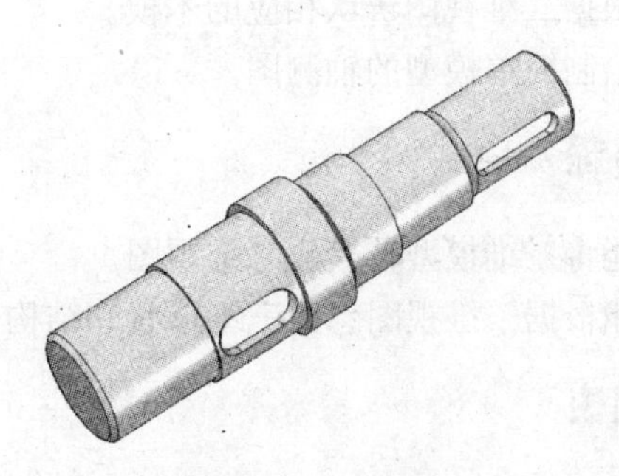

图 2-74　从动轴

(4) 测绘从动轴。

二、要求

1. 掌握

(1) 一级齿轮减速器的拆装。

(2) 有关国家标准的基本规定。

(3) 基本体和组合体的三视图表达方法。

(4) 徒手绘图的基本技能。

(5) 轴套类零件的表达方法。

2. 了解

(1) 一级齿轮减速器的工作原理及作用。

(2) 轴套类零件的结构及用途。

3. 分析

(1) 组合体的构成及组合形式。

(2) 轴套类零件的结构。

项目三　读图训练

任　务

1. 测绘小木模(30 个)。
2. 用 AutoCAD 基本绘图命令和基本编辑命令绘制上述木模。
3. 根据二维视图辨认相应的木模。
4. 绘制简单模型的轴测图。

能力目标

1. 能将三维模型转换成二维视图。
2. 能根据二维视图想象三维形状和结构,找出相应的木模。

相关知识

第一讲　常用的绘图和编辑命令

一、正多边形 POLYGON

功能:用来绘制正多边形,正多边形的边数可从 3～1024。

(1) 命令:POLYGON (正多边形)↓。

(2) 菜单:绘图(D)→正多边形(Y)。

(3) 工具栏:绘图工具栏→"⬠"。

命令行提示:_polygon 输入边的数目〈4〉:输入所需边数 5 ↓。

命令行提示:指定正多边形的中心或[边(E)]:↓。

命令行提示:输入选项[内接于圆(I)/外切于圆(C)]〈I〉:↓。

命令行提示:指定圆的半径:输入半径值或在屏幕上点取点。

如需"外切于圆"方式绘多边形,则输入 C ↓。

如已知多边形边长,在执行命令后,直接输入 E ↓,然后确定一条边所在位置和边长即可。几种绘制方法结果见图 3-1。

二、二维多段线 PLINE

功能:用于绘制二维多段线。多段线也称为多义线,指的是单个对象中可包含有多条直线和圆弧。

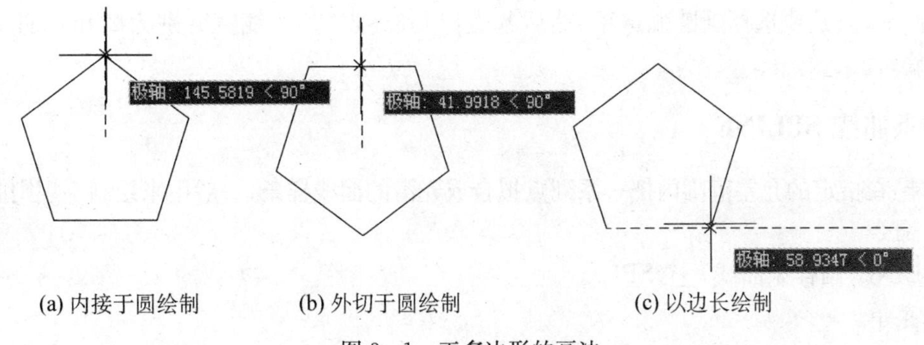

(a) 内接于圆绘制　　(b) 外切于圆绘制　　(c) 以边长绘制

图 3-1　正多边形的画法

1) 命令

PLINE(画多段线)↓(PL)。

2) 菜单

绘图(D)→多段线(P)。

3) 工具栏

绘图工具栏→“ ”。

命令行提示:指定起点:在屏幕上点取点。

命令行提示:指定下一个点或[圆弧(A)/半宽(H)/长度(L)/放弃(U)/宽度(W)]:

(1) 选项“圆弧(A)”:绘制圆弧,选择该项后,命令行提示:指定圆弧的端点或[角度(A)/圆心(CE)/方向(D)/直线(L)/半径(R)/第二个点(S)/放弃(U)/宽度(W)]:其中“角度(A)”、“圆心(CE)”、“方向(D)”、“半径(R)”、“第二个点(S)”选项用来决定圆弧的绘制方法,其含义和圆弧绘制命令中对应选项的含义相同。选项“直线(L)”,可由画圆弧状态转换为画直线状态。选项“放弃(U)”,放弃前面的操作。选项“宽度(W)”,重新设置线宽。选项“闭合(CL)”,可在多段线的最后一点和第一点之间画一条圆弧,以形成一个闭合的图形(只有在绘制了两条或两条以上线段的情况下才出现此选项)。

(2) 选项“闭合(C)”:在当前位置到多段线起点之间绘制一条直线段以闭合多段线。同一,只有绘制两条以上线段才能用此选项。

(3) 选项“半宽(H)”:指定下一条线段的一半宽度。

(4) 选项“长度(L)”:在前一线段的延长线方向按指定长度绘制一直线段。如果前一线段为圆弧,将按指定长度绘制一条与圆弧相切的直线段。

(5) 选项“放弃(U)”:撤销上一个操作。

(6) 选项“宽度(W)”:指定下一条线段的宽度(是半宽的 2 倍)。

注意:

用该命令绘制的线段是一个实体,而且整条线段可以有不同的宽度。

例 3-1　绘制图 3-2 所示箭头和眉毛。

作图步骤:以画箭头为例,执行命令后,在屏幕上确定“1”点,设置线宽为 0,打开正交方式,将光标放在右边,如输入 7,确定了点“2”后重新设置线宽,起点线宽为 2,终点线宽为 0,同样将鼠标放在右边,输入 7 得到图 3-2(a)所示箭头,图 3-2(b)

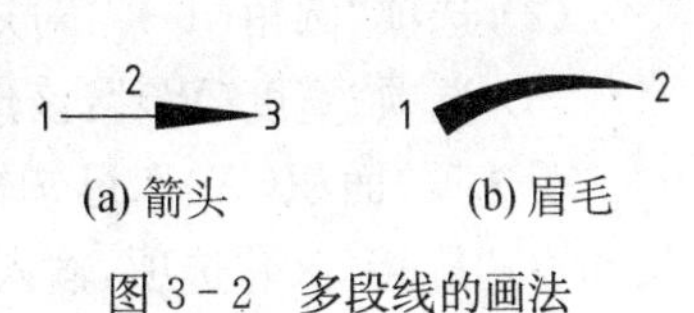

(a) 箭头　　(b) 眉毛

图 3-2　多段线的画法

的画法同前，只是要选择画圆弧选项，然后起点(1)和终点“2”的线宽分别为2和0，此处将圆弧稍作旋转。

三、样条曲线 SPLINE

功能：在指定的允差范围内把一系列点拟合成光滑的曲线样条，一般用来绘制不规则曲线。

1) 命令

SPLINE(画样条曲线)↓(SPL)。

2) 菜单

绘图(D)→样条曲线(S)。

3) 工具栏

绘图工具栏→“～”。

命令行提示：指定第一个点或[对象(O)]：在屏幕上确定一点。

命令行提示：指定下一点：再在屏幕上确定一点。

命令行提示：指定下一点或[闭合(C)/拟合公差(F)]〈起点切向〉：

(1) 选项“对象(O)”：将二维或三维的二次或三次样条拟合多段线转换成等价的样条曲线，并根据系统变量 DELOBJ 的设置删除多段线。

(2) 选项“闭合(C)”：在屏幕上点击了两个点后，出现该选项，连接最后一点与第一点，并在连接处相切，从而使样条曲线闭合。

(3) 选项“拟合公差(F)”：拟合公差即样条曲线相对控制点的偏移量，如果公差设置为0，样条曲线将通过拟合点，如果输入公差大于0，将允许样条曲线在指定的公差范围内从拟合点附近通过。

四、矩形 RECTANG

功能：绘制矩形，所作矩形是一条多段线。

1) 命令

RECTANG (矩形)↓(REC)

2) 菜单

绘图(D)→矩形(G)

3) 工具栏

绘图工具栏→“□”

命令行提示：指定第一个角点或[倒角(C)/标高(E)/圆角(F)/厚度(T)/宽度(W)]：在屏幕上确定一点

命令行提示：指定另一个角点或[面积(A)/尺寸(D)/旋转(R)]：再确定另一角点

(1) 选项“倒角(C)”：对矩形四个直角作倒角，按提示输入倒角的两个距离

(2) 选项“圆角(F)”：对矩形四个直角作圆角，按提示输入圆角的半径

(3) 选项“宽度(W)”：该选项与多段线中的线宽含义相同，即矩形的线宽可以设置

子选项“面积(A)”，已知矩形面积和其中一条边长画矩形；“尺寸(D)”选项，输入矩形的长和宽；“旋转(R)”选项，输入角度后，可以绘制倾斜的矩形。

图3-3(a)、(b)中矩形的线宽设置为0.5;图3-3(b)倒角距离为5;图3-3(c)圆角半径为5,线宽为0.5。三个矩形长为40,宽为20。

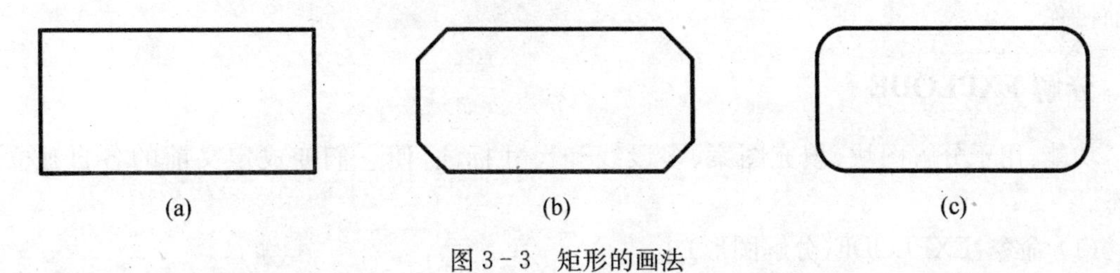

图3-3 矩形的画法

五、编辑多段线PEDIT

功能:用于修改二维、三维多段线。

1) 命令

PEDIT(修改多段线)↓(PE)。

2) 菜单

修改(M)→对象(O)▸→多段线(P)。

3) 工具栏

修改工具栏→“”。

命令行提示:_pedit 选择多段线或[多条(M)]:选择多段线。

命令行提示:输入选项[闭合(C)/合并(J)/宽度(W)/编辑顶点(E)/拟合(F)/样条曲线(S)/非曲线(D)/线型生成(L)/放弃(U)]:

(1) 选项“闭合(C)或打开(O)”:当被选多段线是打开的,可选此选项使多段线封闭,多段线最后一段的终点与第一段的起点用线段连接,如果最后一段线段是直线,连接的线段也是直线;如果最后一段线段是圆弧,则连接线段也是圆弧。当多段线是封闭时,此选项为“打开”。

(2) 选项“合并(J)”:将端点与多段线的端点重合的直线、圆弧或多段线添加到多段线中,使之成为一条新的多段线。

(3) 选项“宽度(W)”:用于指定整条多段线新的统一宽度。

(4) 选项“编辑顶点(E)”:顶点是多段线中线段间的交点。选择“编辑顶点”选项后,屏幕上出现“×”标记,指出要编辑的顶点。

(5) 选项“拟合(F)”:用于创建一条平滑曲线,曲线通过多段线的所有顶点并沿着指定的切线方向。

(6) 选项“样条曲线(S)”:根据原多段线绘制样条曲线,绘制方法有多种,其中包括二次B样条曲线和三次B样条曲线。

(7) 选项“非曲线化(D)”:用于删除拟合曲线或样条曲线,返回多段线原来的状态。

(8) 选项“线型生成(L)”:用于控制多段线是否逐段应用线型样式。如果打开该项,AutoCAD生成通过整条多段线顶点的连续线型;关闭此项,AutoCAD将在每个顶点处重新应用线型样式。线型生成不能用于带变线宽的多段线。

(9) 选项"放弃(U)":用于放弃上一个操作。

当选择的是直线或圆弧时,命令行提示:是否将其转换为多段线? <Y>,回车"是"即可如前操作。

六、分解 EXPLODE

功能:用于分解图块、填充图案、多段线和尺寸标注,使它们变成定义前的各自独立的状态。

(1) 命令:EXPLODE(分解图形)↓。

(2) 菜单:修改(M)→ 分解(X)。

(3) 工具栏:修改工具栏→" "。

命令行提示:选择对象:如选择多段线,执行命令后,多段线分解为若干段独立线段(选段数是顶点数减 1)。

七、对象特性 PROPERTIES

功能:用于修改已存在对象的颜色、线型、线形比例、图层、文本样式等属性。

1) 命令:PROPERTIES (对象特性)↓。

2) 菜单:修改(M)→特性 roperti es(P)。

3) 工具栏:标准工具栏→" "。

执行命令后,出现图 3-4 对象特性选项框,供用户对所选图形对象作修改。在修改时要注意以下几点:

(1)对象特性选项框中所显示的内容会因所选对象的不同而异,但基本内容如颜色、线型、线形比例、图层、厚度、线宽、打印样式等式共有的基本特性;

(2) 各属性的修改方法是:将鼠标光标移到要修改的属性框,单击左键,文本光标呈:"I"状,此时可对内容进行修改,按回车键使其生效,再单击" "按钮关闭窗口,按 ESC 键退出选择。

(3) 如果用鼠标将光标移到要修改的属性,单击左键后在该框右端出现一个下拉按钮,表示该属性为选项。单击按钮可打开一个下拉列表,单击其中某项,就可以选中该项。

无选择

基本	
颜色	ByBlock
图层	0
线型	ByLayer
线型比例	1
线宽	ByLayer
厚度	0
三维效果	
材质	
阴影显示	投射和接收阴影
打印样式	
打印样式	随颜色
打印样式表	无
打印表附着到	模型
打印表类型	不可用
视图	
圆心 X 坐标	349.3338
圆心 Y 坐标	21.9319
圆心 Z 坐标	0
高度	201.1101
宽度	301.1455
其他	
注释比例	1:1
打开 UCS 图标	是
在原点显示 U...	是
每个视口都显...	是
UCS 名称	
视觉样式	

图 3-4 对象特性选项框

第二讲　图　层

一、图层的概念

图层是用户在计算机绘图中用来组织和管理图形的最有效的工具之一。将一张图分成若干层，每一层放置某一种特性的实体，这些图层就像是若干张透明的图纸，以同一坐标系重叠在一起组成一张完整的图纸。

一个图形文件可包含的图层数是没有限制的，每一图层上所画的实体数也不受限制。对于每一图层规定一个图层名、一种线型（Linetype）和一种颜色（Color），必要时再规定一种线宽（Lineweight）。图层可以是可见的（On），也可以是不可见的（Off），图层只有在可见的状态下才能被显示和绘图。图层可被冻结（Freeze）和解冻（Thaw）以及加锁（Lock）和解锁（Unlock）等特性。图层被冻结时该层上的实体既不被显示，也不被重新计算；图层被加锁后该图层上的实体可见，但不能对它进行编辑。

二、创建图层 LAYER

(1) 命令：LAYER（设置图层）↓（LA）。

(2) 菜单：格式（O）→图层（L）…。

(3) 工具栏：图层工具栏→“ ”。

执行命令后出现“图形特性管理器”对话框，如图 3 - 5 所示。

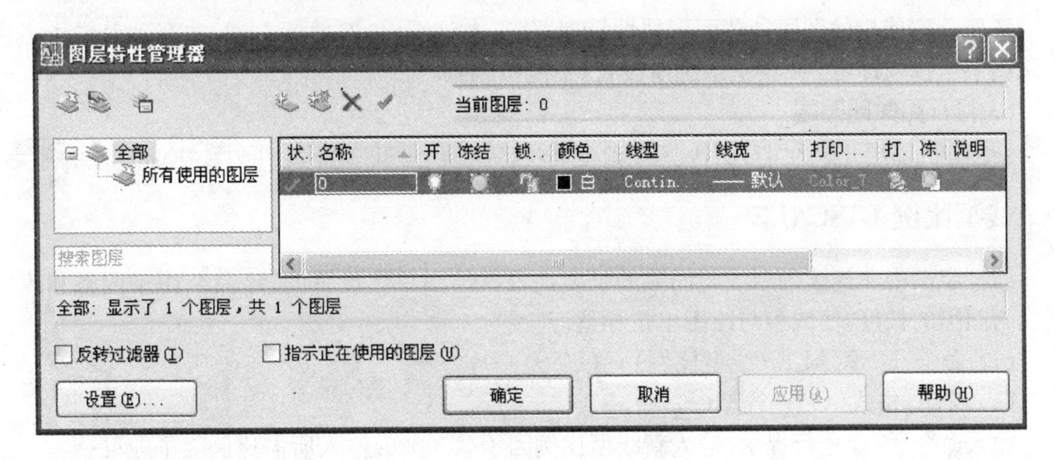

图 3 - 5　图层特性管理器对话框

1. 创建新图层

在“图形特性管理器”对话框中的空白处单击鼠标右键，出现图 3 - 6 所示浮动菜单，鼠标左键单击新建图层子菜单，创建新图层，为了便于图层切换，用户可根据图层的功用改图层名，如 Center（画中心线）、Dashed（点画线）、Text（文字）等。

2. 设置图层的颜色

新建图层的颜色往往继承上面图层的颜色，如果要重新设置该图层颜色，可单击位于颜色

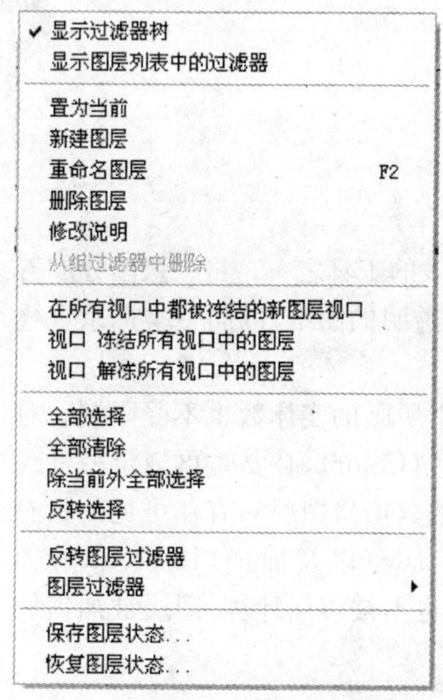

图 3－6　图层特性管理"快捷"菜单

列下该图层的颜色名，弹出"选择颜色"对话框，在此对话框中选择颜色，建议选择第一排的几种标准颜色。

3. 设置图层的线型

新建图层的线型默认继承上面图层的线型，如果要重新设置该图层线型，可单击位于线型列下该图层的线型名，弹出"选择线型"对话框，在此对话框中选择线型，如果所需线型不在此对话框中，可以单击对话框下面的"加载(L)"按钮，出现"加载或重载线型"对话框，选择其中的线型并单击"确定"按钮，所选的线型装入"选择线型"对话框中供用户选择，然后选择所需线型单击"确定"，该线型就设置在图层中。

4. 选择当前层

在"图形特性管理器"对话框中双击图层名，该图层即为当前图层；也可单击图层名，按鼠标右键，在浮动菜单中单击"置为当前层"；在"图层工具栏"的下拉列表中单击图层名也可设置当前图层，如图 3－7 所示。

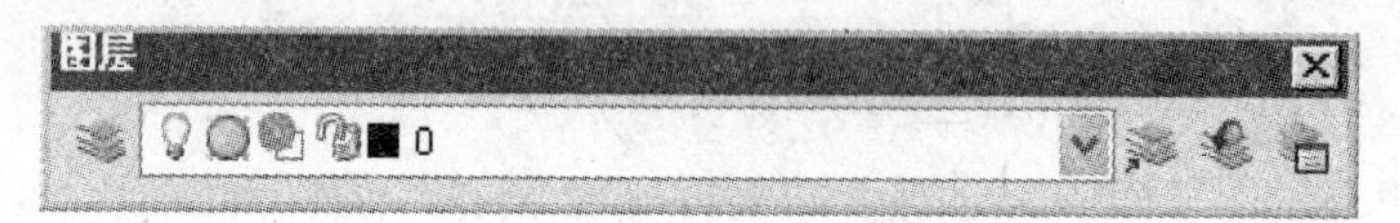

3－7　图层工具栏

5. 删除图层

要删除不使用的图层，在"图形特性管理器"点击该图层，按鼠标右键，在浮动菜单中点击删除图层子选项即可。0 层是系统所设置，不能被删除。

6. 打开和关闭图层

新创建的图层开始为"打开"状态，要改变其状态，可单击"开"列下"💡"或"💡"控制图层的开关。

三、线型比例 LTSCALE

线型定义中非连续的划线与间隔的长度是根据绘图单位设置的，该命令用于调整和改变划线与间隔的长度，使线型与绘图单位相适应。

(1) 命令：LTSCALE (线型比例)↓(LTS)。

(2) 菜单：格式(O)→线型(N)…。

输入命令后，命令行提示：输入新线型比例因子〈1.0000〉输入所需比例因子即可。

另外，也可以在"线型管理器"对话框中调整比例因子，输入比例因子(大于 1 为放大，小于 1 为缩小，不能为负)。

第三讲　文字标注和尺寸标注

一、文字标注

工程图样中经常要进行一些注释说明，比如技术要求、图纸说明、标题等，因此，文字标注是工程图样中不可缺少的一部分。

1. **设置文字样式 STYLE**

1) 命令：STYLE(设置文字样式)↓。

2) 菜单：格式(O)→文字样式(S)…。

执行命令后，出现图 3-8 所示"文字样式"对话框，其中主要含义如下：

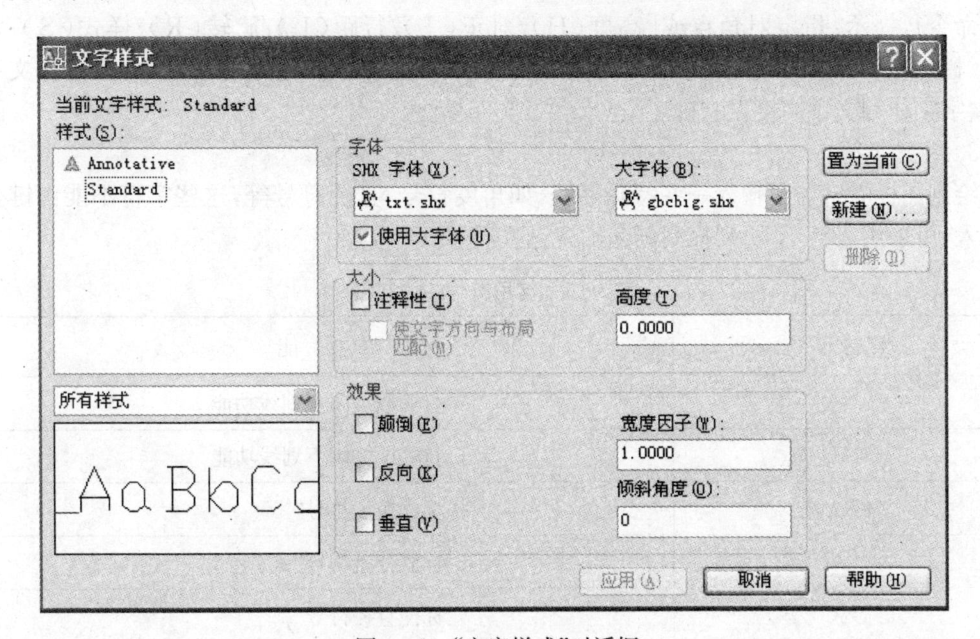

图 3-8 "文字样式"对话框

(1) 样式(S)：在样式框下显示已定义过的文字样式名，选择所需的样式后，点击"置为当前"按钮，即将此样式定义为当前样式。

(2) 字体：在下拉列表中选择所需的字体，字体文件分两种：一种是 Window 系统所提供的 True Type 字体文件，如宋体、黑体等；另一种是 AutoCAD 提供的编译的形(SHX)字体文件。

(3) 高度(T)：设置标注文字的高度。

(4) 效果：用于设置字体的其他书写特性："颠倒"用于控制文本上下颠倒；"反向"用于控制文本左右颠倒；"垂直"用于控制文本文字由上到下排列；"宽度因子"用于控制文字的宽高比；"倾斜角度"用于控制文字与垂直方向的角度。

设置的文字效果可看对话框左下角的预览框。

2. **输入文本**

1) 单行文本标注 TEXT

(1) 命令：TEXT(输入单行文本)↓(DT)。

(2) 菜单：绘图(D)→文字(X)→单行文字(S)。

命令行提示：指定文字的起点或[对正(J)/样式(S)]：在屏幕上指定一点。

命令行提示：指定高度〈2.5000〉：输入文字高度，如果已在"文字样式"对话框中设置了文字高度，则此项没有，输入 10 ↓。

命令行提示：指定文字的旋转角度〈0〉：文字与水平方向的角度，最后输入文字。

2）多行文本标注 MTEXT

（1）命令：MTEXT（输入多行文本）↓（T）。

（2）菜单：绘图（D）→文字（X）→多行文字（M）。

（3）工具栏：绘图工具栏→“A”。

命令行提示：指定第一角点：在屏幕上指定一点。

命令行提示：指定对角点或[高度（H）/对正（J）/行距（L）/旋转（R）/样式（S）/宽度（W）/栏（C）]：在屏幕指定另一点，出现“文字格式”对话框，在这个对话框中，可选择文字样式、文字字体和文字高度，按“确定”退出多行文字标注。

3. 特殊字符

绘制图样时常需要输入一些特殊字符，如角度符号、直径符号等，这些字符不能由键盘直接输入，可采用表 3-1 所列控制码来输入这些符号。

表 3-1 常用符号的控制器

控制码	功 能
%%O	打开或关闭上划线功能
%%U	打开或关闭下划线功能
%%D	标注角度符号“”
%%P	标注公差符号“±”
%%C	标注直径符号“ϕ”

4. 编辑文本

（1）命令 DDEDIT（编辑文本）↓。

（2）菜单：修改（M）→对象（O）→文字（T）→编辑（E）…。

执行命令后，可对单行文本和多行文本进行修改。此外还可用“对象特性”对文本进行修改，其内容包括：文本样式、对齐方式、字高、旋转角度、宽度比例系数、倾斜角等属性。

二、尺寸标注

在 AutoCAD 绘图中，尺寸标注也要严格按照国家标准标注各类尺寸。

1. 设置尺寸标注样式 DDIM

（1）命令：DDIM（设置尺寸标注样式）↓。

（2）菜单：格式（O）→标注样式（D）…。

（3）工具栏：标注工具栏→“ ”。

执行命令后，出现图 3-9 所示“标注样式管理器”对话框，当前系统的所有标注样式显示在样式框中。框中右边按钮“置为当前”用来切换标注样式；“新建”用来建立新的标注样式；“修改”修改已经存在的标注样式。

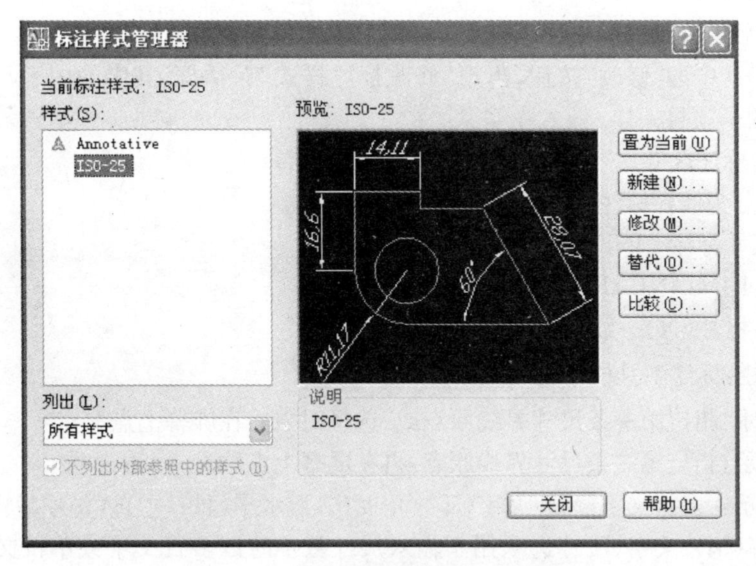

图 3-9　“标注样式管理器”对话框

点击图 3-9 中的“新建”按钮，出现“创建新标注样式”对话框，在新样式名中输入样式名，点击“继续”按钮。出现图 3-10“新建标注样式”对话框。其中子项目“线”用来设置尺寸线和尺寸界线的颜色、线型，控制尺寸线和尺寸界线显示否，还可调整尺寸线超过尺寸界线的量(1.25)、尺寸界线与轮廓的距离(0.625)；“符号和箭头”项目可供用户选择箭头的样式和大小；“文字”项目用来选择文字样式、颜色和高度，还有文字的放置位置、文字与尺寸线的距离(0.625)、文字的对齐方式。一般情况下尺寸对齐方式选择与“尺寸线对齐”，但根据国家标准规定，标注角度的尺寸数字必须水平书写，此时须设置新的标注样式，尺寸对齐方式选为“水

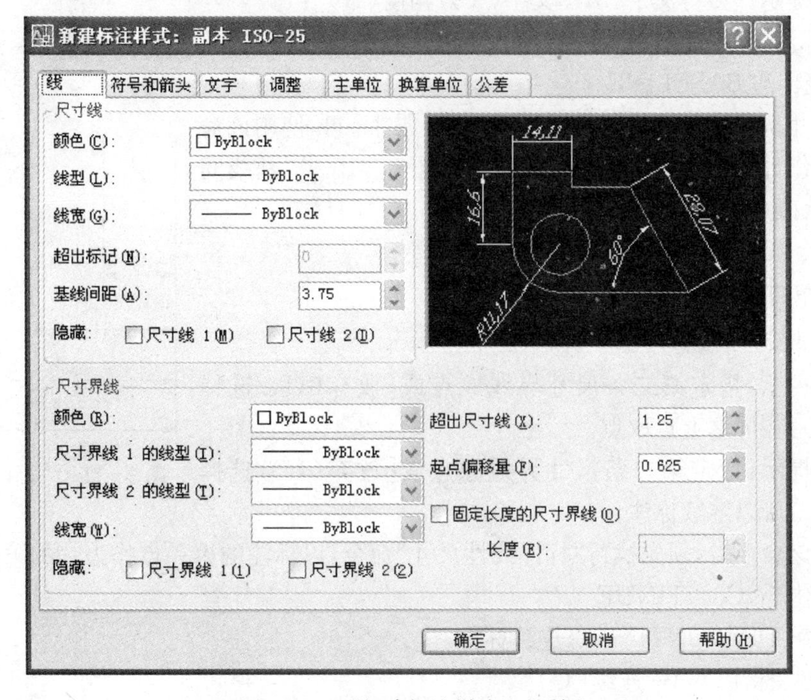

图 3-10　“新建标注样式”对话框

平”;“调整”项目用来调整尺寸数字和箭头在图形中的位置;“主单位”项目用来设置单位、精度等。点击图 3－9 中的“修改”按钮,出现“修改标注样式”对话框,其中的内容与“新建标注样式”对话框中的子项目一样。

2. 按类型标注尺寸

尺寸标注分为线性标注、径向标注和角度标注。

1) 线性尺寸标注 LINEAR(线性)

(1) 命令:DIMLINEAR(线性)↓

(2) 菜单:标注(N)→线性(L)。

(3) 工具栏:标注工具栏→“ ”。

命令行提示:指定第一条尺寸界线原点或〈选择对象〉:在屏幕上点取点

命令行提示:指定第二条尺寸界线原点:再在屏幕上点取点

命令行提示:[多行文字(M)/文字(T)/角度(A)/水平(H)/垂直(V)/旋转(R)]:

“多行文字(M)/文字(T)”选项用于输入尺寸数字时以多行文字或单行文字形式输入;“角度(A)”选项用于控制尺寸数字与水平线的夹角;“水平(H)/垂直(V)”用来控制标注水平尺寸或垂直尺寸;“旋转(R)”用于标注与水平线成某一角度的尺寸。

2) 对齐标注 ALIGNED

(1) 命令:DIMALIGNED(对齐)↓。

(2) 菜单:标注(N)→对齐(G)。

(3) 工具栏:标注工具栏→“ ”。

命令行提示:指定第一条尺寸界线原点或〈选择对象〉:在屏幕上点取点。

命令行提示:指定第二条尺寸界线原点:再在屏幕上点取点。

命令行提示:[多行文字(M)/文字(T)/角度(A)]:

“对齐标注”命令能对斜线的实际长度进行标注,并且,其尺寸线和斜线平行。

3) 基线标注 BASELINE

几个尺寸从同一条基线出发进行标注,见图 3－11,使用该命令可简化操作,两条尺寸线之间的距离应在图 3－10 中“基线间距(A)”中修改(一般将 3.75 改为 7 左右)

(1) 命令:DIMBASELINE(基线)↓。

(2) 菜单:标注(N)→基线(B)。

(3) 工具栏:标注工具栏→“ ”。

命令行提示:指定第二条尺寸界线原点或[放弃(U)/选择(S)]〈选择〉:在屏幕上点取点。

命令行提示:指定第二条尺寸界线原点或[放弃(U)/选择(S)]〈选择〉:可以继续标注。

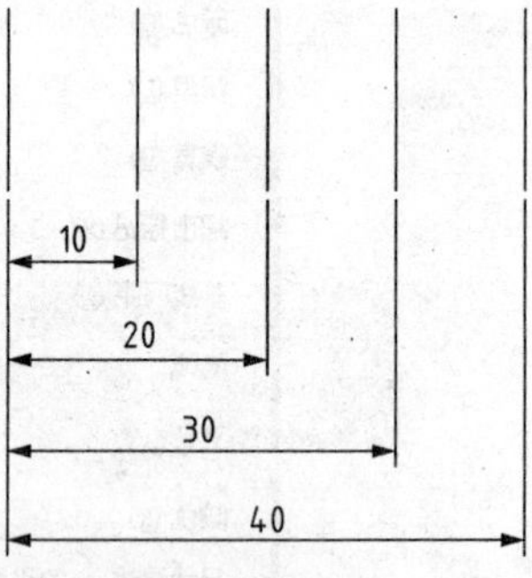

图 3－11 “基线标注”样例

在执行该命令时,须先执行“标注线性尺寸”命令,以标注的第一点作为它的第一点。

4) 连续标注 CONTINUE

(1) 命令:DIMCONTINUE(连续标注)↓。

(2) 菜单:标注(N)→连续(C)。

（3）工具栏：标注工具栏→“ ”。

命令行提示：指定第二条尺寸界线原点或[放弃（U）/选择（S）]〈选择〉：在屏幕上点取点。

命令行提示：指定第二条尺寸界线原点或[放弃（U）/选择（S）]〈选择〉：可以继续标注。

在执行该命令时，须先执行“标注线性尺寸”命令，以标注的第二点作为它的第一点，见图 3－12。

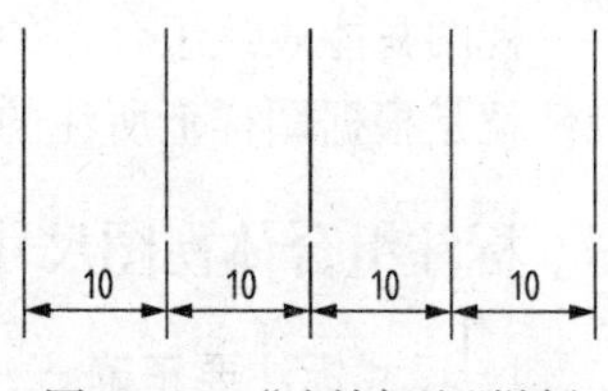

图 3－12　“连续标注”样例

5）半径标注 RADIUS

（1）命令：DIMRADIUS（半径标注）↓。

（2）菜单：标注（N）→半径（R）。

（3）工具栏：标注工具栏→“ ”。

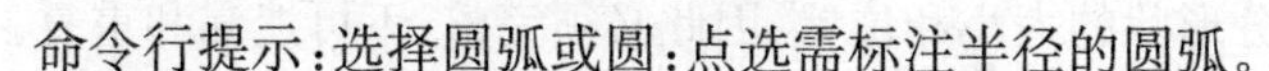

命令行提示：选择圆弧或圆：点选需标注半径的圆弧。

命令行提示：指定尺寸线位置或[多行文字（M）/文字（T）/角度（A）]：鼠标点击屏幕确定尺寸线位置。

6）直径标注 DIAMETER

（1）命令：DIMDIAMETER（直径标注）↓。

（2）菜单：标注（N）→直径（D）。

（3）工具栏：标注工具栏→“ ”。

命令行提示：选择圆弧或圆：点选需标注直径的圆弧。

命令行提示：指定尺寸线位置或[多行文字（M）/文字（T）/角度（A）]：鼠标点击屏幕确定尺寸线位置。

7）角度标注 ANGULAR

“角度标注”命令用于标注两直线之间的夹角，操作时依次选择两直线，并确定作为尺寸线的弧线位置。

（1）命令：DIMANGULAR（角度标注）↓。

（2）菜单：标注（N）→角度（A）。

（3）工具栏：标注工具栏→“ ”。

命令行提示：选择圆弧、圆、直线或〈指定顶点〉：鼠标点选第一条直线。

命令行提示：选择第二条直线：鼠标点选第二条直线。

命令行提示：指定标注尺寸位置或[多行文字（M）/文字（T）/角度（A）/象限点（Q）]：鼠标点击屏幕确定尺寸线位置。

“象限点（Q）”选项用来确定需标注角的范围。

3. 编辑已标注的尺寸 DIMEDIT

（1）命令：DIMEDIT（编辑尺寸标注）↓。

（2）工具栏：标注工具栏→“ ”。

命令行提示：输入标注编辑类型[默认（H）/新建（N）/旋转（R）/倾斜（O）]〈默认〉：

选项“默认”表示将尺寸文本按当前尺寸标注样式中所定义的位置、方向重新放置；“新建”用于修改尺寸文本的内容；“旋转”用于改变尺寸文本的方向；“倾斜”是尺寸线倾斜一个角。

用 PROPERTIES（对象特性）命令也可编辑尺寸标注。

第四讲　标注组合体尺寸

视图只能表达组合体的形状，各种形体的真实大小及其相对位置要通过标注尺寸来确定。机件就是根据图样上所注的尺寸进行加工制造的。因此，组合体的尺寸必须认真注写。

一、标注组合体视图尺寸的基本要求

1）尺寸标注要正确

尺寸数值要准确无误，尺寸注法要遵守国家标准《机械制图》GB/T 4458.4—2003的有关规定。

2）尺寸标注要完整

尺寸要能完全确定出物体各部分形状的大小和位置，因此必须完整，不可遗漏和重复。其最有效的方法是先对组合体进行结构分析，分析出组成组合体的各基本实体，而后根据各基本体形状及其相对位置分别标注定形、定位和总体三类尺寸。

3）尺寸标注要清晰

尺寸标注要整齐清晰，便于读图。

4）尺寸标注要合理

所注尺寸要符合设计、制造和检验工艺等要求。

二、基本体、切割体及相交立体的尺寸标注

1. 基本体的尺寸标注

1）平面体的尺寸标注

平面体一般应注出长、宽、高三个方向尺寸。

棱柱、棱锥及棱台的尺寸，除了应标注出高度尺寸外，还要标注出确定其顶面或底面形状的尺寸，但根据需要可有不同注法，图3－13(a)在主视图上标注了四棱柱的高，在俯视图上标注了四棱柱的长和宽，因主、俯视图已将四棱柱表达清楚，故省左视图；图3－13(b)六棱柱的主视图标注了高，俯视图标注了六边形的对角距或标注对边距（两个尺寸不能同时标注）；图3－13(c)中的正三棱锥主视图标注高，俯视图标注正三角形的边长和锥顶到底边的距离。

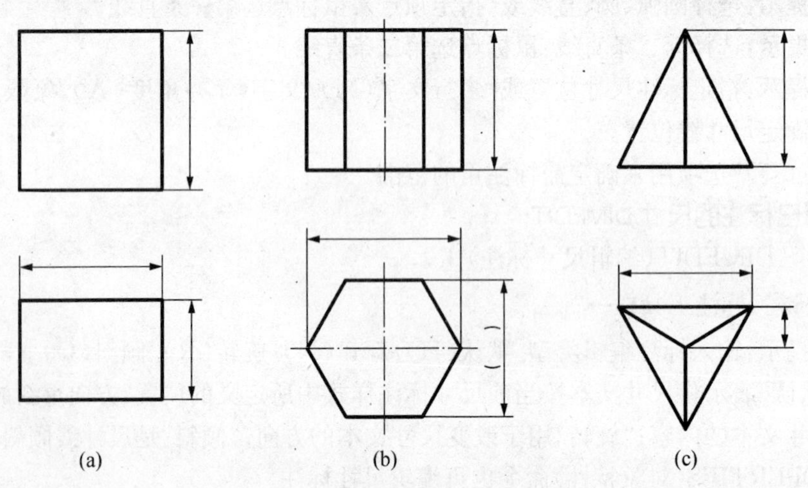

图3－13　平面立体的尺寸标注示例

2）曲面体的尺寸标注

对于曲面体来说，通常只要注出直径（即径向尺寸）和轴向尺寸（即高度尺寸），并在直径尺寸数字前加注直径符号“ϕ”如图 3－14 所示。

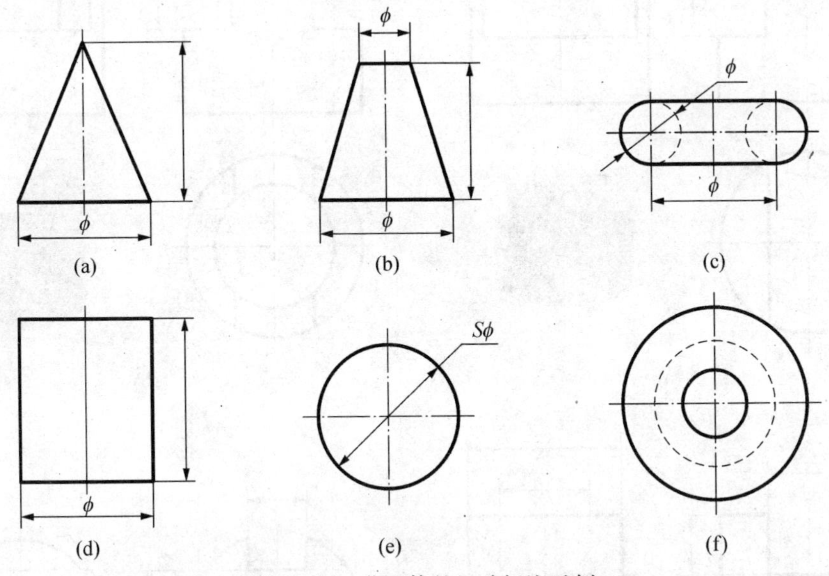

图 3－14 曲面体的尺寸标注示例

应注意的是：圆柱和圆锥（圆台）的直径尺寸注在非圆的视图中；圆球只注直径尺寸，且在直径符号前加注字母“S”以表示“圆球”。这样的标注形式有时只用一个视图即可表示形体的形状和大小。

2. 切割体的尺寸标注

在标注切割体的尺寸时，除应注出定形尺寸外，还应注出确定截平面位置的定位尺寸，如图 3－15、图 3－16 所示。图中打“×”尺寸不能标注，因为被标注线段的长短是由截平面的具体位置确定。

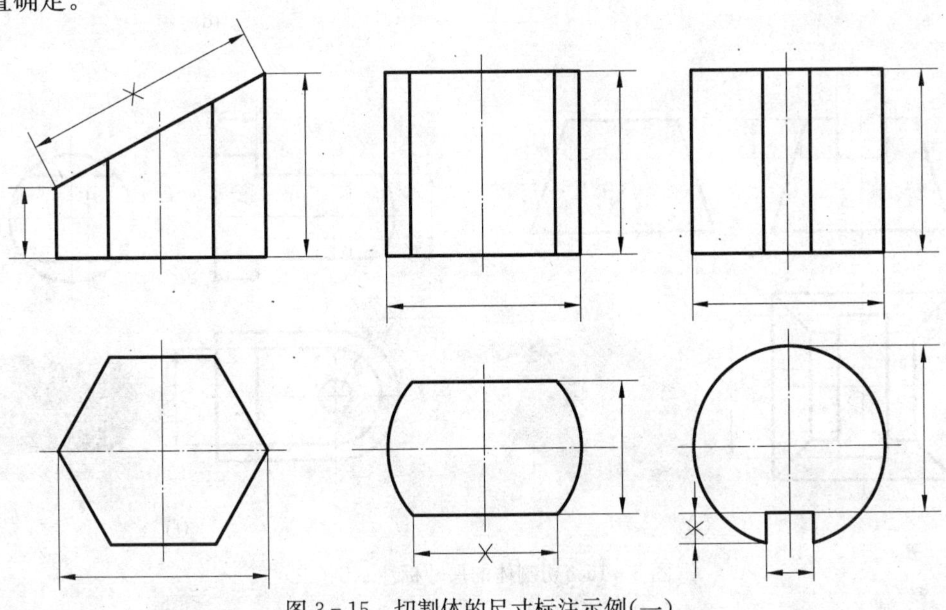

图 3－15 切割体的尺寸标注示例（一）

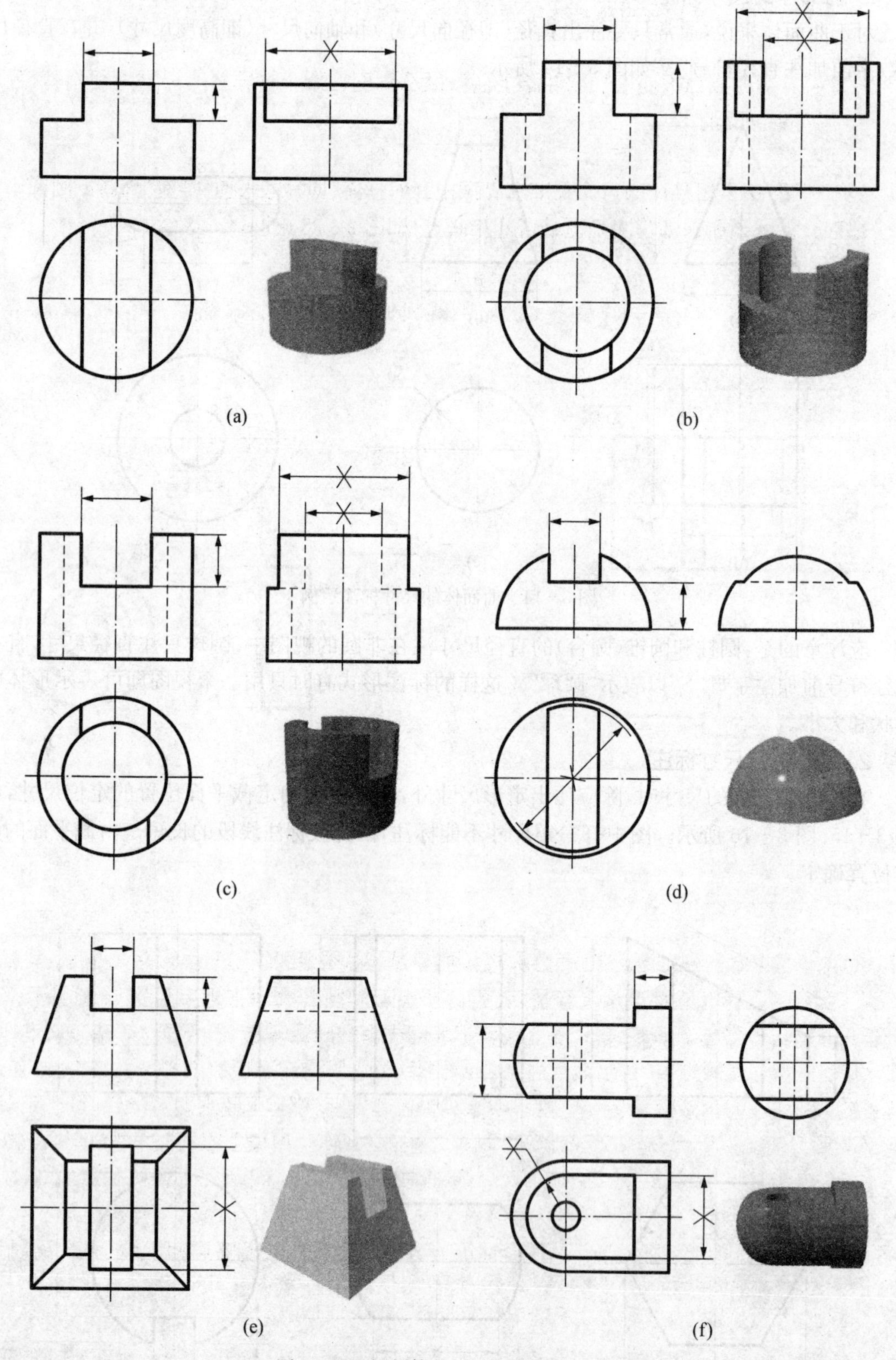

图 3-16　切割体的尺寸标注示例(二)

3. 相交立体的尺寸标注

与切割体的尺寸注法一样，相交立体除了注出相交基本体的定形尺寸外，还应注出确定相交基本体相对位置的定位尺寸，如图 3－17 所示。当定形和定位尺寸注全后，则相交基本体的

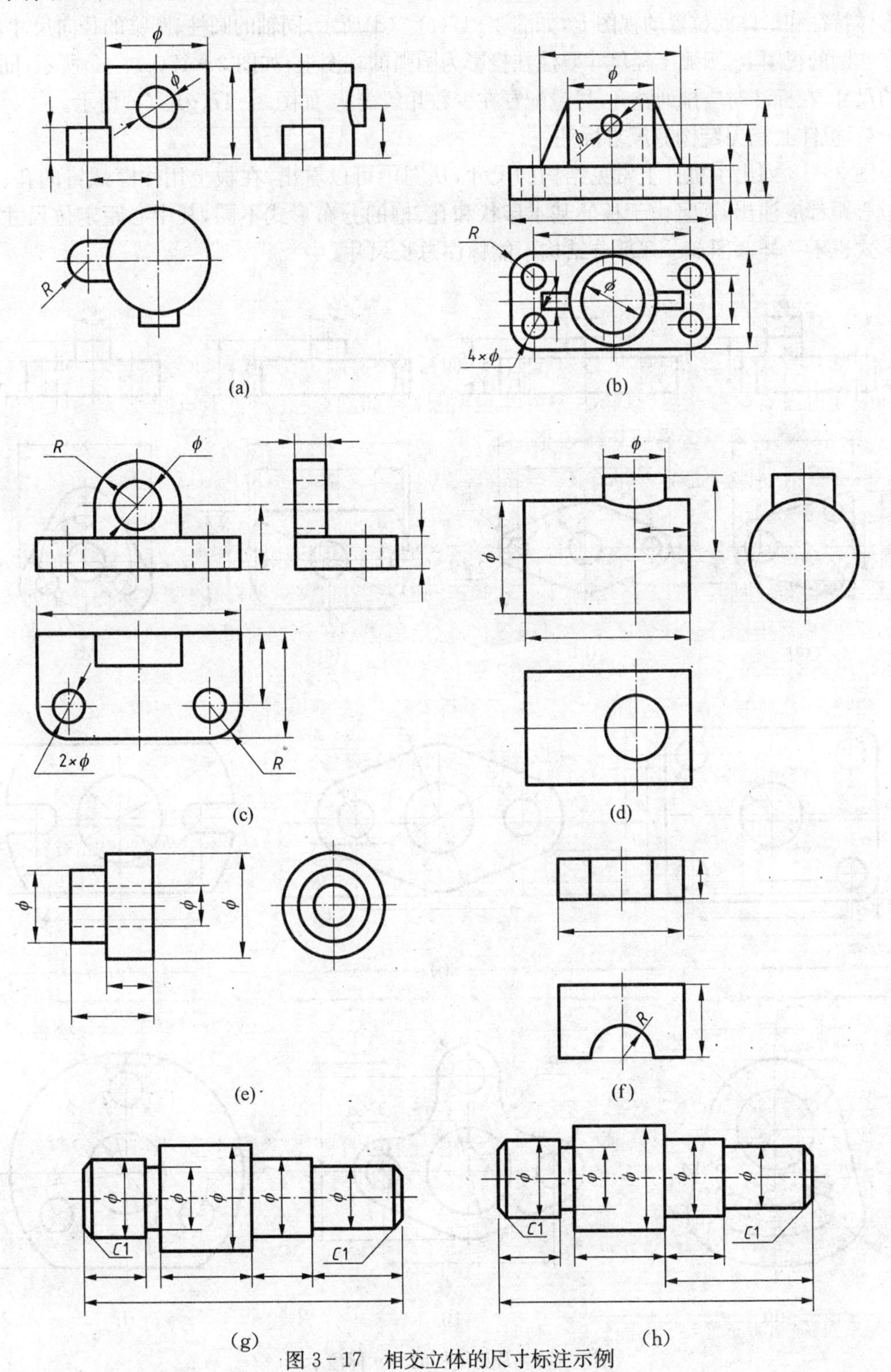

图 3－17　相交立体的尺寸标注示例

相贯线被唯一确定，因此，对相贯线不能注尺寸。

尺寸标注要清晰——尺寸应尽量标注在视图外面，相邻视图有关尺寸最好注在两个视图之间如图 3-17(a)、(b)所示；各基本体的定形、定位尺寸不要分散，要尽量集中标注在较明显反映形体特征和形体间位置的视图上，如图 3-17(c)、(d)所示；同轴的圆柱、圆锥的径向尺寸，一般注在非圆的视图上，圆弧半径尺寸要注在投影为圆弧的视图上，如图 3-17(e)、(f)所示；同一方向的尺寸，在标注时应排列整齐，尽量配置在少数几条线上，如图 3-17(g)、(h)所示。

4. 机件上常见结构的尺寸标注

图 3-18 列出了机件上常见结构的尺寸，从图中可以看出，在板上用作穿螺钉的孔、槽等的中心距都应注出，而且由于板的基本形状和孔、槽的分布形式不同，其中心距定位尺寸的标注形式也不一样。图 3-18 部分结构不能标注总长尺寸。

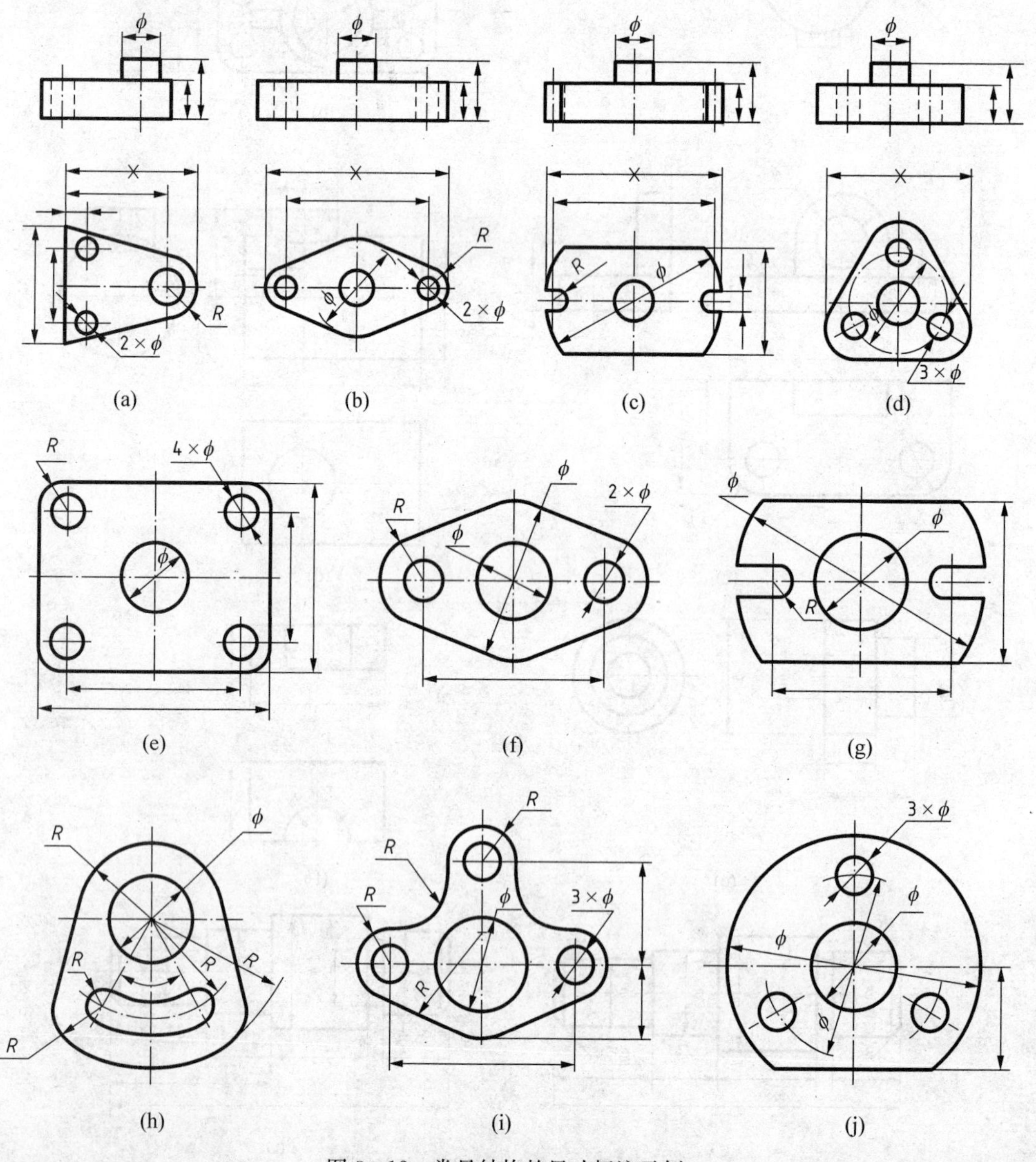

图 3-18　常见结构的尺寸标注示例

当组合体的端部不是平面而是回转面时，该方向一般不直接标注总体尺寸，而是由确定回转面轴线的定位尺寸和回转面的定形尺寸(半径或直径)间接确定，如图 3-18(a)、(b)、(c)、(d)、(f)、(g)、(h)、(i)、(j)所示；也有的结构既标注总体尺寸，又标注定形尺寸，因为端部是平面，如图 3-18(e)所示。

三、组合体的尺寸标注

1. 组合体尺寸标注的种类

1) 定形尺寸

指确定组合体各组成部分形状大小的尺寸，即各基本体的基本尺寸。如图 3-19(a)所示的支座是由底板、支板和肋板三部分组成，其各部分的尺寸如图 3-19(b)所示。

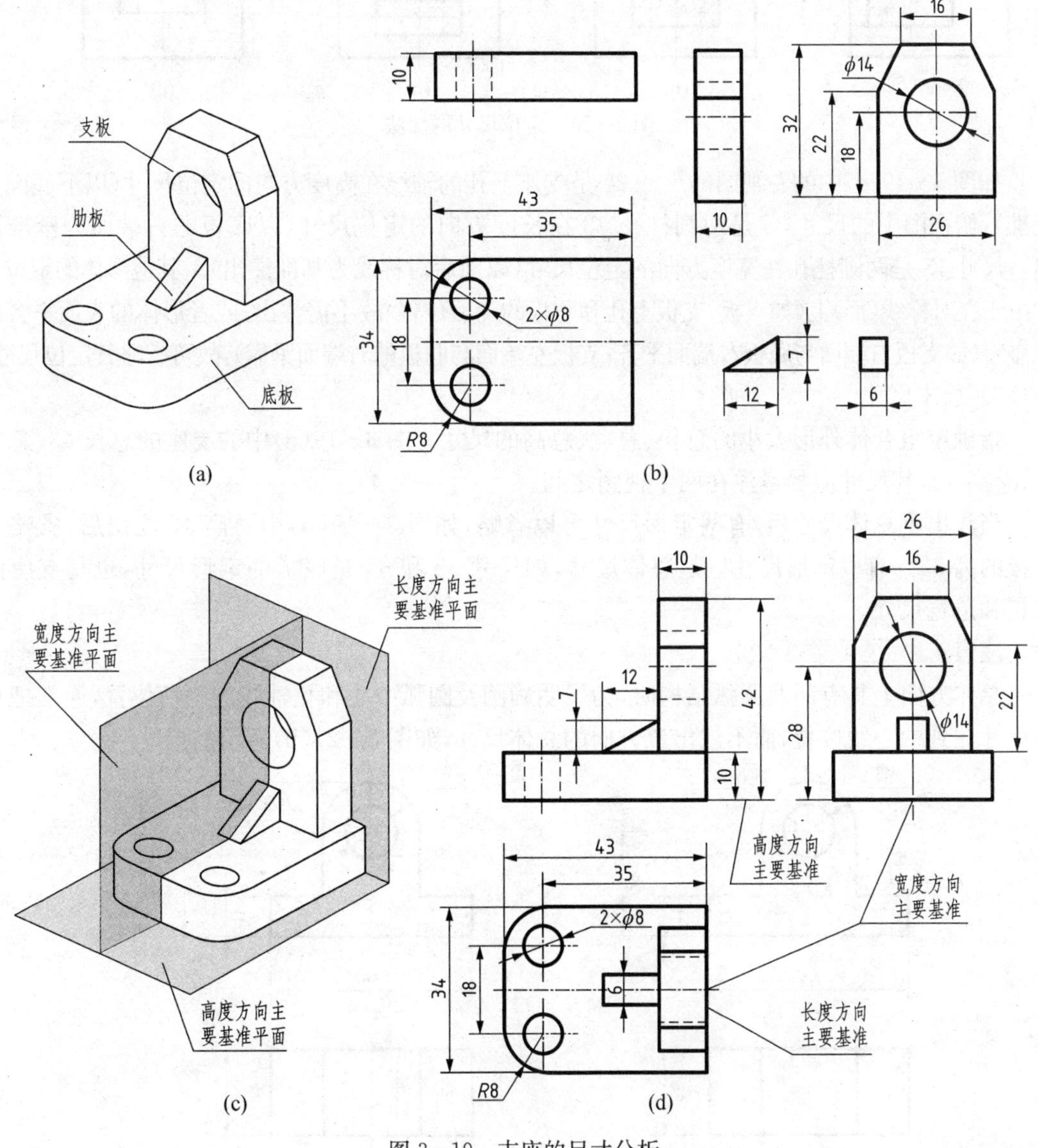

图 3-19　支座的尺寸分析

2）定位尺寸

指确定组合体各组成部分相对位置的尺寸。

为了确定组合体各组成部分之间的相对位置，应注出其 X、Y、Z 三个方向的位置尺寸，如图 3－20(a)所示。但有时由于各形体在视图中的相对位置已能确定，也可省略某个方向的定位尺寸，如图 3－20(b)、(c)、(d)所示。

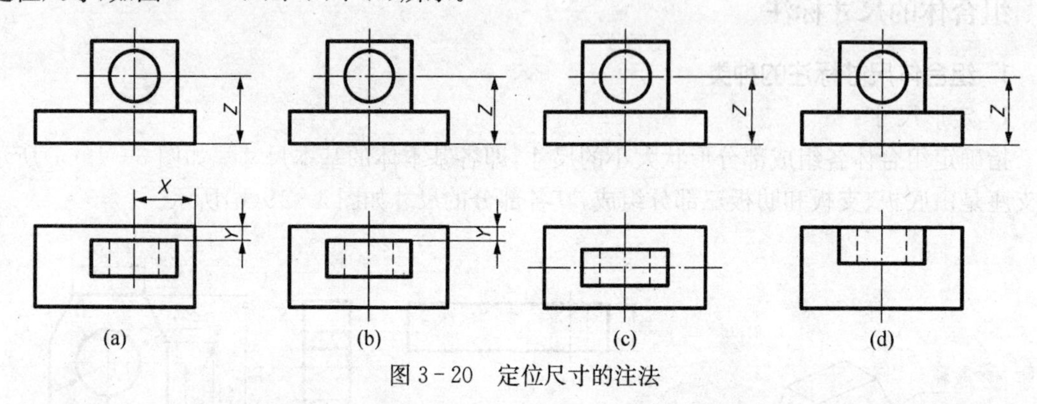

图 3－20　定位尺寸的注法

如图 3－19(d)中的左视图的尺寸 28 是支座上孔的轴线在高度方向的定位尺寸(以下底面为基准)；俯视图中的尺寸 35 是两圆柱孔 $\phi8$ 在长度方向的定位尺寸(以底板的右端面为基准注出)；尺寸 18 是两圆柱孔在宽度方向的定位尺寸(以前后对称线为基准注出)。其他形体的定位尺寸由于在对称线(面)上(如支板、支板上孔和肋板的前后位置)故不需注出；或者形体的表面平齐或紧靠着(如支板右端面与底板右端面平齐；支板左端面与肋板的右端面紧靠)，故可省略其定位尺寸。

3）总体尺寸

指确定组合体外形大小的总长、总宽、总高的尺寸。图 3－19(d)中的支座的总长 43、总宽 34、总高 42，其尺寸应尽量注在两个视图之间。

当注出了总体尺寸后，有些定形尺寸可以省略，如图 3－19(d)中总高 42 注出后，省略了支板的高 32。有些定形尺寸也是总体尺寸，如尺寸 32 和 34 是底板的定形尺寸，也是支座的总长和总宽尺寸。

注意：

总体方向上具有圆及圆弧结构时，为了明确圆及圆弧中心和孔轴线的确切位置，通常把总体尺寸注到中心线位置，而不注出该方向的总体尺寸，如图 3－21(b)所示的尺寸 43。

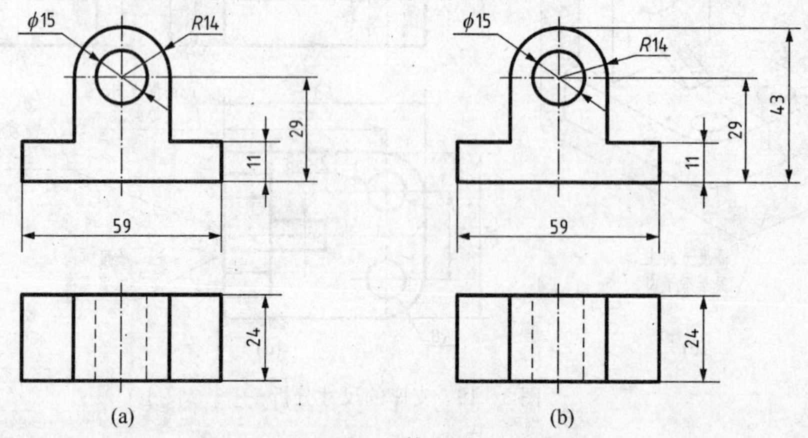

图 3－21　总体尺寸的标注

2. 尺寸基准的确定

标注尺寸的开始位置称为尺寸基准，即度量尺寸的起点。在视图上标注尺寸，首先要确定尺寸基准。

组合体具有长、宽、高三个方向的尺寸，标注每一个方向的尺寸都应选择好基准，以便从基准出发确定各部分形体之间的定位尺寸，如图 3－19(c)所示，选择了底板的右端面，前后对称面和底板的下底面为支座的长、宽、高三个方向的尺寸基准(成为主要基准)。有时除了三个方向都应有一个主要基准外，还需要有几个辅助基准(为了测量的方便)，如图 3－22(a)中所示，高度方向尺寸以底面为主要基准，而以顶面为辅助基准来确定槽深 8。在图 3－22(b)中，轴线方向(长度)尺寸是以右端面为主要基准，而以左端面为辅助基准来确定孔深 7；其直径方向(径向)尺寸，如 ϕ20、ϕ30、和 ϕ10 是以轴线和圆心为径向基准。

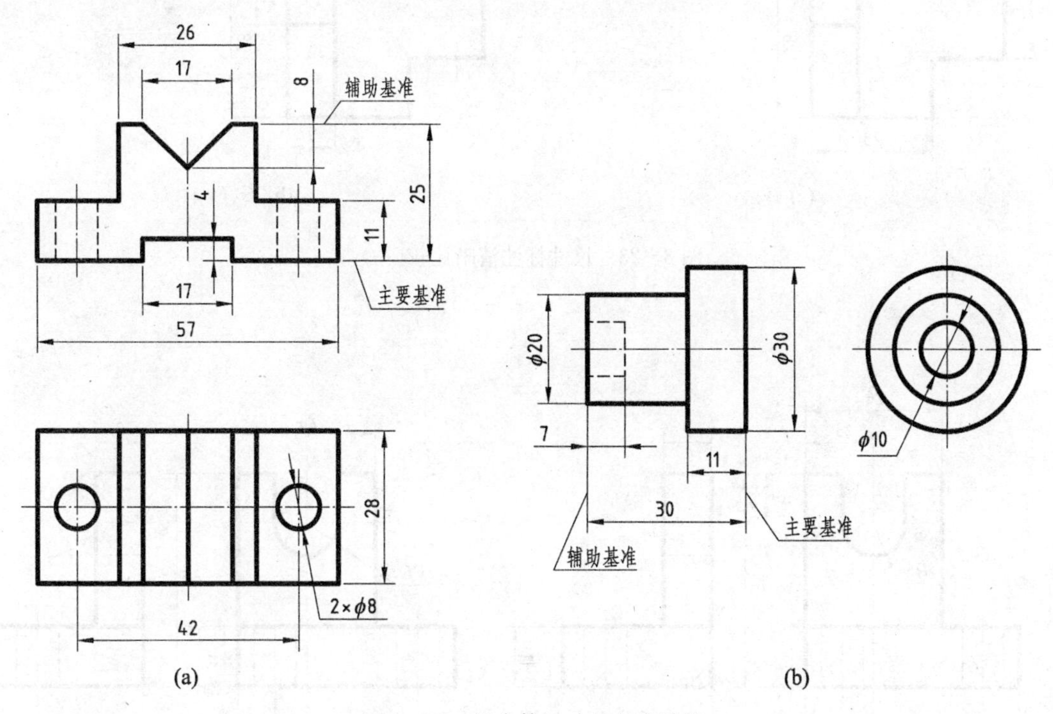

图 3－22　组合体尺寸的基准选择

注意：

辅助基准与主要基准之间必须有尺寸相联系，如图 3－22 中的尺寸 25 和 30。

综上所述，确定组合体的尺寸基准常常选用其对称线(面)、底平面、端面、轴线或圆的中心线等几何元素。

3. 尺寸布局的要求

标注尺寸要注意清晰明了。因此除了严格遵守制图标准中标注尺寸的基本规则外，还应注意以下几点：

1) 定形、定位尺寸应尽可能标注在最明显地反映形体形状和位置特征的视图上，总体尺寸尽量注在两个视图之间，如图 3－23(a)所示，而图 3－23(b)中所示的注法不好。

2) 同一基本体的定形尺寸和两个方向的定位尺寸应尽量注在一个视图中，如图 3－24 中底板孔的定形、定位尺寸以及上方 U 型槽的定形、定位尺寸。

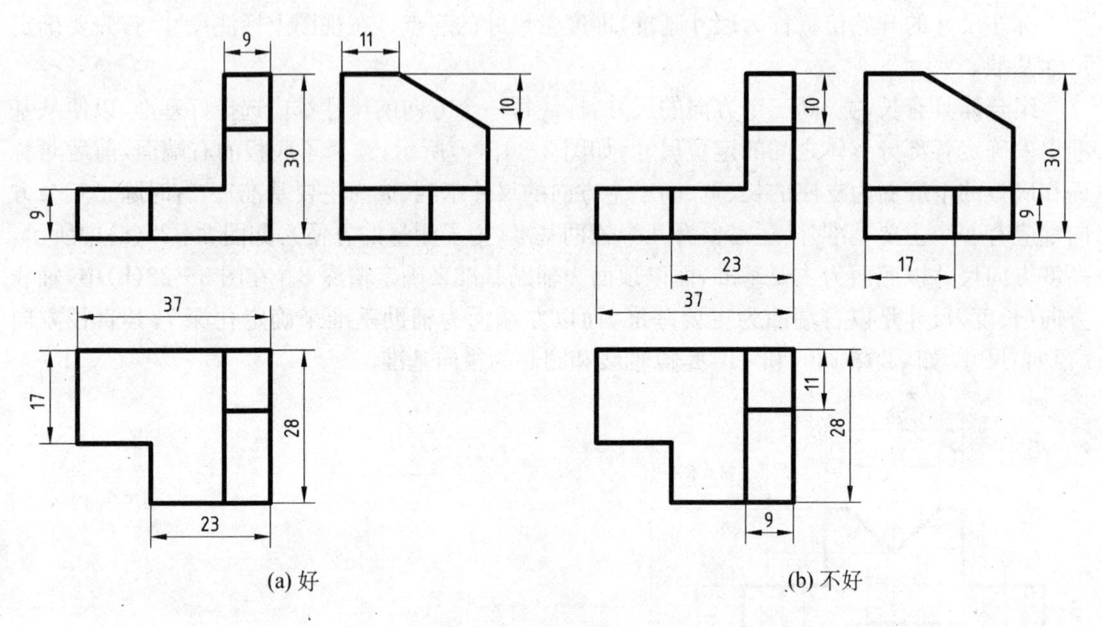

(a) 好　　　　(b) 不好

图 3-23　尺寸标注清晰比较(一)

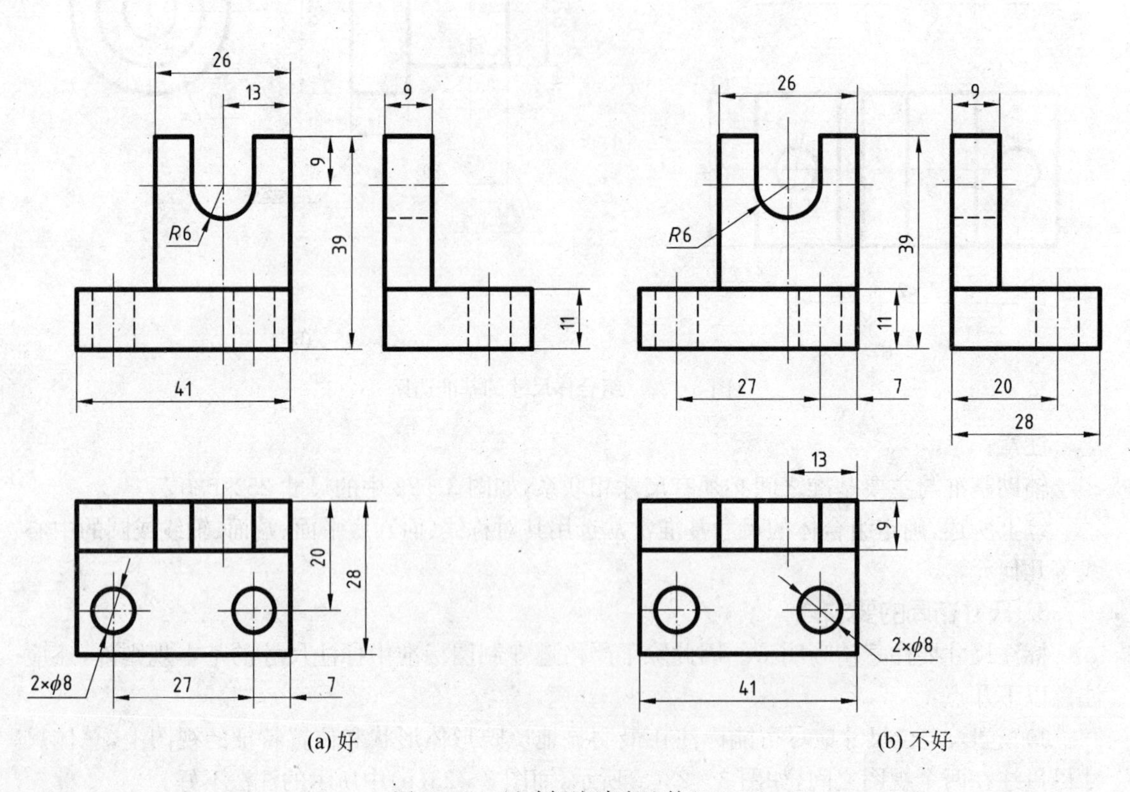

(a) 好　　　　(b) 不好

图 3-24　尺寸标注清晰比较(二)

3) 尺寸应尽量布置在视图的外面，以免尺寸线和数字与轮廓线交错重叠。但当视图内有足够的地方能清晰地注出尺寸时，也允许注写在视图之内，如图 3 - 24(a)所示的尺寸 $R6$。

4) 同轴复合曲面体的径向尺寸一般应注在非圆的视图上，而圆弧半径尺寸则应注在反映圆弧的视图中，如图 3 - 25(a) 所示，而图 3 - 25(b)中的注法不好且不允许。

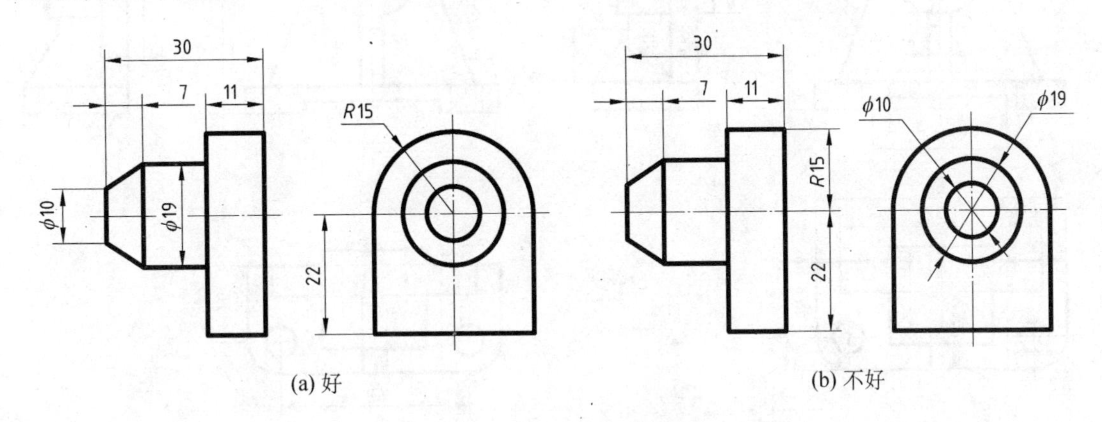

(a) 好　　(b) 不好

图 3 - 25　尺寸标注清晰比较(三)

5) 同一方向平行的并列尺寸，应使较小尺寸在内(靠近视图)，大尺寸依次向外排列，以免尺寸线、尺寸界线互相交错，尺寸线与轮廓线、尺寸线之间的间隔一般在 6～10 mm，如图 3 - 23～图 3 - 25 所示，而同一方向的串列尺寸，箭头应互相对齐，并排列在一条直线上，见图 3 - 24 中的尺寸 27 mm 和 7 mm 以及图 3 - 25 中的尺寸 7 mm 和 11 mm。

4. 尺寸标注示例

进行组合体的尺寸标注时，应先进行形体分析，选择尺寸基准；再完整地注出定形、定位、总体尺寸；然后进行核对。现以轴承座的尺寸标注为例(见图 3 - 26)说明其尺寸标注的步骤。

1) 形体分析

运用形体分析法将轴承座分解为底板、圆筒、支撑板、肋板四个部分，并注出各个基本形体的尺寸，如图 3 - 26(c)所示。

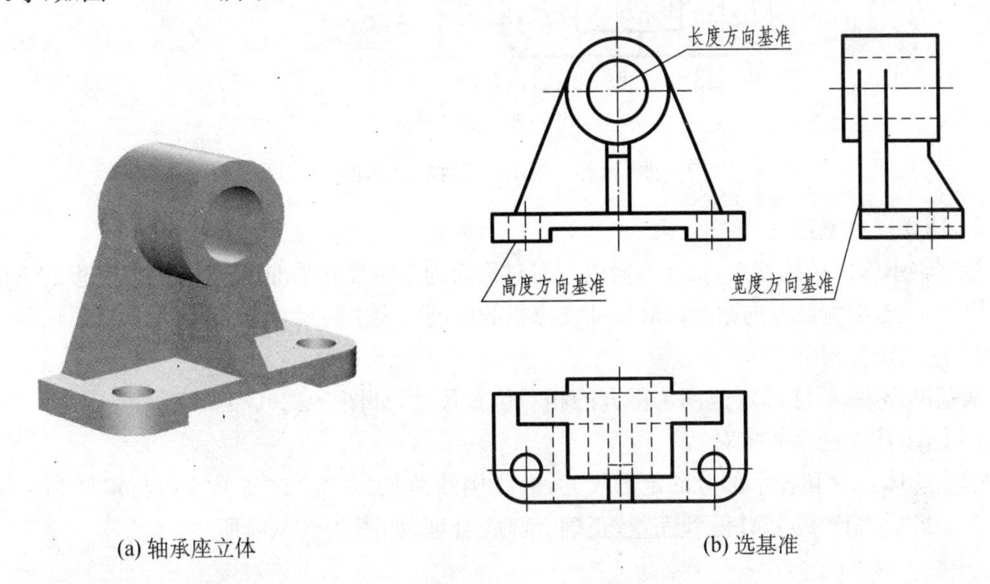

(a) 轴承座立体　　(b) 选基准

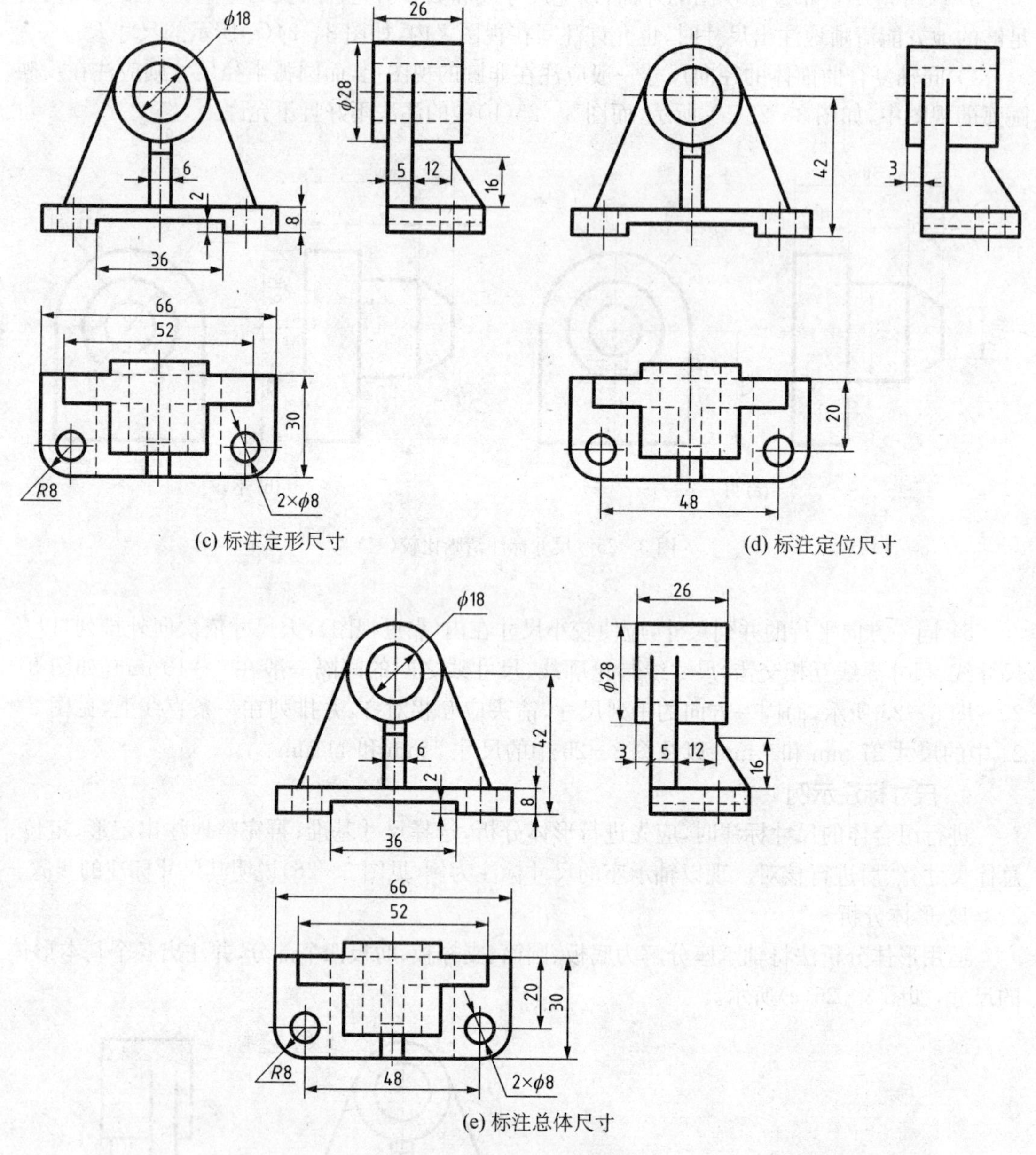

(c) 标注定形尺寸

(d) 标注定位尺寸

(e) 标注总体尺寸

图 3-26　轴承座尺寸标注示例

2）选择尺寸基准

根据轴承座的结构特点,长度方向以左右对称面为主要尺寸基准,高度方向以底板的下面为主要尺寸基准,而宽度方向则是以底板和支撑板的后端面为主要尺寸基准,如图 3-26(b)所示。

3）注出定位尺寸

从基准出发,标注确定这四个部分的相对位置尺寸,如图 3-26(d)所示。

4）标注其他尺寸并核对

标注总体尺寸和各个部分的定形尺寸,但此例的总长、总宽、总高尺寸均与定形和定位尺寸重合。最后进行核对,并做到完整、正确、清晰、合理,如图 3-26(e)所示。

第五讲　读组合体的视图

读图和画图是学习本课程的两个主要环节。画图是运用正投影规律将物体画成若干个视图来表示物体形状的过程，即将空间组合体表达在平面上，是“由物到图”；读图则是根据视图想象物体形状的过程，即由已有的视图根据投影规律，想象空间形体的形状和结构，从视图构思物体，是“由图到物”，是画图的逆过程。要能正确、迅速地读懂视图，必须掌握读图的基本方法和基本要领，培养空间想象能力和构思能力，并通过不断实践，逐步提高读图能力。

一、读图时应注意的几点问题

1. 搞清视图中图线的含义

物体表面上的线与视图中的图线有着一一对应的关系，视图中的每一条粗实线的含义，如下图 3－27(b)所示。

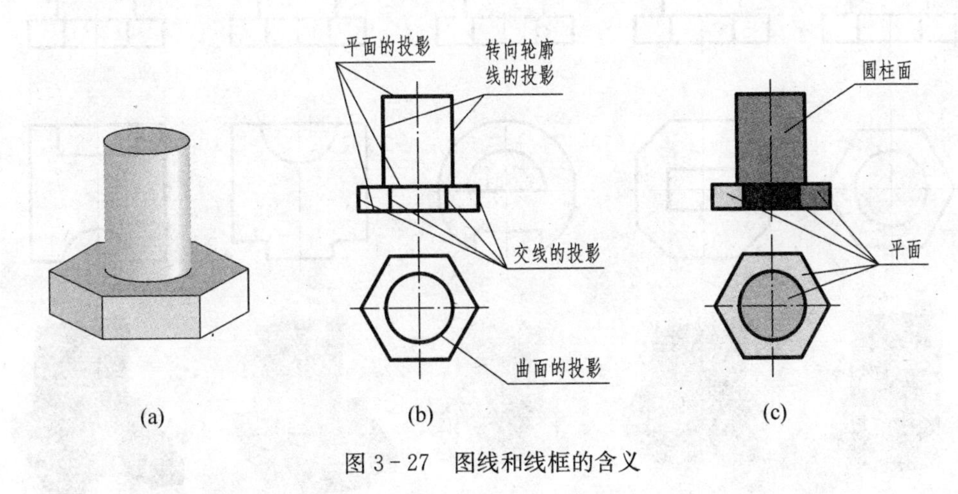

图 3－27　图线和线框的含义

1）物体上垂直于投影面的平面或曲面的投影。

2）物体上表面交线的投影。

3）物体上曲面转向轮廓的投影。

视图中的细点画线表示物体的中心线、轴线和图形的对称线。

2. 搞清线框的含义

视图是由若干个封闭的线框构成的，物体表面（平面与曲面）与视图中的图框有着一一对应的关系，搞清线框的含义对看图更是十分重要的，如图 3－27(c)所示。

1）视图中一个封闭的线框表示物体的一个表面(平面或曲面)；

2）视图中相邻的两个封闭线框表示物体上位置不同的两个面，具体的位置关系需看其他视图（可能相交，可能是前后位置、左右位置、上下位置）；

3）视图中一个大线框套着小线框则表示在大形体上凸起或凹下的小形体。如图 3－28 所示，俯视图中的大线框是带有

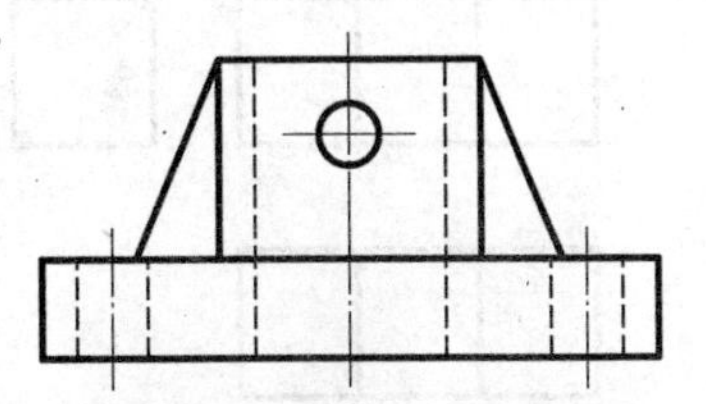

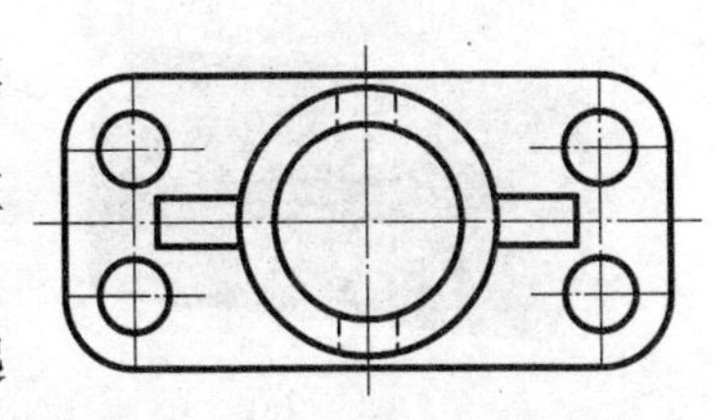

图 3－28　大线框套小线框的含义

圆角的四棱柱，而 4 个小圆线框则表示在四棱柱上挖去 4 个小圆柱孔；中间两组相接的线框则表示在四棱柱上凸起一个圆角和两个肋板。

3. 几个视图联系起来读图

一个组合体常需要几个视图才能表达清楚它的形状和特征，其中主视图是最能反映组合体的形状特征和各形体间相互位置的。因而在看图时，一般从最能反映组合体特征的主视图入手，几个视图联系起来读、分析、构思，才能准确识别这组视图所表达的形状和形体间的相互位置，切忌看了一个或两个视图就下结论。如图 3-29 所示的 5 组视图中，它们的主视图是一样的，但它们的俯视图不相同，所以这 5 组视图所表达的物体形状各不相同。又如图 3-30 所示的 3 组视图中，它们的主、俯视图均相同，如果只看主、俯视图，物体的形状无法确定，因为不同的左视图可以表达不同形状的物体。

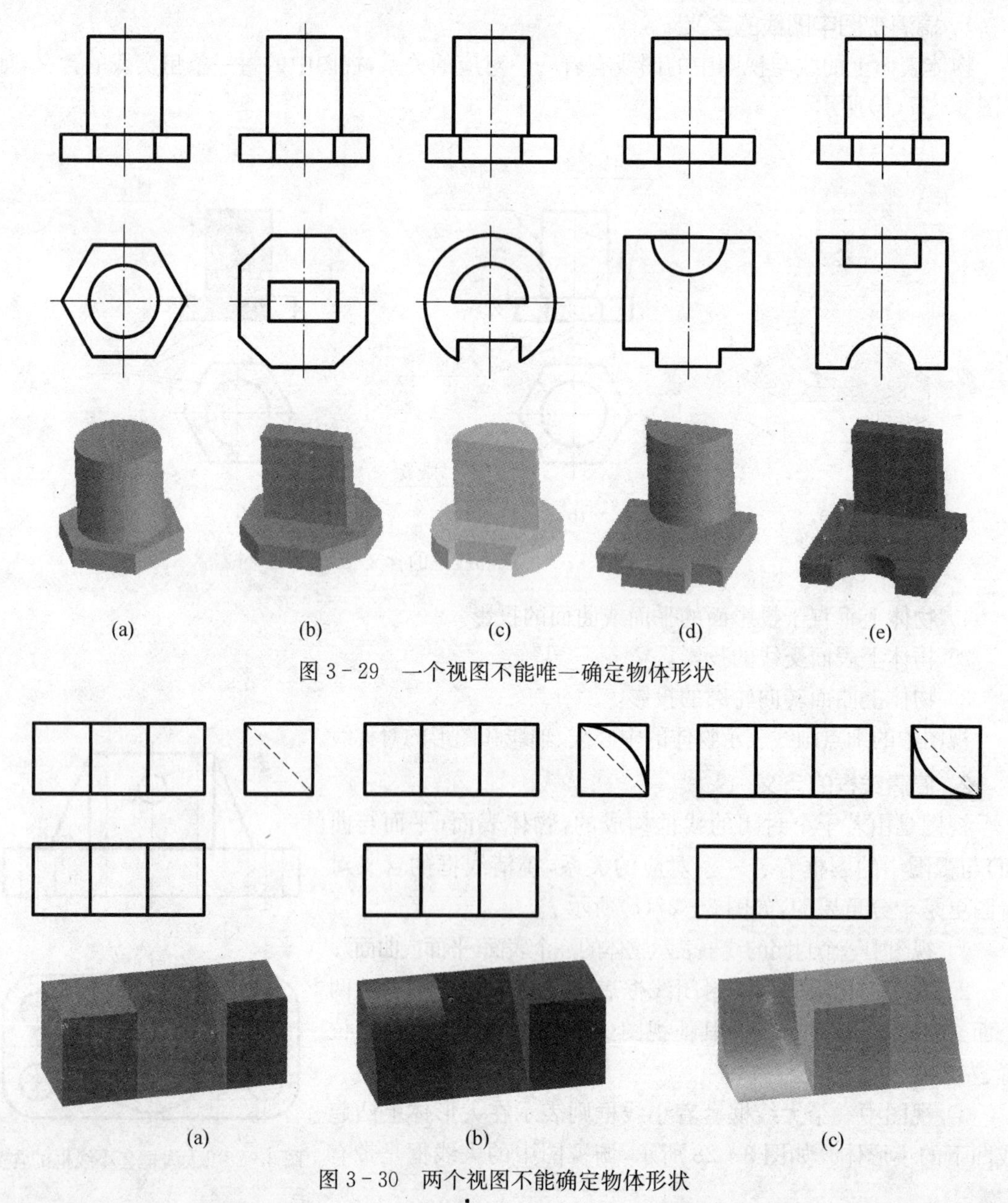

图 3-29　一个视图不能唯一确定物体形状

图 3-30　两个视图不能确定物体形状

4. 善于抓特征图，包括形状特征和位置特征、整体和局部的特征

图 3－31 所示的组合体，左视图的线框 1 和俯视图的线框 2 反映了局部的形状特征，而主视图则反映了整体特征。

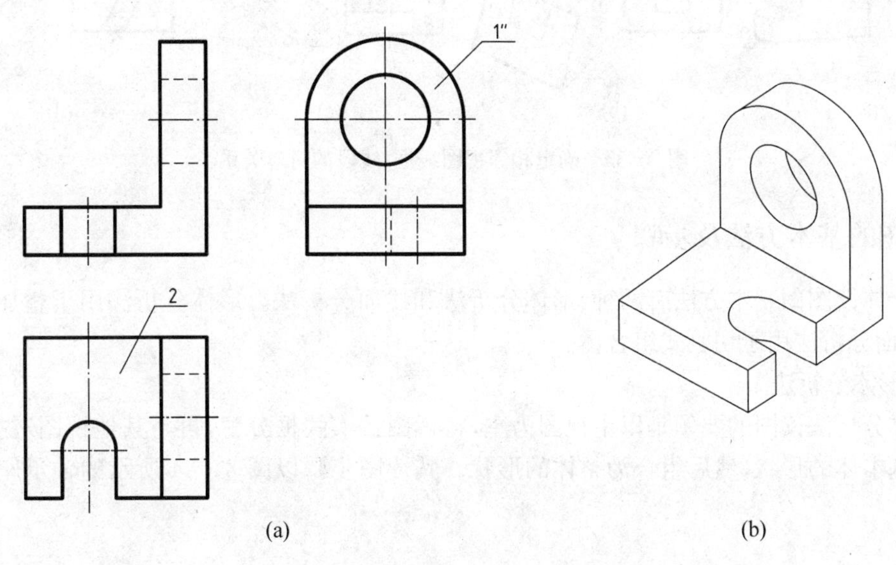

图 3－31　形状特征明显的视图

图 3－32 所示组合体，主视图中的圆和矩形是凸起还是凹进，由左视图可明显看出，故左视图是反映位置特征的视图。

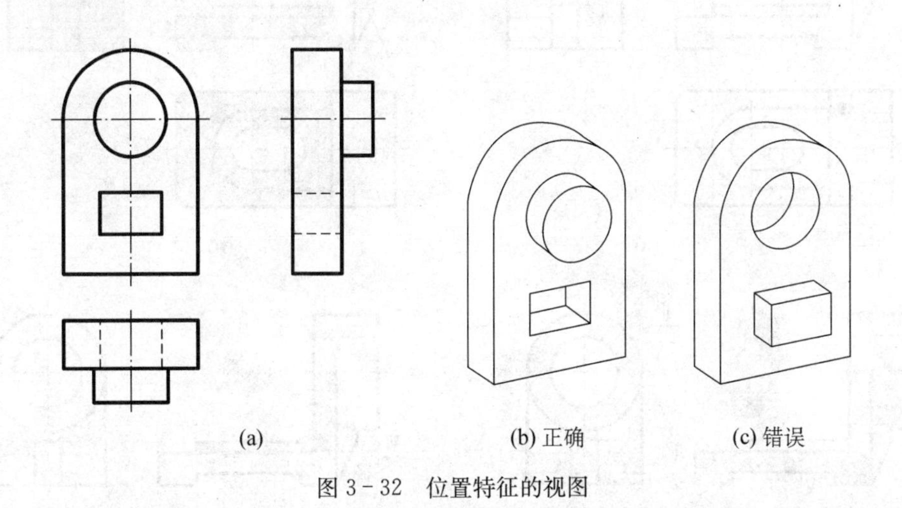

图 3－32　位置特征的视图

5. 确定相邻视图线框、线段对应关系的方法

相邻视图中的对应的一对线框如为同一表面的投影，它们必定是类似形。如图 3－33 所示，相邻视图中分别有成对应关系的“L”形、“凹”字形、“T”字形和平行四边形的类似形。

相邻视图中的对应投影无类似形，必定积聚成线。如图 3－33 中加深线条，就是对应类似形的积聚投影。

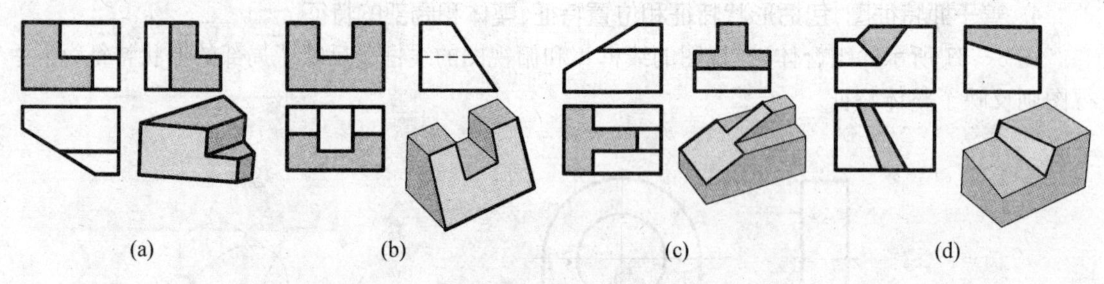

图 3-33　确定相邻视图线框、线段的对应关系

二、读图的基本方法及步骤

组合体读图的基本方法有两种：形体分析法和线面分析法。形体分析法用于叠加式组合体，而线面分析法用于切割式组合体。

1. 形体分析法

形体分析法读图的要领是以主视图为主，将视图按实线框分解，再与其他视图对投影，想象各个基本体的形状，然后组合为整体的形状。其读图步骤以图 3-34 所示的轴承座为例进行分析。

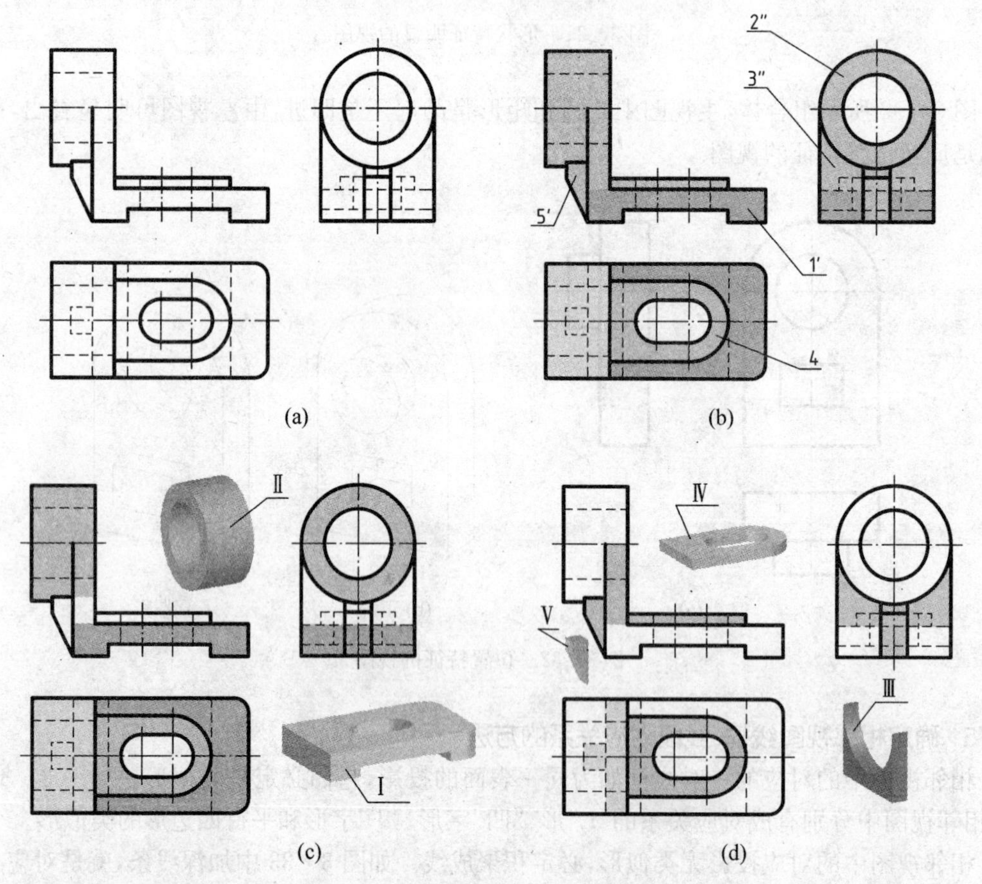

图 3-34　轴承座的形体分析读图

1）分析视图抓特征

抓特征就是抓特征视图，一般情况下整体特征视图为主视图。将主视图按实线框分解，如图 3－34(b)，主视图可分解成 5 个线框。根据实线框构思想象简单基本体的形状。

2）分析线框对投影，想象形状

根据主视图中的线框，按“三等”规律进行形体分析，抓住每一部分的特征视图，分别想象出各个简单基本体的形状。如图 3－34(b)的主视图中线框 1′和线框 5′较明显地反映了形体Ⅰ、Ⅴ的形状特征；而左视图中线框 2″、3″则较明显地反映形体Ⅱ、Ⅲ的形状特征；在俯视图中线框 4 明显地反映了形体Ⅳ的特征。经过对投影分析想象出各部分的结构形状如图 3－34(c)、(d)所示。形体Ⅰ为中间开有长圆槽、底部开一方槽且右端倒圆角的长方体；形体Ⅱ为一带孔的圆柱；形体Ⅲ也是长方体，在其上方挖去半个圆柱孔，孔的直径等于形体Ⅱ外圆柱面的直径；形体Ⅳ是一个中间开有和形体Ⅰ相同的长圆槽，右端为半圆柱面的长方体；形体Ⅴ是一个三棱柱，上端部挖了一个圆柱面，其直径与形体Ⅱ外圆柱面直径相同，左端部的一条棱线被切除，且形成的平面与右端部平面平行。

3）综合归纳想整体

在综合归纳想整体时，要分析各个形体之间的相对位置及表面连接关系，完整、正确地想象出整体结构形状。如图 3－35(a)所示，形体Ⅲ的底面叠放在形体Ⅰ上表面上，形体Ⅲ与形体Ⅰ有共同的对称面，且左端面及前后侧面均与形体Ⅰ的三个面平齐(共面)。形体Ⅱ的右端面与形体Ⅲ的右端面平齐，且圆柱面与形体Ⅲ的两个侧面相切，形体Ⅱ的左端面在形体Ⅲ的左端面的左边，即两面不平齐。形体Ⅳ与形体Ⅰ两对称面重合，并叠放在形体Ⅰ上。形体Ⅴ与形体Ⅲ、形体Ⅰ有共同对称面，其上端面与形体Ⅱ重合，左下侧面与形体Ⅲ下端面相交，右端面与形体Ⅲ左端面重合。通过分析最后想象出轴承座的整体形状，如图 3－35(b)所示。

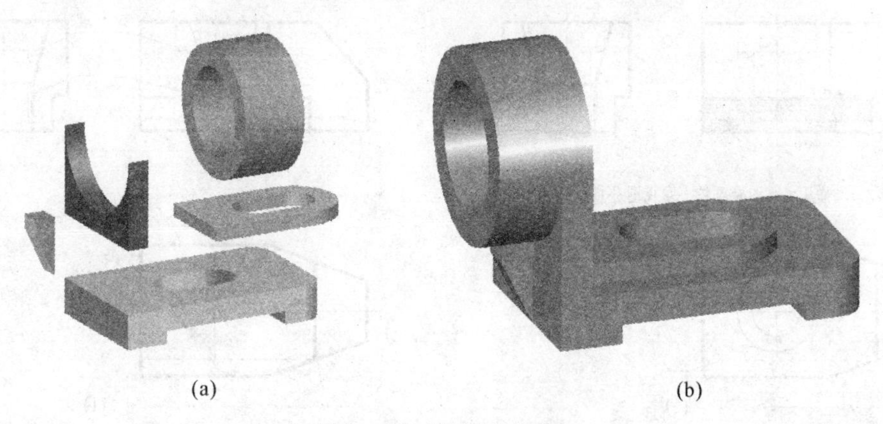

图 3－35　轴承座立体图

2. 线面分析法

在一般情况下，形体清晰的组合体视图，用形体分析法看图较方便。

线面分析法读图主要用于读切割式组合形体的视图。从线和面的角度去分析物体的视图及构成形体各部分形状与相对位置的方法称为线面分析法。读图时，应用物体上线、面的正投影特性，线、面的空间位置关系，视图之间相联系的线、线框的含义，进而确定由它们所描述的空间物体的表面、线条的形状及相对位置，想象出物体的形状。以图 3－36 为例，说明线面分析法读图的方法和步骤。

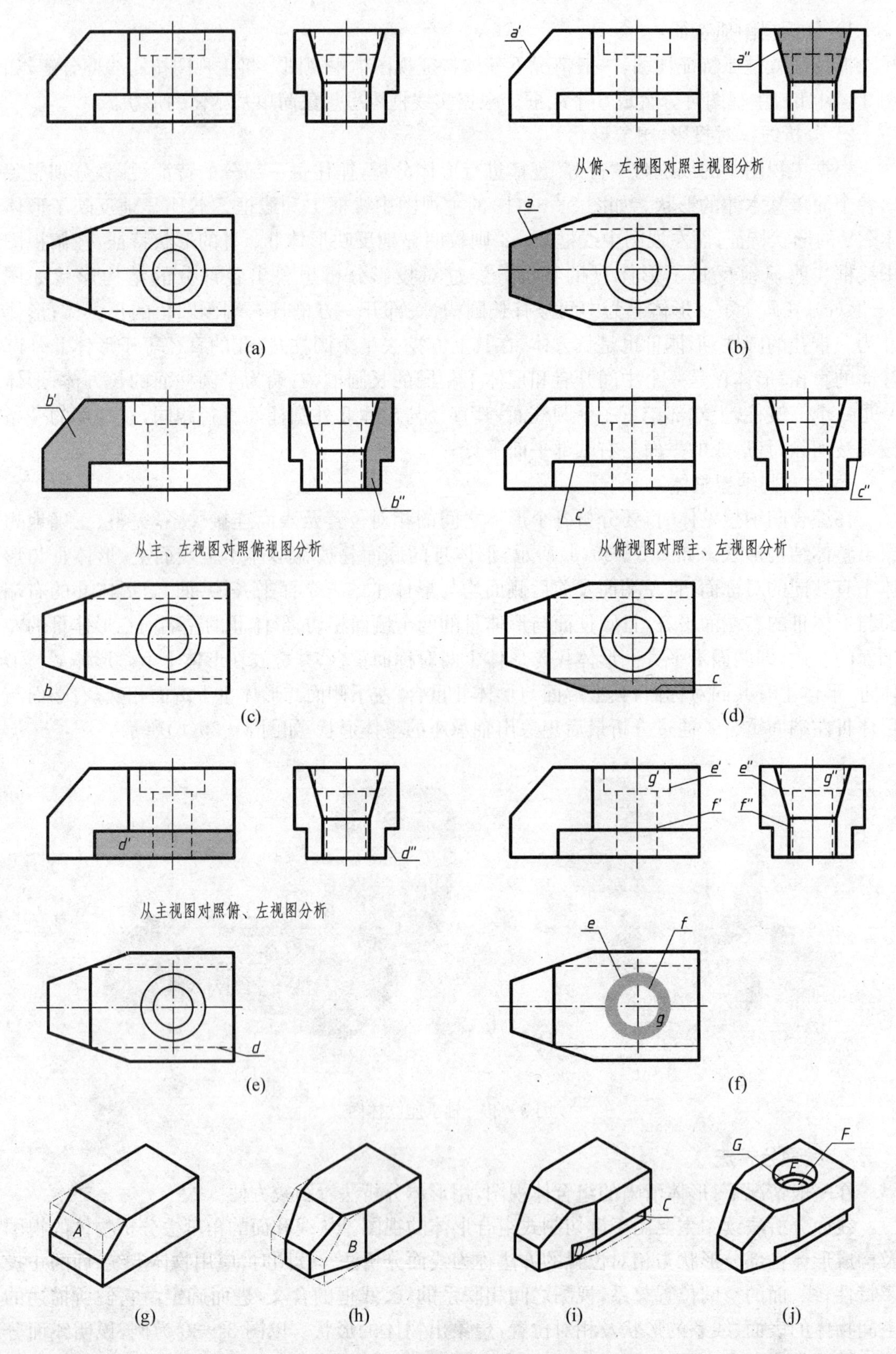

图 3-36　切割体的读图示例

1）划出线框各部分

如图 3－36(a)所示，切割体是由一个长方体被一个正垂面、两个铅垂面、两个水平面和两个正平面再加两个圆柱孔(沉孔)切割形成。先找视图中边数最多的线框，如图 3－36(b)所示(俯视图中的线框 a 和左视图中线框 a'')。

2）按线框对投影，想象面的形状

从线框出发，分别对应在其他视图中的投影，从而确定各面的形状及空间位置。如线框 A 为等腰梯形，它在主视图中的投影积聚成一条斜线 a'，俯视图和左视图(a'')为类似形，由此判定线框 A 为正垂面，它的位置在长方体的左上方，如图 2－36(g)所示。线框 b 为七边形，它在俯视图中积聚成一条斜线，主视图和左视图反映类似形，由此判断线框 B 为铅垂面，它的位置在长方体左边前后方且对称，如图 3－36(h)所示。线框 C 为直角梯形，它在主视图和左视图中都积聚成一条平行于相应投影轴的直线，由此得出平面 c 是水平面，它的位置在长方体前后方且对称，如图 3－36(i)。同理可得出线框 D 为正平面，它在俯视图和左视图中都积聚成一条平行于相应投影轴的直线。线框 E、F 为圆柱面，它们的轴线是铅垂线，因此，它们在主视图和左视图中是矩形，在俯视图中积聚成圆。线框 G 是水平面，它在主视图和左视图中都积聚成一条平行于相应投影轴的直线，如图 3－36(j)所示。

3）综合起来想象整体

根据几个线框的分析想象出面的形状，按其相对位置组合成了长方体被八个平面和两个圆柱面切割形成的物体形状，如图 3－36 所示。

三、读图基本训练

在读图练习中，常采用已知两视图，补画第三视图，称之为“二补三”；或者给出不完整的视图，要求补出视图中的漏线。“二补三”，“补漏线”训练是培养和检验读图能力的两种有效方法。

补画第三视图的一般方法是：根据给定的两个视图进行形体分析，想象形体的形状特征；先补画主要部分的形状，再分析细节，逐一地作出各个组成部分的第三投影，综合分析完成第三视图。图 2－37(a)给出主视图和俯视图，要求补画左视图。分析：从主、俯视图可以看出这个立体由三片薄板(四棱柱)叠加而成，有前、后层次和上、下层次，依次画出每片薄板的左视图，即得第三视图。

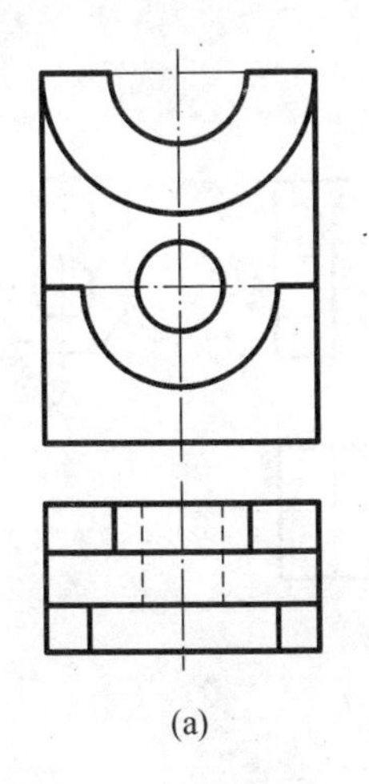

(a)

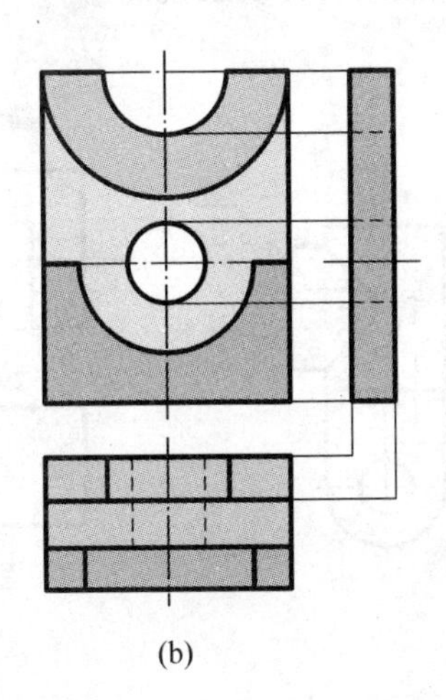

(b)

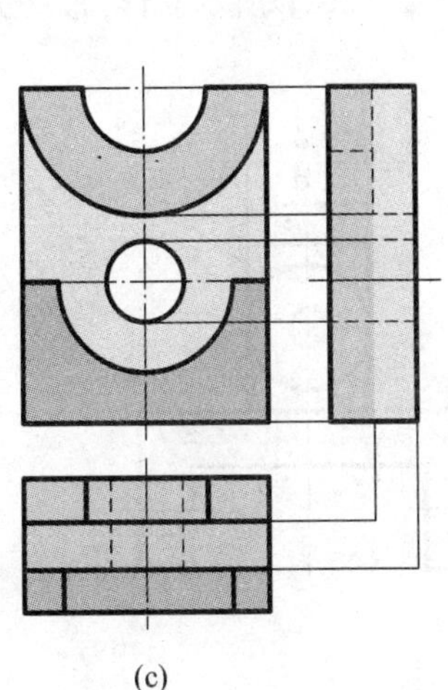

(c)

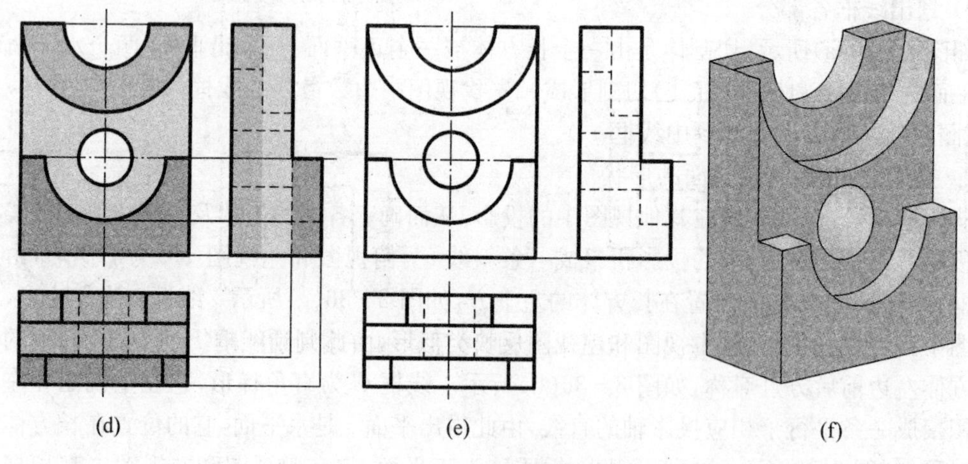

图 3-37　已知主、俯视图补画左视图

补画视图中的漏线时，应从三个视图中较完整的一个视图下手，结合其他两个视图构想出完整的形体，并分析他们如何组合和切割，想象切除部分的形体，按“三等”规律补出漏线。

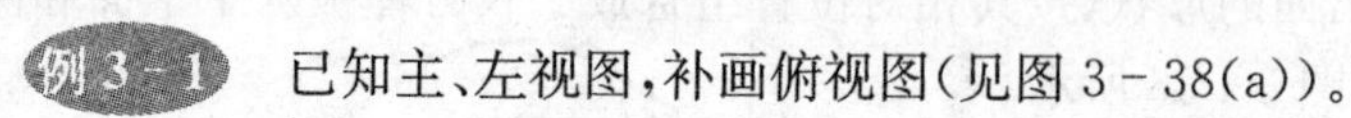
例 3-1　已知主、左视图，补画俯视图(见图 3-38(a))。

分析：应用形体分析法，将该组合体分解为 3 个基本形体(见图 3-38(a))，分别想象三个基本形体的形状，再画出各基本体的俯视图，然后根据它们的组合形式和相互之间的位置关系完成组合体的俯视图。具体作图步骤：首先在主视图和左视图中划出基本体 1 的范围，从主视图所表达的特征可以得到图 3-38(c)所示的立体，从左视图所表达的特征可以得到图 3-38(d)所示立体，两个视图综合起来得到图 3-38(e)所示立体，根据“三等”关系作出基本体 1 的俯视图；然后分析余下的两个基本体，从图中看出基本体 2 和 3 都是带孔的圆柱，它们的外径相等，内径不等，并且轴线垂直相交，基本体 2 处在基本体 1 的正前方，由此想象出图 3-38(g)，(h)的两个立体，同时基本体 2 的轴线与基本体 1 的对称中心重合，并叠加在其上面见图 3-26(j)所示立体，最终完成组合体的三视图。

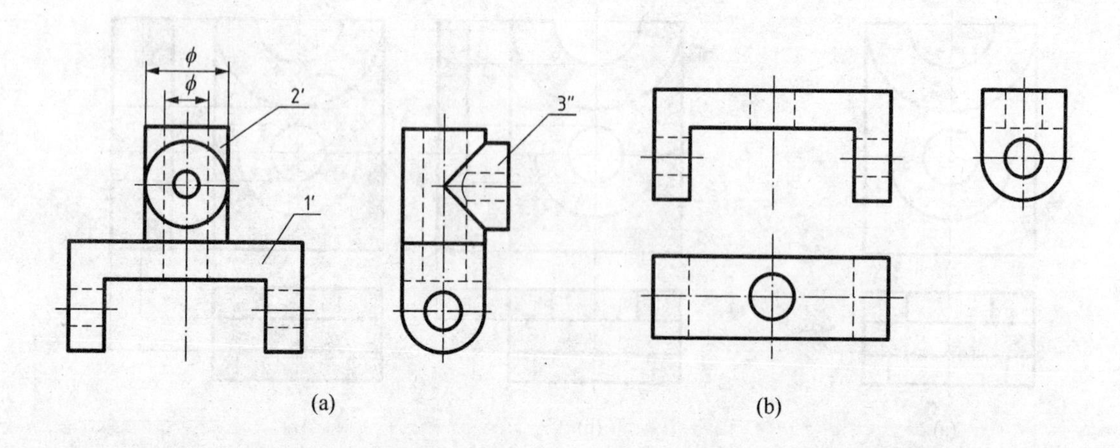

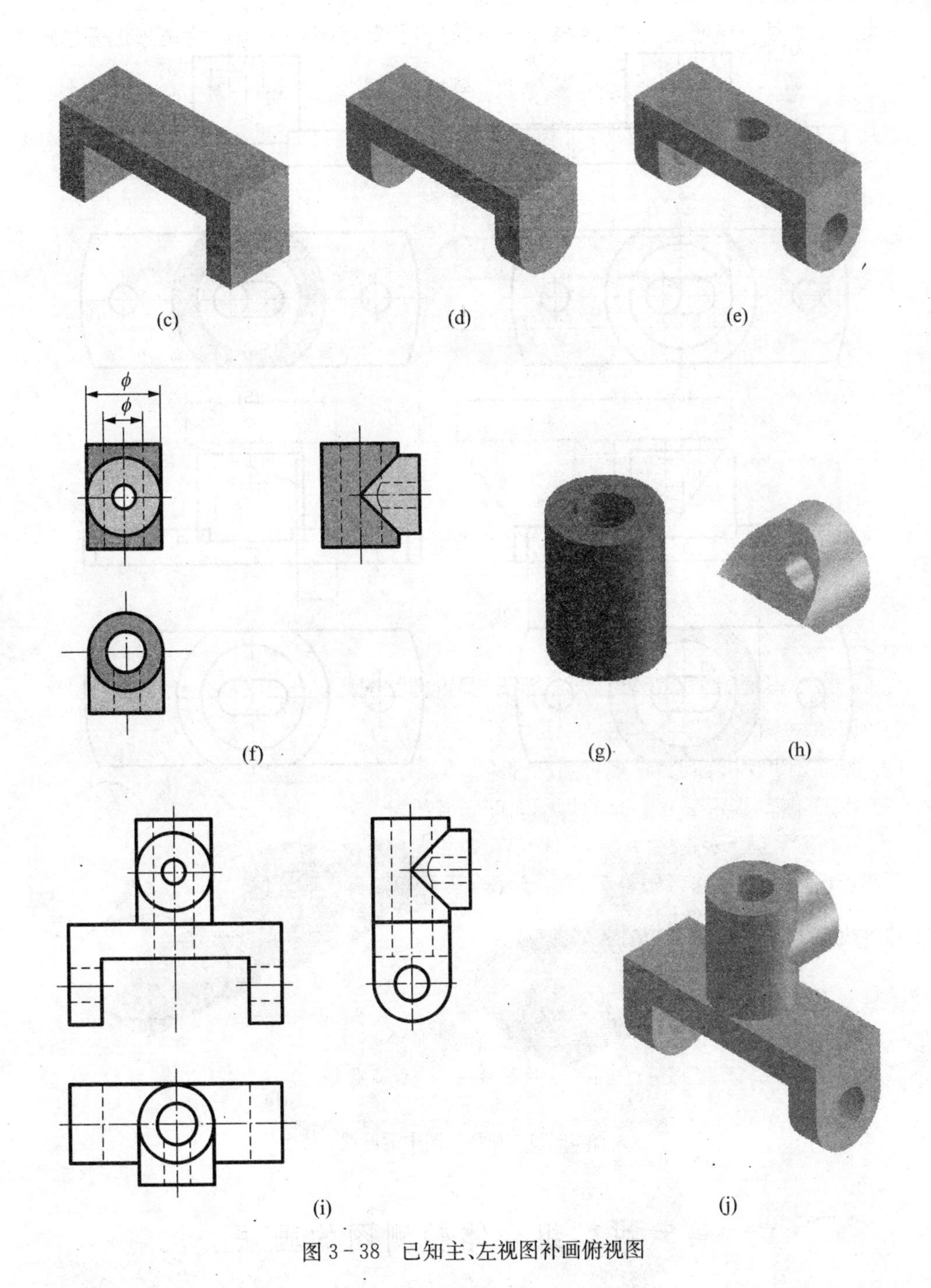

图 3 - 38　已知主、左视图补画俯视图

例 3 - 2　已知主、俯视图，补视图中的漏线。

在图 3 - 39(b)中圈出两个同心圆中间区域，该平面与周围的平面不在一个面上，由主视图看出它比外侧平面略低，定出该平面的范围补画主视图中遗漏的线条，见图 3 - 39(c)。在外侧，圆柱面与平面相交，应画出交线，最后结果见图 3 - 39(d)，立体的结构形状见图 3 - 39(e)，(f)。

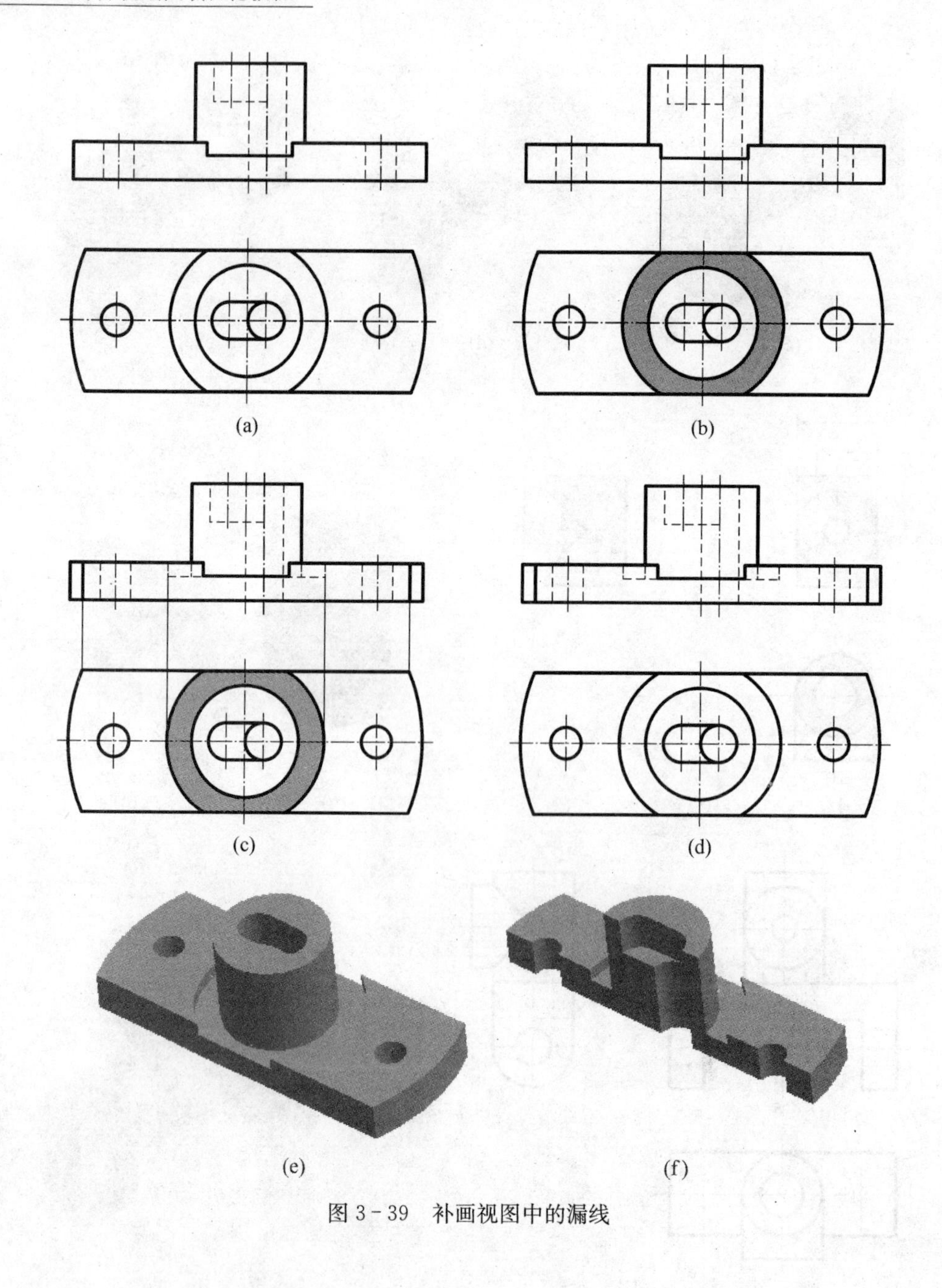

图 3-39　补画视图中的漏线

第六讲　组合体轴测图的画法

轴测图是应用轴测投影的方法得到的图样。所谓轴测投影就是通过平行投影使物体在一个独立的投影面上能同时反映出它的长、宽、高三个坐标方向的形状。该投影面称为轴测投影面，物体上的三个坐标轴的轴测投影称为轴测轴。

轴测投影分正轴测投影和斜轴测投影：正轴测投影是将物体倾斜放置，使轴测投影面与物体上任何坐标面都不平行，然后对轴测投影面进行正投影，用这种方法得到的投影图称为正轴测投影图；斜轴测投影是将物体上某一坐标面平行于轴测投影面，然后将该物体对轴测投影面进行投影，用这种方法得到的投影图称为斜轴测投影图。

轴测图常用的有两种，正等轴测图（简称正等侧）和斜二测轴测图（简称斜二测）。本书只简单介绍正等侧的画法。

6.1　正等测图的基本画法

在正轴测图中，由于三根坐标轴都倾斜于轴测投影面，因此他们在轴测投影面上的投影发生了变形，这种坐标轴在轴测图上的变形率称为轴向伸缩系数。当空间三根相互垂直的坐标轴与轴测投影面倾斜相同的角度（均为 35°16′）时，其轴向伸缩系数相等，称这种正轴测图为正等侧图，简称正等侧。正等侧图三根轴测轴在平面上表示为夹角相等的直线（120°），其轴向伸缩系数相等（约为 1）。为了表达清楚和画图方便，一般将 Z 轴画成铅垂位置。在画正等测图时，先画三根轴测轴，然后将三视图上的尺寸（x 坐标值，y 坐标值，z 坐标值）量取到相应的轴上，依次连接各点，即可画出正等测。

1. 平面立体正等测的画法

图 3－40(a)是正六棱柱的两个视图，图 3－40(b)，(c)，(d)为作图过程，图 3－40(e)即为所作正等轴测图。

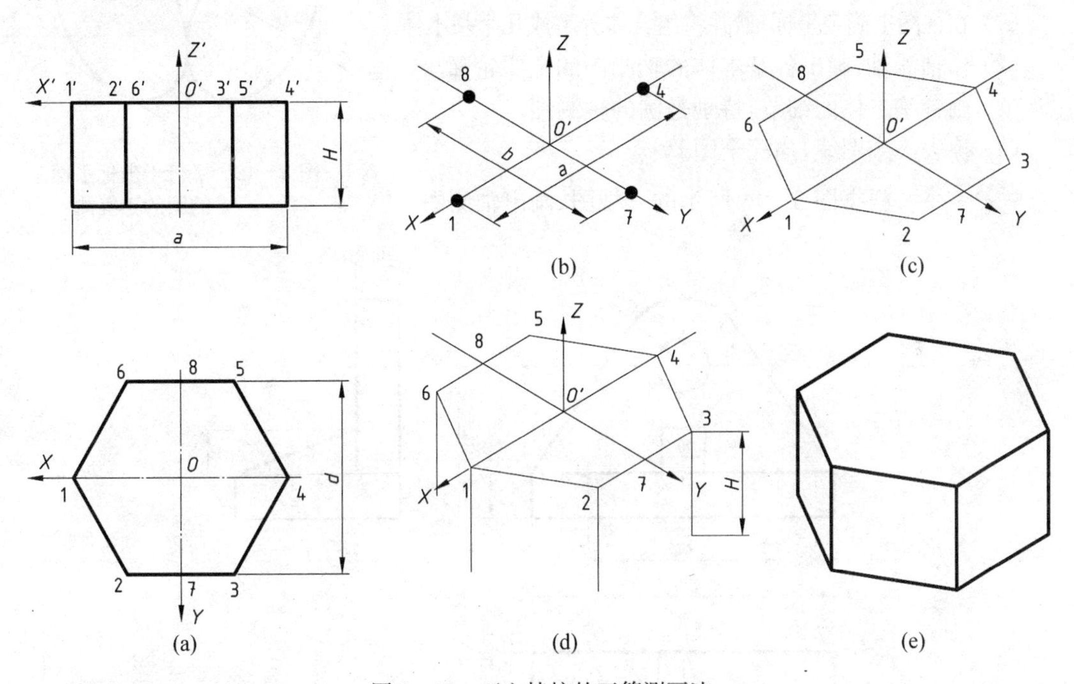

图 3－40　正六棱柱的正等测画法

2. 曲面立体正等测的画法

曲面立体最常见的是回转体，它们的轴测图主要涉及圆的轴测图画法。这些圆或圆弧多数又平行于某一基本投影面，而与轴测投影面不平行，所以这些圆或圆弧的正等测都是椭圆，可用四段圆弧连接成近似的椭圆。

图 3－41(a)所示为一平行于 XOY 平面的圆，在作这个圆的正等测时，先在圆外作一与圆相切的正四边形，然后在 X、Y 轴测轴上量取圆半径，在轴上得到四个点，分别过这四个点作 X 轴和 Y 轴的平行线，得到一个菱形，如图 3－41(b)，该菱形就是前面所作的正四边形的轴测图，依次

按图 3-41(c)连接各点，图中四个小黑点即为四段圆弧的圆心，按图 3-41(d)画出四段圆弧。

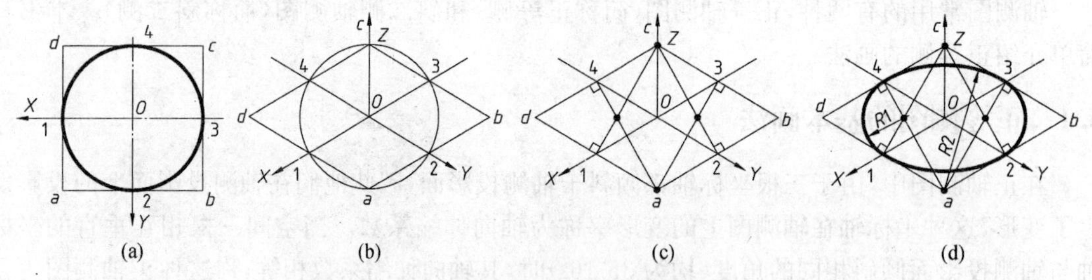

图 3-41　平行于投影面的圆的正等测画法

如圆在 XOZ 或在 YOZ 平面上，只要先作出正四边形在个 XOZ 或在 YOZ 的轴测图，就不难作出圆的轴测投影了，所作的轴测图如图 3-42 所示。

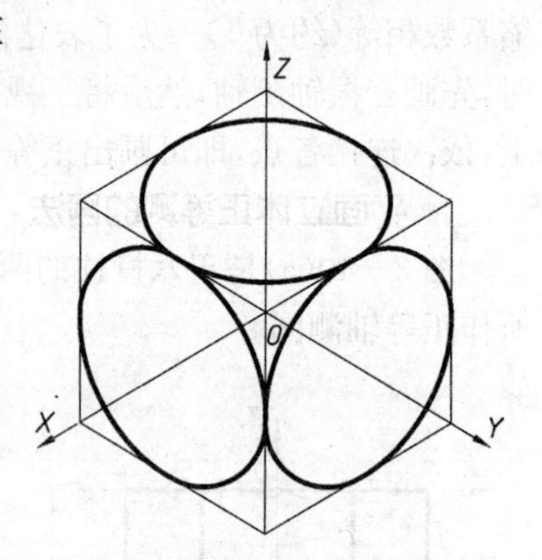

图 3-42　平行于坐标平面的圆的正等测

二、带曲面组合体正等测的画法举例

通常可以按以下步骤绘制叠加型组合体的正等测图：

(1) 在视图上确定坐标轴，并将组合体分解成几个基本体。

(2) 作轴测轴，画出各基本体的轴测图的主要轮廓。

(3) 画各基本体的细节，特别是圆的轴测图。

(4) 擦去多余图线，描深全图。

根据图 3-43 所示的三视图，画出轴测图。

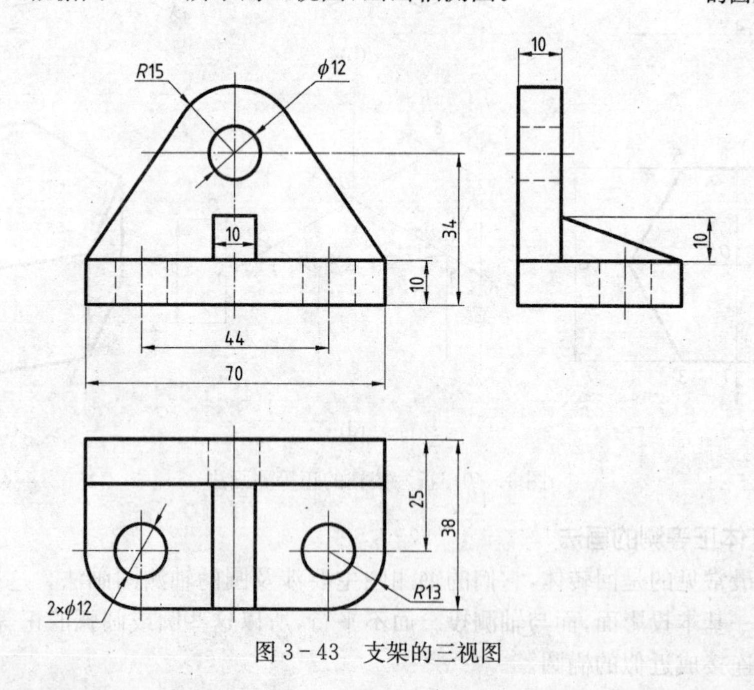

图 3-43　支架的三视图

分析：支架有一块底板、一块竖板和一块肋板组成，且结构对称。竖板顶部是圆柱面，两侧面与圆柱面相切，中间有一圆柱孔。底板是一块带圆角的长方形板，板上开了两个孔。为了加强竖板与底板的联结，故在两板之间加上肋板起到加固作用。具体作图过程见图 3-44。

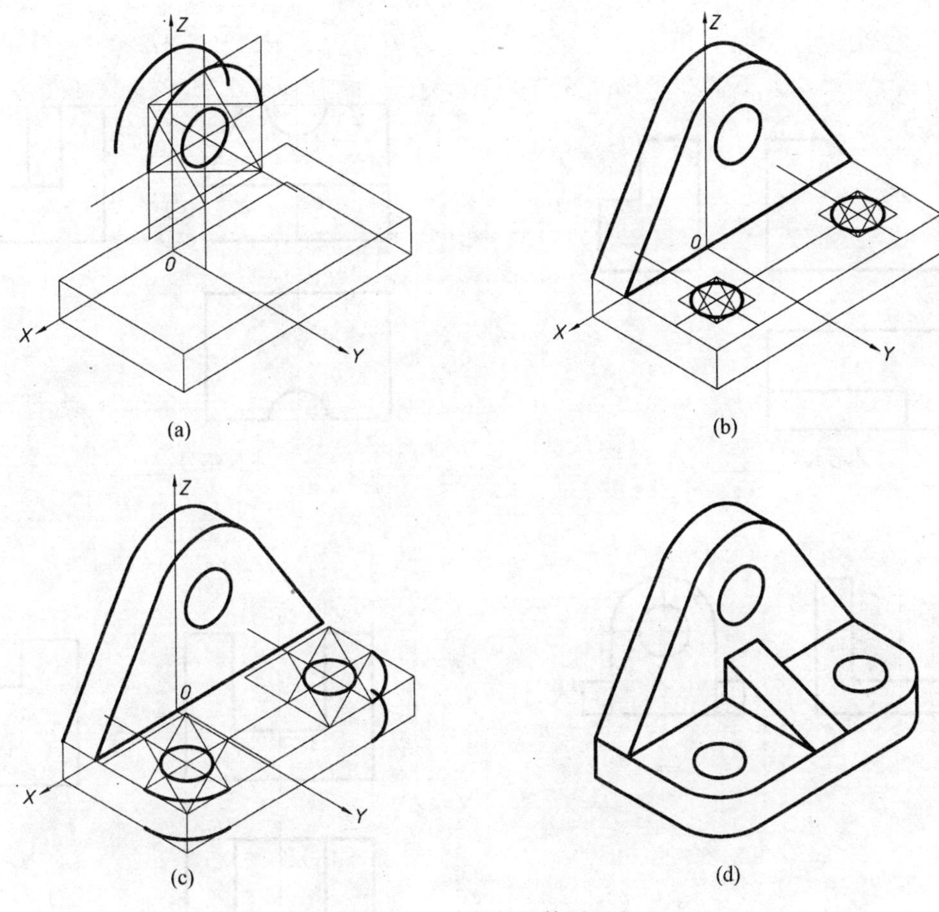

图 3-44　支架的正等测画法

第七讲　工作任务单

一、任务

(1) 补视图中的漏线，并写上相应木模编号，选其中一个画轴测图。

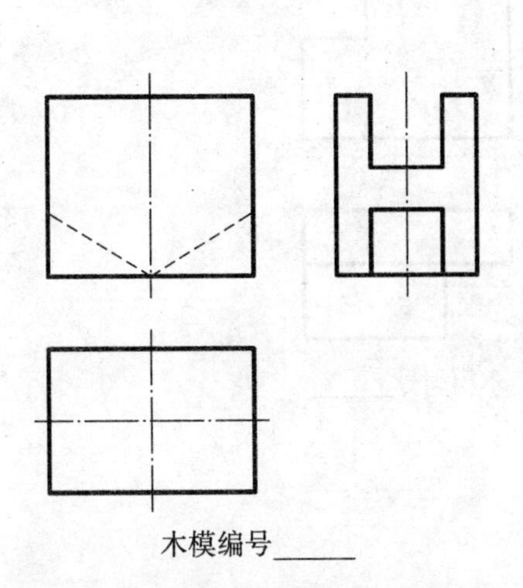

木模编号______

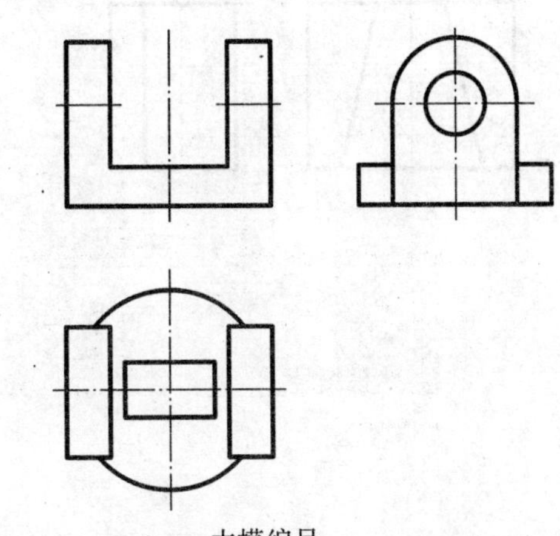

木模编号______

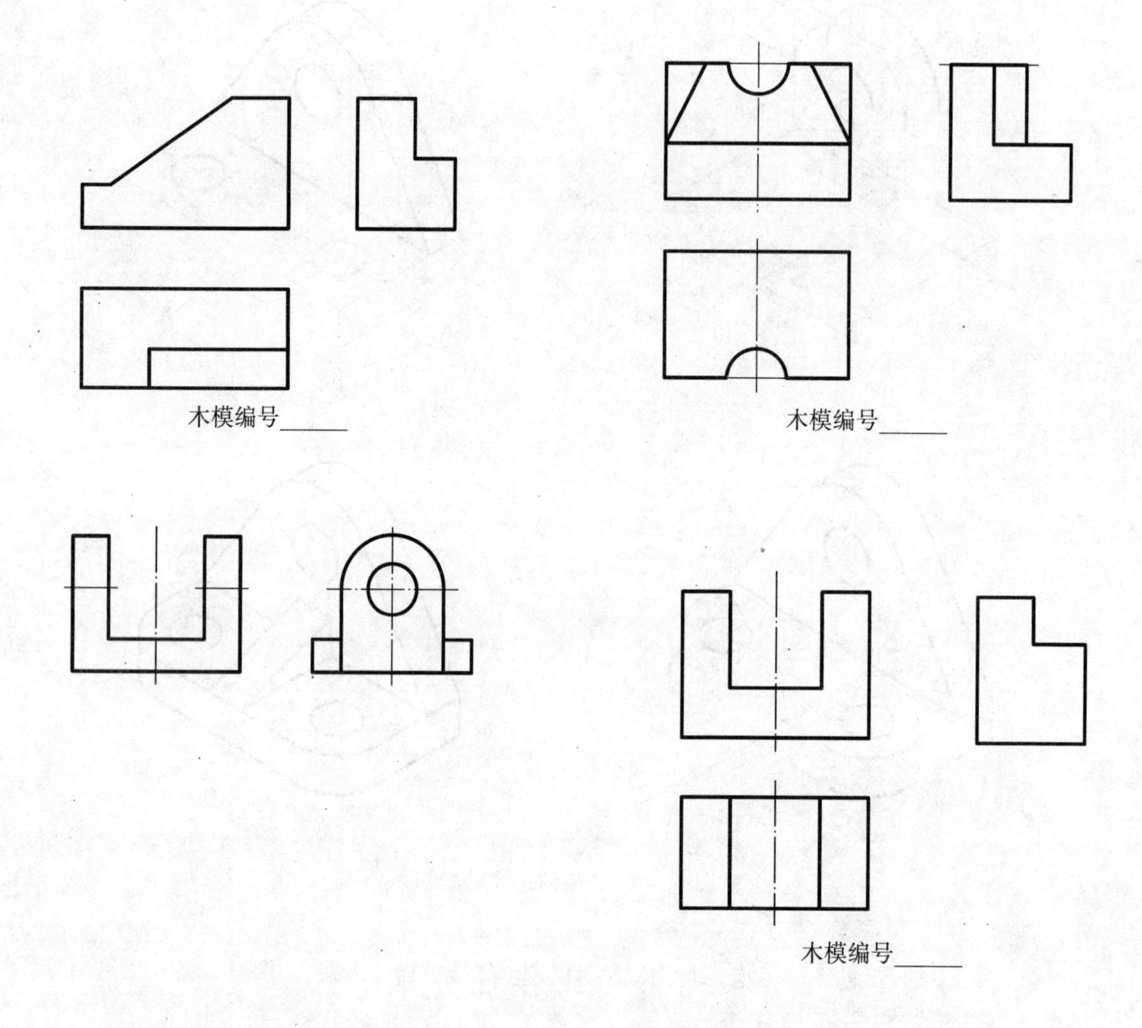

(2) 已知两个视图补画第三视图,并写上相应木模编号,选其中一个画轴测图。

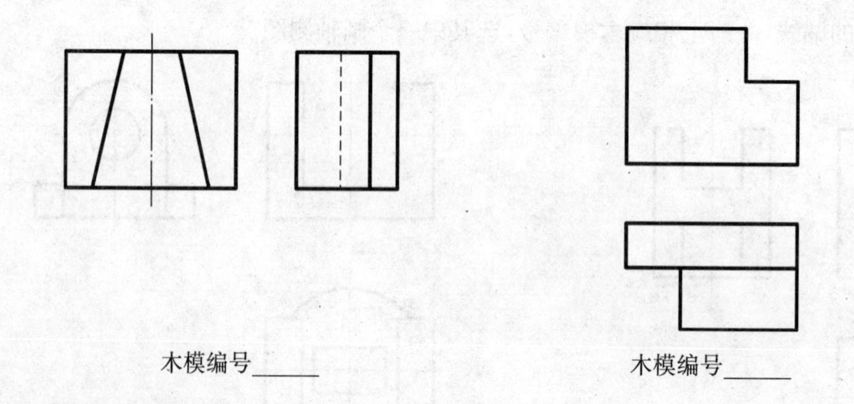

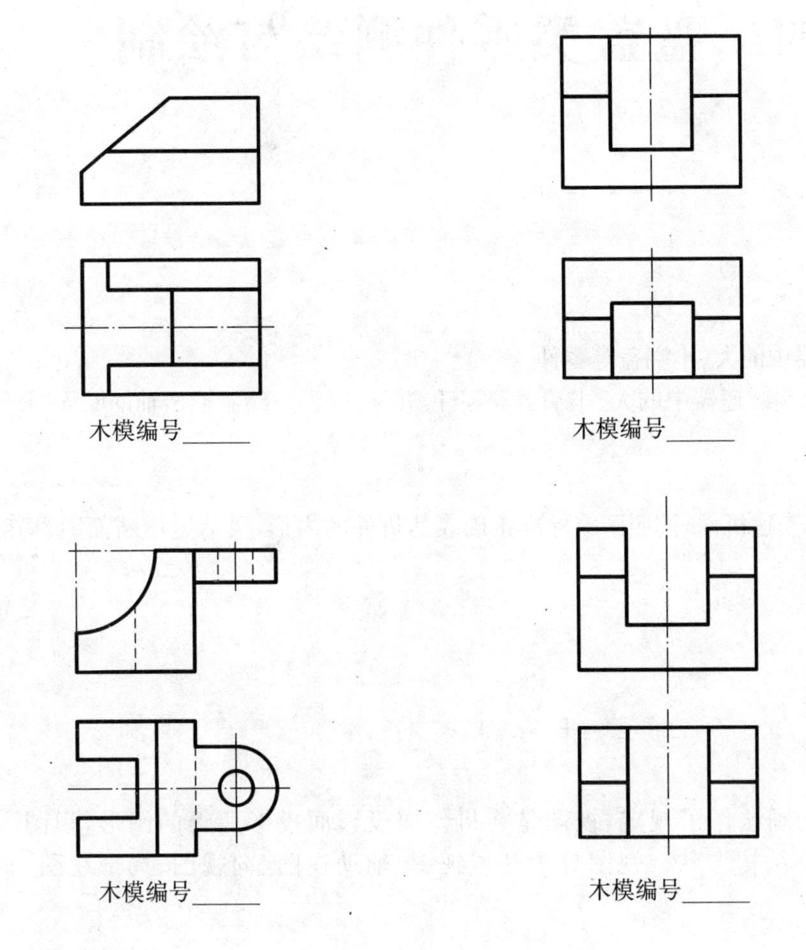

二、要求

1. 掌握

用形体分析法和线面分析法读图。

2. 了解

正等轴测图的画法。

3. 分析

分析组合体的基本构成和各基本体的投影规律。

项目四 盘盖类零件测绘与绘制

任 务

1. 手工绘制减速器中的大、小端盖等零件。
2. 用 AutoCAD 绘制减速器中的大、小端盖等零件，并标注尺寸；绘制输出轴的断面图。

能力目标

学会用不同的视图表达机件，按照国家标准正确表达机件的内形，灵活运用断面图、局部放大图、简化画法等。

相关知识

第一讲 视 图

国家标准对视图的画法作了规定，视图是将机件向投影面投影所得的图形，视图主要用来表达机件的外部结构形状。视图分为基本视图、辅助视图（向视图、局部视图、斜视图等）。

一、基本视图

为能把复杂机件的结构形状（内、外）正确、完整、清晰地表达出来，根据国标规定，在原有三个投影面的基础上，再增设三个互相垂直的投影面，构成一个正六面体，该六面体的六个面称为基本投影面。

将机件放在正六面体内，分别向各基本投影面投射，所得到的六个视图称为基本视图。如图 4-1 所示，除了前面已经介绍过的主视图、俯视图、左视图外，还包括右视图、仰视图、后视图。

右视图——从右向左投射所得的视图；

仰视图——从下向上投射所得的视图；

后视图——从后向前投射所得的视图。

六个基本视图的关系：主、俯、仰、后视图长对正；主、左、右、后视图高平齐；俯、左、仰、右视图宽相等。虽然有六个基本视图，但在绘图时应根据零件的复杂程度和结构特点选用必要的几个基本视图。一般而言，在六个基本视图中，应首先选用主视图，然后是俯视图或左视图，再视具体情况选择其他三个视图中的一个或一个以上的视图。

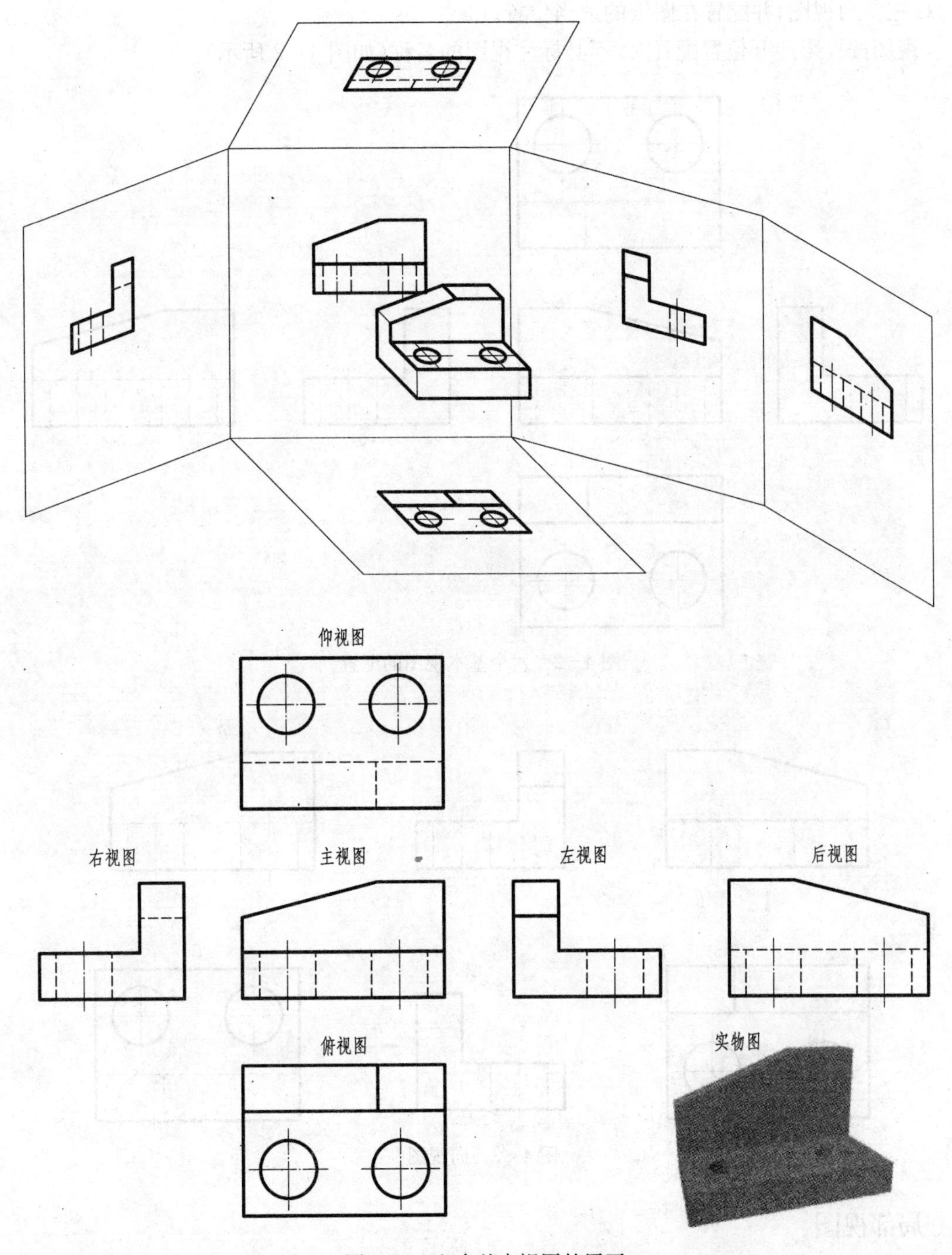

图 4-1　六个基本视图的展开

二、向视图

向视图是移位配置的基本视图。

必须向视图上方标注“×”(“×”为大写拉丁字母)，在相应视图的附近用箭头指明投影方向，并注明相同的字母。图 4-3 是将图 4-2 中的右视图、仰视图和后视图三个视图画成 A、

B、C 三个向视图，并配置在图纸的适当位置。

视图按投影展开位置配置时，不必标注视图的名称（如图 4－2 所示）。

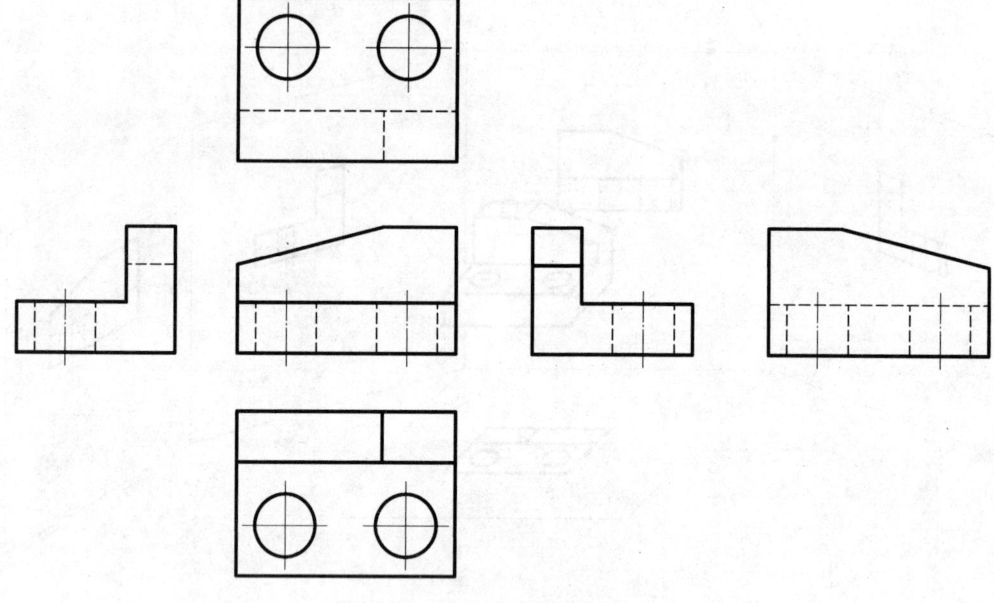

图 4－2　六个基本视图的配置

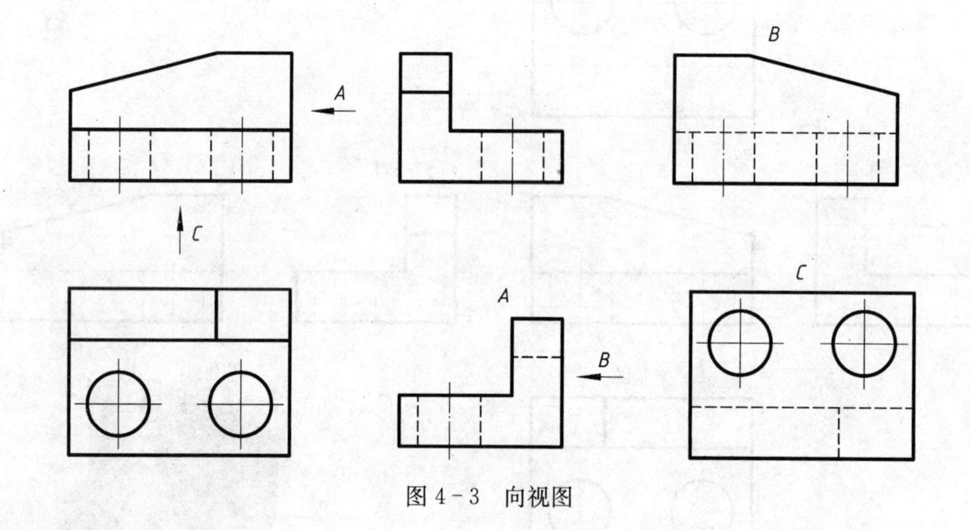

图 4－3　向视图

三、局部视图

局部视图是将机件的某一部分向基本投影面投射所得的视图。有如下两种情况：

1）用于表达机件的局部形状

局部视图是一个不完整的基本视图，当机件上的某一局部形状没有表达清楚，而又没有必要用一个完整的基本视图表达时，可将这一部分单独向基本投影面投射，表达机件上局部结构的外形，避免因表达局部结构而重复画出别的视图上已经表达清楚的结构，如图 4－4(a)所示，利用局部视图 A、B 表示左右两端凸缘形状，可以减少基本视图的数量。

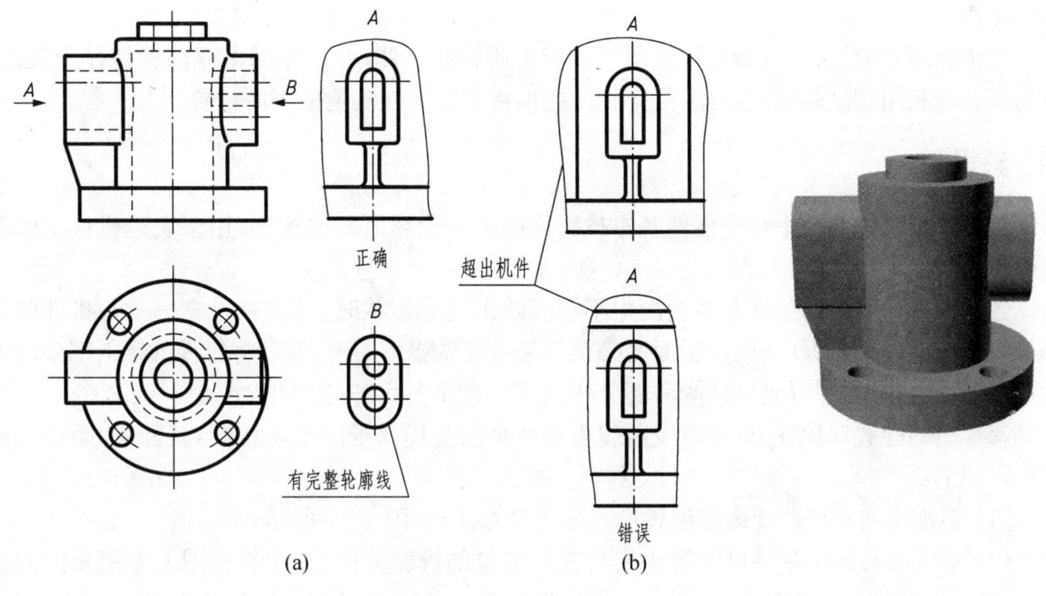

图 4-4　局部视图(一)

局部视图的配置、画法与标注规定如下：

(1) 画局部视图时，一般可按向视图的配置形式配置，如图 4-4(a)中局部视图 *B*。

(2) 当局部视图按基本视图的配置形式配置，中间又没有其他图形隔开时可省略标注(如图 4-5 中的俯视图)。

(3) 局部视图的断裂边界用波浪线或双折线表示，如图 4-4(a)中局部视图 *A*，当所表达的局部结构的外形轮廓是完整的封闭图形时，断裂边界线可省略不画，如图 4-4(a)中局部视图 *B*。局部视图的断裂边界不应超出机件的轮廓线，如图 4-4(b)所示。

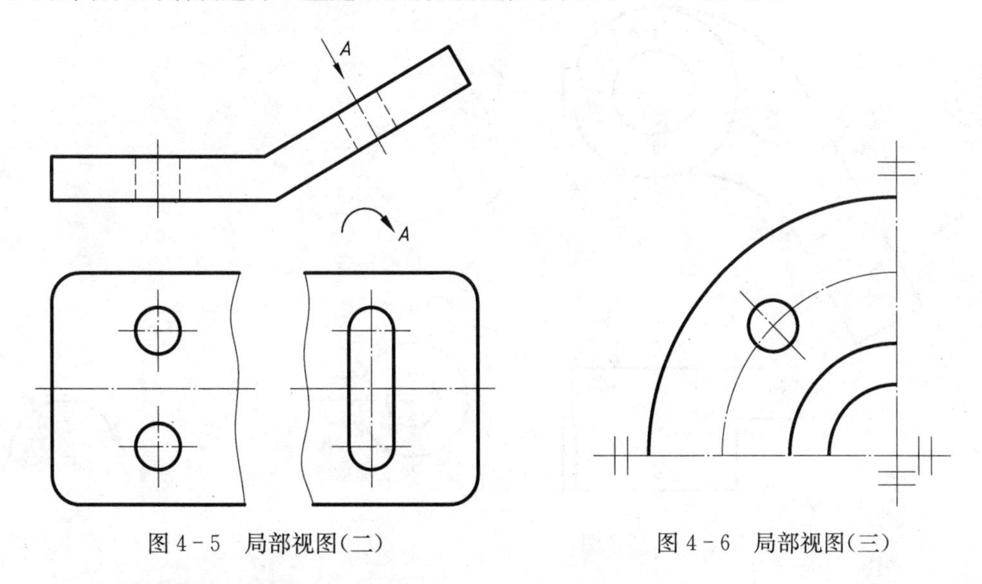

图 4-5　局部视图(二)　　　　图 4-6　局部视图(三)

2) 节省绘图时间和图幅

为了节省绘图时间和图幅，对称构件或零件的视图可只画 1/2 或 1/4，并在中心对称线两端画出两条与其垂直的平行细实线，如图 4-6 所示。

注意：

为了读图方便，局部视图应尽量配置在箭头所指的一侧，并与原基本视图保持投影关系。但为了合理利用图纸幅面，也可将局部视图按向视图配置在其他适当的位置。

四、斜视图

斜视图是机件向不平行于任何基本投影面的平面投影所得的视图，用于表达机件上倾斜结构的真实形状。

当机件上的倾斜部分在基本视图中不能反映出真实形状时，可重新设立一个与机件倾斜部分平行的辅助投影面(辅助投影面又必须与某一基本投影面垂直)。将机件的倾斜部分向辅助投影面进行投影，即得到机件倾斜部分在辅助投影面上反映实形的投影。

斜视图的配置和标注方法，以及断裂边界的画法与局部视图基本相同，其配置、画法与标注规定如下：

(1) 斜视图通常按向视图的配置形式配置并标注，如图 4－7 所示。

(2) 斜视图必须用带字母的箭头指明表示部位的投影方向，并在斜视图上方用相同的字母标注“×”(“×”为大写拉丁字母)。

(3) 在必要时，允许将斜视图旋转配置。此时应在该斜视图上方画出旋转符号，表示该视图名称的大写拉丁字母应靠近旋转符号的箭头端如图 4－7 中的 A 视图。也允许将旋转角度标注在字母之后，如图 4－9 所示。

(4) 旋转符号为带有箭头的半圆，半圆的线宽等于字体笔划宽度，半圆的半径等于字体高度，即 $h=R$，箭头表示旋转方向，如图 4－8 所示。

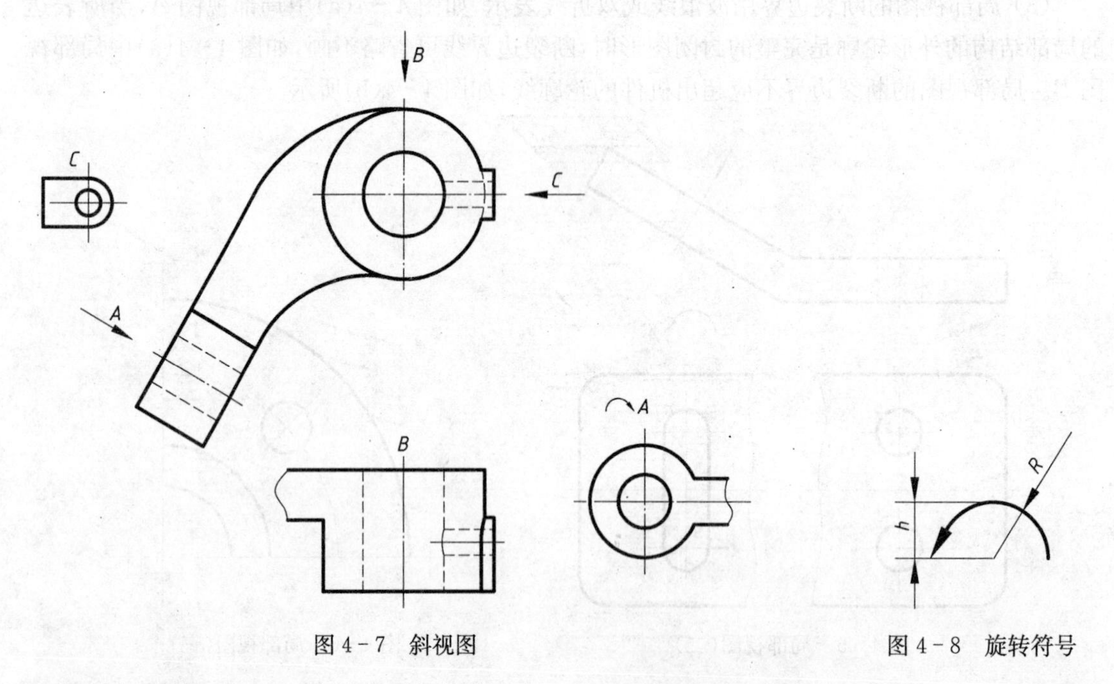

图 4－7　斜视图　　　　图 4－8　旋转符号

(5) 斜视图一般只表达倾斜部分的局部形状，其余部分不必全部画出，可用波浪线断开，如图 4－7 所示。当所表示的倾斜结构是完整的，且其投影的轮廓线又封闭时，波浪线可省略不画，如图 4－9 中斜视图 A。

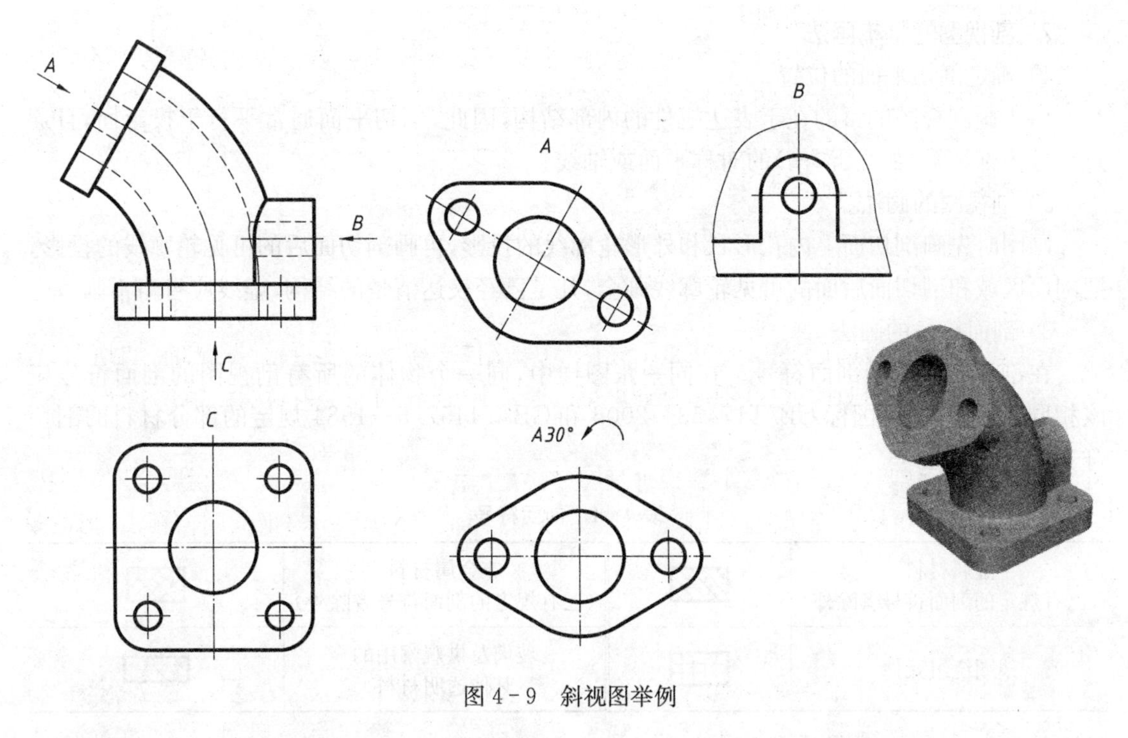

图 4-9　斜视图举例

注意：

斜视图是将机件局部倾斜的结构向倾斜投影面投影得到的，而局部视图是将机件的局部结构向基本投影面投影所得，必须弄清两者的区别。

第二讲　剖视图

当视图表达机件的内部结构时，图中会出现许多虚线，影响了图形的清晰性，既不利于看图，又不利于标注尺寸。因此，国家标准（GB/T 17452—1998，GB/T 4458.6—2002）规定用“剖视”的方法来解决机件内部结构的表达问题。

一、剖视图的概念和基本画法

1. 剖视图的概念

假想用剖切面剖开机件，将处在观察者与剖切面之间的部分移去，而将其余部分向投影面投射得到剖开后的图形，并在剖切面与机件接触的断面区域内画上剖面符号（剖面线），这样绘制的视图称为剖视图，简称剖视，如图 4-10 所示。

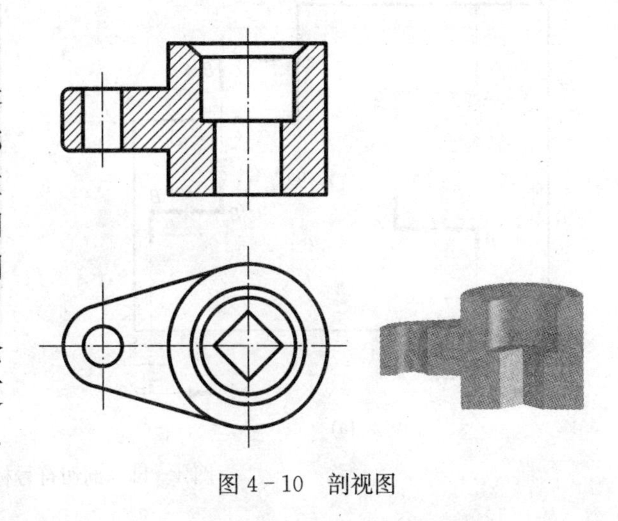
图 4-10　剖视图

应用剖视图能把机件内部不可见轮廓转化为可见轮廓表达，可减少虚线，更明显地反映机件结构形状实与空的关系。采用剖视图，便于看图和标注尺寸。

2. 剖视图的基本画法

1）确定剖切平面的位置

由于画剖视图的目的在于表达机件的内部结构，因此，剖切平面通常平行于投影面，且通过机件内部结构（如孔、沟槽）的对称平面或轴线。

2）剖视图的画法

画图时先画剖切面上内孔形状和外形轮廓线的投影，再画剖切面后的可见轮廓线的投影，把剖面区域和剖切面后面的可见轮廓线画全，凡是已经表达清楚的结构，虚线应省略不画。

3）剖面符号的画法

在剖面区域内画剖面符号。在同一张图样中，同一个物体的所有剖视图的剖面符号应该相同。表 4 - 1 为国标 GB/T17453—2005 和 GB/T4457. 5—1984 规定的部分材料的剖切符号。

表 4 - 1　剖面符号

金属材料 （已有规定的剖面符号者除外）		非金属材料 （已有规定的剖面符号者除外）	
线圈绕组元件		玻璃及供观察用的 其他透明材料	

4）画剖切符号、投影方向、并标注字母和剖视图的名称

（1）剖视图通常按投影关系配置在相应的位置上（图 4 - 10），必要时可以配置在其他适当的位置。

（2）剖视图标注的目的，在于表明剖切平面的位置以及投射的方向。一般应在剖视图上方用大写拉丁字母标出剖视图的名称“×-×”，在相应视图上用剖切符号（粗短线）表示剖切位置，用箭头表示投射方向，并注上同样的字母，如图 4 - 13 所示。

（3）剖切符号、剖切线和字母组合标注如图，4 - 11(a)所示。剖切线也可省略不画，如图 4 - 11(b)所示。

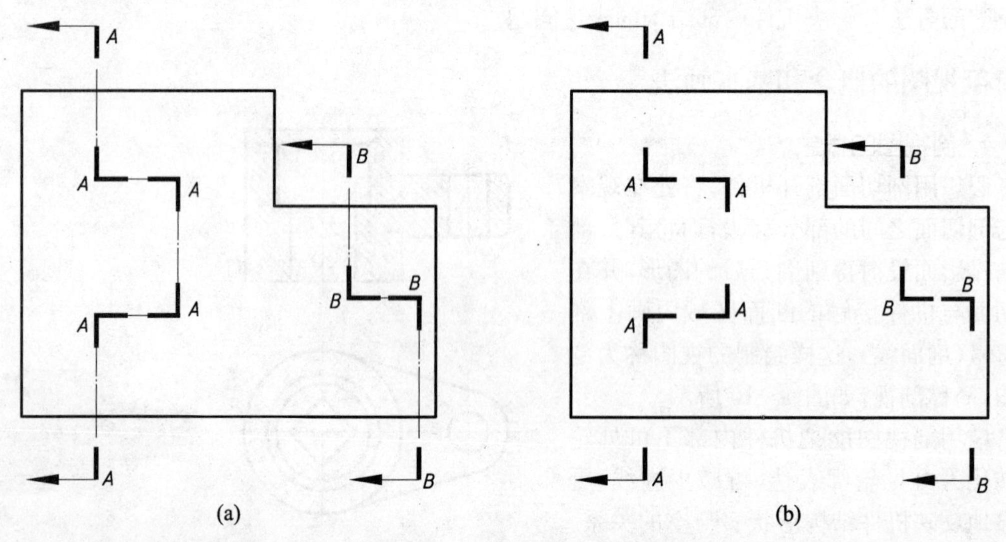

图 4 - 11　剖切符号标注示例

(4) 剖切符号为粗短画线，线宽(1～1.5)d、长约 5～10 mm，箭头线为细实线，剖切线为细点画线。

(5) 剖切符号在剖切面的起、迄处和转折处均应画出，且尽可能不与图形轮廓线相交。箭头线应与剖切符号垂直。在剖切符号的起、迄处和转折处应标记相同的字母，当转折处地位有限且不致引起误解时，允许省略标注如图 4-10 所示。不论剖切符号方向如何，字母一律水平书写。

(6) 当剖视图按投影关系配置，中间又没有其他图形隔开时，可省略箭头。

(7) 当单一剖切平面通过物体的对称平面或基本对称平面，且剖视图按投影关系配置，中间又没有其他图形隔开时，可省略标注，如图 4-10 中的主视图。

二、剖视图的分类

按剖切面剖开机件的范围，剖视图分为：全剖视图、半剖视图和局部剖视图三种。

1. 全剖视图

用剖切平面完全地剖开机件所得的剖视图称为全剖视图。全剖视图主要用于外形简单、内形复杂的机件，如图 4-10，图 4-12 中的剖视图均为全剖视图。

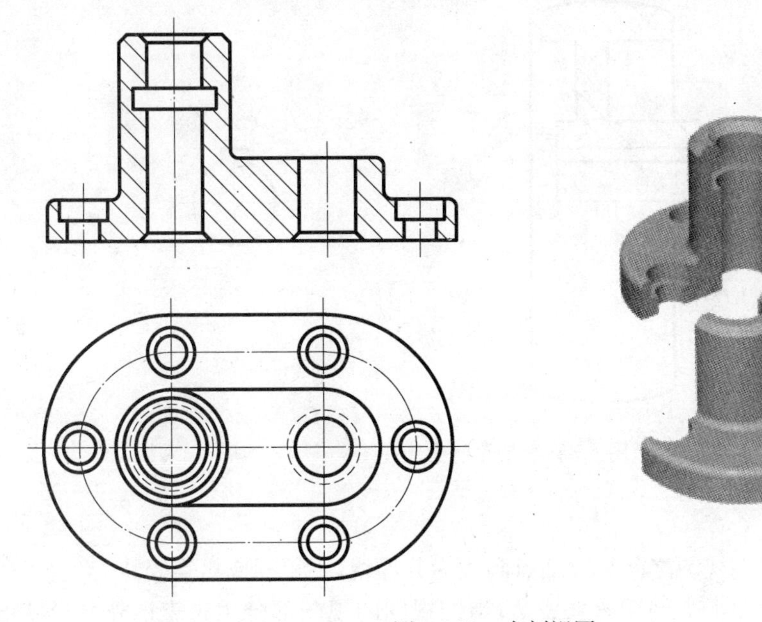

图 4-12　全剖视图

2. 半剖视图

当机件具有对称平面时，向垂直于对称平面的投影面上投射所得到的图形，可以对称中心线为界，一半画成剖视图，另一半画成视图，这种组合的图形称为半剖视图，如图 4-13 所示。

当机件的形状基本接近于对称，且不对称部分已另有图形表达清楚时，也可以画成半剖视图，如图 4-14 所示。带轮上下不对称的局部在轴孔的键槽部分，由 A 向局部视图表达清楚，所以主视图画成半剖视图。

半剖视图既能表达机件的外部形状，又能表达机件的内部结构。因为机件是对称的，根据一半的形状就能想象出另一半的结构形状。

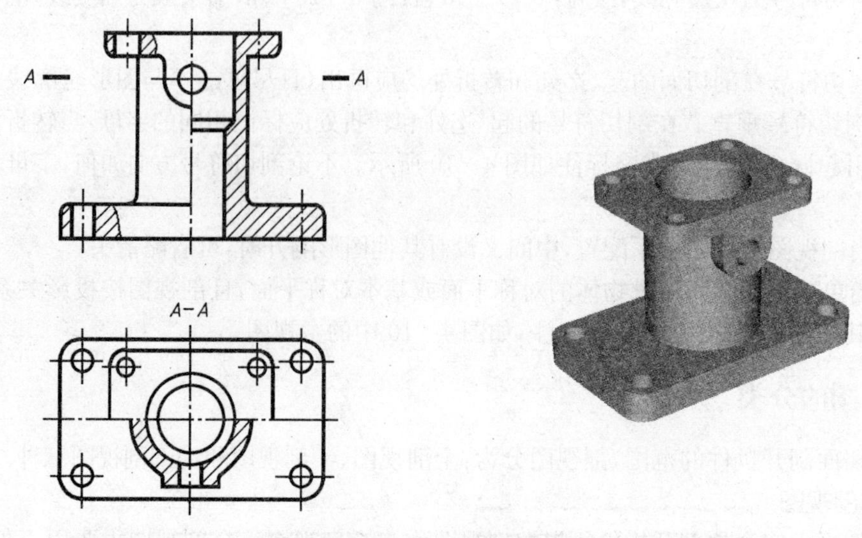

图 4-13　半剖视图

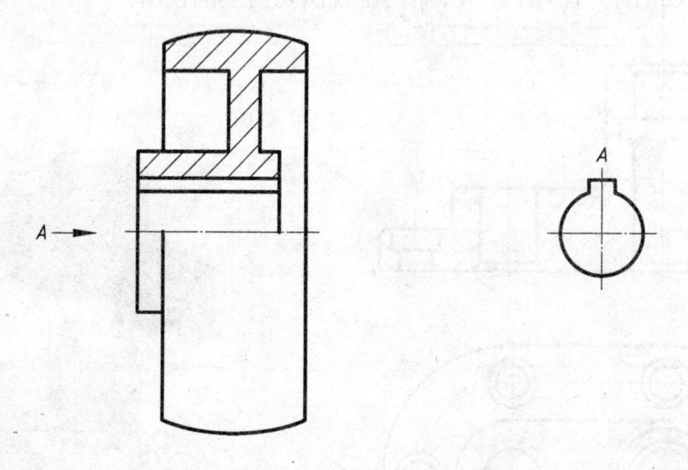

图 4-14　带轮的半剖视图

注意：

① 半个视图和半个剖视图之间是以细点画线为分界线，不得画成粗实线。

② 机件的内部结构由半个剖视图来表达，半剖视图的视图部分用来表达外部形状的，只需要画外形，不应有虚线。

3. 局部剖视图

用剖切面局部地剖开机件所得到的剖视图称为局部视图。当物体尚有部分的内部结构形状未表达清楚，但又没有必要作全剖视图或不适合于作半剖视图时，可用局部剖视图表达，如图4-15所示。

局部剖视图既能把物体局部的内部形状表达清楚，又能保留物体的某些外形，是一种比较灵活的表达方法。局部剖视图适用于：

(1) 同时需要表示不对称机件的内、外结构形状，如图 4-15 所示。

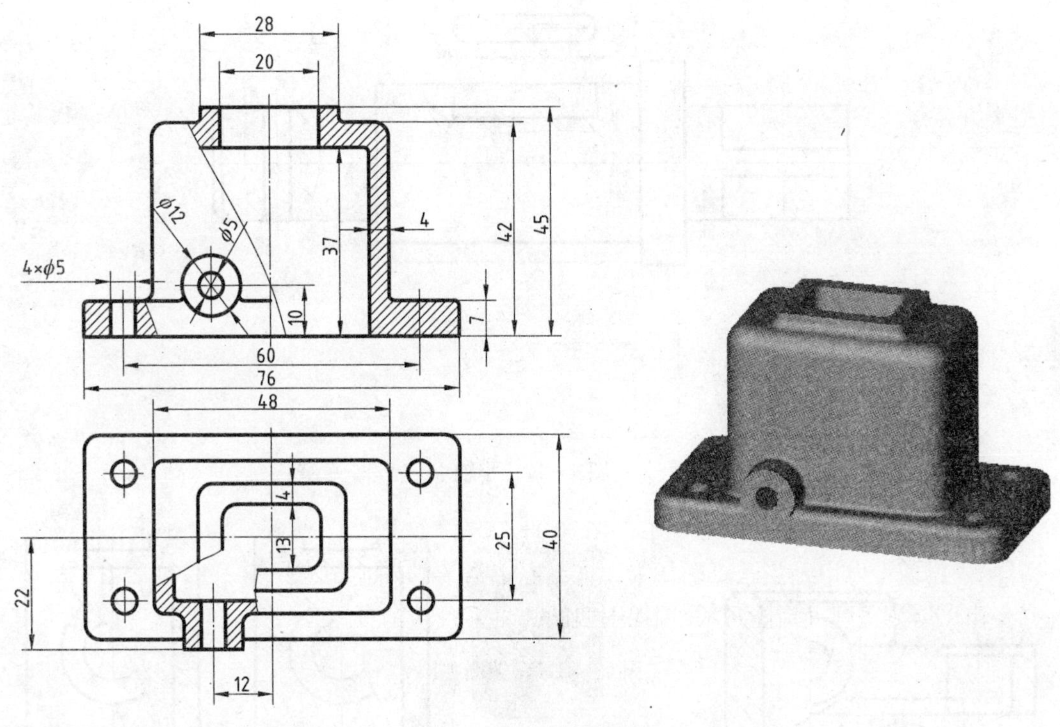

图 4－15　局部剖视图

(2) 当对称物体在对称中心线处有图线而不便于采用半剖视图时，可以使用局部剖视图，如图 4－16 所示。

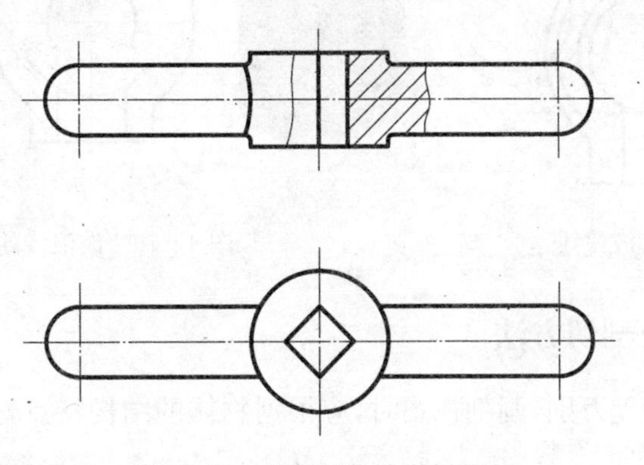

图 4－16　局部剖代替半剖视图

(3) 当需要表达诸如轴、连杆、手柄、螺钉等实心零件上的孔或槽某局部结构时，经常使用局部剖视图，如图 4－17 所示。

局部剖视图的标注与全剖视图相同，当剖切位置明确时，局部剖视图的标注可省略，如图 4－15、图 4－16 所示。

局部剖视图中被剖切的局部结构为回转体时，局部剖的分界线可用中心线代替波浪线，如图 4－18 所示。

局部剖视图中的波浪线可以视为机件上的不规则断面，故波浪线应画在机件的实体部分，不能超出轮廓线或穿过空的区域，也不能与轮廓线重合画在其他图线的延长线上，如图 4－19 所示。

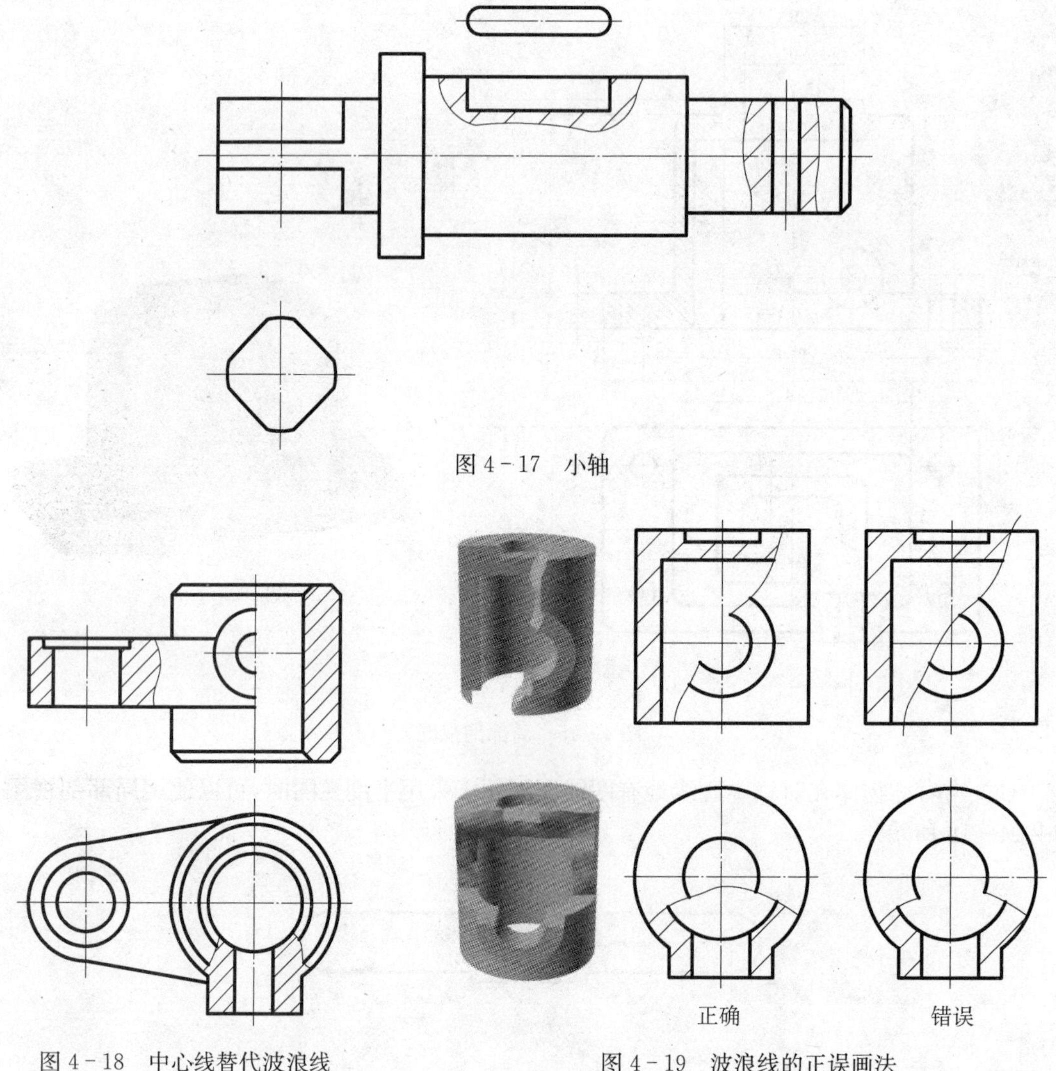

图 4-17　小轴

图 4-18　中心线替代波浪线

图 4-19　波浪线的正误画法

三、剖切面的种类及剖切方法

物体的形状结构千差万别，画剖视图时，应根据物体的结构特点，选用不同的剖切面及相应剖切方法。

1. 单一剖切面

单一剖切面可以是平面，也可以是柱面，使用最多的是单一剖切平面。

1）平行于基本投影面的剖切面

用一个平行于基本投影面的平面剖切，前面图 4-10～图 4-15 所示的全剖视图、半剖视图和局部剖视图均是这种情况。

2）不平行于任何基本投影面的剖切面

用不平行于任何基本投影面的平面剖切，即采用斜剖切面所画剖视图常称为斜剖视，其配置和标注方法通常如图 4-20，图 4-21 所示。必要时，允许将斜剖视旋转配置，但必须在剖视图上方注出旋转符号（同斜视图），剖视图名称应靠近旋转符号的箭头，如图 4-22 所示。

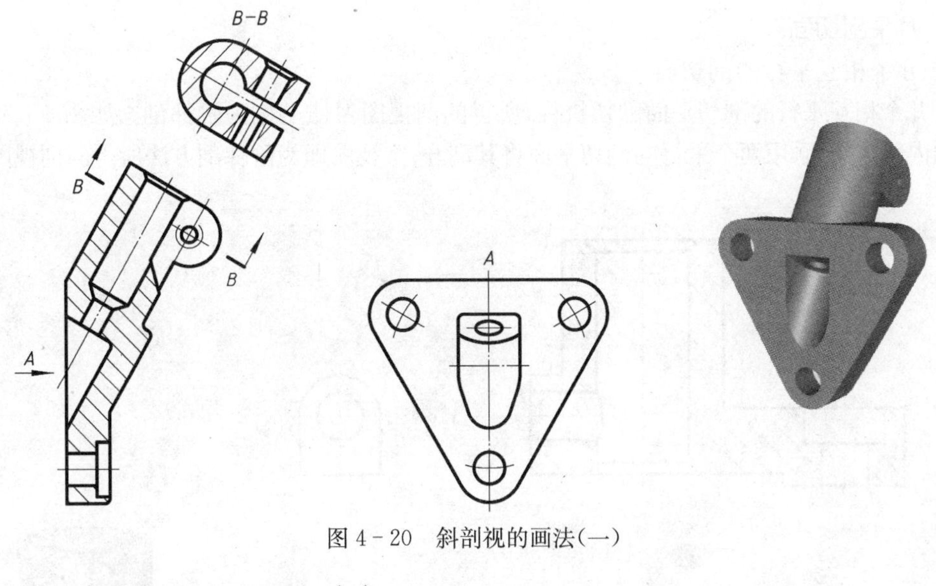

图 4-20　斜剖视的画法(一)

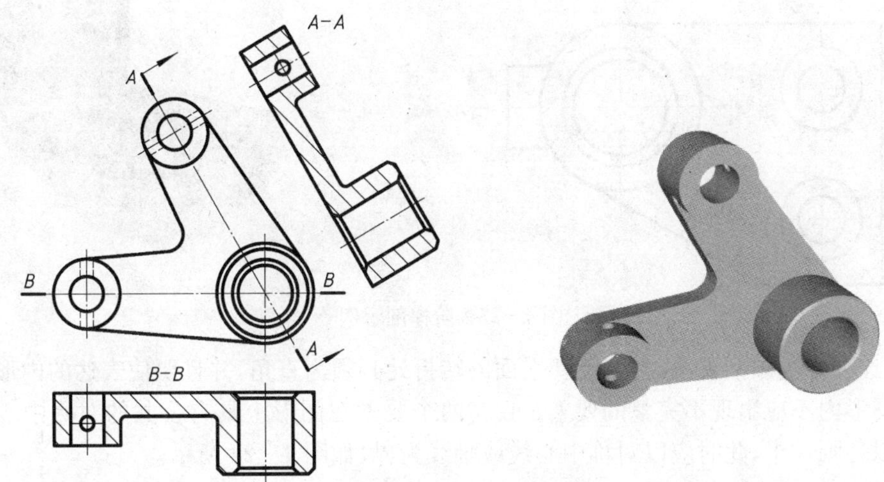

图 4-21　斜剖视的画法(二)

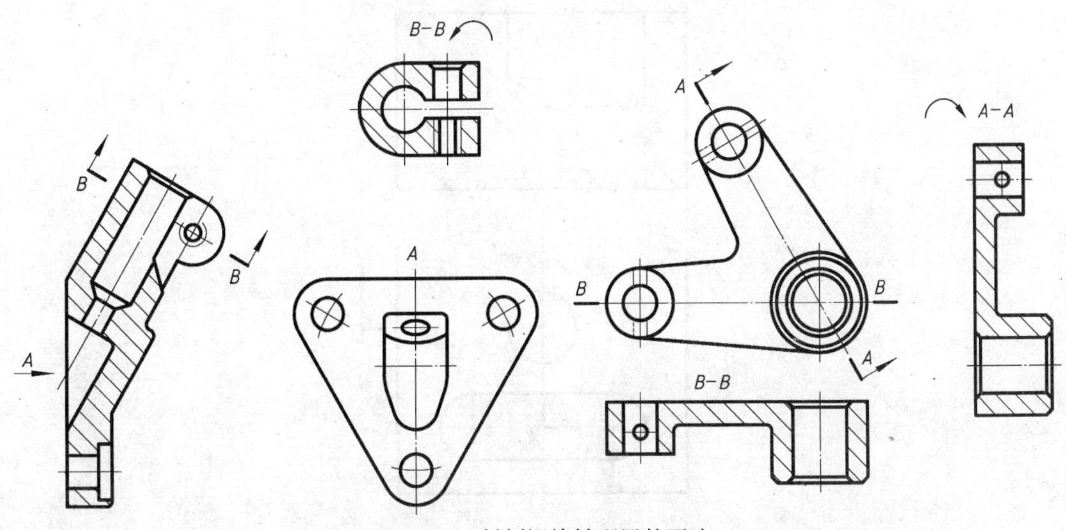

图 4-22　斜剖视旋转配置的画法

2. 几个剖切面

1）几个相互平行的剖切面

用几个相互平行的剖切平面剖切机件，所得的剖视图习惯上称为阶梯剖。如图 4－23 所示机件的内部结构，采用两个平行的剖切平面将其剖开，主视图即为阶梯剖方法所得的剖视图。

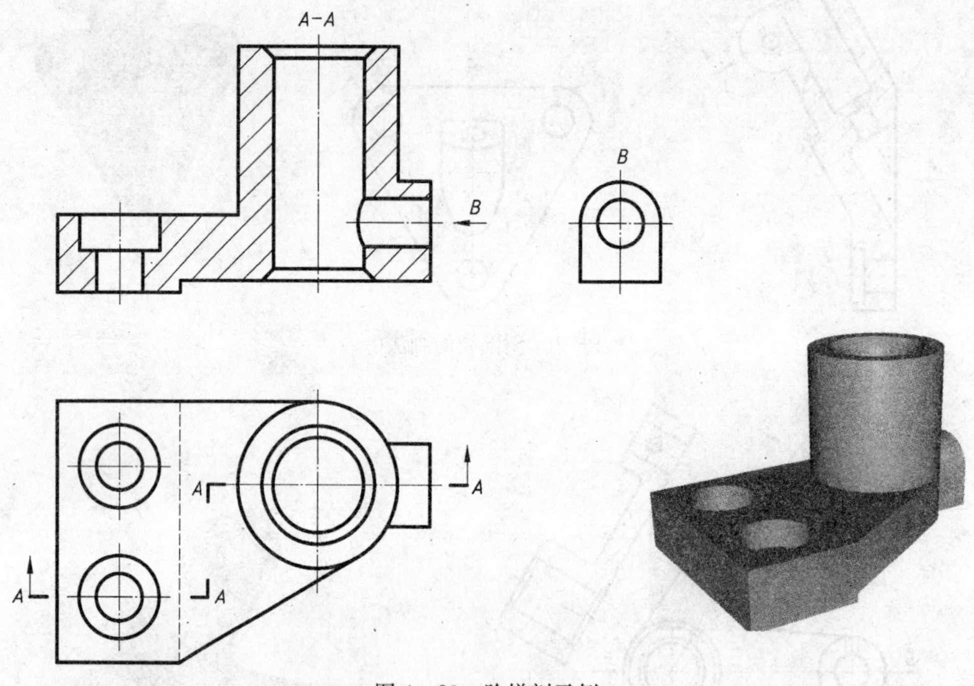

图 4－23　阶梯剖示例

采用这种方法画剖视图时，各剖切平面的转折处必须为直角，并且要使表达的内形不相互遮挡，在图形内不应出现不完整的要素。仅当两个要素在图形上具有公共的对称中心线或轴线时，可以各画一半，此时应以对称中心线或轴线为界，如图 4－24 所示。

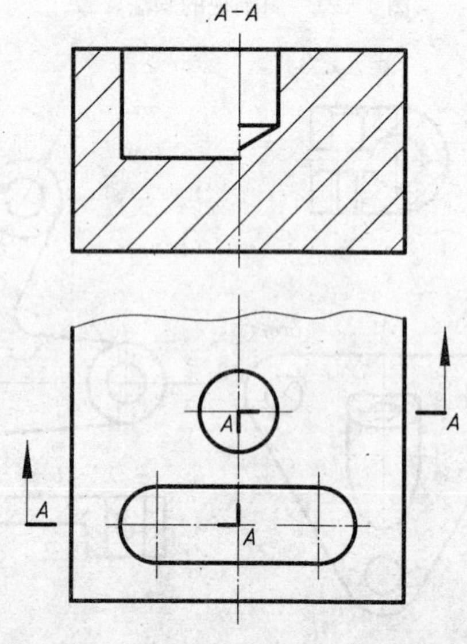

图 4－24　允许出现不完整要素的阶梯剖

画阶梯剖视图应注意：

(1) 不应画出剖切平面转折处的分界线，如图 4-25(a)所示。因为这种剖切方法只是假想地剖开机件，所以设想将几个平行的剖切平面平移到同一位置后，再进行投影。

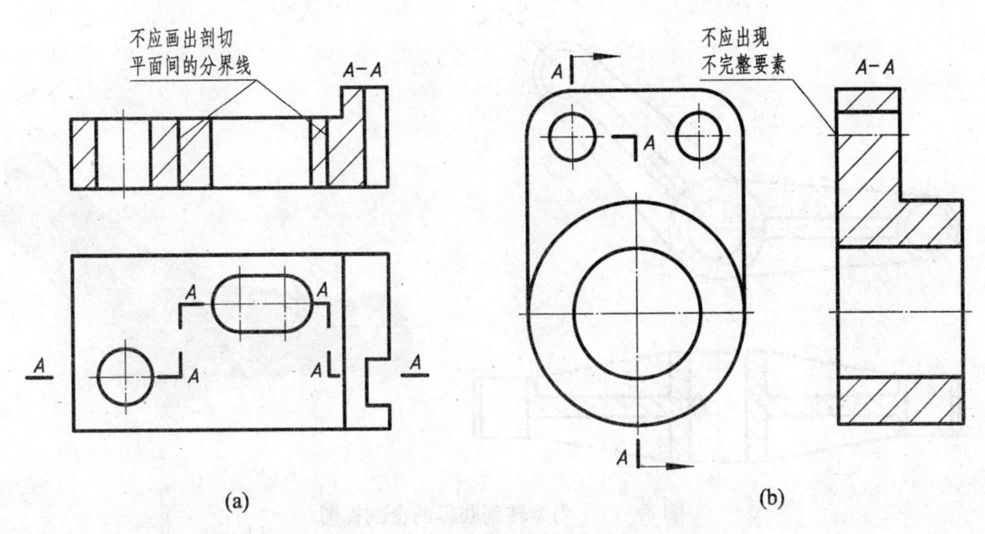

图 4-25　阶梯剖中的注意画法(一)

(2) 为了清晰起见，各剖切平面的转折处不应重合在图形的实线或虚线上，如图 4-26 所示。

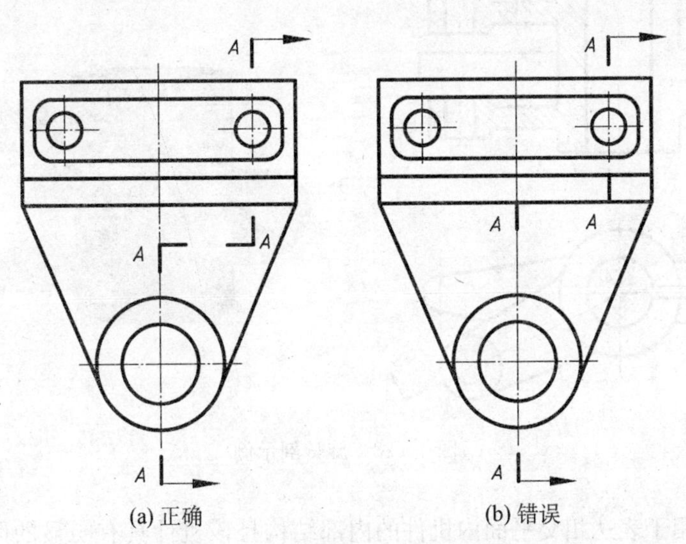

图 4-26　阶梯剖中的注意画法(二)

(3) 剖视图中不允许存在不完整的要素，如半个孔，不完整肋板等，如图 4-25(b)所示。

2) 几个相交的剖切面(交线垂直于某一投影面)

两相交的剖切平面剖切机件，这种方法习惯上称为旋转剖。采用这种方法画剖视图时，先假想按剖切位置剖开机件，然后将剖开后所显示的结构及其有关部分旋转到与选定的投影面平行，再进行投影，如图 4-27 所示。

在剖切平面后的结构仍按原来的位置投影，如图 4－27 中的油孔。当剖切后产生不完整要素时，应将此部分按不剖绘制，如图 4－28 中的臂。

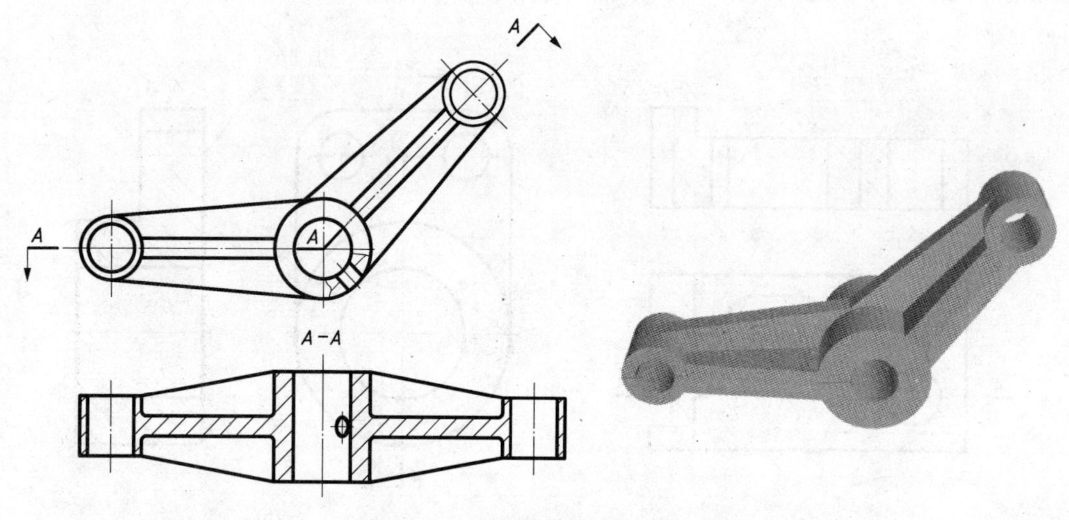

图 4－27　用旋转剖获得的全剖视图

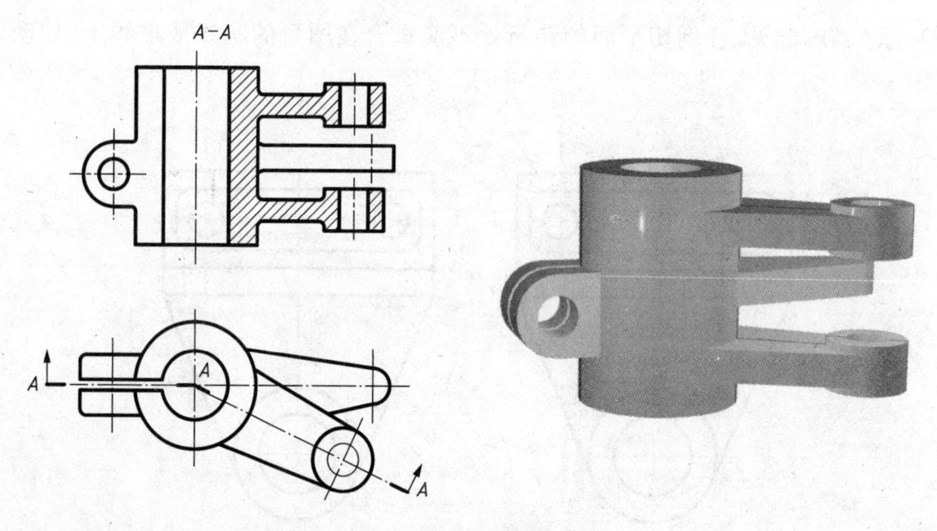

图 4－28　旋转剖示例

旋转剖切常用于表达相交平面内机件的内部结构且该机件具有明显的回转轴线，如盘盖类等机件。

3）相交的剖切面与其他剖切面组合

除旋转剖、阶梯剖以外，用组合的剖切面剖开机件的方法，习惯上称为复合剖，常用于机件具有若干形状、大小不一、分布复杂的孔和槽等的内部结构。如图 4－29，图 4－30 所示。根据机件的形状特点，既可得全剖视图，也可得半剖视图和局部视图。

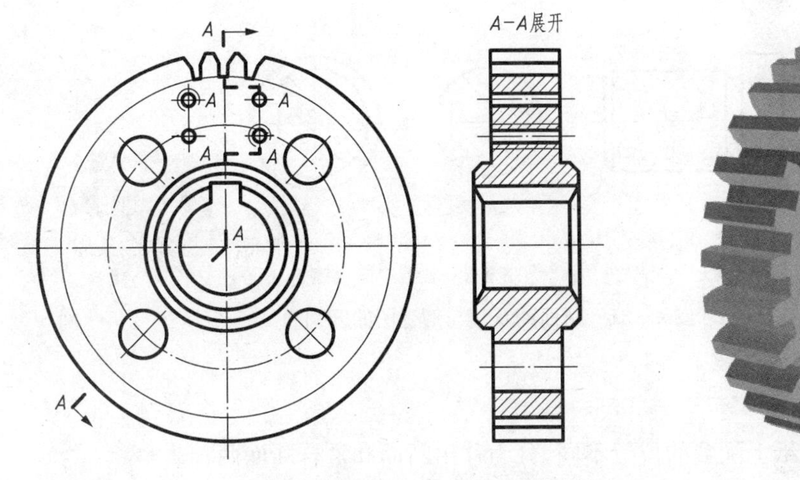

图 4-29　复合剖示例(一)

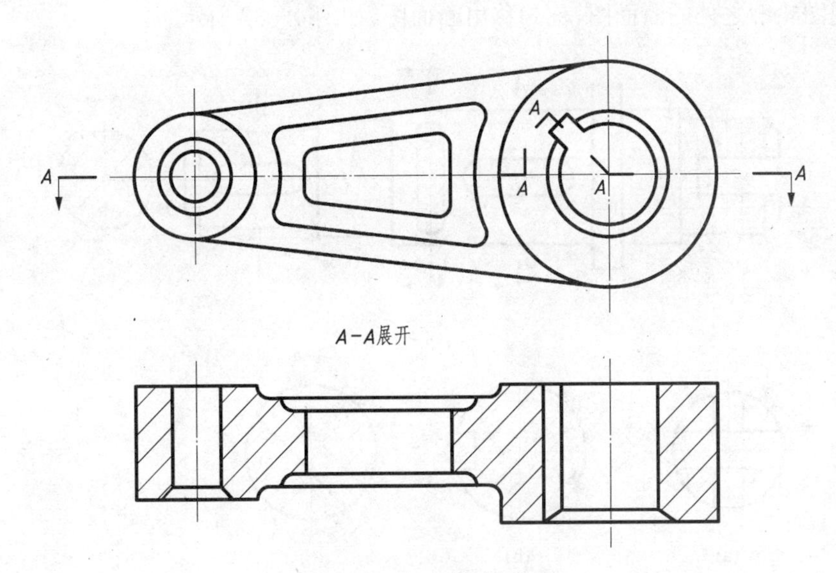

图 4-30　复合剖示例(二)

第三讲　断面图

一、基本概念

假想用剖切面将机件的某处切断，只画出该剖切面与机件接触部分的图形，这种图形称为断面图，简称断面，如图 4-31 所示。国家标准 GB/T 17452—1998 和 GB/T 4458.6—2002 规定了断面图的画法。

断面图与剖视图的区别在于断面图只画出机件被切处的断面形状，而剖视图不仅要画出断面形状，还要画出断面之后的所有可见轮廓。

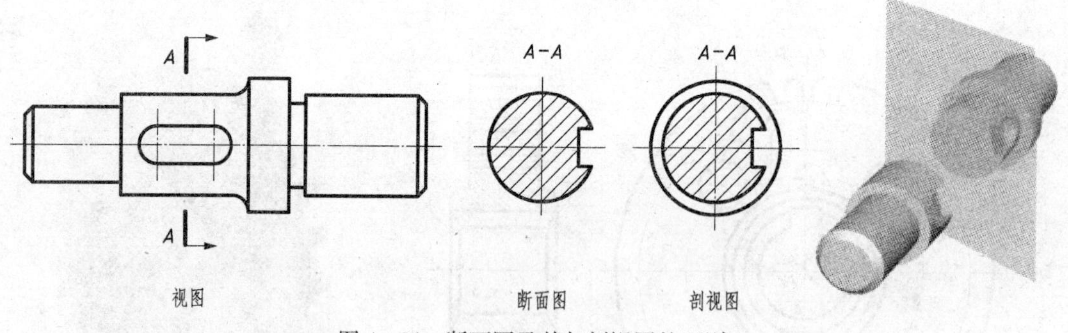

图 4-31　断面图及其与剖视图的区别

二、断面的种类

断面图按其在图纸上配置的位置不同，分为移出断面和重合断面两种。

1. 移出断面图

画在视图轮廓之外的断面图，称为移出断面图，如图 4-32 所示。

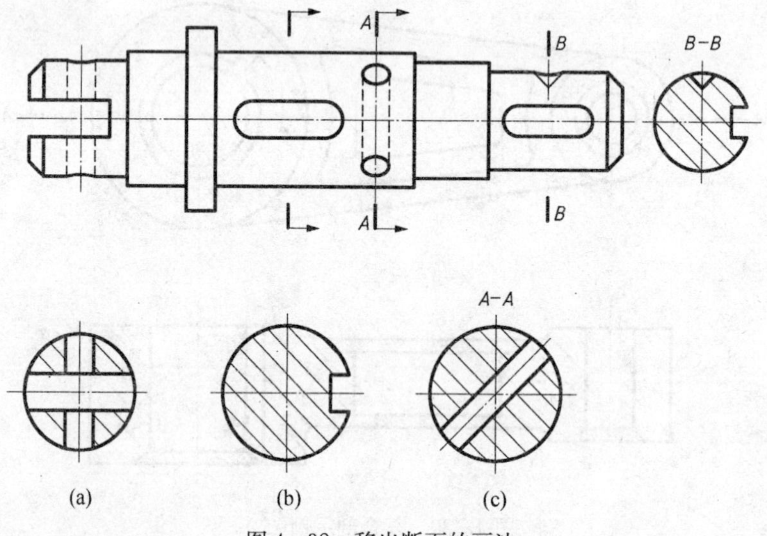

图 4-32　移出断面的画法

1）移出断面的画法

（1）移出断面的图形应画在视图之外，其轮廓线用粗实线画出，在剖断面上画剖面符号。

（2）为了看图方便，移出断面应配置在剖切符号或剖切线的延长线上，如图 4-32(a)、(b) 所示。断面图形对称时，也可画在视图中断处，如图 4-33 所示。

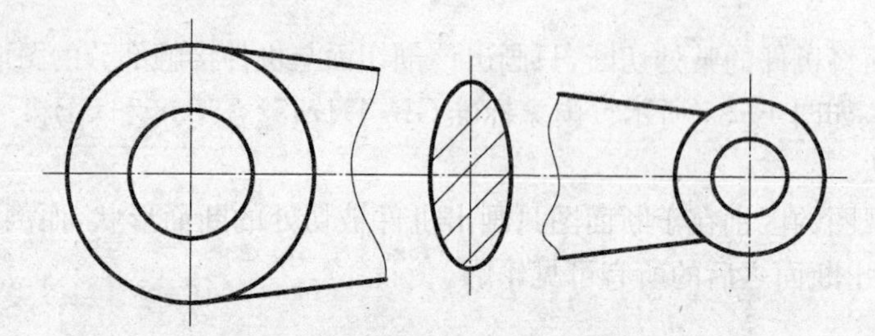

图 4-33　配置在视图中断处的移出断面图

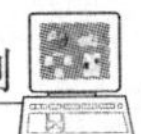

(3) 当剖切平面通过由回转面形成的孔和凹坑的轴线时，这些结构按剖视图绘制，如图4－32中 $B-B$ 所示。当剖切平面通过非圆孔，会导致出现完全分离的两个断面时，其结构应按剖视图绘制，如图4－32(a)所示。

2) 移出断面的标注

(1) 一般应在断面图上方标注断面图的名称"×-×"(×为大写拉丁字母)。在相应的视图上用剖切符号表示剖切位置和投射方向，并标注相同字母。

(2) 配置在剖切符号延长线上的不对称移出断面，可省略字母，如图4－32(b)所示。

(3) 配置在剖切符号延长线上的对称移出断面，以及配置在视图中断处的对称移出断面均可省略标注，如图4－32(a)所示。

(4) 不配置在剖切符号延长线上的对称移出断面(如图4－34所示)，以及按投影关系配置的不对称断面(图4－32中 $B-B$)，均可省略箭头。

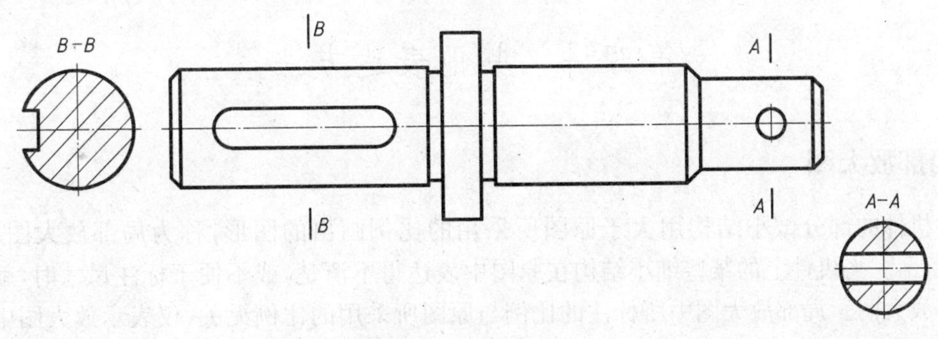

图4－34　移出断面

3) 移出断面的剖切位置

移出断面的剖切平面应垂直于所表达结构的主要轮廓线。采用两个或多个相交的剖切平面剖开机件得出的移出断面，图形中间用波浪线断开，如图4－35所示。在不致引起误解时，允许将图形旋转摆正，在断面的名称旁标注旋转符号。

图4－35　用两个相交的剖切平面剖切机件

2. 重合断面

画在机件被切断处的投影轮廓内的断面，称为重合断面，如图4－36所示。

1) 重合断面的画法

重合断面的轮廓线用细实线绘制。当视图中的轮廓线与重合断面的图形重叠时，视图中的轮廓线仍应连续画出，不可间断，如图4－36所示。

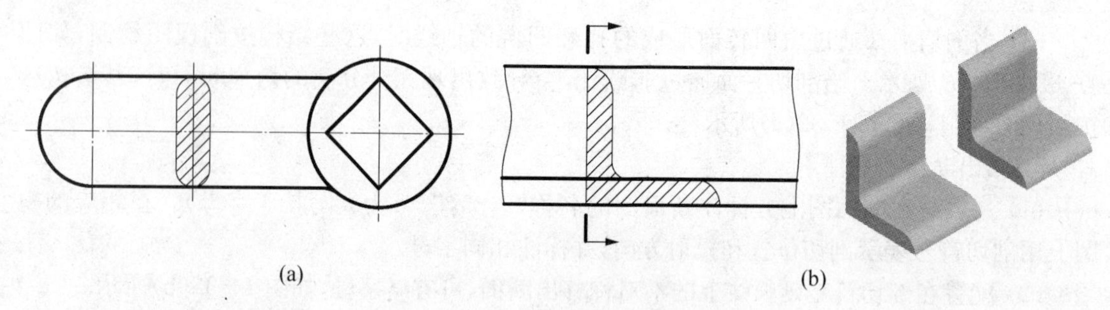

图 4－36　重合断面的画法及标注

2）重合断面的标注

不对称重合断面应注出剖切符号和投影方向，如图 4－36(b)所示。对称的重合断面可省略标注，如图 4－36(a)所示。

第四讲　其他表达方法

一、局部放大图

将机件的部分微小结构用大于原图所采用的比例画出的图形，称为局部放大图，如图 4－37所示。当机件上的某些细小结构在原图中表达得不清楚，或不便于标注尺寸时，就可采用局部放大图。局部放大图中所标注的比例与原图所采用的比例无关，仅表示放大图中的图形尺寸与实物之比。

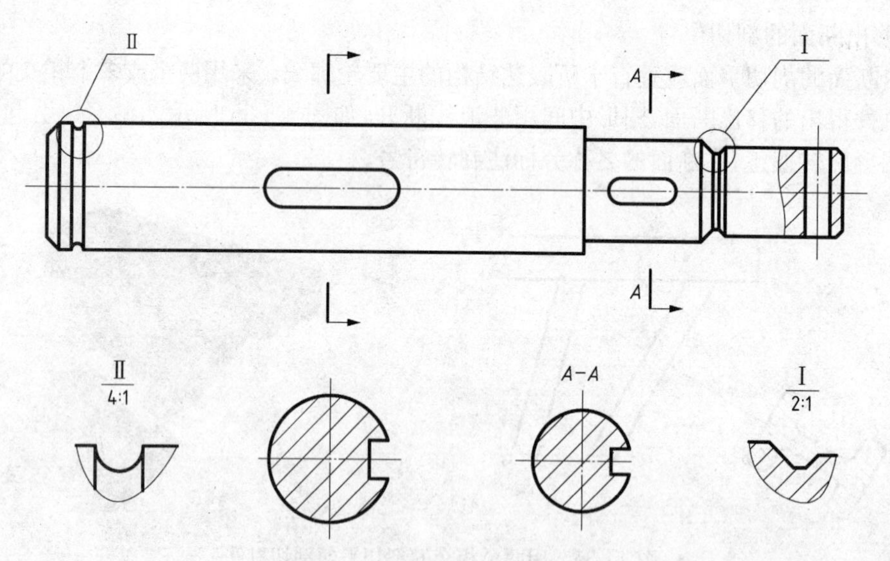

图 4－37　局部放大图示例(一)

(1) 局部放大图可画成视图、剖视图或断面图，与原视图上被放大部分的表达方式无关(图 4－37 中Ⅰ)。局部放大图尽量配置在被放大部位的附近。

(2) 绘制局部放大图时，除螺纹牙型、齿轮和链轮的齿形外，应将被放大部分用细实线圈出。若在同一机件上有几处需要放大画出时，用罗马数字标明放大部位的顺序，并在相应的局

部放大图的上方标出相应的罗马数字及所用比例，以便区别（图 4－37）。若机件上只有一处需要放大时，只需在局部放大图的上方注明所采用的比例，如图 4－38 所示。

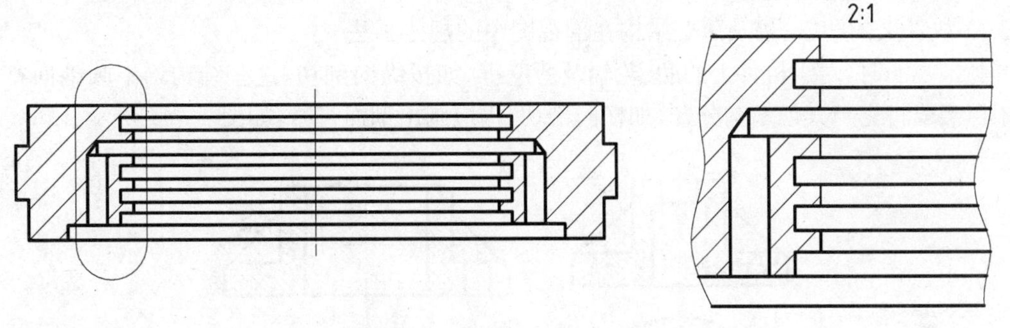

图 4－38　局部放大图示例（二）

（3）同一机件上不同部位的局部放大图，当其图形相同或对称时，只需画出其中的一个（图 4－39），并在几个被放大的部位标注同一罗马数字。

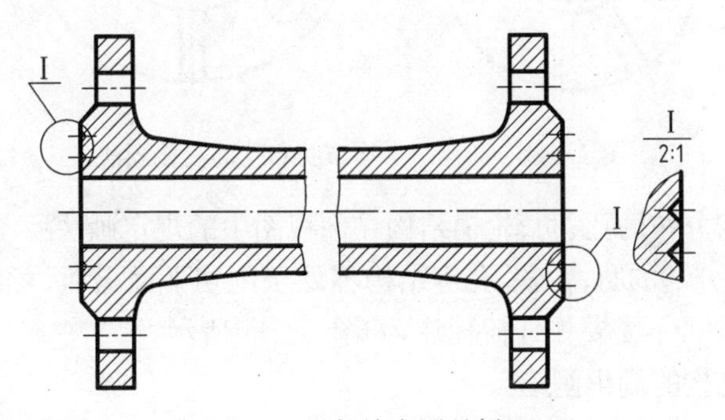

图 4－39　局部放大图示例（三）

（4）必要时可用几个视图表达同一个被放大部位的结构（图 4－40）。

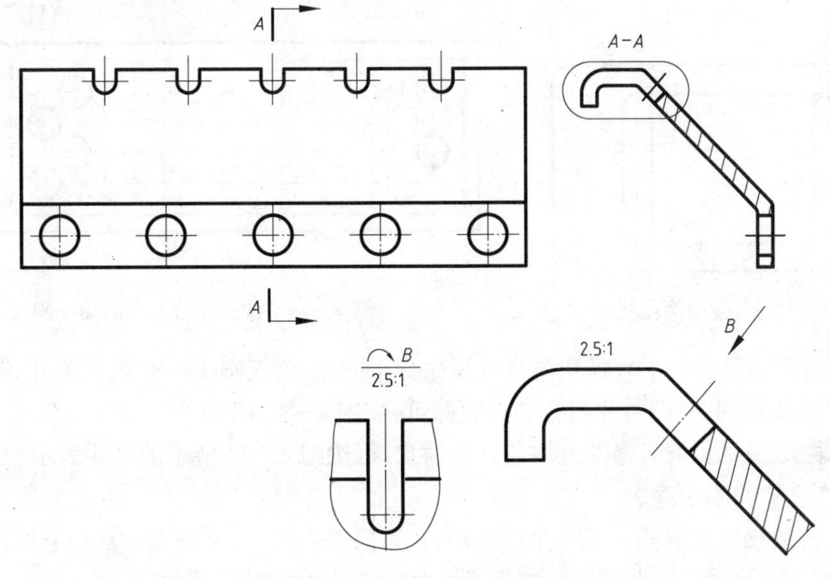

图 4－40　局部放大图示例（四）

二、简化画法和其他规定画法

1. 剖视中的简化画法

1）机件上的肋、轮辐及薄壁结构在剖视图中的规定画法

画剖视图时，对于机件上的肋、轮辐及薄壁等，如按纵向剖切，这些结构均不画剖面符号，并用粗实线将它与其他结构分开；如横向剖切，仍应画出剖面符号，如图 4－41 所示。

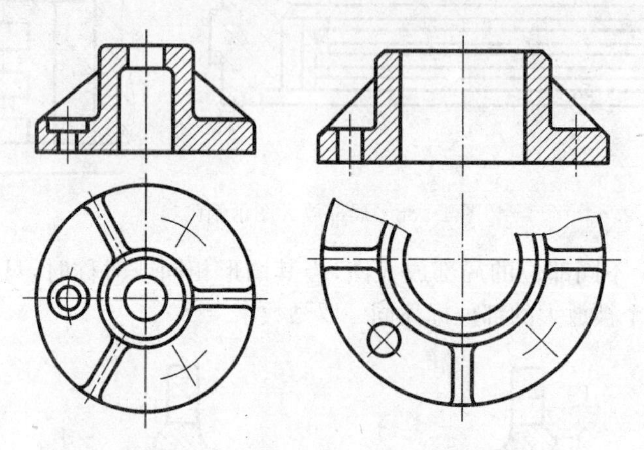

图 4－41　剖视图中均布肋和孔的简化画法

2）回转体上均匀分布的孔、肋、轮辐结构在剖视图中的规定画法

当回转体上均匀分部的肋、轮辐、孔等结构不处于剖切平面上时，可将这些结构沿回转轴旋转到剖切平面上画出，不需要作任何标注，如图 4－41 所示。

2. 机件上相同结构的简化画法

(1) 当机件上具有若干个相同结构(如孔、槽等)，并按一定规律分布时，只需画出几个完整的结构，其余用细实线连接表示出位置，但必须注明该结构的总数，如图 4－42 所示。

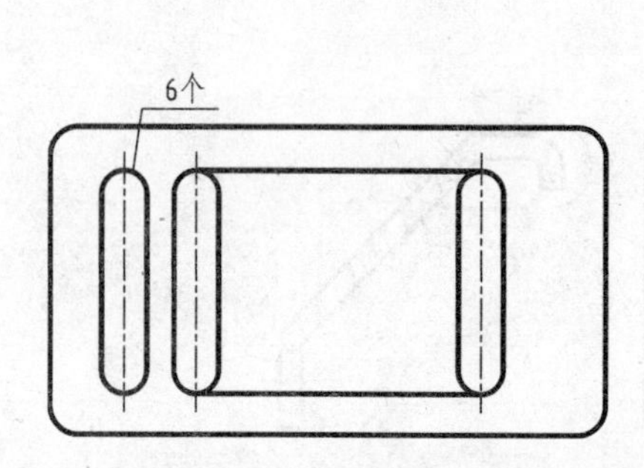

图 4－42　均布槽的简化画法

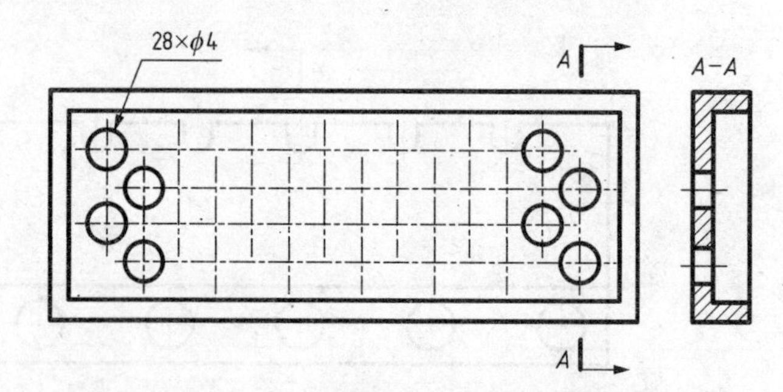

图 4－43　按规律分布孔的简化画法

(2) 当机件上具有若干直径相同且成规律分布的孔，可仅画出一个或几个孔，其余用点画线表示其中心位置，并在图中注明孔的总数即可，如图 4－43 所示。

(3) 圆柱形法兰和类似零件上均匀分布的孔，可按图 4－44 所示的方法表示。

3. 对称机件的简化画法

对称机件的视图可只画大于一半的图形；也可只画一半，但必须在对称中心线两端画出两条与其垂直的平行细实线，如图 4－45 所示。如在两个方向对称的图形，可画四分之一。

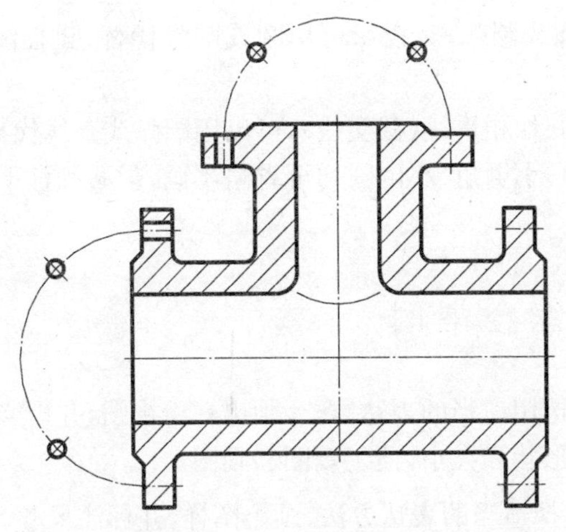

图 4-44　圆柱形法兰上均匀分布的孔的简化画法

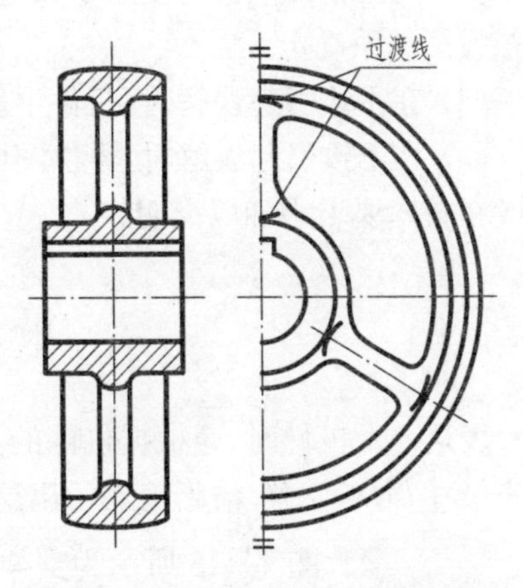

图 4-45　对称机件视图的简化画法

4. 折断画法

较长的机件如沿长度方向的形状一致或按一定规律变化时，可断开后缩短绘制，如图 4-46所示。

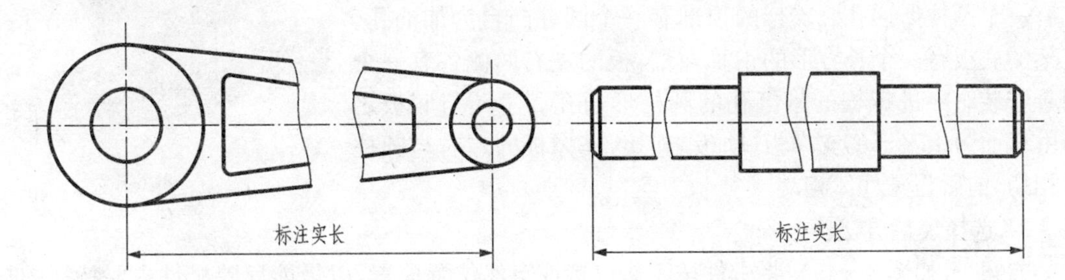

图 4-46　较长机件的简化画法

5. 某些结构的示意画法

(1) 对于网状物、编织物或物体上的滚花部分，可以在轮廓线附近用细实线示意画出，并在图上或技术要求中注明这些结构的具体要求，如图 4-47(a)所示。

(2) 当图形不能充分表达平面时，可用平面符号(两条相交的细实线)表示，如图 4-47(b)所示。

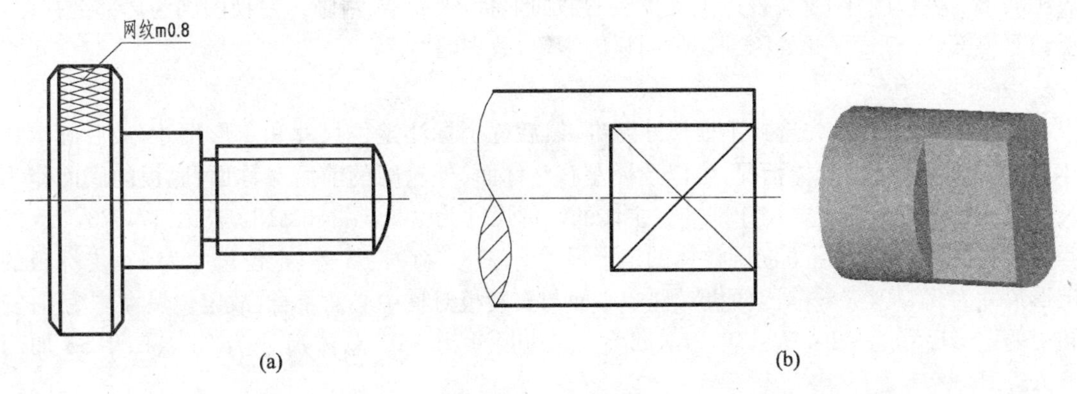

图 4-47　示意画法

(3) 与投影面倾斜角度小于或等于30°的圆或圆弧，其投影可用圆或圆弧代替，圆心位置按照投影关系确定。

(4) 在不致引起误解时，机件上较小的结构(如相贯线、截交线)，可以用圆弧或直线代替。

(5) 在不致引起误解时，零件图中的小圆角、小倒角、小倒圆均可省略不画，但必须注明尺寸或在技术要求中加以说明。

第五讲　综合举例

表达一个机件时，应根据机件的具体形状，选用适当的表达方式，画出一组视图，并恰当地标注尺寸，力求完整、清晰地表示出这个机件的形状和大小，便于读图和画图。

例4-1 图4-48所示为支架立体图，选择适当的表达方法，画出图样，并标注尺寸。

1) 分析结构特点

这个支架左右对称，上下和前后都不对称。支架的主体是一个圆柱体，前后两端都有圆柱形凸缘。沿着圆柱体轴线方向，前方被切割了一个上下壁为圆柱面、左右壁为平面的槽，后方有一个圆柱形通孔。支架的顶部有一个圆柱凸台为加油孔。支架的底板有一个长方形的正垂通槽，板的左右两侧各有一个用于安装时穿进螺栓的带沉孔的圆柱形通孔。主体与底板之间由截面为十字形的支撑板(肋板)连接，支撑板的左右与圆柱体相切，前后与圆柱体相交。

图4-48　支架

2) 选择表达方法

方案一(如图4-49)：将机件按工作位置或自然位置放置，以最能反映机件主要特征的投影作为主视图，主视图主要表达外形，同时用局部视图表达顶部的圆柱凸台和底板的螺栓孔内部结构。俯视图可以表达安装板的外形和主体圆柱体的宽度和前后凸缘的形状。支架侧面外形较简单，不必画出，故左视图采用全剖视图，沿支架的左右对称面剖切，表达出支架的内部结构。为了更清晰地表达支撑板的结构，再增加$A-A$移出断面。这些图形即可清晰地表达出这个支架。

图4-50是此支架的另一种表达方案。不同于图4-49，俯视图采用$A-A$剖视图，既能表示底部安装板的外形，又表达了支撑板的截面形状，很简洁、清晰。左视图则为局部剖视图，保留了一部分外形。(此处因剖切位明显因素等，故省略“A”)

3) 尺寸标注

在标注尺寸时，首先选择主要尺寸基准，然后逐个标注定位尺寸和定形尺寸，最后确定总体尺寸。针对支架的具体情况，可以选择左右对称面、外轮廓的前后对称面、底板的底面作为长、宽、高三个方向的主要尺寸基准。主体的定形尺寸为$\phi29$，$\phi34$，$\phi18$，$\phi39$，17，23，5，20等，定位尺寸为33；前后方向圆柱体的定形尺寸为$\phi18$，$\phi10$，55等，定位尺寸为17；支撑板的定形尺寸为5，19，39等，因两板对称中心面与安装板对称中心面重合，故定位尺寸均为0；安装板的定形尺寸为$\phi29$，$R8$，8，42，2等，定位尺寸为65。总体尺寸为34，55及65加两端$R8$。

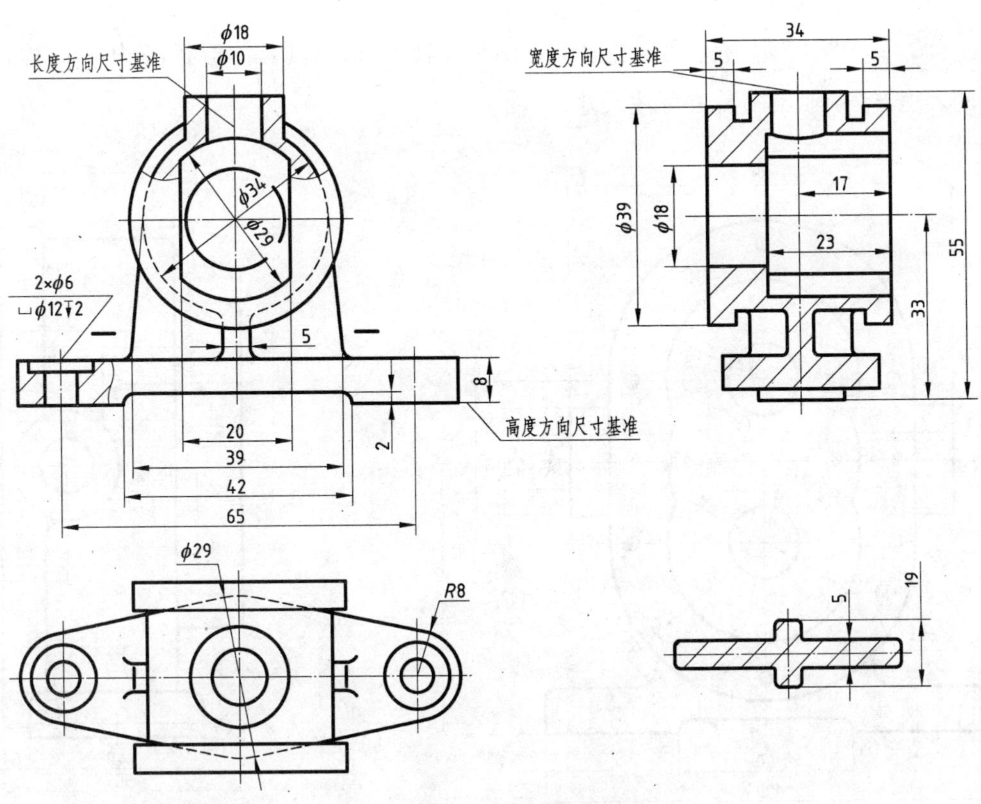

图 4 - 49 支架的表达方案一

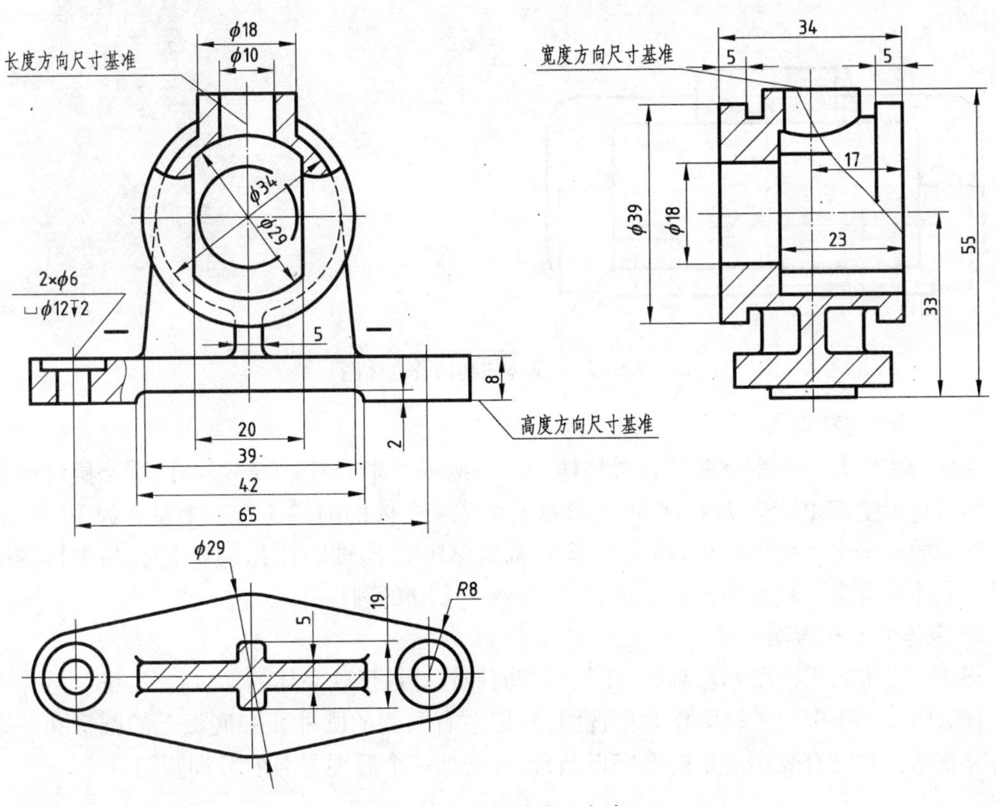

图 4 - 50 支架的表达方案二

例 4-2 图 4-51 所示为齿轮泵立体图和三视图，根据其具体形状，分析其结构，选择适当的表达方法，画出图样，并标注尺寸。

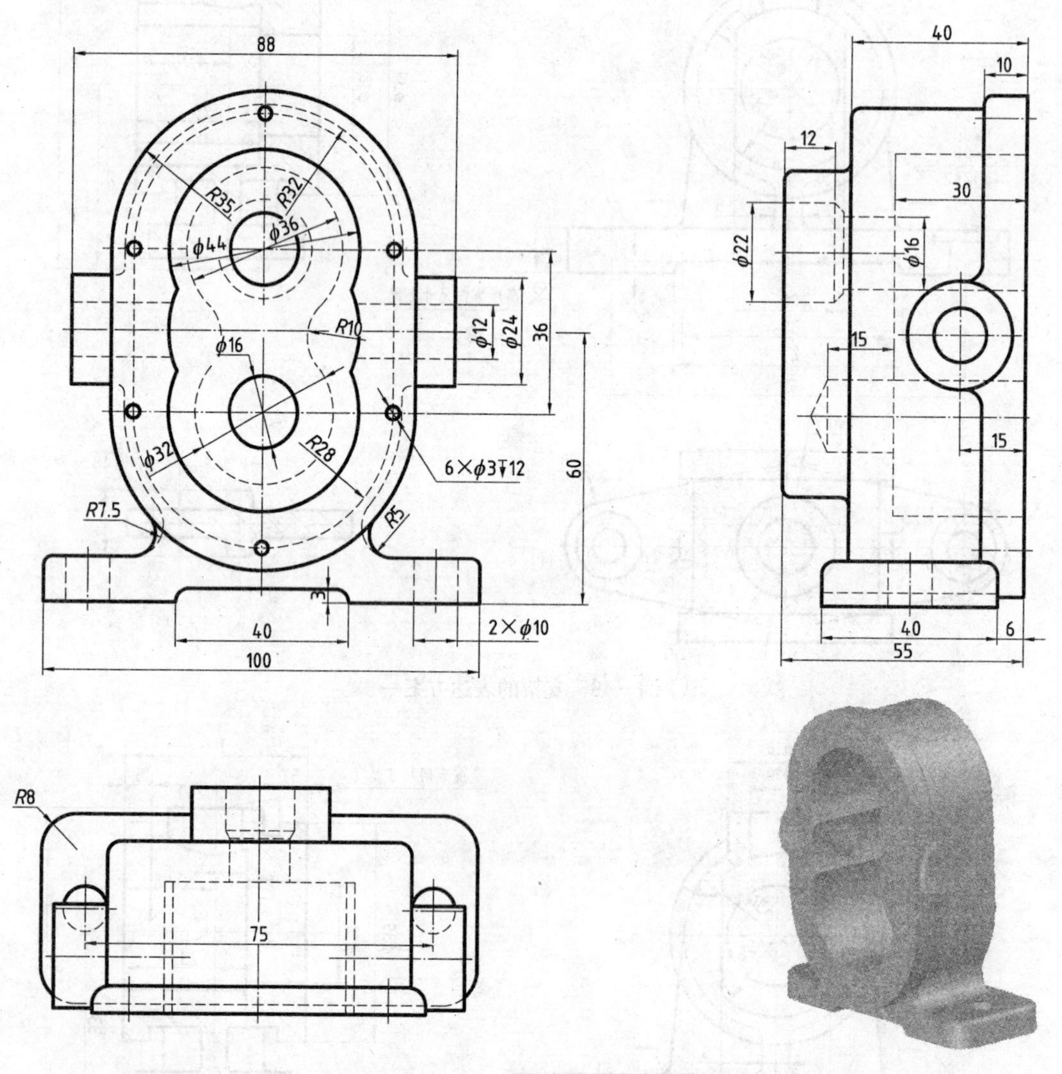

图 4-51　泵体三视图及立体图

1）分析结构特点

泵体的主体是一个带空腔的长圆柱体，上、下两端是半圆柱，中部是与两端半圆柱相接的长方体。这个空腔由三个 ϕ44，深 30 的圆柱孔组成。主体的前端还有一个厚度为 10 的凸缘。主体的后面有一个 8 字形凸台，凸台上部有 ϕ22、ϕ16 的同轴圆柱孔，ϕ16 的孔与主体的空腔相通。泵体底部是一块有凹槽的矩形板，并有两个 ϕ10 的圆柱孔。

2）泵体的表达方案

图 4-51 中的主视图和左视图，在某些方面能较好地反映泵体的形状特征，都可选作主视图。现选图 4-51 中的主视图作为主视图，并把左右两侧的圆柱孔和底板上的圆柱孔分别画成局部视图。对没有表达清楚的 8 字形凸台，可增加一个后视方向的 B 向视图。

在左视图中，为了使泵体的内部结构都可以显示清楚，采用以左右对称平面为剖切平面的全剖视图。

由于泵体的主体、两侧的进出油管、8字形凸台都已表达清楚。俯视图可省略但需加一个仰视方向的A向视图表达底板的形状。通过以上分析，将图4-51改画成如图4-52所示，图4-52显然比图4-51清晰。

3）标注尺寸

根据正确、完整、清晰地标注尺寸的要求，把图4-51中的凸台，底板上的一些尺寸，移到图4-52中的局部视图中，其他尺寸仍标在原处。尺寸调整请自行分析。

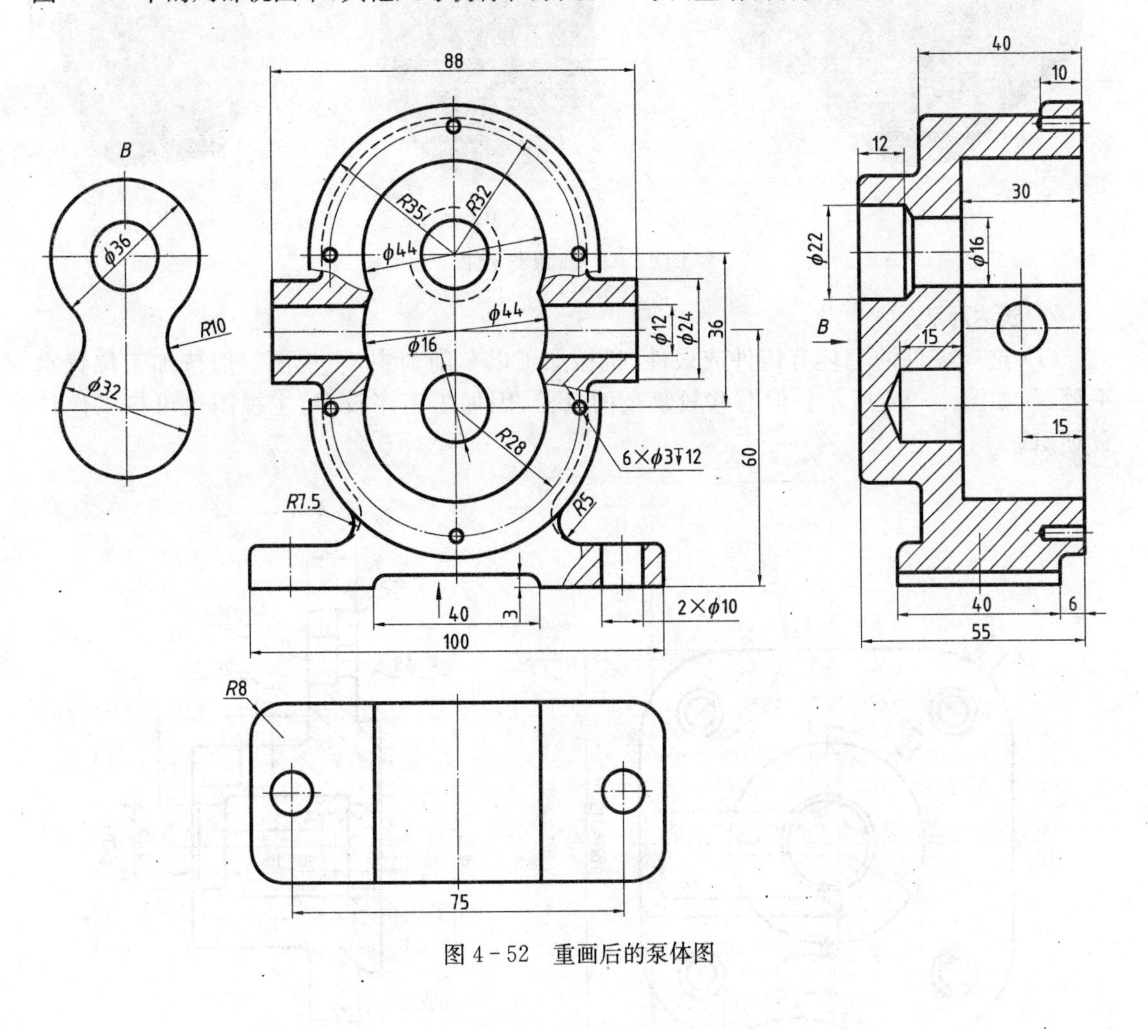

图4-52　重画后的泵体图

第六讲　盘盖类零件

一、结构和表达方法

盘盖类零件主要起传动、连接、支承、密封等作用，如端盖、阀盖、齿轮、皮带轮等。轮一般用来传递动力和扭矩，盘主要起支撑、轴向定位以及密封等作用。

1. 结构分析

盘盖类零件的基本形状是扁平的盘状，主体一般为回转体或其他平板型，厚度方向的尺寸比其他两个方向的尺寸小，其上常有凸台、凹坑、螺孔、销孔、轮辐等局部结构，如图4-53所示。

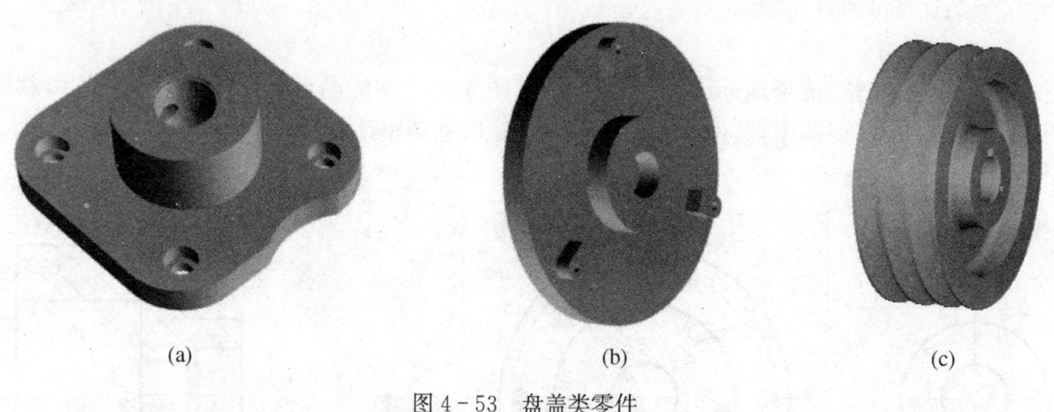

图4-53　盘盖类零件

2. 表达方法

(1) 这类零件的毛坯有铸件或锻件，机械加工以车削为主，主视图一般按加工位置水平放置，如图4-54所示。但有些较复杂的盘盖，因加工工序较多，主视图也可按工作位置画出。

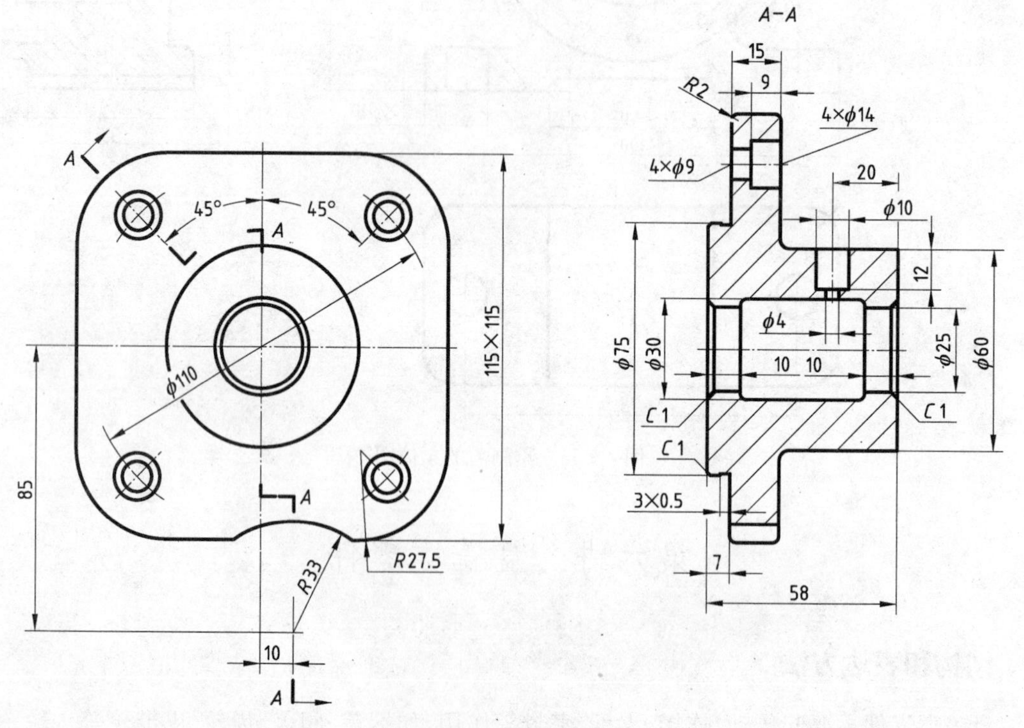

图4-54　压盖视图表达

（2）盘盖类零件一般需要两个以上基本视图。

（3）根据结构特点，在视图选择时，一般选择过对称面或回转轴线的剖视图作主视图，同时还需增加适当的其他视图（如左视图、右视图或俯视图）把零件的外形和均布结构表达出来。

（4）其他结构形状如轮辐和肋板等可用移出断面或重合断面，也可用简化画法，注意均布肋板、轮辐的规定画法。

3. 尺寸标注

（1）盘盖类零件宽度和高度方向的主要基准是回转轴线，长度方向的主要基准是经过加工的大端面。

（2）定形尺寸和定位尺寸比较明显，尤其是在圆周上分布的小孔的定位圆直径是这类零件的典型定位尺寸。

（3）内外结构分开标注。

二、盘盖类零件举例

例 4－3　用适当的表示方法，表达图 4－53(a)所示压盖零件图。

（1）结构分析：端盖的主要结构是方形凸缘上有一空心圆柱，方形凸缘上均布四个通孔。

（2）视图表达：主视图主要遵循加工位置原则，即将轴线水平放置画图。为了表达内部结构，主视图采用全剖视图。增加右视图以表达带圆角的方形凸缘和四个均布的通孔。

（3）尺寸标注：回转轴线是其高度和宽度方向的主要尺寸基准，加工过的右端面是其长度方向的主要尺寸基准。

图 4－54 即为所画的压盖图形。

例 4－4　用适当的表达方法，完成图 4－53(c)所示皮带轮零件图。

（1）结构分析：

它主要是一个空心圆柱，外圆上切削梯形轮槽，轴孔有一键槽，起径向联结作用。带轮两端做成凹槽以减轻零件重量。

（2）视图表达：

选择主视图主要遵循加工位置原则，即将轴线水平放置。为了表达内部结构，主视图采用全剖视图。带轮上没有沿周向分布的孔、槽、肋，无需画左视图，在左视图位置加一个局部视图以表达键槽的宽度和深度。

（3）尺寸标注：

带轮左右对称，其轴向定位基准是它的对称面。宽度方向的基准是过轴线的对称中心面，回转轴线是其径向基准。

图 4－55 即为所画的皮带轮视图。

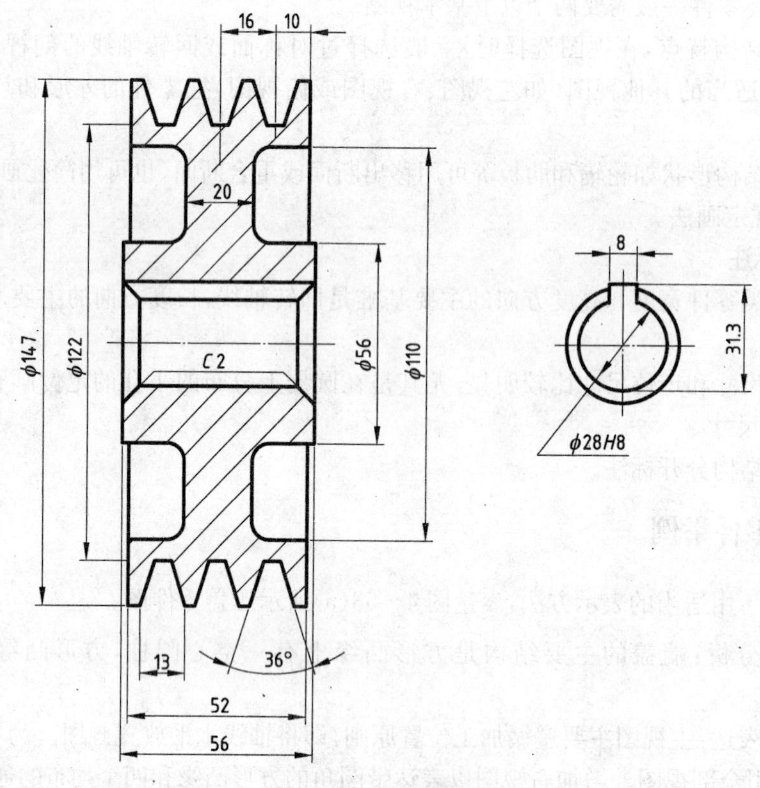

图 4-55 带轮零件图

第七讲 工作任务单

一、任务

(1) 测绘视孔盖。

(2) 测绘垫片。

(3) 测绘帽型垫圈。

(4) 测绘嵌入端盖(小、大)。

绘制上述五个零件图的要求：①先徒手绘制，清楚表达零件结构；②用 AutoCAD 绘图。

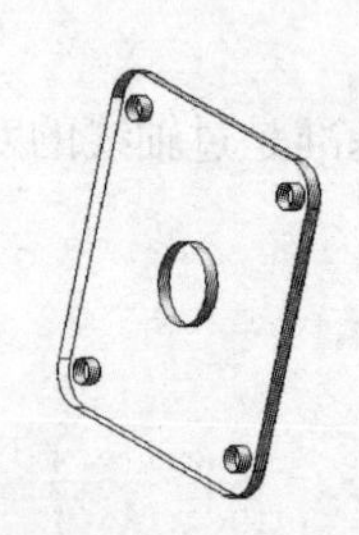

图 4-56 视孔盖

图 4-57 垫片

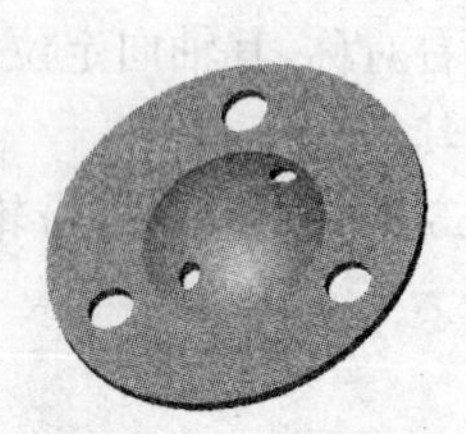

图 4-58 帽型垫圈

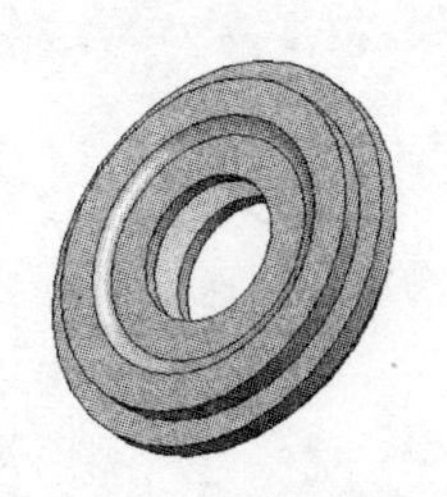

图 4 - 59　小嵌入端盖

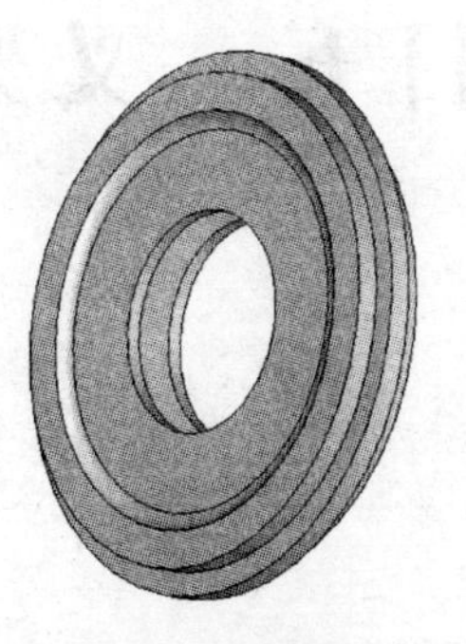

图 4 - 60　大嵌入端盖

二、要求

1. 掌握

(1) 一级齿轮减速器的拆装。

(2) 查阅机械设计手册,确定嵌入端盖内密封槽的尺寸。

(3) 徒手绘图的基本技能。

(4) 盘盖类零件的表达方法。

2. 了解

(1) 一级齿轮减速器的工作原理及作用。

(2) 盘盖类零件的结构及用途。

3. 分析

(1) 分析被测几个零件在减速器中的作用。

(2) 分析盘盖类零件的结构。

项目五　叉架类零件测绘与绘制

任　务

1. 运用所学知识绘制叉架类零件。

2. 标注已测绘简单零件(轴套、调节圈等)的技术要求,包括尺寸公差、表面粗糙度、形状与位置公差、零件的特殊加工要求、热处理等。

能力目标

1. 能简单分析叉架类零件的结构、功能等。

2. 能查表确定尺寸的上、下偏差、尺寸公差和配合公差;能完成零件图中尺寸公差、表面粗糙度、形状与位置公差等技术要求的标注。

相关知识

第一讲　极限与配合

极限与配合是零件图和装配图中的一项技术要求,也是检验产品质量的技术指标。国家总局发布了《尺寸公差与配合注法》GB/T 4458.5—2003 等标准。

在机械制图中,尺寸公差主要包括线性尺寸公差和角度公差两种。

要了解公差与配合的概念,必须先了解零件的互换性。互换性是指在成批或大量生产中,从一批相同的零件中任取一件,不经修配,就能立即装到机器上,并能达到设计、使用要求。零件的互换性是机器现代化生产的前提,它给装配、维修带来了方便。

一、基本术语与定义

在零件的加工过程中,由于机床精度、刀具磨损、测量误差等因素的影响,不可能把零件的尺寸做得绝对准确。为了保证互换性,必须将零件尺寸的加工误差限制在一定的范围内,规定出尺寸的变动量。图 5－1(a)说明公差的一些基本术语。

(1) 基本尺寸:指设计给定的尺寸,是确定偏差的起始尺寸,其数值应根据计算与结构要求,优先选用标准直径或标准长度。

(2) 实际尺寸:指实际测量得到某一孔或轴的尺寸。实际尺寸的大小由加工所决定。

(3) 极限尺寸:一个孔或轴允许的尺寸的两个极端,是允许零件实际尺寸变化的两个极限值。极限尺寸是设计时给定的确定尺寸,不随加工而变化。

(4) 尺寸偏差:简称偏差,指某一尺寸(实际尺寸、极限尺寸等)减其基本尺寸所得的代数差。它分为极限偏差和实际偏差。

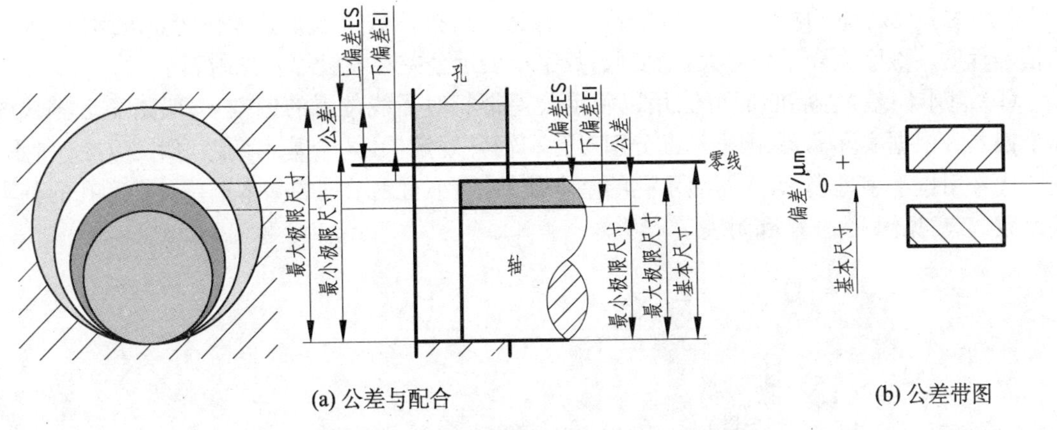

(a) 公差与配合　　(b) 公差带图

图 5-1　公差与配合的示意图及公差带图

上偏差 = 最大极限尺寸 − 基本尺寸

下偏差 = 最小极限尺寸 − 基本尺寸

上、下偏差统称为极限偏差，其值可以是正值、负值或零。国家标准规定，孔的上偏差用 ES 表示，下偏差用 EI 表示；而轴的上、下偏差分别用 *es* 和 *ei* 表示。

实际尺寸与基本尺寸的代数差称为实际偏差。

偏差可以为正、负或零值。偏差值除零外，前面必须冠以正、负号。尺寸的实际偏差必须介于上偏差与下偏差之间，该尺寸才算合格。极限偏差用于控制实际偏差。

(5) 尺寸公差：简称公差，指允许尺寸的变动量，是最大极限尺寸与最小极限尺寸之差，或上偏差减下偏差之值。孔和轴的公差分别用 T_h 和 T_s 表示。公差与极限尺寸和极限偏差的关系如下：

$$T_h = D_{max} - D_{min} = ES - EI$$
$$T_s = d_{max} - d_{min} = es - ei$$

公差值永远大于零。

(6) 零线：零线是指基本尺寸端点所在位置的一条直线。

(7) 公差带和公差带图：公差带指在公差带图解中，由代表上偏差和下偏差或最大极限尺寸和最小极限尺寸的两条直线所限定的一个区域。

为了说明基本尺寸、极限偏差和公差三者之间关系，需要画出公差带图。图 5-1 中基本尺寸是公差带的零线，即衡量公差带位置的起始点。图中 *EI* 和 *es* 是决定孔、轴公差带位置的极限偏差。*EI* 和 *es* 的绝对值越大，孔、轴公差带离零线越远；绝对值越小，孔、轴公差带离零线越近。

公差带的大小，即公差值的大小，它是指沿垂直于零线方向计量的公差带宽度。沿零线方向的宽度，画图时任意确定，不具有特定的含义。

一般将尺寸公差与基本尺寸的关系，按放大比例画成简图，称为公差带图，见图 5-1(b)。在画公差带图时，基本尺寸以毫米(mm)为单位标出，公差带的上、下偏差用微米(μm)为单位，也可以用毫米(mm)。上、下偏差的数值前冠以“+”或“−”号，零线以上为正，零线以下为负。与零线重合的偏差，其数值为零，不必再标出。

(8) 标准公差：标准公差是国家标准规定的公差，用以确定公差带大小，标准公差的代号是 IT,分为 20 级,即 IT00、IT0、IT1～IT18。其中阿拉伯数字表示公差等级,用于反映尺寸的精确程度。数字大表示公差大,精度低;数字小表示公差小,精度高,见附表 7-1。

(9) 基本偏差:是标准所列的、用以确定公差带相对零线位置的偏差,一般指靠近零线的那个偏差。根据实际需要,国家标准分别对孔和轴各规定了 28 个基本偏差,如图 5-2 所示。它的代号用拉丁字母表示,大写表示孔的基本偏差,而小写表示轴的基本偏差。轴和孔的基本偏差数值表,见附表 7-2 和附表 7-3。

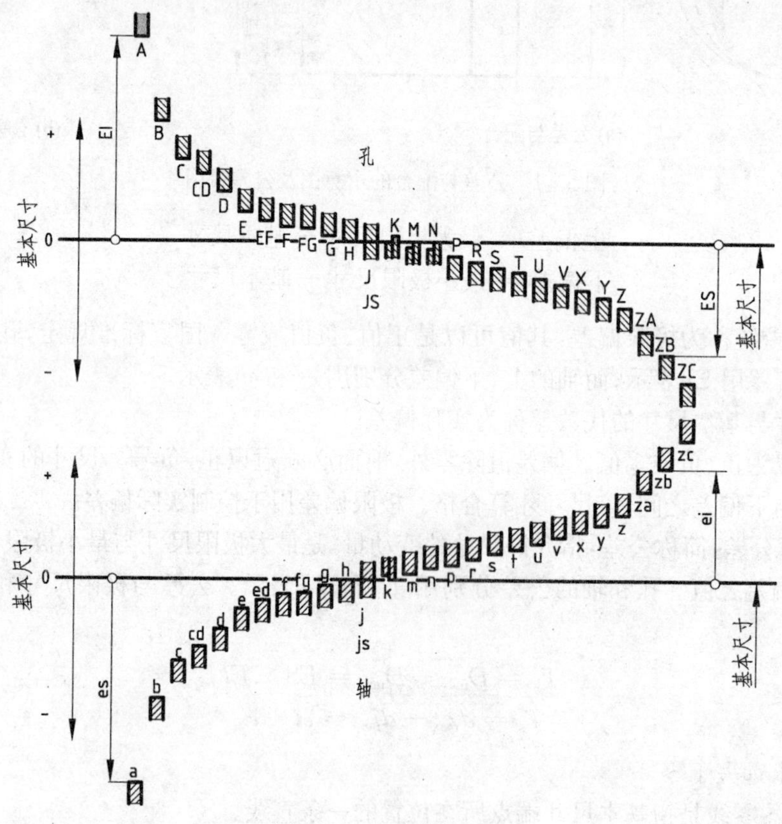

图 5-2 基本偏差系列

基本偏差与公差的关系:

孔: $ES = EI + IT, EI = ES - IT$

轴: $es = ei + IT, ei = es - IT$

(10) 孔、轴的公差代号:公差代号由基本偏差代号和公差等级代号组成,并用同一号字体书写。

例 5-1 说明 ϕ50H8 的含义。

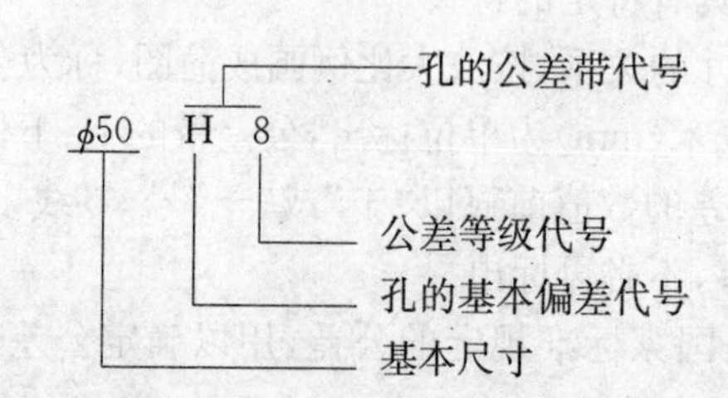

此公差带含义是:基本尺寸为 $\phi50$,公差等级为 8 级,H 为孔的基本偏差代号。

例 5-2　说明 $\phi50f7$ 的含义。

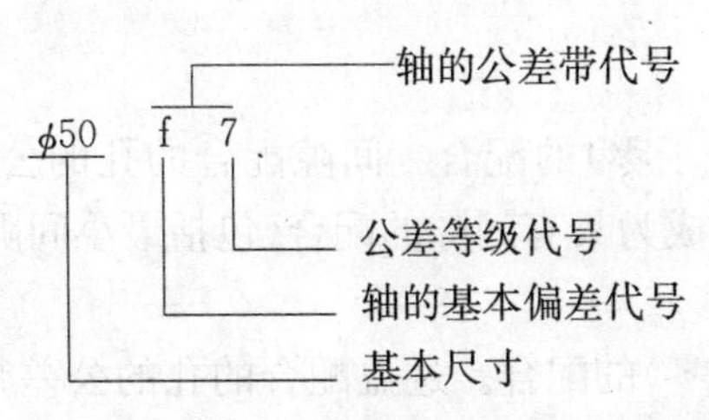

此公差带含义是:基本尺寸为 $\phi50$,公差等级为 8 级,f 为轴的基本偏差代号。

例 5-3　图 5-3(a)、(b)是带有上、下偏差的孔和轴尺寸标注示例。

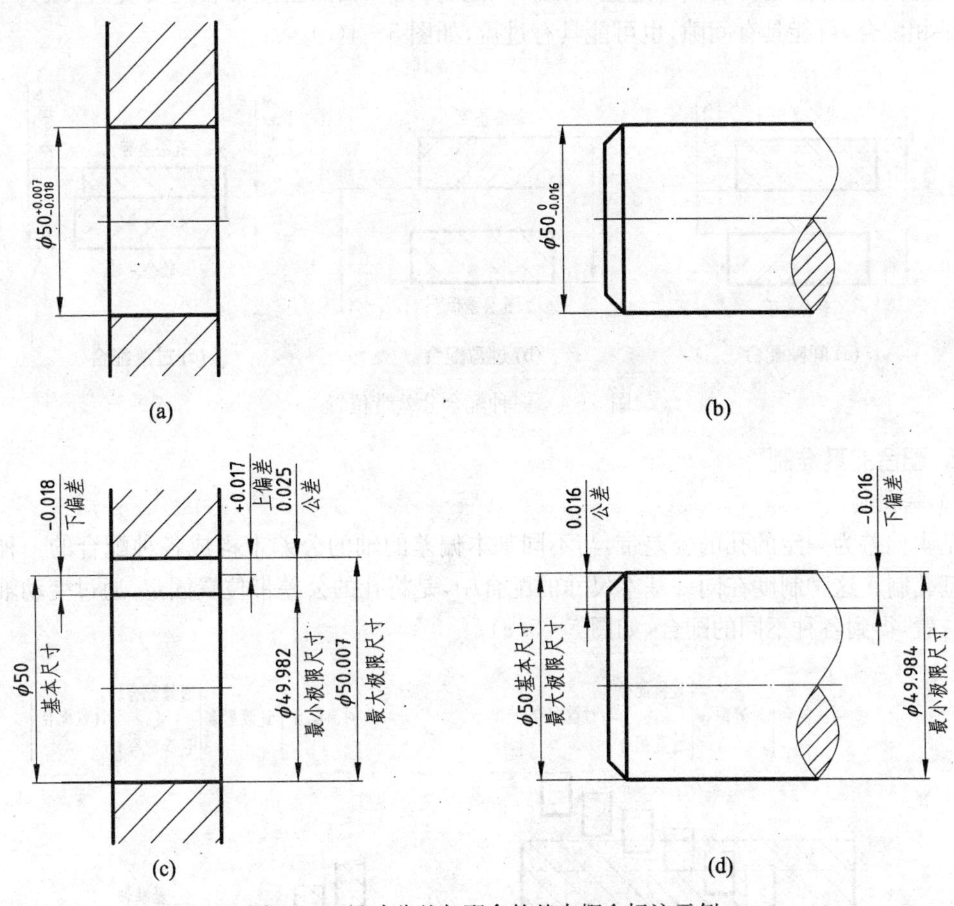

图 5-3　尺寸公差与配合的基本概念标注示例

分析:从图 5-3(a)中的尺寸可以看出该孔的基本尺寸是 $\phi50$,最大尺寸是 $\phi50.007$,最小尺寸是 $\phi49.82$,上偏差是 0.007,下偏差是 −0.018,公差范围为 0.025,各尺寸的具体位置见图 5-3(c)说明,图 5-3(b)的分析与之相同。

二、配合与配合制度

在机器装配中,将基本尺寸相同的、相互结合的孔和轴公差带之间的关系,称为配合。根据使用要求，孔与轴之间配合有松有紧。国家标准把配合分为三类：间隙配合、过盈配合和过渡配合。

1. **配合种类**

1）间隙配合

具有间隙（包括最小间隙等于零）的配合。间隙配合的孔的公差带完全在轴的公差带之上，任取其中一对孔和轴相配都成为具有间隙的配合（包括最小间隙为零），如图 5－4(a)。

2）过盈配合

具有过盈（包括最小过盈为零）的配合。过盈配合的孔的公差带完全在轴的公差带之下，任取其中一对孔和轴相配都成为具有过盈的配合（包括最小过盈为零），如图 5－4(b)。

3）过渡配合

可能具有间隙，也可能具有过盈的配合。此时，孔和轴的公差带相互交叠，任取其中一对孔和轴相配合，可能具有间隙，也可能具有过盈，如图 5－4(c)。

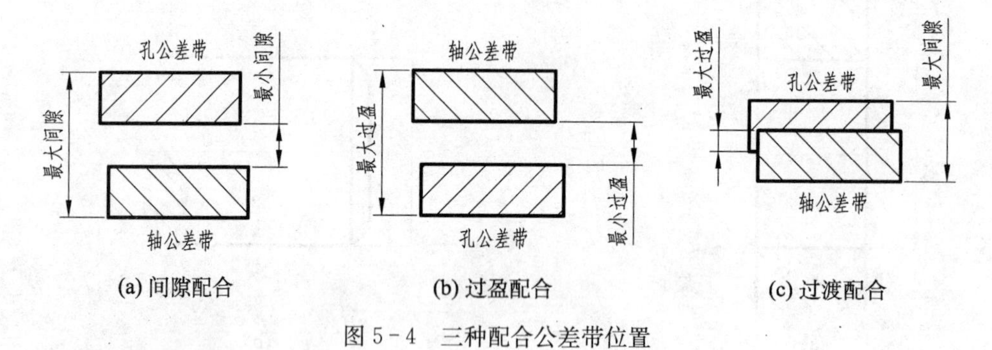

图 5－4　三种配合公差带位置

2. **配合的基准制**

1）基孔制

基本偏差为一定的孔的公差带，与不同基本偏差的轴的公差带构成各种配合的一种制度称为基孔制。这种制度在同一基本尺寸的配合中，是将孔的公差带位置固定，通过变动轴的公差带位置，得到各种不同的配合，如图 5－5(a)。

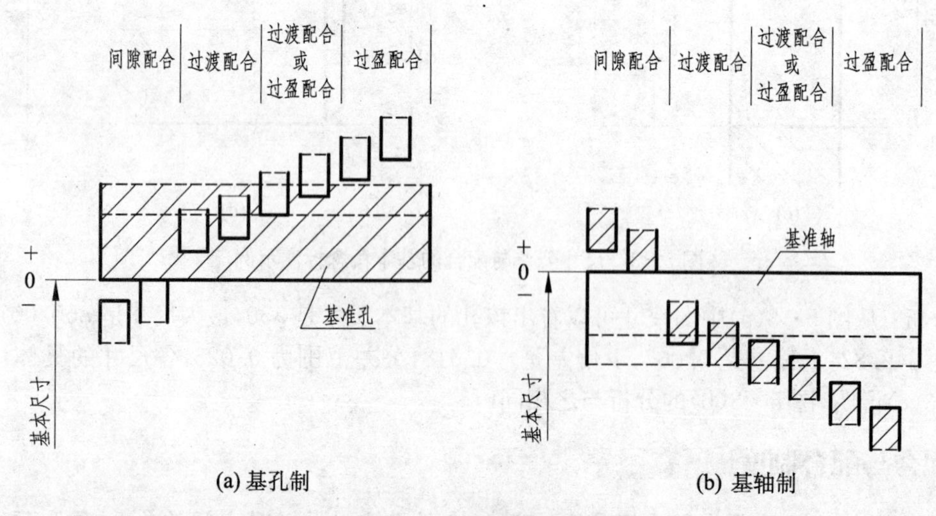

图 5－5　配合制度

基准制的孔称为基准孔。国家标准规定基准孔的下偏差为零,“H”为基准孔的基本偏差。

2）基轴制

基本偏差为一定的轴的公差带,与不同基本偏差的孔的公差带构成各种配合的一种制度称为基轴制。这种制度在同一基本尺寸的配合中,是将轴的公差带位置固定,通过变动孔的公差带位置,得到各种不同的配合,如图 5-5(b)。

基准制的轴称为基准轴。国家标准规定基准轴的上偏差为零,“h”为基准轴的基本偏差。

图 5-6 直观地表示基孔制和基轴制两种配合时,随着相配合的孔和轴的尺寸变化,而形成不同的配合种类。

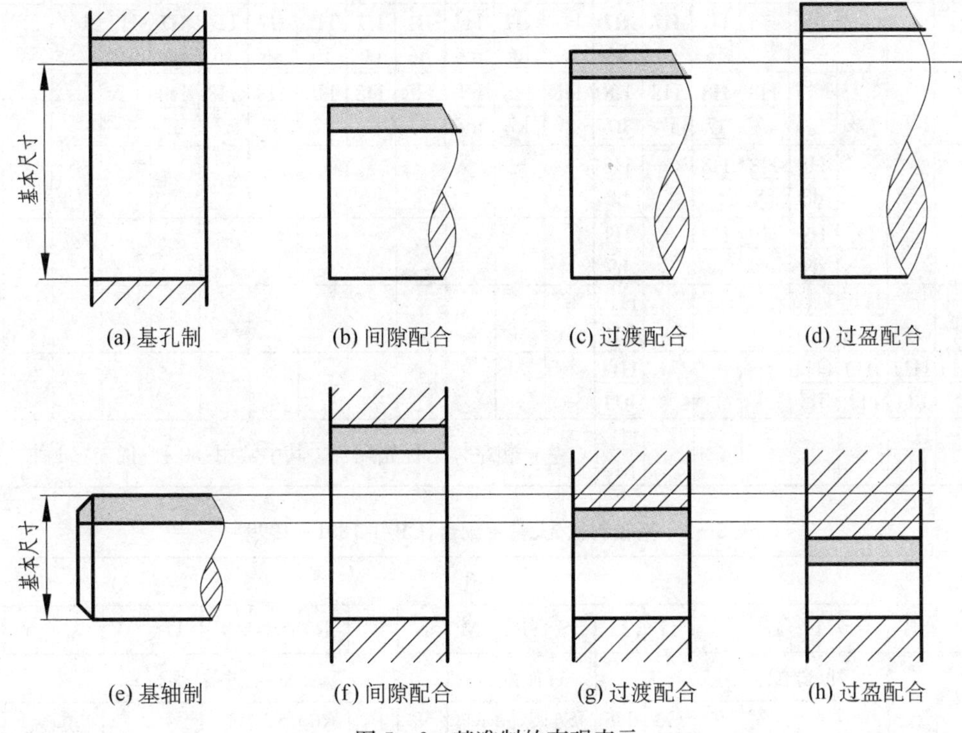

图 5-6　基准制的直观表示

采用基孔制时,图 5-6(a)中孔的基本偏差和公差带是确定的,图 5-6(b)中轴的公差带在图 5-6(a)中孔公差带下方,轴比孔小,形成间隙配合。图 5-6(c)中轴的公差带与图 5-6(a)中孔公差带有交叠,轴可能比孔大,也可能比孔小,形成过渡配合。图 5-6(d)中轴的公差带在图 5-6(a)中孔公差带上方,轴比孔大,形成过盈配合。

采用基轴孔制时,图 5-6(e)中轴的基本偏差和公差带是确定的,图 5-6(f)中孔的公差带在图 5-6(e)中轴的公差带上方,孔比轴大,形成间隙配合。图 5-6(g)中孔的公差带与图 5-6(e)中轴的公差带有交叠,孔可能比轴大,也可能比轴小,形成过渡配合。图 5-6(h)中孔的公差带在图 5-6(e)中轴的公差带下方,孔比轴小,形成过盈配合。

三、公差与配合的选用

国家标准根据机械工业产品生产使用的需要,考虑到各产品的不同特点,制订了优先及常用配合,见表 5-1,尽量选用优先配合和常用配合。一般情况下优先选用基孔制。在孔和轴的配合中，为降低加工工作量，在保证使用要求的前提下，应当使选用的公差为最大值。而孔的加工较困难，一般在配合中选用孔比轴低一级的公差等级。

表 5-1　基孔制优先、常用配合(GB/T 1801—1999)

基准孔	轴																				
	a	b	c	d	e	f	g	h	js	k	m	n	p	r	s	t	u	v	x	y	z
	间隙配合								过渡配合				过盈配合								
H6						H6/f5	H6/g5	H6/h5	H6/js5	H6/k5	H6/m5	H6/n5	H6/p5	H6/r5	H6/s5	H6/t5					
H7						H7/f6	**H7/g6**	**H7/h6**	H7/js6	**H7/k6**	H7/m6	**H7/n6**	**H7/p6**	H7/r6	**H7/s6**	H7/t6	**H7/u6**	H7/v6	H7/x6	H7/y6	H7/z6
H8					H8/e7	**H8/f7**	H8/f7	**H8/h7**	H8/js7	H8/k7	H8/m7	H8/n7	H8/p7	H8/r7	H8/s7	H8/t7	H8/u7				
				H8/d8	H8/e8	H8/f8		H8/h8													
H9			H9/c9	**H9/d9**	H9/e9	H9/f9		**H9/h9**													
H10			H10/c10	H10/d10				H10/h10													
H11	H11/a11	H11/b11	**H11/c11**	H11/d11				**H11/h11**													
H12		H12/b12						H12/h12	粗字体为优先配合。其中常用:59 种,优先:13 种												

表 5-2　基轴制优先、常用配合(GB/T 1801—1999)

基准轴	孔																				
	A	B	C	D	E	F	G	H	JS	K	M	N	P	R	S	T	U	V	X	Y	Z
	间隙配合								过渡配合				过盈配合								
h5						f6/h5	G6/h5	H6/h5	JS6/h5	K6/h5	M6/h5	N6/h5	P6/h5	R6/h5	S6/h5	T6/h5					
h6						F7/h6	**G7/h6**	**H7/h6**	JS7/H6	**K7/h6**	M7/h6	**N7/h6**	**P7/h6**	R7/h6	**S7/h6**	T7/h6	**U7/h6**				
h7					E8/h7	**F8/h7**		**H8/h7**	JS8/h7	K8/h7	M8/h7	N8/h7									
h8				D8/H8	E8/h8	F8/h8		H8/h8													
h9				**D9/h9**	E9/h9	F9/h9		**H9/h9**													
h10				D10/h10				H10/h10													
h11	A11/h11	B11/h11	**C11/h11**	D11/h11				**H11/h11**													
h12		B12/h12						**H12/h12**	粗字体为优先配合。其中常用:47 种,优先:13 种												

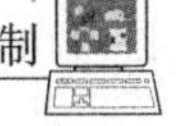

四、公差与配合的标注

1. 在装配图中的标注

在装配图中标注线性尺寸的配合代号，在基本尺寸的右边(分式表示)，用分数的形式注出，分子为孔的公差带代号，分母为轴的公差带代号，见图 5-7(a)和图 5-8(a)。

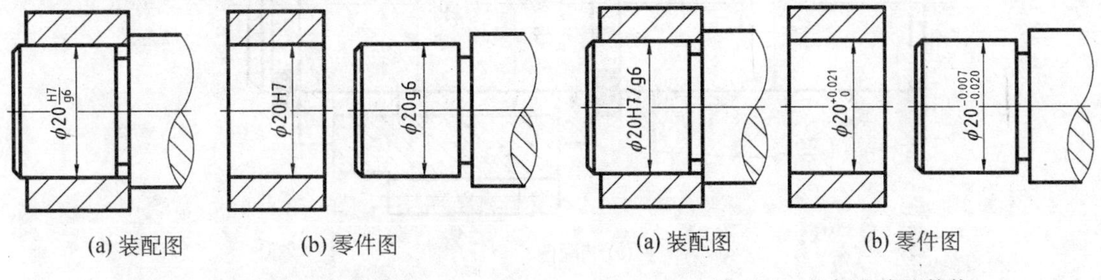

(a) 装配图　(b) 零件图

图 5-7　只标注公差带代号

(a) 装配图　(b) 零件图

图 5-8　只标注偏差数值

在装配图中标注相配零件的极限偏差时，一般按图 5-9(a)的形式标注，孔的基本尺寸和极限偏差注写在尺寸线的上方，轴的基本尺寸和极限偏差注写在尺寸线的下方。

2. 在零件图中的标注方法

在零件图中标注公差有三种方式：

(1) 标注公差带代号：当采用公差代号标注线性尺寸的公差时，公差带的代号应标注在基本尺寸的右边(水平注写)，见图 5-9(b)。

(2) 标注偏差数值：当采用极限偏差标注线性尺寸的公差时，上偏差注在基本尺寸的右上方(水平注写)，下偏差注在基本尺寸的右下方，与基本尺寸在同一底线上，偏差的数字应比基本尺寸数字小一号，上下偏差的小数点必须对齐，小数点后的位数也必须相同。当上偏差或下偏差数值为"零"时，用数字"0"标出，并与下偏差或上偏差的小数点前的个位数对齐。当公差带相对于基本尺寸对称地配置即两个偏差相等时，偏差只需注写一次，并应在偏差与基本尺寸之间注出符号"±"，且两者数字高度相同。正偏差前的"＋"不能省略。如图 5-8(b)。

(3) 标注公差带代号和偏差数值：当同时标注公差代号和相应的极限偏差时，则后者应加上圆括号，见图 5-9(b)。

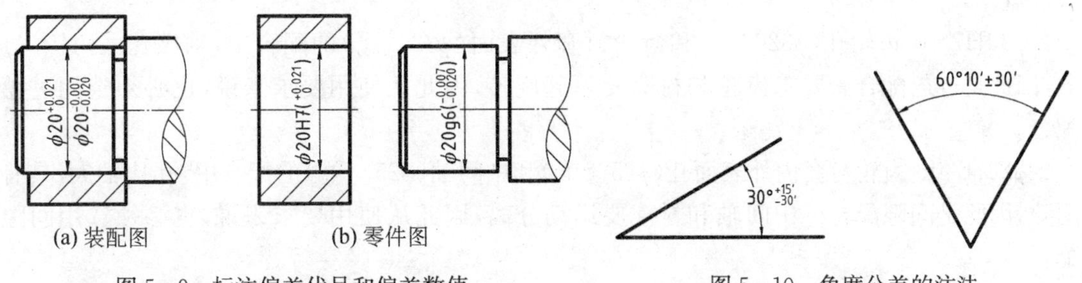

(a) 装配图　(b) 零件图

图 5-9　标注偏差代号和偏差数值

图 5-10　角度公差的注法

角度公差标注的基本规则与线性尺寸公差的标注方法相同。角度的单位："度(°)"、"分(′)"、"秒(″)"必须标出，见图 5-10。

例 5-4　查图 5-11 中所示孔和轴的基本偏差和标准公差数值，并计算相配合的孔和

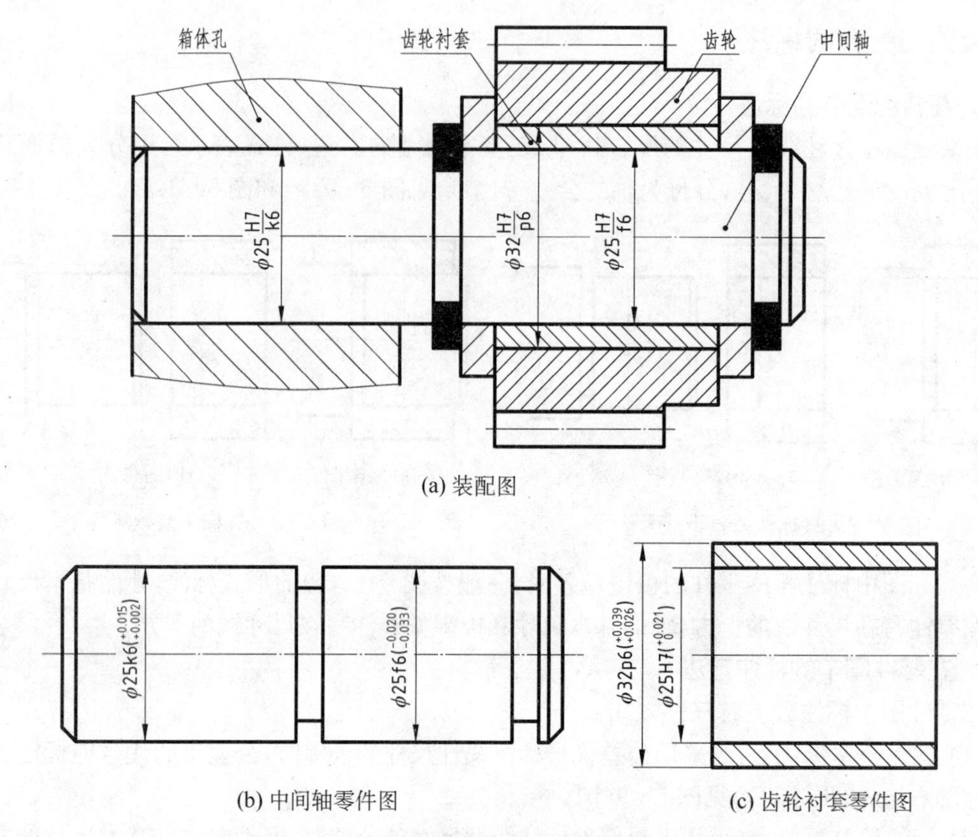

(a) 装配图

(b) 中间轴零件图　　(c) 齿轮衬套零件图

图 5-11　车床主轴箱中间轴装配图和零件图

轴的极限尺寸,判断并说明配合种类。

分析:在图 5-11 表示的车床主轴箱中间轴装配图中,采用了基孔制配合。

查孔和轴的基本偏差和标准公差数值表,$\phi25k6$ 可表示为 $\phi25^{+0.015}_{+0.002}$,$\phi25f6$ 可表示为 $\phi25^{-0.020}_{-0.033}$,$\phi32p6$ 可表示为 $\phi32^{+0.042}_{+0.026}$,$\phi25H7$ 可表示为 $\phi25^{+0.021}_{0}$,$\phi32H7$ 可表示为 $\phi32^{+0.025}_{0}$。

$\phi25H7/k6$ 配合中,箱体孔($\phi25^{+0.021}_{0}$)和中间轴($\phi25^{+0.015}_{+0.002}$)的配合中,孔和轴的尺寸有重叠,可能具有间隙,也可能具有过盈,因此是过渡配合。中间轴安装在箱体孔中,允许具有间隙或过盈。

$\phi32H7/p6$ 齿轮孔($\phi32^{+0.025}_{0}$)和齿轮衬套外表面($\phi32^{+0.042}_{+0.026}$)的配合中,轴比孔大,具有过盈,因此是过盈配合。要求齿轮和衬套要一起旋转,因此从使用要求来说,也必须选用过盈配合。

$\phi25H7/f6$ 齿轮衬套内外表面孔($\phi25^{+0.021}_{0}$)和中间轴($\phi25^{-0.020}_{-0.033}$)的配合中,孔比轴大,具有间隙,因此是间隙配合。中间轴和衬套要运动分离,因此从使用要求来说,也必须选用间隙配合。

例 5-5　查图 5-12 中所示孔和轴的基本偏差和标准公差数值,并计算相配合的孔和轴的极限尺寸,判断并说明配合种类。

分析:在图 5-12 表示的柴油机的活塞连杆中,采用了基轴制配合。由于工作时要求活塞销和连杆相对摆动,所以活塞销与连杆小头衬套采用间隙配合($\phi34G6/h5$)。而活塞销和活

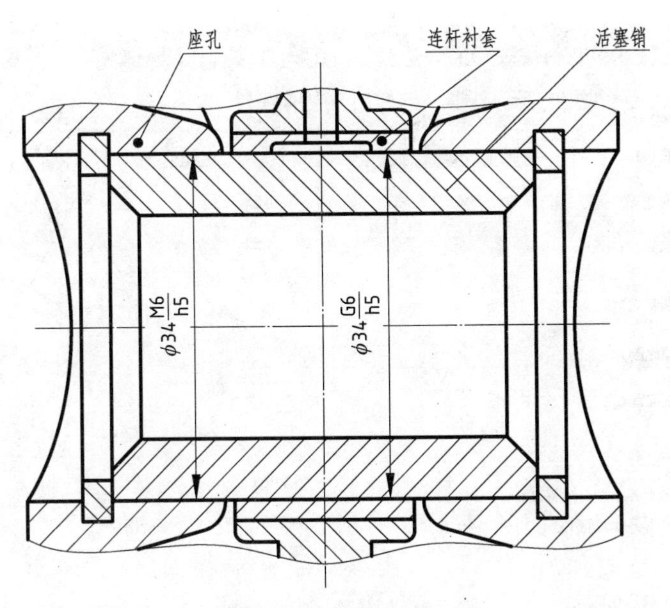

图 5-12　基准制选择示例

塞销座孔的联结要求准确定位，故他们之间采用过渡配合（ϕ34M6/h5）。

查孔和轴的基本偏差和标准公差数值表，ϕ34h5 可表示为 $\phi34_{-0.011}^{\ 0}$，ϕ34G6 可表示为 $\phi34_{+0.009}^{+0.025}$，ϕ34M6 可表示为 $\phi34_{-0.020}^{-0.004}$。

ϕ34G6/h5 孔（$\phi34_{+0.009}^{+0.025}$）和轴（$\phi34_{-0.011}^{\ 0}$）的配合中，孔比轴大，具有间隙，因此是间隙配合。

ϕ34M6/h5 孔（$\phi34_{-0.020}^{-0.004}$）和轴（$\phi34_{-0.011}^{\ 0}$）的配合中，孔和轴的尺寸有重叠，可能具有间隙，也可能具有过盈，因此是过渡配合。

五、在 AutoCAD2008 中公差与配合的标注

在 AutoCAD2008 中，可对各尺寸进行公差与配合的标注。

“尺寸标注样式管理器”已在项目三中简述，现在就尺寸公差设置作一简单介绍。

（1）打开“标注样式管理器”。

（2）点击右边“新建”按钮，AutoCAD 弹出一个“创建新标注样式”对话框，在“新样式名”中输入名称后，出现图 5-13 所示的“新建标注样式”对话框，单击“公差”选项，进行设置。其中公差格式选项组中设置公差格式如下：

① 方式：设置公差表示形式，其下拉表中有五种选项：无——无公差标注，如图 5-14(a)；对称——对称分布标注，如图 5-14(b)；极限偏差——上下偏差数值不等，符号为正或负，如图 5-14(c)；极限尺寸——用极限尺寸标注，如图 5-14(d)；基本尺寸——标注基本尺寸，如图5-14(e)。

② 精度：确定公差的精度，图例中选择 0.000。

③ 上偏差：确定上偏差值，图例中为+0.025。

④ 下偏差：确定下偏差值，图例中为-0.005。

⑤ 高度比例：输入公差文本的比例，图例中选 0.7。

⑥ 垂直位置：确定上下偏差与基本尺寸数字对齐方式。“上”为上偏差与基本尺寸对齐，

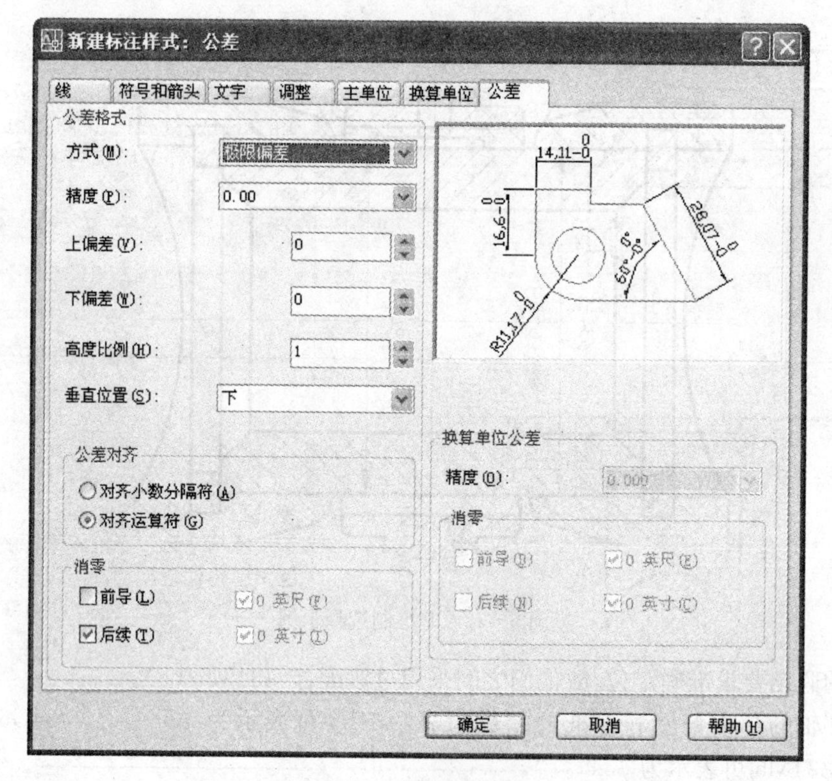

图 5 - 13 “公差”选项卡

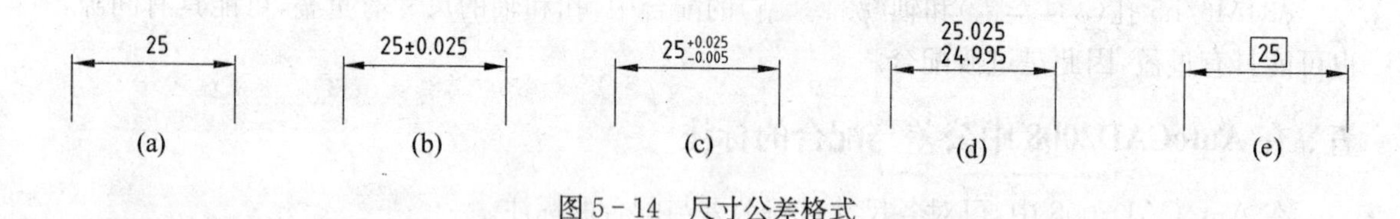

图 5 - 14 尺寸公差格式

“中”为上、下偏差的中间与基本尺寸对齐，“下”为下偏差与基本尺寸对齐，图例中选“中”。

例 5 - 6 标注图 5 - 15(a)中的尺寸公差。

分析：AutoCAD 中简单的公差标注：

(1) 先标注基本尺寸 50，然后输入 ed，选中标注，(此处为 50)在数字前加%%c 即可。

(2) 公差带也是先用命令“ed”，在〈〉后面输入公差上偏差^下偏差(例如图 5 - 15 中的+0.021^-0.019)，选中刚才输入的文字，点击“堆叠”(符号$\frac{a}{b}$处)(见图 5 - 15(b)，确定就 ok 了。

如果上偏差是 0，或者下偏差是 0，输入 0 时在前面多加一个空格：比如+0.021^ 0。

(3) 在图 5 - 13 对话框中输入上偏差+0.021，下偏差-0.019。

国家标准要求公差需要与基本尺寸中间对齐(不能是底部对齐，也不能是顶端对齐)，这个在标注样式中修改，“公差”—“垂直位置”，选择“中”(AutoCAD2008 中默认为“下”)。

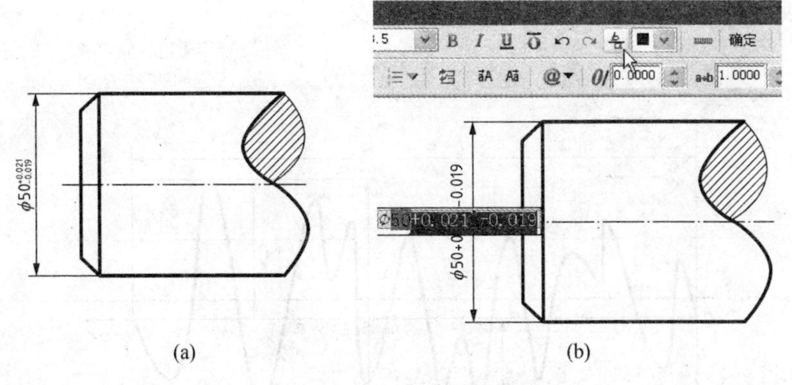

图 5－15　尺寸公差标注示例

第二讲　表面粗糙度

零件表面经加工后，看起来较光滑，若用放大镜观察，则会看到表面有明显高低不平的加工痕迹，这种零件加工表面上所存在的微小间距和峰谷组成的微观几何形状特性称为表面粗糙度。

表面粗糙度反映了零件表面的质量，它对零件的装配、工作精度、疲劳强度、耐磨、抗蚀和外观等都有影响。零件的表面粗糙度应根据零件在机器设备中的功能恰当地选择。

国家标准对零件表面粗糙度代(符)号作了规定。表面粗糙度是指零件在加工过程中由于不同的加工方法、机床与工具的精度、振动及磨损等因素在加工表面上形成的具有较小间距和较小峰谷的微观不平状况，它属微观几何误差。

一、表面粗糙度的参数评定

零件表面粗糙度的评定主要有：表面粗糙度高度参数轮廓算术平均偏差(R_a)和轮廓最大高度(R_z)，使用时优先选用 R_a 参数。

1. 轮廓算术平均偏差 R_a

如图 5－16 所示，在取样长度(l)内，轮廓线上的点到中线的距离(y)的绝对值的算术平均值，用公式表示为：$R_a = \frac{1}{l}\int_0^l |Y(x)|\,dx$　　或近似值 $R_a = \frac{1}{n}\sum_{i=1}^{n} |Y_i|$

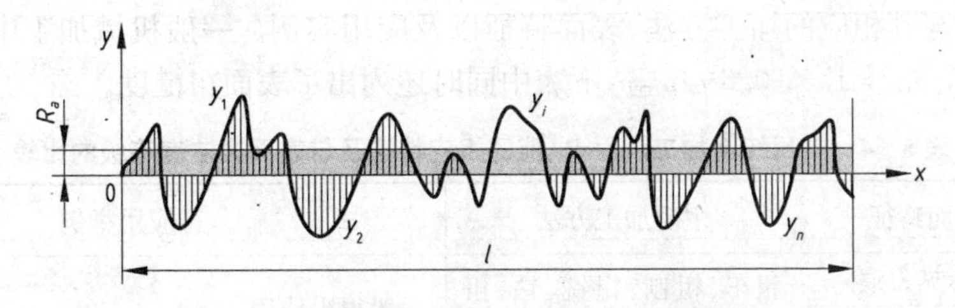

图 5－16　表面粗糙度的轮廓算术平均偏差 R_a

2. 轮廓最大高度 R_z

在取样长度 l 内，轮廓峰顶线与轮廓谷底线之间的距离，如图 5－17 所示。它在评定某些不允许出现较大加工痕迹的零件表面时有实用意义。

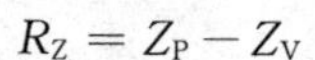

$$R_Z = Z_P - Z_V$$

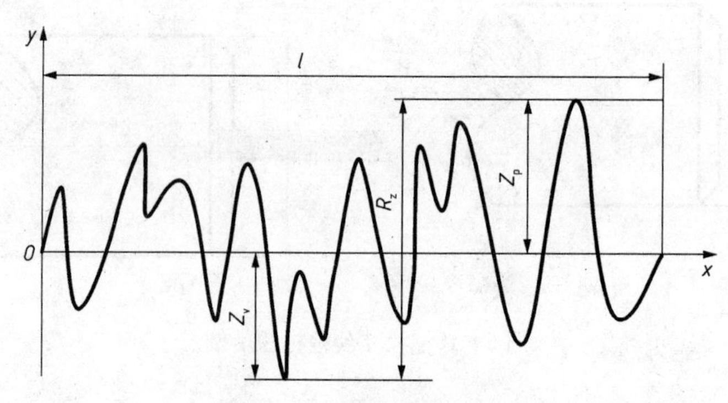

图 5 - 17　轮廓最大高度 R_z

表 5 - 3　轮廓算术平均偏差 R_a 的数值(单位 μm)

第Ⅰ系列	第Ⅱ系列	第Ⅰ系列	第Ⅱ系列	第Ⅰ系列	第Ⅱ系列	第Ⅰ系列	第Ⅱ系列
	0.008						
	0.010						
0.012			0.125		1.25	12.5	
	0.016		0.160	1.6			16
	0.020	0.20			2.0		20
0.025			0.25		2.5	25	
	0.032		0.32	3.2			32
	0.040	0.40			4.0		40
0.050			0.50		5.0	50	
	0.063		0.63	6.3			63
	0.080	0.80			8.0		80
0.100			1.0		10.0	100	

注:应优先选用第Ⅰ系列。

二、表面粗糙度参数值的选用

标注零件表面粗糙度时,一般优先选用 R_a(单位 μm)。R_a 值越小,零件上的被加工表面越光滑,但加工成本也越高。因此,在满足零件工作要求的前提下,应合理选择 R_a 值。表 5 - 4 列出了 R_a 值与其相应的加工方法、表面特征以及应用实例。一般机械加工中常用的值为:25, 12.5, 6.3, 3.2, 1.6, 0.8 μm 等,下表中同时还列出了表面粗糙度。

表 5 - 4　常用切削加工表面 R_a 值的相应特征及与表面光洁度等级的比较

R_a/(μm)	表面特征	主要加工方法	应用举例
50	明显可见刀痕	粗车、粗刨、粗铣、钻、粗纹锉刀和粗砂轮加工	一般很少使用
25	可见刀痕		
12.5	微见刀痕	粗车、刨、立铣、平铣、钻	不接触表面、不重要的接触面,如螺钉孔、倒角、机座底面等

（续表）

$R_a/(\mu m)$	表面特征	主要加工方法	应用举例
6.3	可见加工痕迹	精车、精铣、精刨、铰、镗、粗磨等	要求较低的静止接触面，如轴肩、螺栓头的支撑面、一般盖板的结合面；要求较高的非接触面，如支架、箱体、皮带轮等的非接触面
3.2	微见加工痕迹		要求紧贴的静止接触面以及有较低配合要求的内孔，如支架、箱体上的结合面
1.6	看不见加工痕迹		一般转速的轴孔，低速转动的轴颈；一般配合用的内孔，如衬套的压入孔，一般箱体的滚动轴承孔，齿轮的齿廓表面，轴与齿轮、皮带轮的配合表面等
0.80	可辨加工痕迹的方向	精车、精铰、精拉、精镗、精磨等	一般转速的轴颈；定位销、孔的配合面；要求保证较高定心及配合的表面；一般精度的刻度盘；需镀铬抛光的表面等
0.40	微辨加工痕迹方向		要求保证规定的配合特性的表面，如滑动导轨面，高速工作的滑动轴承；凸轮的工作表面
0.20	不可辨加工痕迹方向		精密机床的主轴锥孔；活塞销和活塞孔；要求气密的表面和支撑面
0.10	暗光泽面	研磨抛光超级精细研磨等	保证精确定位的锥面
0.05	亮光泽面		精密仪器摩擦面；量具工作面；保证高度气密的结合面；量规的测量面；光学仪器的金属镜面
0.025	镜状光泽面		
0.012	雾状光泽面		
0.006	镜面		

三、表面粗糙度的代号标注示例

1. 表面粗糙度符号

表面粗糙度符号的意义及其画法见表5-5。

表5-5　表面粗糙度符号的意义及其画法

符　　号	意义及说明	标注有关参数和说明
H　60°　60°　2H	基本符号，表示表面可用任何方法获得。当不加注粗糙度参数值或有关说明（例如：表面处理、局部热处理状况等）时，仅适用于简化代号标注 $d=1/10\,h$，$H=1.4\,h$，d 为线宽，h 为字高	a_1　a_2　b　c/f　e　d a_1、a_2—粗糙度高度参数的代号及其数值（单位为 μm） b—加工要求、镀覆、涂覆、表面处理或其他说明等 c—取样长度（单位为mm）
	基本符号加一短划，表示表面是用去除材料的方法获得。例如：车、铣、钻、磨、剪切、抛光、腐蚀、电火花加工、气割等	

（续表）

符　　号	意义及说明	标注有关参数和说明
 （基本符号加一小圆）	基本符号加一小圆。表示表面是用不去除材料的方法获得，例如：铸、锻、冲压变形、热轧、冷轧、粉末冶金等。 或者是用于保持原供应状况的表面（包括保持上道工序的状况）	d—加工纹理方向符号 e—加工余量（单位为mm） f—粗糙度间距参数值（单位为mm）或轮廓支承长度等
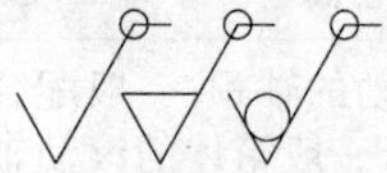 （三个符号上均加一小圆）	在上述三个符号上均可加一个小圆，表示所有表面具有相同的表面粗糙度要求	

2. 表面粗糙度参数值的注写

表面粗糙度代号包括表面粗糙度符号、参数值及其他规定。参数 R_a、R_z 值的标注及意义见表 5－6。

表 5－6　表面粗糙度参数值的注写

代号	意　　义	代号	意　　义
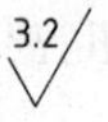 3.2	用任何方法获得的表面粗糙度，R_a 的上限值为 3.2 μm	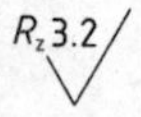 R_z 3.2	用任何方法获得的表面粗糙度，R_z 的上限值为 3.2 μm
 3.2	用去除材料方法获得的表面粗糙度，R_a 的上限值为 3.2 μm	 R_z 3.2 R_z 1.6	用去除材料方法获得的表面粗糙度，R_z 的上限值为 3.2 μm，下限值为 1.6 μm
 3.2	用不去除材料方法获得的表面粗糙度，R_a 的上限值为 3.2 μm	 R_z200	用不去除材料方法获得的表面粗糙度，R_z 的上限值为 200 μm
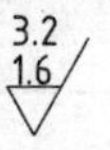 3.2 1.6	用去除材料方法获得的表面粗糙度，R_a 的上限值为 3.2 μm，R_a 的下限值为 1.6 μm	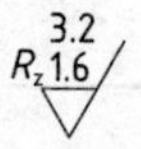 3.2 R_z 1.6	用去除材料方法获得的表面粗糙度，R_z 的上限值为 3.2 μm，R_z 的下限值为 1.6 μm

3. 表面粗糙度代号在图样中的标注

表面粗糙度符号、代号一般注在可见轮廓线、尺寸界线、引出线或它们的延长线上。符号的尖端必须从材料外指向表面。具体标注方法见表 5－7。

表 5－7　表面粗糙度代号的标注方法

图　　例	说　　明
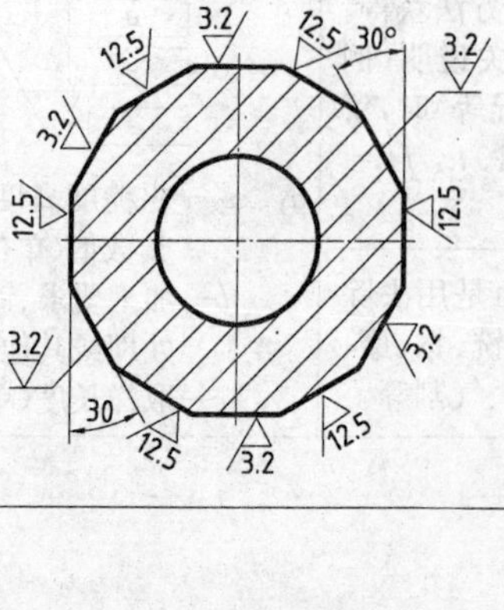 3.2　12.5　12.5　30°　3.2　3.2　12.5　12.5　3.2　3.2　3.2　30　12.5　3.2　12.5	各倾斜表面粗糙度代号的注法，代号中数字及符号方向应与尺寸数字方向相同

（续表）

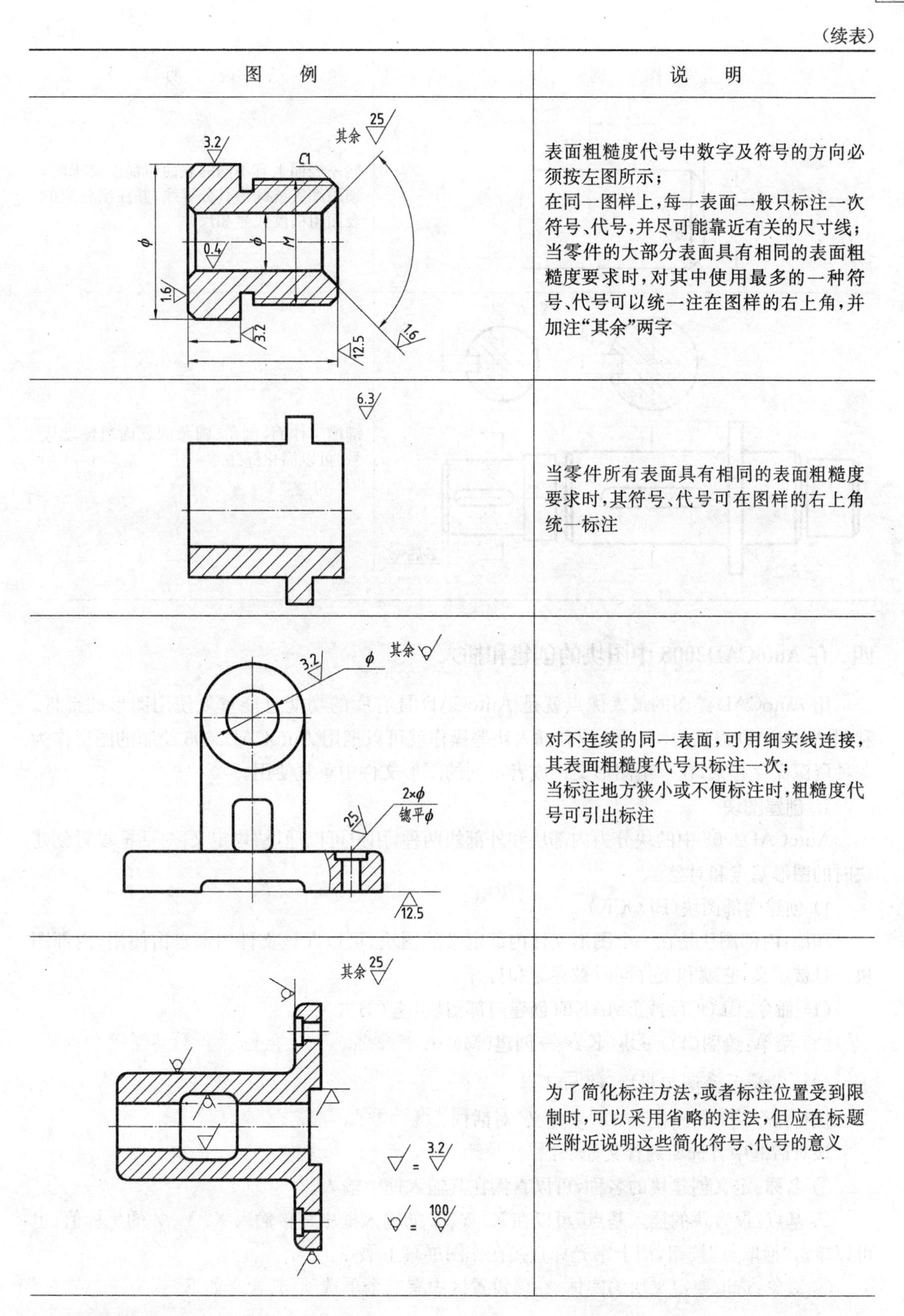

图　　例	说　　明
	表面粗糙度代号中数字及符号的方向必须按左图所示； 在同一图样上，每一表面一般只标注一次符号、代号，并尽可能靠近有关的尺寸线； 当零件的大部分表面具有相同的表面粗糙度要求时，对其中使用最多的一种符号、代号可以统一注在图样的右上角，并加注“其余”两字
	当零件所有表面具有相同的表面粗糙度要求时，其符号、代号可在图样的右上角统一标注
	对不连续的同一表面，可用细实线连接，其表面粗糙度代号只标注一次； 当标注地方狭小或不便标注时，粗糙度代号可引出标注
	为了简化标注方法，或者标注位置受到限制时，可以采用省略的注法，但应在标题栏附近说明这些简化符号、代号的意义

（续表）

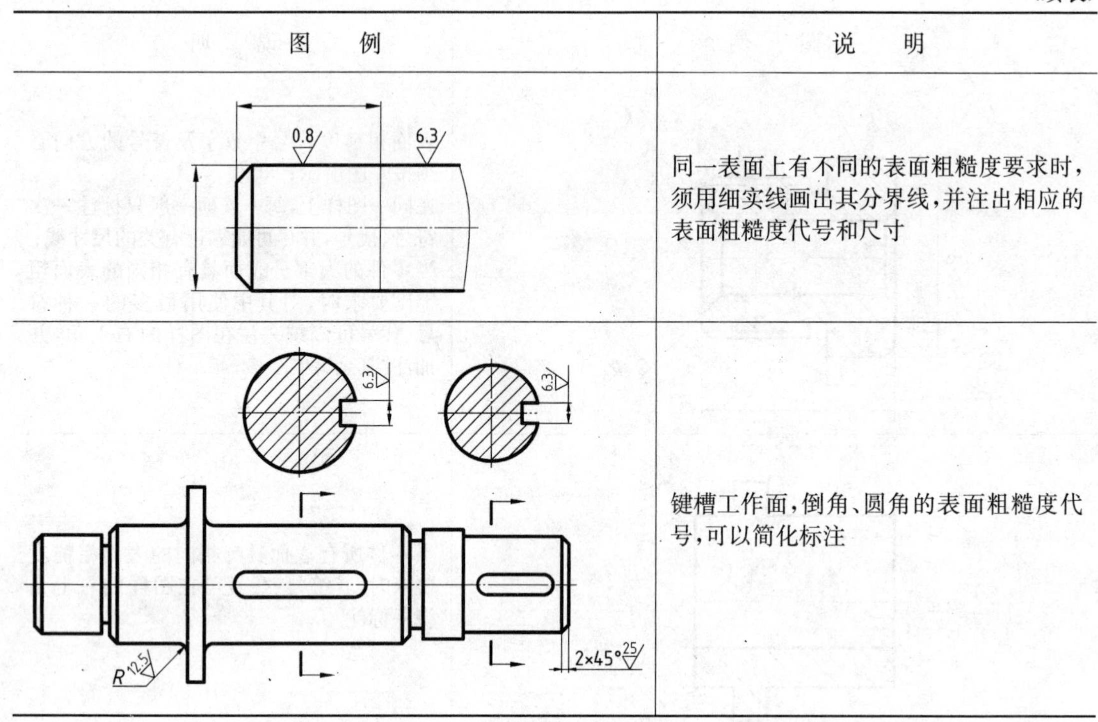

图　例	说　明
	同一表面上有不同的表面粗糙度要求时，须用细实线画出其分界线，并注出相应的表面粗糙度代号和尺寸
	键槽工作面，倒角、圆角的表面粗糙度代号，可以简化标注

四、在 AutoCAD2008 中图块的创建和插入

用 AutoCAD 绘图的最大优点就是 AutoCAD 具有库的功能且能重复使用图形的部件。利用 AutoCAD 提供的块、写入块和插入块等操作就可以把用 AutoCAD2008 绘制的图形作为一种资源保存起来，在一个图形文件或者不同的图形文件中重复使用。

1. 创建图块

AutoCAD2008 中的块分为内部块和外部块两种，用户可以通过“块定义”对话框设置创建块时的图形基点和对象。

1) 创建内部图块(BLOCK)

功能：内部图块是在一个图形文件内部定义的图块，可以在该文件内部自由使用，内部图块一旦被定义，它就和文件同时被存储和打开。

(1) 命令：BLOCK 或 BMAKE(创建内部图块)↓(B)。

(2) 菜单：绘图(D)→块(K)▸→创建(M)…。

(3) 工具栏：绘图工具栏→“ ”。

执行命令后，弹出图 5-18“块定义”对话框。

该对话框中各选项的含义如下：

① 名称：定义创建块的名称，可以直接在其输入框中输入。

② 基点：设置块的插入基点，可以在 X、Y、Z 的输入框中直接输入 X、Y、Z 的坐标值；也可以单击“拾取点”按钮，用十字光标直接在作图屏幕上取点。

③ 对象：选取要定义块的实体，在该设置区中有三个单选项，其含义如下：

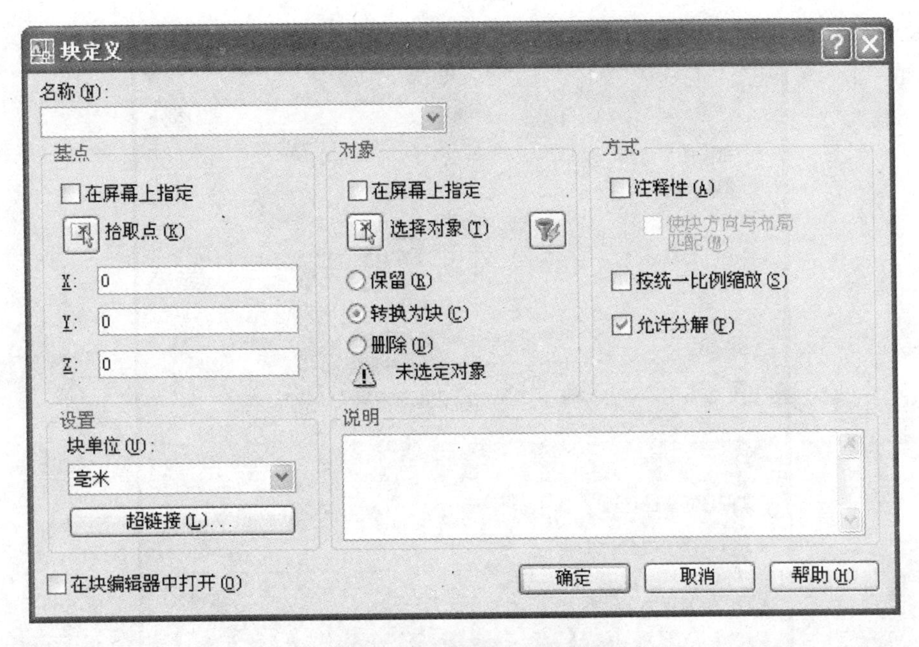

图 5-18　"块定义"对话框

◆ 保留(R):创建块后,保留图形中构成块的对象。

◆ 转换为块(C):创建块后,同时将图形中被选择的对象转化为块。

◆ 删除(D):删除所选取的实体图形。

2) 创建外部块(WBLOCK)

功能:外部图块是以文件的形式写入磁盘。外部图块即块的数据可以是以前定义的内部块,或是整个图形,或是选择的对象,它保存在独立的图形文件中,可以被所有图形文件所访问。

注意:

该命令只能从命令行中调用。

命令:WBLOCK(创建外部图块)↓(W)。

出现如图 5-19 所示的"写块"对话框。

该对话框中各选项的含义如下:

① 源:在该设置区中可以通过以下选项设置块的来源。

◆ 块:来源于块。

◆ 整个图形:来源于当前正在绘制的整张图形。

◆ 对象:来源于所选的实体。

② 基点:插入的基点。

③ 对象:选取对象。下面的三个选项同上。

④ 目标:目标参数描述。在该设置区中可以设置块的以下信息:

◆ 文件名和路径:设置输出文件名以及文件路径。

◆ 插入单位:插入块的单位。

在"写入块"中设置的以上信息将作为下次调用该块时的描述信息。

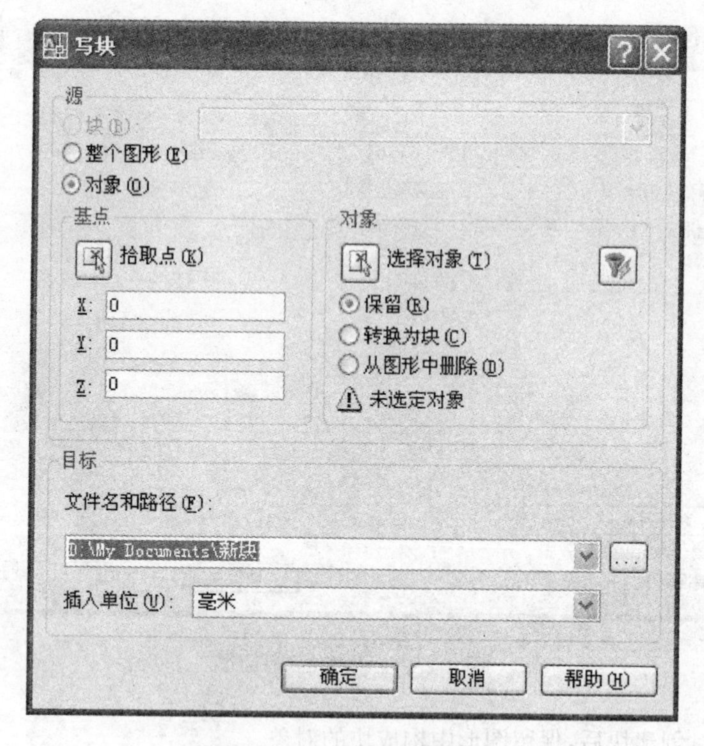

图 5－19 “写块”对话框

2. 插入图块(INSERT)

功能：在当前图形中可以插入外部图块、外部文件和当前图形中已经定义的内部图块，并可以根据需要调整其比例和旋转角度。

(1) 命令：INSERT 或 DDINSERT(插入图块)↓(I)。

(2) 菜单：插入(I)→块(B)…。

(3) 工具栏：绘图工具栏→“ ”。

执行命令后，弹出图 5－20 所示“插入”对话框。

利用该对话框就可以插入图形文件。具体操作如下：

单击“浏览”按钮选择某一个图块名或直接在“名称”输入框中输入图块名，则该块将作为插入的块。

在“插入点”、“缩放比例”、“旋转”三个选项组中，插入点默认坐标为(0，0，0)，X、Y、Z 比例因子默认值 1，旋转角度默认值 0。选择“在屏幕上指定”复选框可以在图形屏幕插入块时分别设置插入点、比例、旋转角度参数，也可以在该对话框内直接设置以上参数。

“分解”复选框决定是否将插入的块分解为独立的实体，默认为不分解。如果设置为分解，则 X、Y、Z 比例因子必须相同，即选择“统一比例”复选框。

插入图块时，块中的所有实体保持图块定义时的层、颜色和线型特性，并在当前图形中增加相应层、颜色、线型信息。如果构成图块的实体位于 0 层，其颜色和线型为 Bylayer，图块插入时，这些实体继承当前层的颜色和线型。

完成以上各项设置后，单击“确定”按钮，则该块将插入到当前文件中。

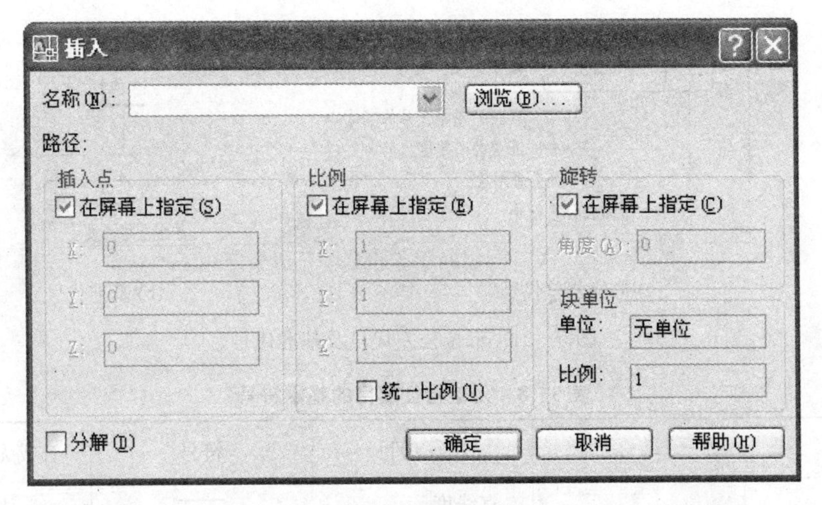

图5-20　“插入”对话框

第三讲　形状与位置公差

零件在加工过程中会产生尺寸误差，同样，零件在加工过程中也会产生形状误差和表面间的相对位置误差。为了满足使用要求，零件的尺寸由尺寸公差加以限制的，而零件表面的形状和表面间的相对位置由表面形状和位置公差加以限制。

一、基本概念

1）形状误差和公差

形状误差是指实际形状对理想形状的变动量。测量时，理想形状相对于实际形状的位置，应按最小条件来确定。

形状公差是指实际要素的形状所允许的变动全量。

2）位置误差和公差

位置误差是指实际位置对理想位置的变动量。理想位置是指相对于基准的理想形状的位置而言。测量时，确定基准的理想形状的位置应符合最小条件。

位置公差是指实际要素的位置对基准所允许的变动全量。

形状和位置公差简称形位公差。

二、形状和位置公差代号

形位公差用代号来标注，形位公差使用的代号在国家标准（GB/T 1182—1996 和 GB/T 1184—1996）中有详细规定。形位公差代号由公差项目符号（见表5-8）、公差框格、指引线、公差数值和其他有关符号以及基准代号等组成。

图5-21中，框格用细实线画出，可画成水平的或垂直的，框格高度是图样中尺寸数字高度的二倍，它的长度根据需要而定，一般形状误差的框格内有两格，位置误差的框格内有三格。框格中的字高和符号应与零件图中尺寸数字等高为 h。形状公差和位置公差代号的具体含义见表5-8。

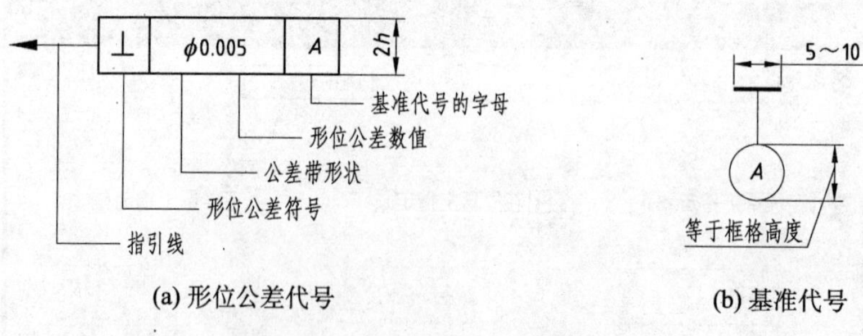

(a) 形位公差代号　　(b) 基准代号

图 5-21　形位公差代号及基准代号

表 5-8　公差特征项目的基本符号

公差		特征项目	符号	有或无基准要求
形状	形状	直线度	—	无
		平面度	▱	无
		圆度	○	无
		圆柱度	⌭	无
形状和位置	轮廓	线轮廓度	⌒	有或无
		面轮廓度	⌓	有或无
位置	定向	平行度	//	有
		垂直度	⊥	有
		倾斜度	∠	有
	定位	位置度	⌖	有或无
		同轴(同心)度	◎	有
		对称度	≡	有
	跳动	圆跳动	↗	有
		全跳动	⌰	有

三、形状和位置公差的标注

形状公差没有基准，只需标注被测要素，而位置公差必须针对某一基准，因此，除了标注被测要素外，还需标出基准。

1. 被测要素的标注

用带箭头的指引线(细实线)将框格与被测要素相连,指引线和箭头按以下标注:

(1) 当公差涉及轮廓线或表面时,将箭头置于要素的轮廓线或轮廓线的延长线上(但必须与尺寸线明显地分开),如图 5-22(a)和(b)。

(2) 当指向实际表面时,箭头可置于带点的参考线上,该点指在实际表面上,见图 5-22(c)。

(3) 当公差涉及轴线、中心平面或由带尺寸要素确定的点时,则带箭头的指引线应与尺寸线的延长线重合,见图 5-23(a)~(c)。

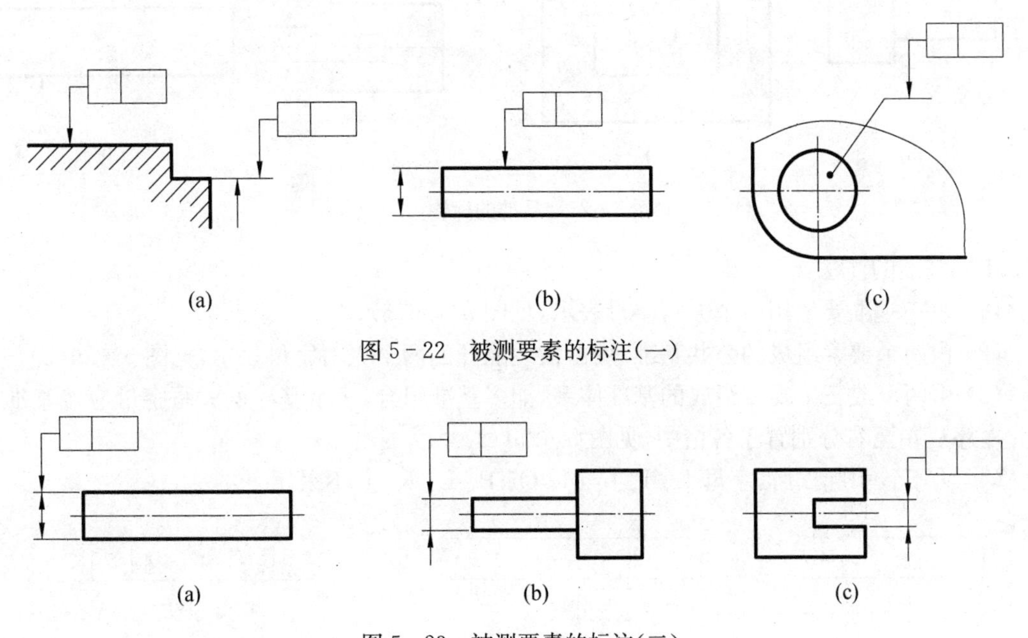

图 5-22　被测要素的标注(一)

图 5-23　被测要素的标注(二)

2. 基准的标注

相对于被测要素的基准,由基准字母表示。带小圆的大写字母用细实线与粗短横线相连,见图 5-24(a),表示基准的字母也应注在公差框格内,见图 5-24(b)。

带有基准字母的短横线应置放于:

(1) 当基准要素是轮廓线或表面时,见图 5-24(c),在要素的外轮廓上或在它的延长线上(但应与尺寸线明显地错开),基准符号还可置于用圆点指向实际表面的参考线上,见图 5-24(d)。

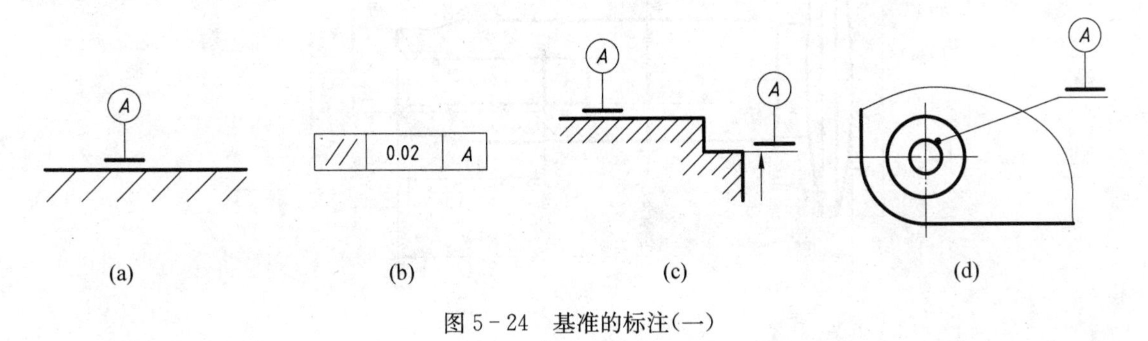

图 5-24　基准的标注(一)

(2) 当基准要素是轴线或中心平面或由带尺寸的要素确定的点时，则基准符号中的线与尺寸线一致，见图 5-25(a)～(c)。如尺寸线处安排不下两个箭头，则另一箭头可用短横线代替，见图 5-25(b)和(c)。

(3) 任选基准的标注方法见图 5-25(d)。

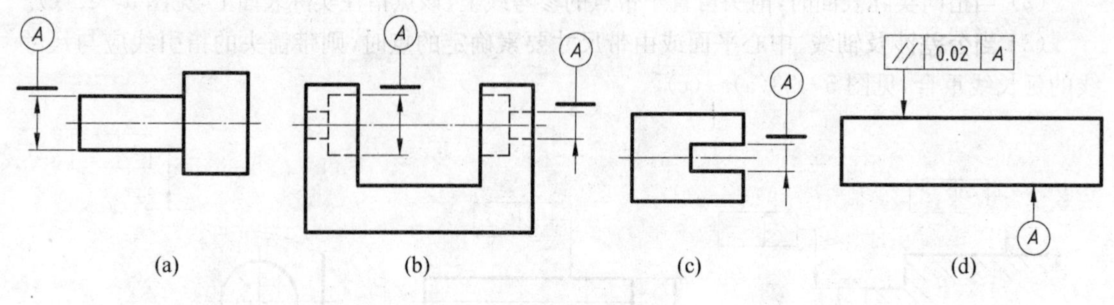

图 5-25　基准的标注(二)

不同基准的注法：

(1) 单一基准要素用一个大写字母表示，见图 5-26(a)。

(2) 由两个要素组成的公共基准，用由横线隔开的两个大写字母表示，见图 5-26(b)。

(3) 由两个或三个要素组成的基准体系，如多基准组合，表示基准的大写字母应按基准的优先次序从左至右分别置于各格中，见图 5-26(c)。

(4) 为不致引起误解，字母 E、I、J、M、O、P、L、R、F 不采用。

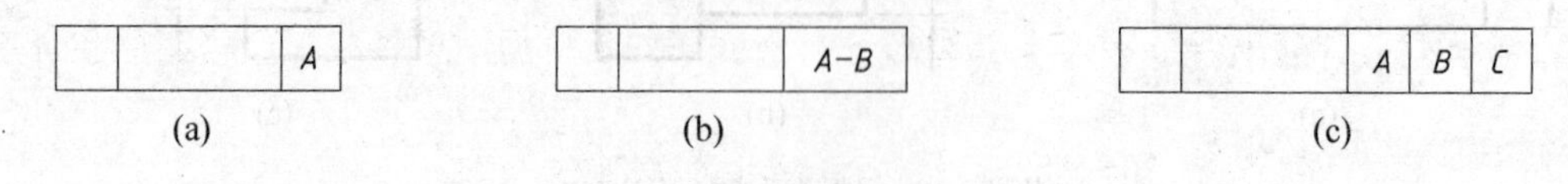

图 5-26　不同基准的注法

3. 形位公差的标注实例

图 5-27 是气门阀杆，以此图为例，说明形位公差的标注方法。图中半径为 750 的球面对于 $\phi16$ 轴线的圆跳动公差是 0.003；杆身 $\phi16$ 的圆柱度公差为 0.005；M8×1 的螺纹孔轴线对于 $\phi16$ 轴线的同轴度公差是 $\phi0.1$；右端面对于 $\phi16$ 轴线的圆跳动公差是 0.1。

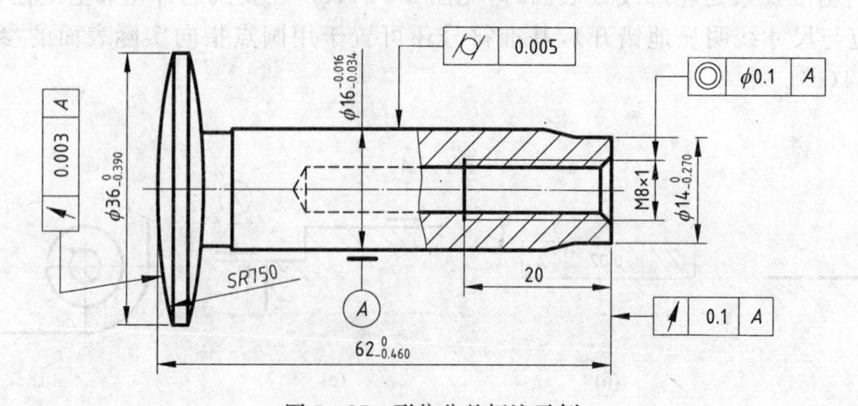

图 5-27　形位公差标注示例

四、在 AutoCAD2008 中形位公差的标注

在 AutoCAD 中允许用户标注形位公差，它生成几何特征符号和特征控制框架，符合有关形状公差的工业标准。几何特征符号用于输入图形上的形状公差和位置公差。特征控制框架是用于控制几何特征符号和与其相应公差的框架。

(1) 命令：TOLERANCE(标注形位公差)↓(TOL)。

(2) 菜单：标注(N)→公差(T)…。

(3) 工具栏：绘图工具栏→“ ”。

执行命令后，弹出图 5－28 所示“形位公差”对话框。

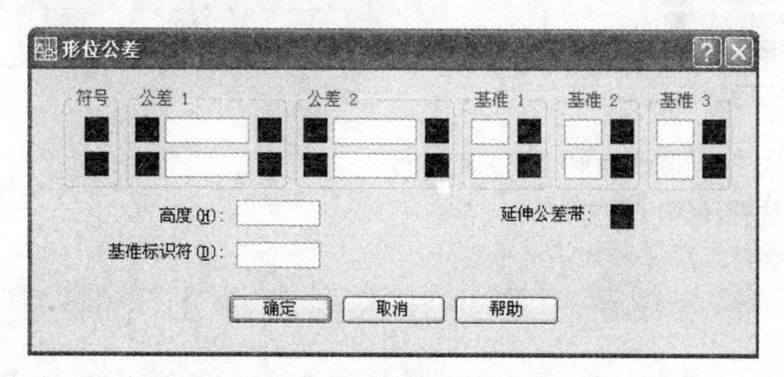

图 5－28　“形位公差”对话框

该对话框中各选项的含意分别如下：

◆ 符号：单击下面的任何一个方框，将出现“符号”对话框，从中选取形位公差特征符号。

◆ 公差 1：创建公差框中的第一个公差值。该值包含两个修饰符号：直径和包容条件。公差值表示相应的形位公差值。

◆ 公差 2：设置形位公差 2 的有关参数。

◆ 基准 1，基准 2，基准 3：创建公差框的主要基准。

 标注图 5－29 零件图中的圆度和同轴度误差。

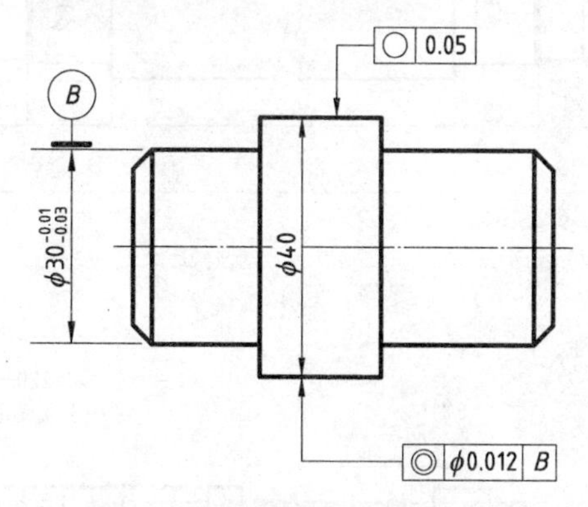

图 5－29 轴的形位公差标注示例

(1) 在“标注”工具栏中单击“快速引线标注”图标启动快速引出标注命令，绘制形位公差标注引线。

(2) 绘制基准符号，用单行文字输入方法和移动命令在其中输入“B”。

(3) 在“标注”工具栏中单击“形位公差”图标，在弹出的“形位公差”对话框中单击“符号”框弹出如图 5－30“符号”选择框，选择同轴度符号；单击公差 1 拾取直径符号“ϕ”，在其输入框中输入 0.012；在基准 1 中输入“B”。如图 5－31 所示。

图 5－30 “符号”选择框

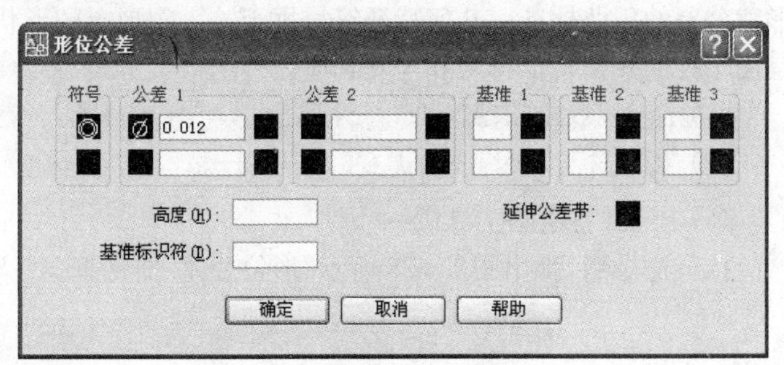

图 5－31

(4) 单击“确定”，完成该项形位公差的标注。

用同样的方法标注圆度误差。

第四讲　零件技术要求标注示例

图 5－32 表示了轴类零件的尺寸标注和技术要求。

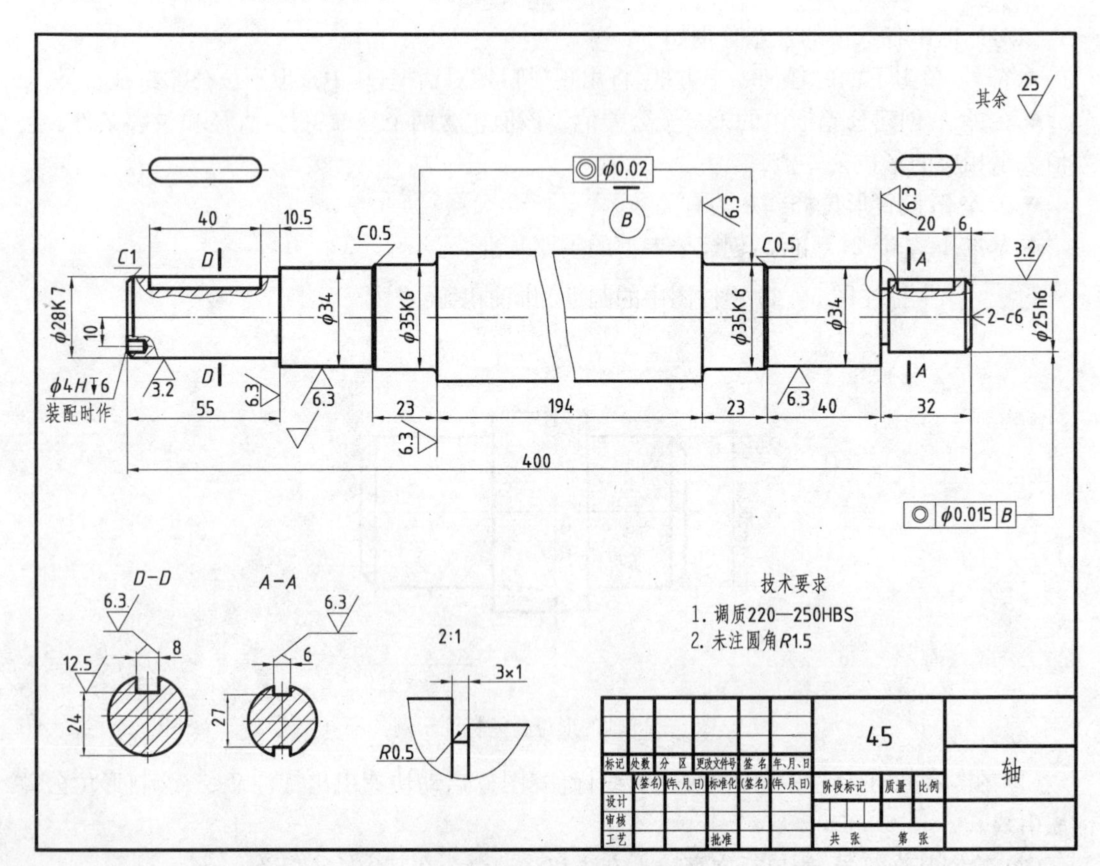

图 5－32 轴零件图

一、尺寸标注

图中以右边的 ϕ35k6 处的轴承定位面为轴向的主要基准；左右两端面和左端的轴承定位面为轴向的辅助基准；径向尺寸以轴线作为主要基准。

二、技术要求

1）尺寸公差

ϕ35k6 的两个轴段要安装轴承，左右两端安装带轮和铣刀的轴段有配合要求，因此要标准尺寸公差。

2）表面粗糙度

整个轴都要机械加工，而 ϕ35k6 的两个轴段要安装轴承，左右两端要安装带轮和铣刀，它们有配合要求，因此表面粗糙度参数较其他表面高。

3）形位公差

ϕ35k6 的两个轴段要安装轴承，有同轴度要求；最左边一段与带轮联结，最右边一段与铣刀联结，也有同轴度要求。

第五讲　叉架类零件

叉架类零件主要起连接、拨动、支承等作用，它包括拨叉、连杆、支架、摇臂、杠杆等零件。拨叉主要用在机床、内燃机等各种机器的操作机构上，操纵机器、调节速度。支架主要起支撑和联结作用。

一、结构分析

叉架类零件的结构形状多样，差别较大，但都是由支承部分、工作部分和联接部分组成，多数为不对称零件，具有凸台、凹坑、铸(锻)造圆角、拔模斜度等常见结构。一般有倾斜、弯曲的结构。常用铸造和锻压的方法制成毛坯，然后进行切削加工。图 5－33 是叉架类零件的立体图。

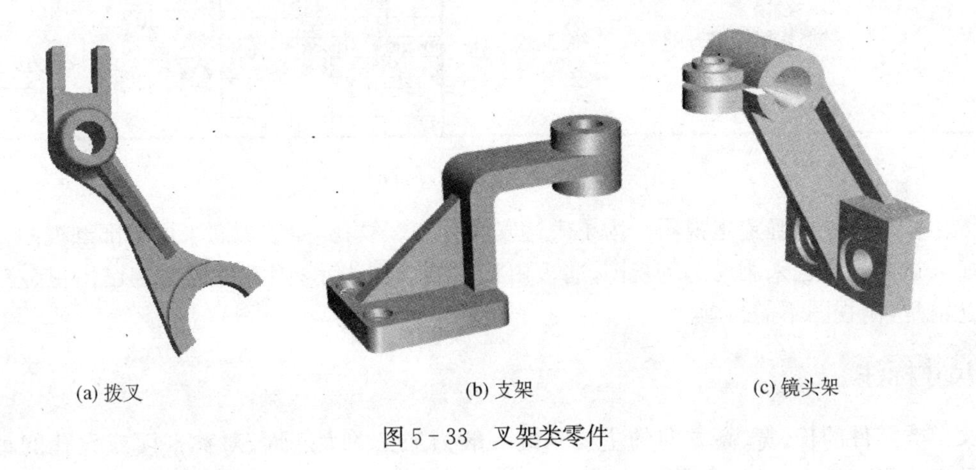

(a) 拨叉　　(b) 支架　　(c) 镜头架

图 5－33　叉架类零件

二、表达方案

(1) 叉架类零件结构较复杂，各加工面往往在不同机床上需经多种加工，零件常以工作位置或自然位置放置，选择零件形状特征明显的方向作为主视图的投影方向。

(2) 除主视图外，一般还需 1～2 个基本视图才能将零件的主要结构表达清楚。

(3) 常用局部视图、局部剖视图表达零件上的凹坑、凸台等。筋板、杆体常用断面图表示其断面形状。用斜视图表示零件上的倾斜结构。

图 5－34 是镜头架零件图，它主要是通过调节左上部开口槽的槽宽来夹紧或放松镜头，图中右下部的两个孔是安装孔，孔右面的两个互相垂直的平面是安装面。图中上、下两部分结构由两肋板联结，在开口槽边上有凸缘，以便螺钉紧固。

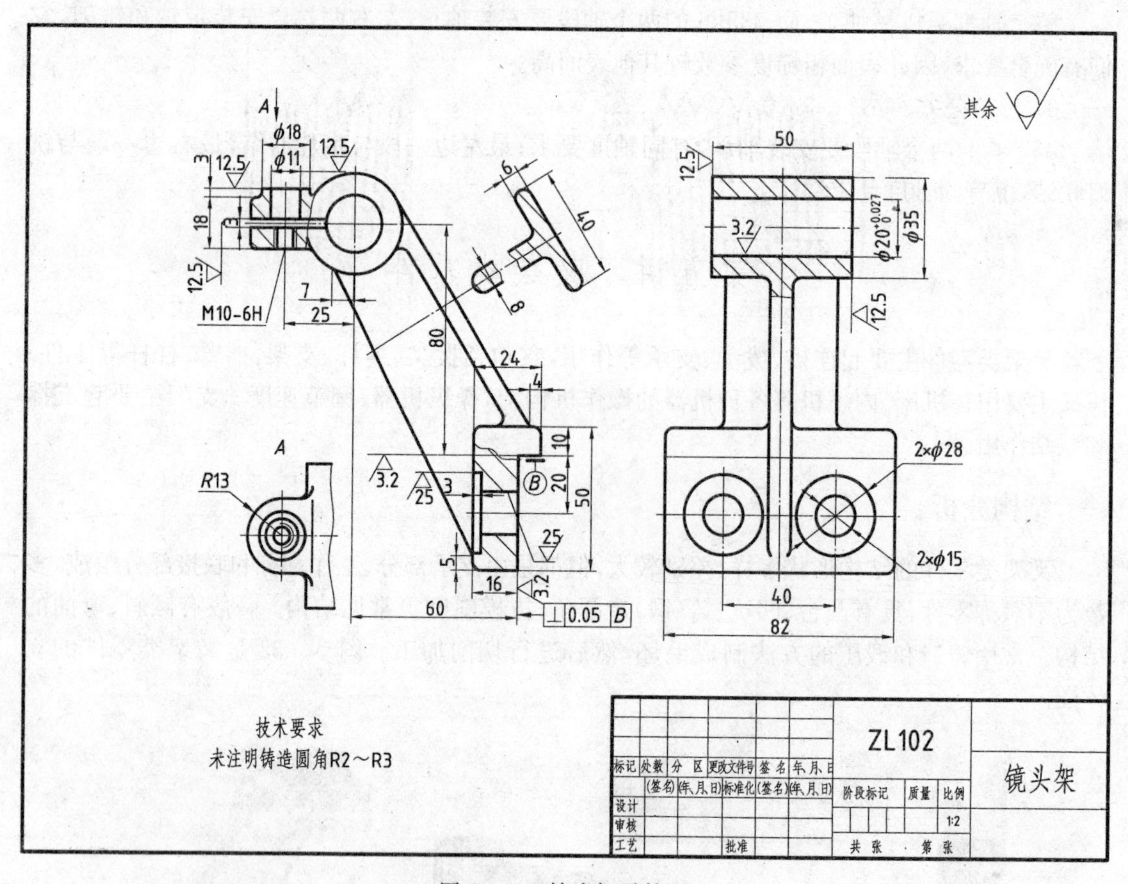

图 5－34 镜头架零件图

图中按工作位置确定主视图。为了表达安装孔和螺纹孔等，主视图采用局部剖视图；左视图为了表达圆柱孔也采用局部剖视图，肋板由移出剖面图表示；因零件的结构已由主、左两视图表达清楚，俯视图不需再画。

三、尺寸标注

叉架类零件的长、宽、高方向的主要基准一般为加工的大底面、对称平面或大孔的轴线。其上的定位尺寸较多，一般注出孔的轴线(中心)间的距离，或孔轴线到平面间的距离，或平面

到平面间的距离。定形尺寸多按形体分析法标注，内外结构形状要保持一致。

四、技术要求

根据此类零件的具体要求确定其表面粗糙度、尺寸公差和形位公差。

1）尺寸公差

圆柱孔 ϕ20 mm 的孔要夹紧镜头，需有公差要求。

2）表面粗糙度

ϕ20 圆柱孔的内表面的表面粗糙度参数值较小，两个固定面表面粗糙度参数值也较小。

3）形位公差

两个固定面有垂直度要求。

分析并标注图 5-35 所示的拨叉的技术要求（三维模型见图 5-33(a)），图中

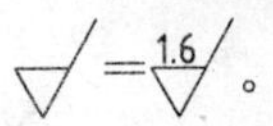

。

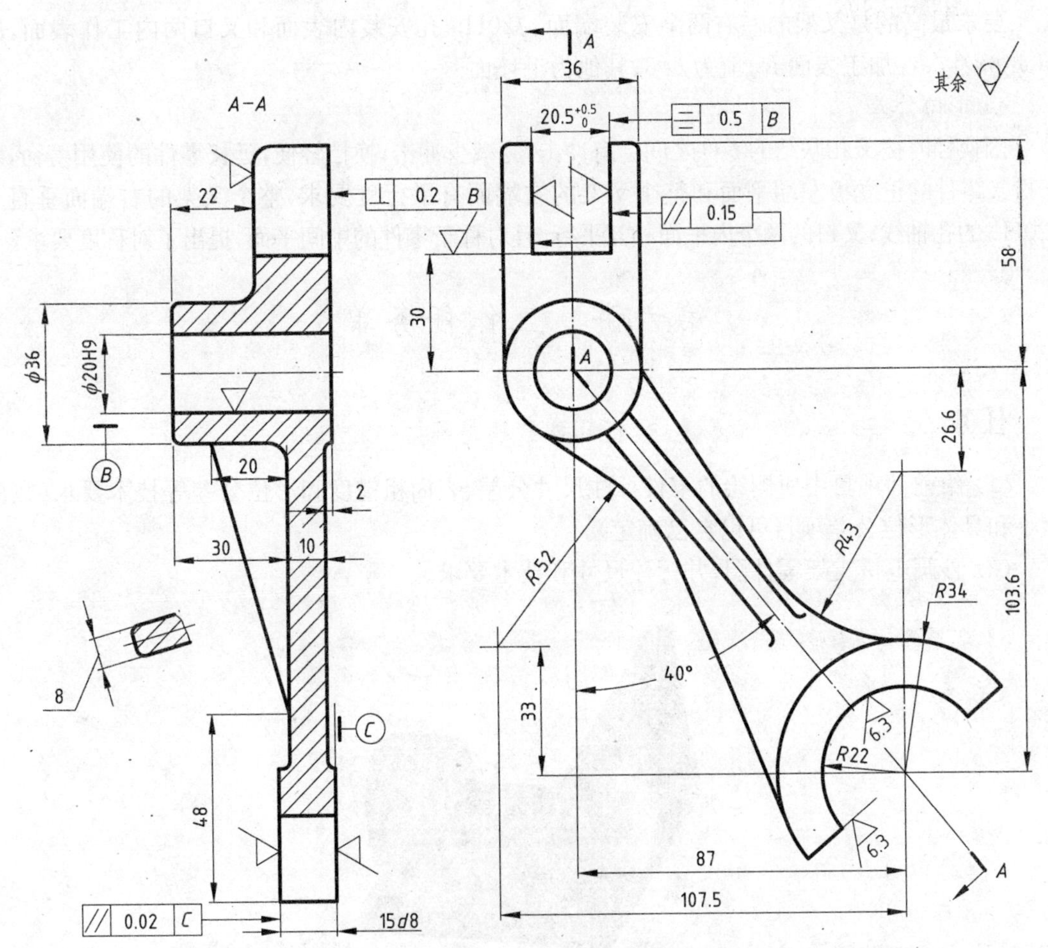

图 5-35　拨叉零件技术要求标注示例

分析： 拨叉的主体结构可分成三部分，工作部分——叉口（图中的上端部分）、支承（或安装）部分（图中的下端部分）、连接及加强部分（图中的中间部分）。

图 5－35 中所示拨叉有中间对称平面，且上叉口槽正好与中轴面平行，所以可以自然放置，并且使宽度方向的对称面平行于正立投影面，作为左视图。另外它的上下两主要组成部分有公共的回转中心，因此可以采用旋转剖视图。中间连接部分有两块，一块是竖直放置的板状结构，上端与工作部分相连，下端与 $R34$ 圆弧相连；另一块是三角形的立板，上部与 $\phi36$ 圆弧相连，右端与正平板相接，采用了移出断面表示。

1）尺寸标注

主要尺寸基准：长度方向——零件的右端；宽度方向——ϕ20H9 圆柱孔轴线，因为 ϕ20H9 圆柱筒与轴装配而使拨叉在部件中定位，所以依此轴线作基准；高度方向——ϕ20H9 圆柱孔轴线。

2）尺寸公差

ϕ20 的孔公差带代号 H9，尺寸 15 的连接板公差带代号 $d8$，叉口尺寸 $20.5^{+0.5}_{0}$，上偏差 +0.5 mm，下偏差为 0。

3）表面粗糙度

要求最高的是叉架的左右两个安装端面、ϕ20H9 孔安装内表面和叉口两内工作表面，R_a 值 1.6；其次各加工表面 R_a 值为 6.3；其他为毛坯面。

4）形位公差

因换档时拨叉相联结的零件之间会有冲击，为减少冲击，换挡轻便，延长零件的使用寿命，对于拨叉零件的正立板左端平面和整个叉架的右端面有平行度要求，整个叉架的右端面垂直于 ϕ20H9 的孔轴线；叉口的两个内平面相互平行，且对称于零件的中间平面，提出了对称度要求。

第六讲　工作任务单

一、任务

（1）给前面项目中所测绘的零件标注尺寸公差、表面粗糙度和形位公差等技术要求（数值大小和具体形位公差项目可以自己确定）。

（2）抄画电机支架零件图，并标注尺寸和技术要求。

(a) 电机支座三维图

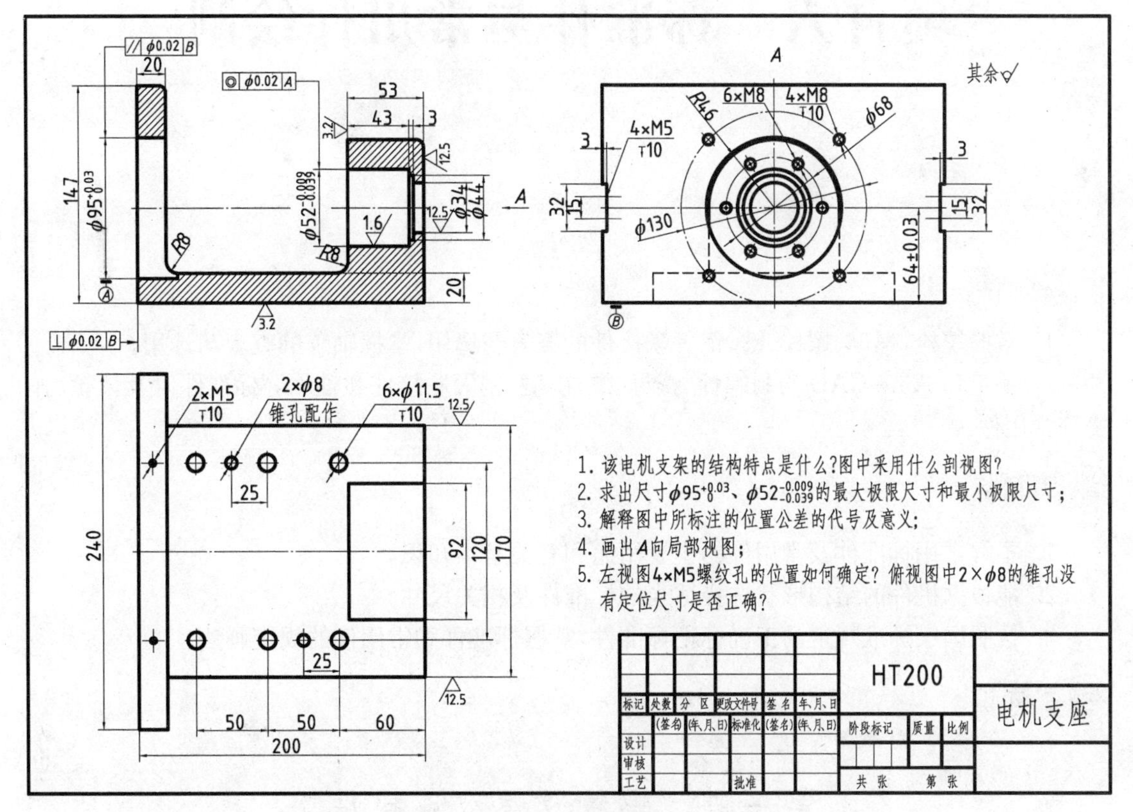

(b) 电机支座零件图

图 5－36　电机支架二维、三维图

二、要求

1. 掌握

(1) 叉架类零件的结构特点、表达方案选择。

(2) 孔、轴的基本偏差、上下偏差概念以及根据偏差查表，确定上下偏差的偏差值。

(3) 表面粗糙度、公差与配合、形位公差、材料热处理等技术要求和符号在图上标注的方法。

(4) 有关国家标准的基本规定。

(5) 轴套类零件等零件的表面粗糙度、公差与配合、形位公差、材料热处理等技术要求和符号在图上标注的方法。

2. 了解

(1) 叉架类零件的工作原理及作用。

(2) 零件图的作用与内容，了解基准和尺寸链的概念，在零件图上标注尺寸要做到完整、合理、清晰。

3. 分析

(1) 零件图中的技术要求内容。

(2) 叉架类零件的结构。

项目六　标准件与常用件绘制

任　务

1. 掌握螺栓、螺母、螺柱、键、销等联接件的查表与选用，掌握轴承的查表与选用。

2. 手工和Auto CAD绘制螺栓、螺母、螺柱、键、销等联接件和轴承等标准件以及齿轮、弹簧等常用件。

能力目标

1. 了解常用标准件及常用件的主要用途和有关基本知识。

2. 能根据机件的结构形状选择适当的标准件及相关尺寸。

3. 按照国家标准规定的正确标记标准件，掌握标准件和常用件的规定画法。

相关知识

第一讲　螺纹及螺纹连接件

一、螺纹

1. 螺纹的形成

螺纹是在圆柱或圆锥面上沿着螺旋线所形成的、具有相同轴向剖面的连续凸起和沟槽。在圆柱或圆锥外表面上所形成的螺纹称外螺纹；在圆柱孔或圆锥孔内所形成的螺纹称内螺纹。外螺纹和直径较大的内螺纹可用车床加工，见图6-1(a)；对于加工直径较小的内螺纹，先用钻头钻出光孔，再用丝锥攻螺纹，见图6-1(b)。由于钻头端部接近120°，所以孔的锥顶角画成120°。

螺纹上凸起部分的顶端称为螺纹的牙顶；沟槽的底部称为螺纹的牙底；在通过螺纹轴线的剖面上，螺纹的轮廓形状称为牙型；螺纹的最大直径称为螺纹大径；螺纹的最小直径称为螺纹小径，如图6-2所示。

2. 螺纹的要素

1) 螺纹牙型

在通过螺纹轴线的剖面上，螺纹的轮廓形状称为螺纹的牙型。如三角形、梯形、锯齿形和方形等。

2) 公称直径 $D(d)$

指螺纹大径的尺寸，它是代表螺纹直径的尺寸。

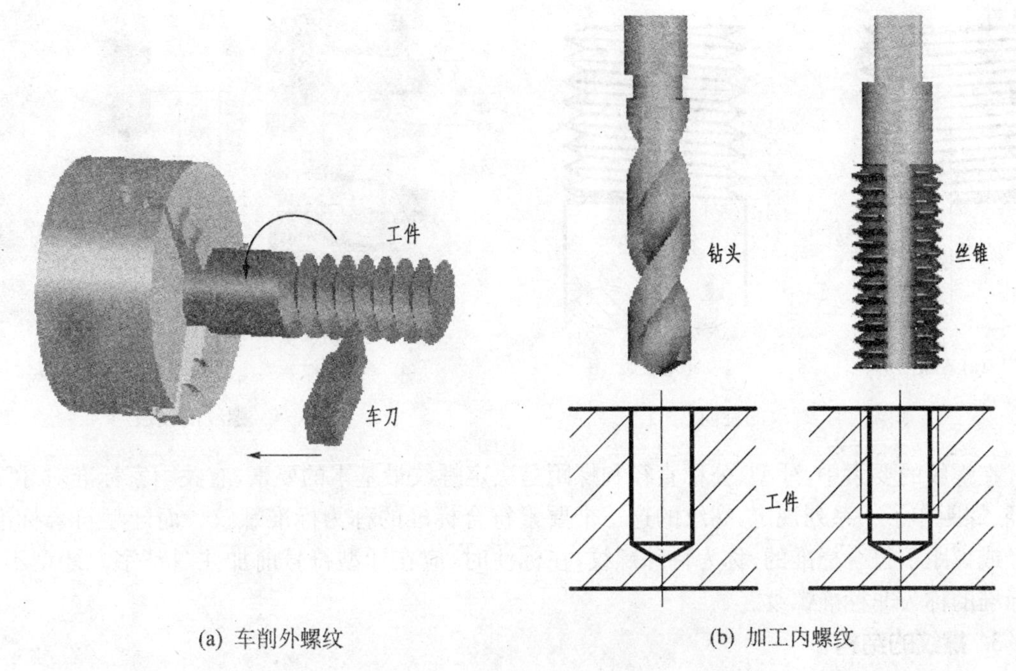

(a) 车削外螺纹　　(b) 加工内螺纹

图 6-1　螺纹的加工方法

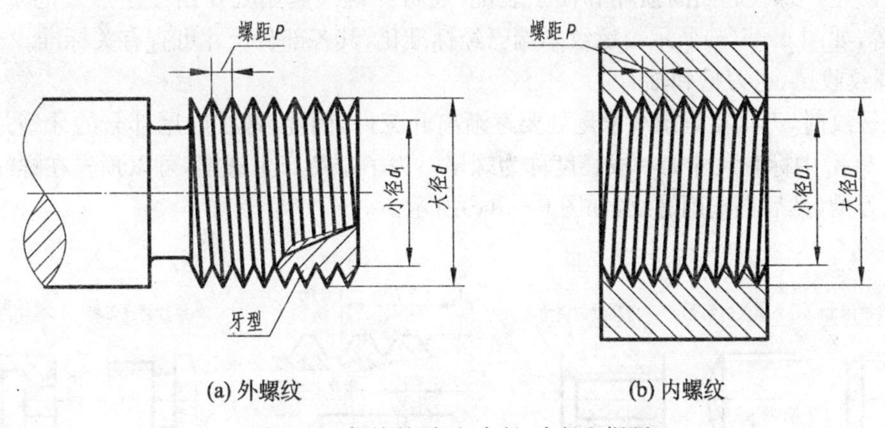

(a) 外螺纹　　(b) 内螺纹

图 6-2　螺纹的牙型、大径、小径和螺距

3) 旋向

螺纹分左旋和右旋。顺时针旋转时旋入的螺纹,称为右旋螺纹;逆时针旋转时旋入的螺纹,称为左旋螺纹。

4) 线数 n

在同一圆柱面上切削螺纹的线数。如图 6-4 所示,沿一条螺旋线形成的螺纹为单线螺纹;沿轴向等距分布的两条或两条以上的螺旋线所形成的螺纹为多线螺纹。

5) 螺距 P 和导程 S

螺纹相邻两牙对应两点间的轴向距离称为螺距。同一条螺旋线上相邻两牙对应点间的轴向距离称导程。单线螺纹螺距和导程相同,如图 6-4(a),多线螺纹导程等于螺距乘线数,即 $P = S \cdot n$。

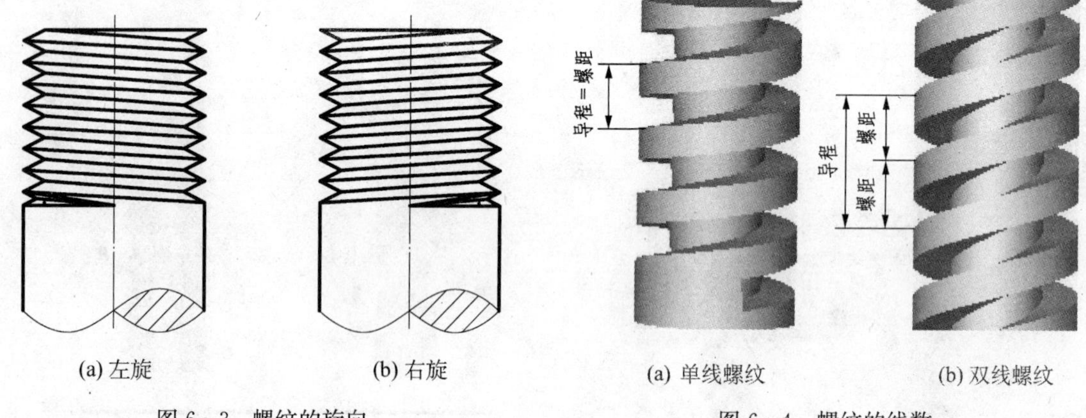

(a) 左旋　(b) 右旋

图 6-3　螺纹的旋向

(a) 单线螺纹　(b) 双线螺纹

图 6-4　螺纹的线数

在螺纹的要素中，牙型、公称直径和螺距是决定螺纹最基本的要素，有关国家标准对牙型、直径、螺距作了一系列规定，螺纹的这三个要素符合标准的称为标准螺纹。而牙型符合标准，直径或螺距不符合标准的，称为特殊螺纹，在标注时，应在牙型符号前加注"特"字。牙型不符合标准的称为非标准螺纹。

3. **螺纹的结构**

1) 螺纹的末端

为了防止外螺纹起始圈损坏和便于装配，通常在螺纹起始处作出一定形式的末端，如倒角、倒圆等，如图 6-5(a)所示。螺纹末端已经标准化，其各部分尺寸可查有关标准。

2) 螺纹收尾、退刀槽和轴肩

车削螺纹时，刀具接近螺纹末尾处要逐渐离开工件，因此，螺纹收尾部分的牙型是不完整的，图 6-5(b)中标有尺寸的一段长度称为螺尾。为了避免产生螺尾，可以预先在螺纹末端处加工出退刀槽，然后再车削螺纹，如图 6-5(c)所示。

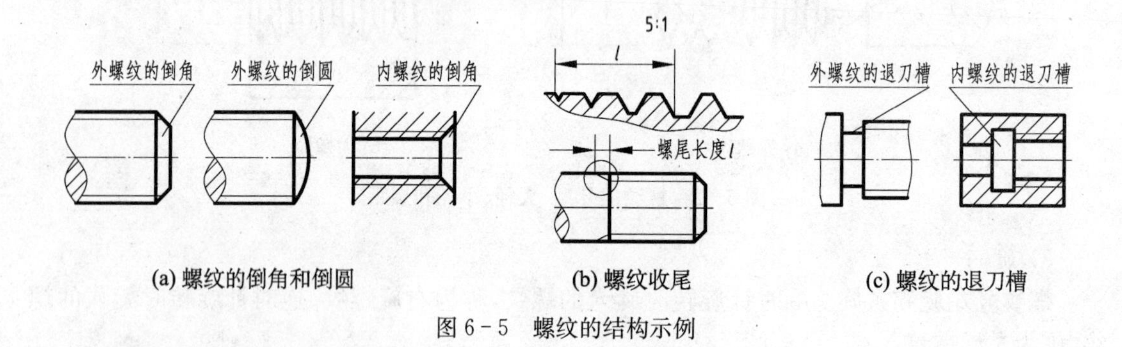

(a) 螺纹的倒角和倒圆　(b) 螺纹收尾　(c) 螺纹的退刀槽

图 6-5　螺纹的结构示例

二、螺纹的规定画法

国家标准(GB 4459.1—1995)对螺纹在图样中的表示方法作了相应规定。

1. **外螺纹的规定画法**

如图 6-6 所示，在平行于螺纹轴线的投影面的视图(非圆视图)中，外螺纹牙顶所在的轮廓线(大径线)画成粗实线。外螺纹牙底所在的轮廓线(小径线)画成细实线。螺纹终止线画成粗实线。螺纹的倒角或倒圆结构及螺纹退刀槽也应画出，但螺纹收尾不必表示。小径通常按

大径的 0.85 倍近似绘制。但大径较大或细牙螺纹时，小径数值应查阅有关手册，可按实际尺寸绘制。在垂直于螺纹轴线的投影面的视图(反映圆的视图)中，表示牙顶的大径圆画成粗实线圆，表示牙底的小径圆画成 3/4 细实线圆，其起点和中点应离开表示轴线的点画线，此时螺纹倒角或倒圆的投影不表示。

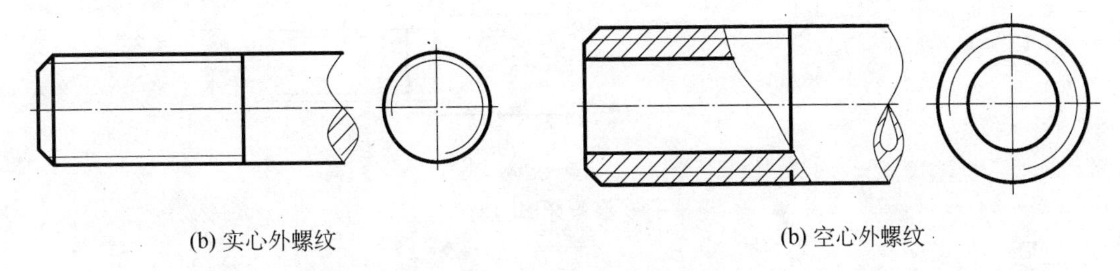

(b) 实心外螺纹　　(b) 空心外螺纹

图 6－6　外螺纹的规定画法

2. 内螺纹画法

如图 6－7 所示，在平行于螺纹轴线的投影面的剖视图或断面图(非圆视图)中，内螺纹牙底所在的轮廓线(大径线)画成细实线。内螺纹牙顶所在的轮廓线(小径线)画成粗实线。小径通常按大径的 0.85 倍近似绘制。但大径较大或细牙螺纹时，小径数值应查阅有关手册，可按实际尺寸绘制。图中的剖面线必须画到粗实线。在绘制不穿通的螺孔时，应将钻孔深度和螺纹部分的深度分别画出。不可见螺纹的所有图线均用虚线表示。在垂直于螺纹轴线的投影面的视图(反映圆的视图)中，表示牙顶的小径圆画成粗实线圆，表示牙底的大径圆画成 3/4 细实线圆，其起点和终点应离开表示轴线的点画线，倒角或倒圆的投影不表示。

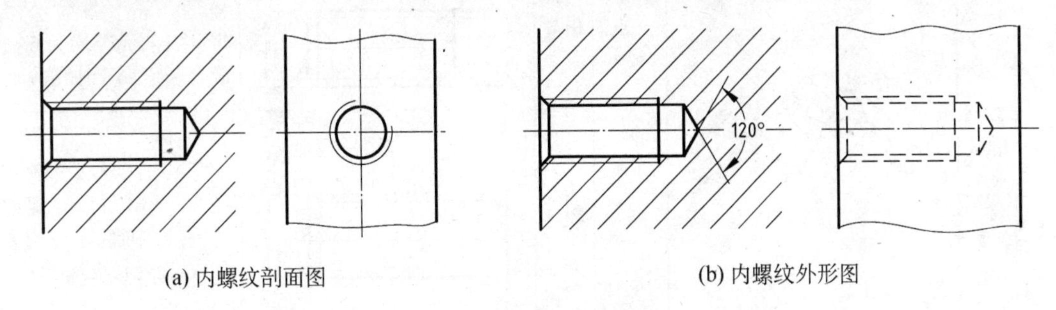

(a) 内螺纹剖面图　　(b) 内螺纹外形图

图 6－7　内螺纹的规定画法

3. 内、外螺纹旋合时的画法

图 6－8 所示，以剖视图表示内、外螺纹连接时，其旋合部分应按外螺纹绘制，其余部分仍按各自的画法表示。应注意的是：表示大、小径的粗实线和细实线应分别对齐，而与倒角无关。加工在实心件上的外螺纹按不剖绘制。

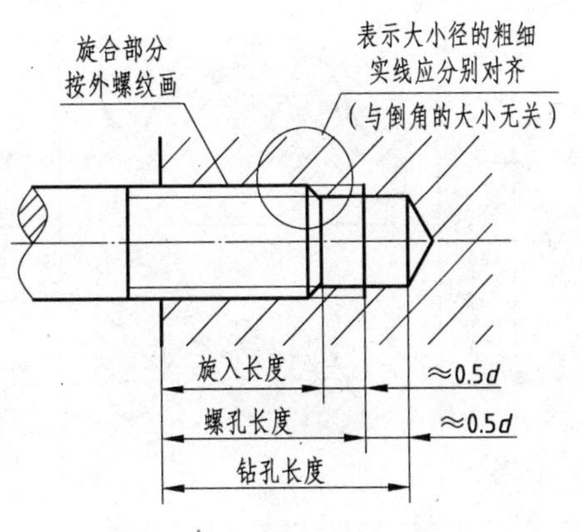

图 6－8　螺纹连接的画法

4. 螺纹牙型的表示法

当需要表示螺纹的牙型时，可采用局部剖视图或局部放大图绘制，见图 6－9。

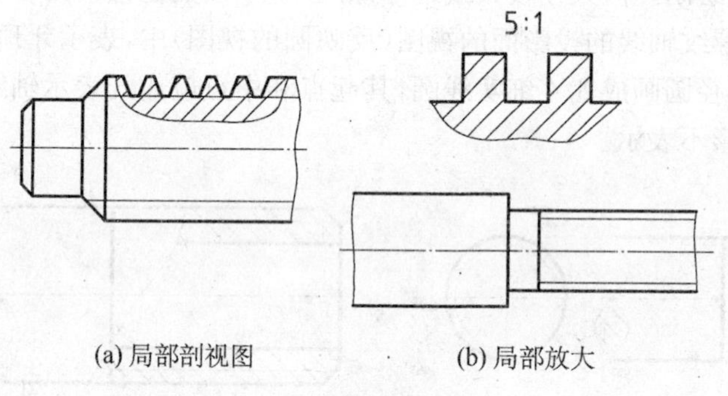

(a) 局部剖视图　　(b) 局部放大

图 6-9　螺纹牙型的表示法

三、常用螺纹的种类和标注

螺纹按用途分为连接螺纹和传动螺纹两类，前者起连接作用，后者用于传递动力和运动。螺纹按国标的规定画法画出后，图上未表明牙型、公称直径、螺距、线数和旋向等要素，因此，需要用标注代号或标记的方式来说明。各种常用螺纹的种类和标注方式及示例见表 6-1。

表 6-1　常用螺纹的种类和标注示例

螺纹种类		牙型放大图	牙型符号	代号或标记		说明
连接螺纹	普通螺纹	60°	M	粗牙	M20-6g	粗牙普通螺纹，公称直径 20 mm。螺纹公差带：中径、大径均为 6 g。旋合长度属于中等
				细牙	M20×1.5-7H-L	细牙普通螺纹，公称直径 20 mm，右旋。螺纹公差带：中径、小径均为 7H。旋合长度属于长
	管螺纹	55°	G	非螺纹密封的管螺纹	$G\frac{1}{2}A$	非螺纹密封的外管螺纹，尺寸代号 1/2 英寸，公差等级为 A 级，右旋。用引出标注
		55°	Rc Rp R	用螺纹密封的管螺纹	$Rc1\frac{1}{2}A$	用螺纹密封的圆锥内管螺纹，尺寸代号 $1^1/2$ 英寸，右旋。用引出标注 Rp、R 分别是用螺纹密封的圆柱内管螺纹、圆锥外管螺纹的牙型代号

（续表）

螺纹种类		牙型放大图	牙型符号	代号或标记	说明
传动螺纹	梯形螺纹	30°	Tr	Tr40×14(P7)LH	梯形螺纹，公称直径40 mm，双线螺纹，导程14 mm，螺距7 mm，左旋(代号为LH)。螺纹公差带：中径为7H。旋合长度属中等的一组
	锯齿形螺纹	30° 3°	B	B32×6-2	锯齿形螺纹，公称直径32 mm，单线螺纹，螺距6 mm，2级精度，右旋

公称直径以mm为单位的螺纹，其标记应直接注在大径的尺寸线上或其引出线上。管螺纹(英制或米制)、锥管螺纹的标记一律注在引出线上，引出线由大径处引出或由对称中心处引出(反映圆的视图)。非标准的螺纹，应画出螺纹的牙型，并注出所需要的尺寸及有关要求。

1. 普通螺纹

普通螺纹有粗牙和细牙之分，分别称粗牙普通螺纹和细牙普通螺纹。同一公称直径的粗牙普通螺纹的螺距只有一种，而细牙普通螺纹的螺距可能有几种，因此，在标注细牙螺纹时需标出螺距。细牙螺纹的螺距比粗牙螺纹的螺距小，大多用在细小的精密零件和薄壁零件上。细牙螺纹的螺距，可查阅附表1-1。

国家标准GB/T 197—2003规定，普通螺纹的规定代号用“M”表示。

普通螺纹的完整标记由螺纹代号、公称直径、螺纹公差带代号、螺纹旋合长度代号和旋向代号组成。螺纹公差带代号包括中径公差带代号和顶径(指外螺纹大径和内螺纹小径)公差带代号。小写字母代表外螺纹，一般可采用6 g或7 g，大写字母代表内螺纹，一般可采用6H或7H。如中径公差带与顶径公差带相同，则只标注一个代号。两个相互配合的内、外螺纹，沿螺纹轴向的旋合长度规定为短(S)、中(M)、长(L)三种。按三种旋合长度给出精密(用于精密螺纹)、中等(一般用途)、粗糙(精度要求不高或制造比较困难时用)三种精度。在一般情况下，不标注螺纹旋合长度，必要时，加注旋合长度代号S或L。螺纹代号和公称直径与螺纹公差带代号、旋合长度代号之间，分别用“-”分开。粗牙螺纹因只有一种螺距，在标注时不必写出螺距，而细牙螺纹因有多种螺距，必须注明其螺距，具体数值可查附表1-1。当螺纹为右旋时，不注其旋向；但当螺纹为左旋时，应加注“LH”。如：“M10-5 g 6 g”表示粗牙普通螺纹(外螺纹)，公称直径为10 mm，中径公差带为5 g，顶径公差带为6 g，右旋，中等旋合长度；“M10×1LH-6H”表示细牙普通螺纹，公称直径为10 mm，螺距为1 mm，左旋，中径与顶径公差带为6H，中等旋合长度；“M10-5 g 6 g-S”S表示旋合长度属于短的一组。

2. 管螺纹

在水管、油管和薄壁零件等的连接中常用管螺纹，它们是英寸制。有非螺纹密封的内、外管螺纹和用螺纹密封的圆柱管内螺纹；还有用螺纹密封的圆锥内、外管螺纹，国家标准GB/T 7306—2000规定它们的牙型代号分别为G、Rp、Rc、R。管螺纹的螺纹尺寸代号是指管螺纹用于管子孔径的近似值，不是管子的外径。管螺纹是用每 25.4 mm 中的螺纹牙数表示螺距，计算后均为小数。如：尺寸代号为 G1 的管螺纹，经查附表 1-2、附表 1-3 知螺纹大径 $d=33.249$、螺距 $P=2.309$、每 25.4 mm 中的螺纹牙距 $n=11$。

3. 梯形螺纹

梯形螺纹用来传递双向动力，其直径、螺距和基本尺寸可查附表 1-4。国家标准 GB/T 5796—2005 规定，梯形螺纹的规定代号用"Tr"表示。

梯形螺纹的标记含有螺纹代号、公差直径和螺距；若为多线螺纹，需注明导程；左、右旋的标记规则如同普通螺纹。梯形螺纹的公差带代号只标注中径公差带，其旋合长度按公称直径和螺距的大小分为中等旋合长度 N 和长旋合长度 L 两组。当旋合长度为 N 组时，不标注旋合长度代号；当旋合长度为 L 组时，应 L 标注在公差带代号的后面，并用"－"隔开。其标注形式是：牙型代号 B、公称直径、导程（P 螺距）或螺距、旋向、公差带代号、旋合长度。如："Tr40×7-7H" 表示公称直径为 40 mm，螺距为 7 mm 的单线右旋梯形螺纹（内螺纹），中径公差带为 7H，中等旋合长度；"Tr40×14(P7)LH-8e-L" 表示公称直径为 40 mm，导程为 14 mm，螺距为 7 mm 的双线左旋梯形螺纹（外螺纹），中径公差带为 8e，长旋合长度。

4. 锯齿形螺纹

锯齿形螺纹用来传递单向动力。国家标准 GB/T 13576—1992 规定，锯齿形螺纹的规定代号用"B"表示。锯齿形螺纹的规定标记同梯形螺纹，其标注形式是：牙型代号 B、公称直径、导程（P 螺距）或螺距，旋向、精度等级、旋合长度。如："B70×10(P5)LH-2"表示公称直径为 70 mm，导程为 10 mm，螺距为 5 mm 的双线左旋锯齿形螺纹，2 级精度；"B40×10-2"表示公称直径为 40 mm，螺距为 10 mm 的单线右旋锯齿形螺纹，2 级精度。

四、常用螺纹紧固件的规定画法和标注

螺纹紧固件就是运用一对内、外螺纹的连接作用来连接和紧固一些零部件。常用的螺纹紧固件有螺栓、双头螺柱、螺母、垫圈等，这些零件的结构、尺寸已标准化，根据螺纹紧固件的规定标记，就可查出有关的尺寸。

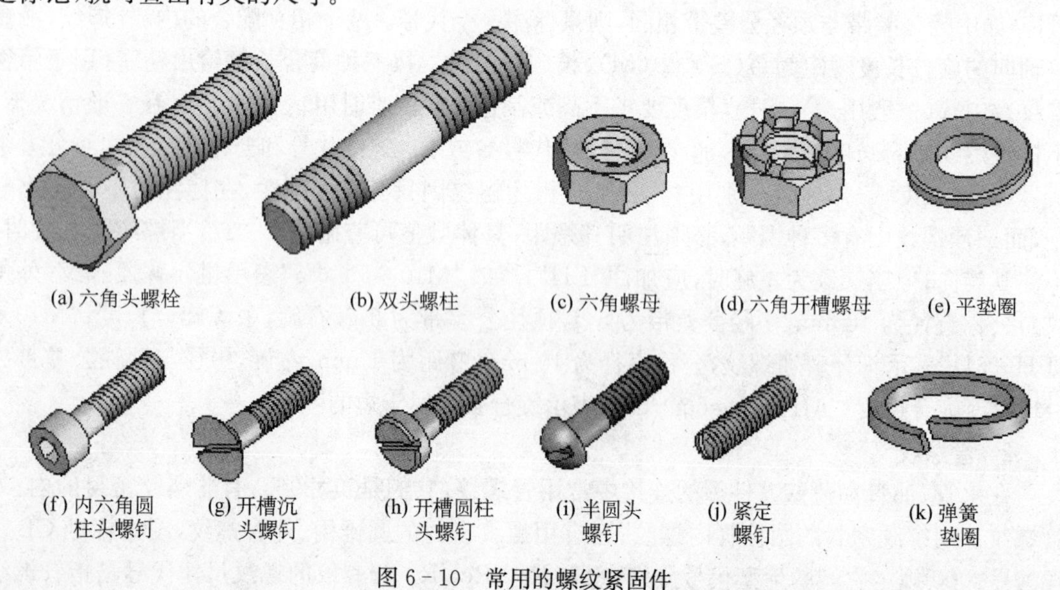

图 6-10　常用的螺纹紧固件

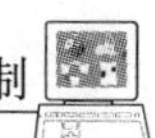

1. 螺纹紧固件的图例和标记

标准的螺纹紧固件,都有规定的标记,标记的内容有:名称、标准代号、螺纹规格×公称长度。常用螺纹紧固件的标记见表 6-2,各种标准紧固件的具体尺寸可查附表 2-1～附表 2-6。

表 6-2　螺纹紧固件的图例和标记

名称及视图	规定标记示例	名称及视图	规定标记示例
六角头螺栓 A 和 B 级	螺栓 GB/T 5780—2000 M12×80	十字槽沉头螺钉	螺钉 GB/T 819.1—2000 M10×45
双头螺柱($b_m = 1.5d$)	螺柱 GB/T 899—1988 M10×70	Ⅰ型六角螺母	螺母 GB/T 6170—2000 M16
开槽盘头螺钉	螺钉 GB/T 67—2000 M10×45	平垫圈	垫圈 GB/T 97.1—2002 16
开槽锥端紧定螺钉	螺钉 GB/T 72—1988 M12×40	弹簧垫圈	垫圈 GB/T 93—1987 20
内六角圆柱头螺钉	螺钉 GB/T 70.1—2000 M16×40—12.9		

2. 螺纹紧固件的画法

常用螺纹紧固件如螺栓、双头螺柱、螺钉、螺母、垫圈等都已标准化。在装配图中,为了作图方便,常将螺纹紧固件各部分尺寸,取其与螺纹大径 d 成一定的比例画出。

1）螺钉连接

螺钉连接用于受力不大而又不经常拆卸的场合,在被连接的两个零件中,靠近螺钉头部的一个零件较薄，钻出无螺纹的通孔，孔径大小为 1.1d(d 为螺钉的公称尺寸)，另一个零件较厚，钻螺纹孔(一般为盲孔)。它靠这个螺纹孔和螺钉头部端面来紧固被连接的两零件，见图 6－11。

(1) 螺钉有效长度的确定：螺钉的有效长度 $l=\delta+h$ (见图 6－11(b)、(c))，式中 h 为螺钉旋入长度。为了保证螺钉的旋入长度，零件的螺孔深度应大于或等于 $h+0.3d$，钻孔深度应大于或等于 $h+0.6d$。

(2) 螺钉连接的画法：螺钉连接的画法及其各部分比值的尺寸见图 6－11(a)、(b)。螺钉头部的一字槽、十字槽可以画成(1.5～2)b 宽的单线。对于一字槽螺钉，在平行于螺钉轴线投影面的视图中，一字槽垂直于投影面投影；在垂直于螺钉轴线的投影面的视图中，一字槽画成与水平方向成 45°的斜线，一字槽或十字槽的尺寸如较小，可画一条粗线，如图 6－11(c)。

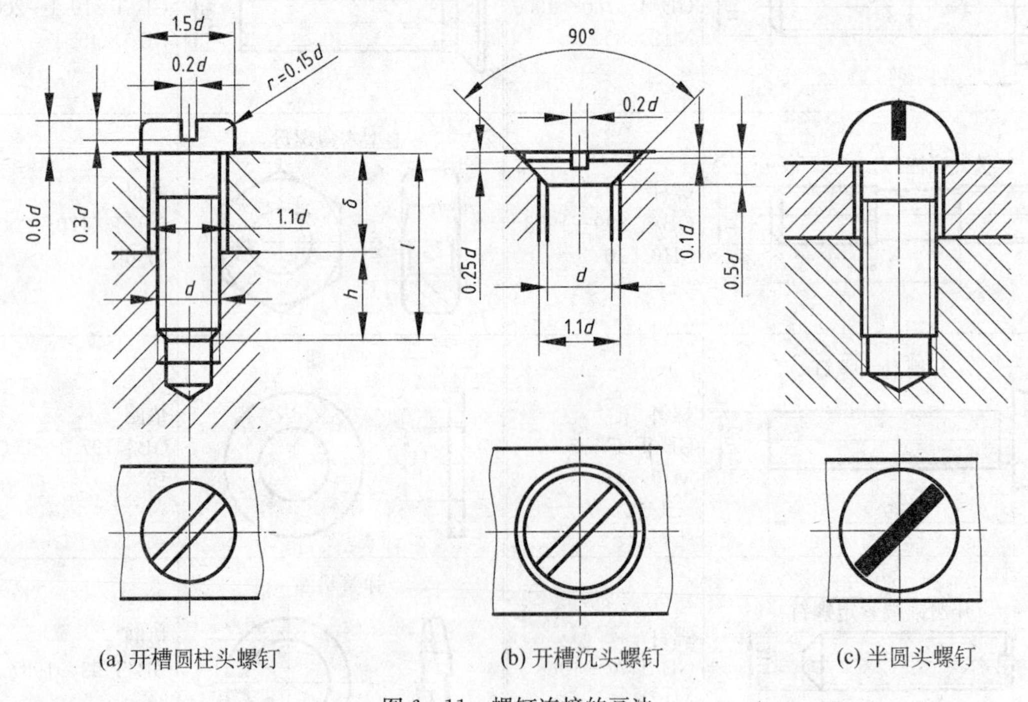

(a) 开槽圆柱头螺钉　(b) 开槽沉头螺钉　(c) 半圆头螺钉

图 6－11　螺钉连接的画法

2) 螺栓连接

螺栓连接可承受较大力，用于连接厚度不大的两个零件。图 6－12 中，六角头螺栓、六角头螺母、垫圈连接了两个零件，被连接的两零件都钻出无螺纹的通孔，孔径为 1.1d(d 为螺栓的公称尺寸)。连接时，将螺栓穿过被连接零件的通孔，然后套入垫圈，再旋上螺母紧固被连接零件。

(1) 螺栓有效长度的确定：首先确定螺栓螺纹的公称直径，然后根据被连接件的厚度初定螺栓的有效长度 $l=\delta_1+\delta_2+h+m+a$，见图 6－12(a)，将计算所得的值圆整到符合国标所规定的长度系列。确定了螺栓的有效长度后，就定出了螺栓的规格。通过查表定出螺栓和与它配套的螺母、垫圈的各部分尺寸。

(2) 螺栓连接的画法：国标规定螺栓连接按图 6－13(a)所示，其中螺栓头部和螺母的画法见图 6－13，图 6－12(b)是螺栓连接的简化画法。在画螺栓、螺母、垫圈的各部分尺寸时，可采用螺纹大径 d 的比值来画(见图 6－13(a))。

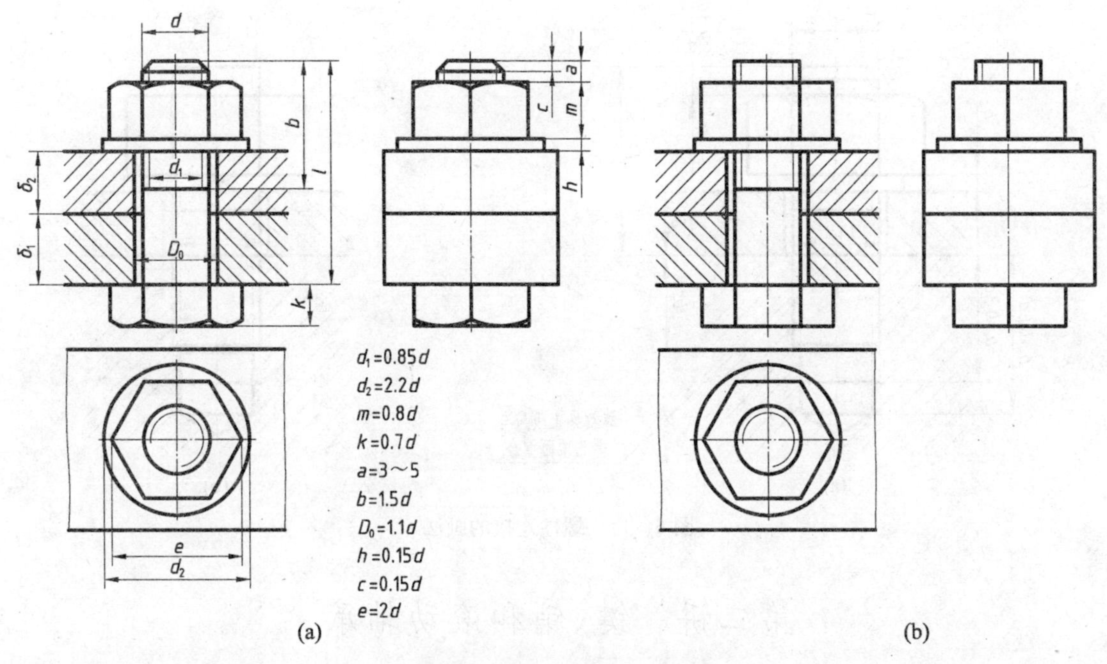

图 6-12　螺栓连接画法

3）双头螺柱连接

双头螺柱（简称螺柱），用于连接两个零件，其中一个零件的厚度较大，不能钻成通孔；另一零件的厚度较小，能钻成通孔。它有螺柱、螺母和垫圈组成。螺柱的两端都有螺纹，一端必须全部旋入厚度较大的被连接件的螺孔内，称为旋入端；另一端称为紧固端。

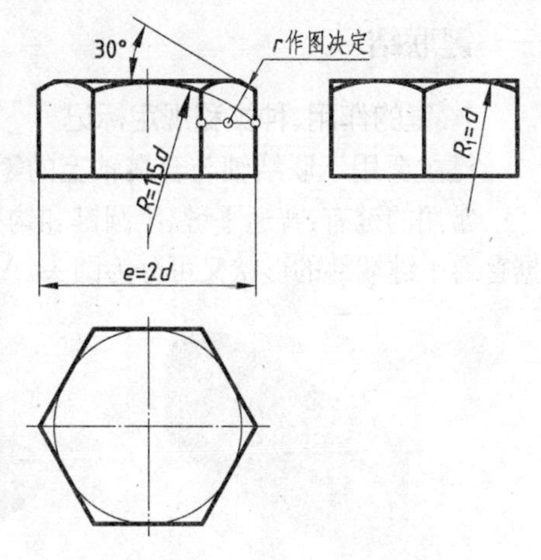

图 6-13　螺栓头部的画法

（1）双头螺柱有效长度的确定：首先确定螺柱螺纹的公称直径，然后根据被连接件的厚度初定螺栓的有效长度 $l=\delta+h+m+0.3d$，见图 6-14(a)，将计算所得的值圆整到符合国标所规定的长度系列。旋入端的长度 b_m 及螺孔深度，应根据螺孔零件的材质选取；如螺纹大径为 d，$b_m=d$ 一般用于钢对钢，$b_m=(1.25\sim1.5)d$ 一般用于钢对铸铁，$b_m=2d$ 一般用于钢对铝合金。同样可通过查表定出螺柱和与它配套的螺母、垫圈的各部分尺寸。

（2）双头螺柱连接的画法：螺柱连接按图 6-14(a)所示，其紧固部分与螺栓连接画法相同，旋入部分与螺钉连接画法相同。图 6-14(b)是螺柱连接的简化画法。

4）规定画法

（1）两个零件接触面处画一条粗线。

（2）作剖视所用的剖切平面沿轴线（或对称中心线）通过实心零件或标准件（螺栓、双头螺柱、螺钉、螺母、垫圈等）时，则这些零件均按不剖绘制，即仍画其外形。

（3）在剖视图中，表示相互接触的两个零件时，它们的剖面线方向应该相反，而同一零件在各剖视图中，剖面线的方向和间隔应该相同。

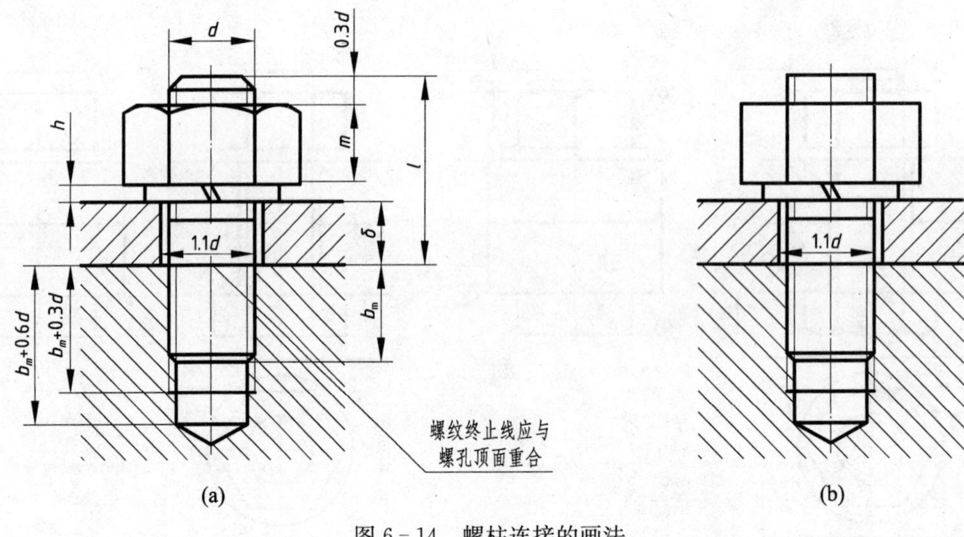

图 6-14　螺柱连接的画法

第二讲　键、销和滚动轴承

常用标准件除螺纹紧固件外，还有键、销和滚动轴承。

一、键联结

1. 键的作用、种类和规定标记

键主要用于联结轴与套在轴上的零件（如皮带轮、齿轮、凸轮等），起到传递扭矩的作用。

常用的键有：普通平键、半圆键和钩头楔键，如图 6-15 所示。其中普通平键应用最广，而根据普通平键端部的形状又可分为圆头（A 型）、方头（B 型）和单圆头（C 型）三种形式，见图 6-16。

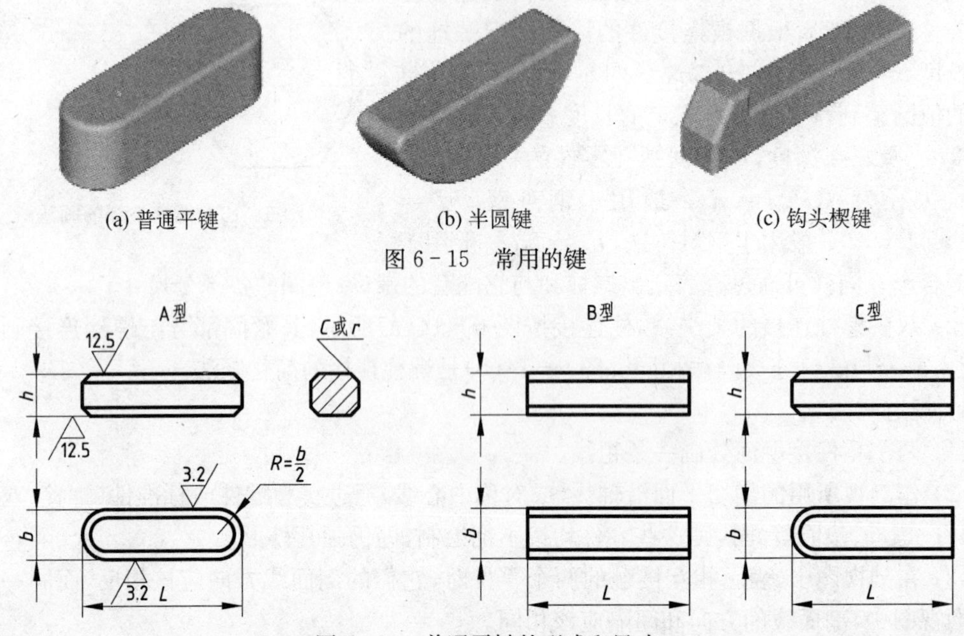

图 6-15　常用的键

图 6-16　普通平键的型式和尺寸

键及键槽尺寸，根据轴颈尺寸可在附表 3－1 中查出。如在直径为 $\phi 50$ 的轴颈上开一个键槽，只需根据 $\phi 50$ 这个尺寸就可查出键的宽度 $b = 14$ mm，高 $h = 9$ mm，而键的长度尺寸要根据套在轴上零件的宽度确定，具体数值应符合长度系列中的数字。

在图 6－17 中，皮带轮和轴之间用键联结，其中轴颈的尺寸为 $\phi 20$，皮带轮宽 19.8，查表得键的尺寸：$b = 6$ mm，$h = 6$ mm，$L = 18$，键应标记为：GB/T 1096—2003　键 6×6×18。

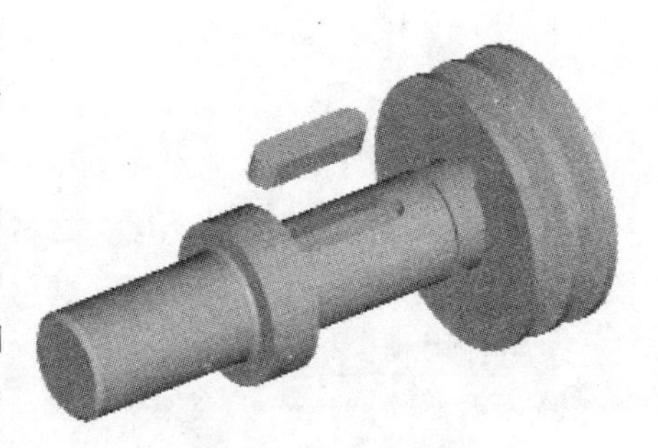

图 6－17　键联结

2. **键联结画法**

轴上键槽的形状及大小和键相同，键槽的深度 $t = 3.5$ mm。皮带轮上的键槽宽度与键相同，轮毂深度 $t_1 = 2.8$ mm。图 6－18(a)表示轴和皮带轮的键槽及其尺寸注法，轴的键槽用轴的主视图（局部视图）和在键槽处移出剖面表示。尺寸要注键槽的长度 L、键槽的宽度 b 和 $d - t$（t 是轴上的键槽深度）。皮带轮上的键槽沿轴向贯穿整个皮带轮，采用全剖视图表示，尺寸应注 b 和 $d + t_1$（t_1 是皮带轮轮毂的键槽深度）。

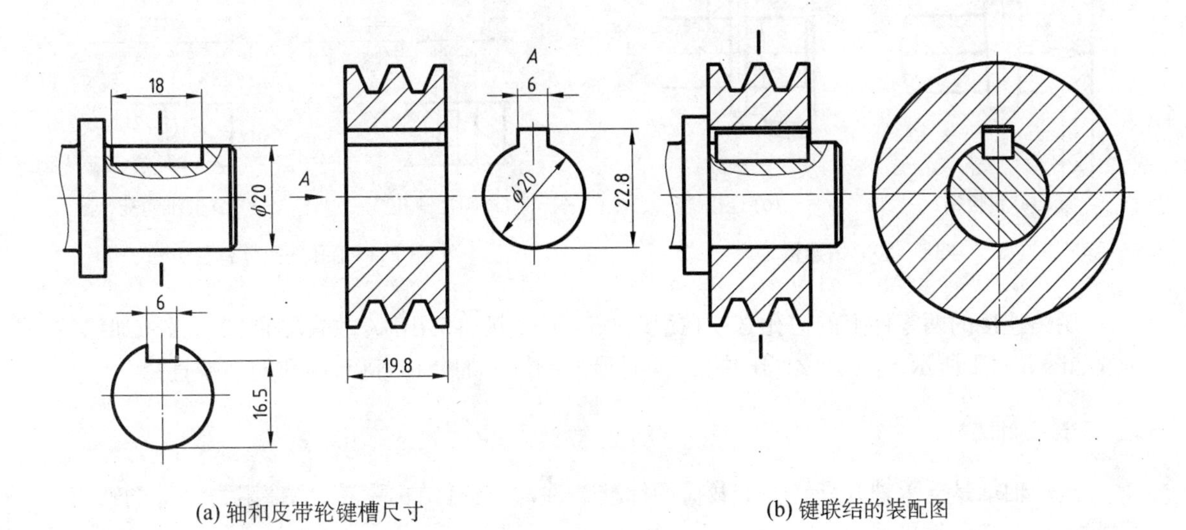

(a) 轴和皮带轮键槽尺寸　　(b) 键联结的装配图

图 6－18　键联结

图 6－18(b)表示轴和皮带轮用键联结的装配画法。剖切平面通过轴和键的轴线或对称面等，轴和键均按不剖画出。但为了表示轴上的键槽，可采用局部剖视。因 $t + t_1 > h$（键的高度），所以在装配图中，键的顶面和轮毂键槽的底面是不接触表面，应画两条线。

二、销连接

销主要用于零件间的联结与定位，属于标准件。常用的销有：圆柱销、圆锥销和开口销等（见图 6－19）。开口销经常与开槽六角螺母配合使用，它穿过开槽螺母上的槽和螺杆上的孔，并在销的尾部叉开，以防螺母因振动等因素而松动。

图 6-19　常用的销

销是标准件，它们的形状和尺寸均已标准化，其规格、尺寸及规定标记见附表 4-1、4-2。如公称直径 $d=10$ mm，长度 $l=50$，材料为 35 钢，热处理硬度 HRC28～38、表面氧化处理的 A 型圆柱销，其规定标记为：销 GB/T119.1　A10×50。

销连接的画法见图 6-20。

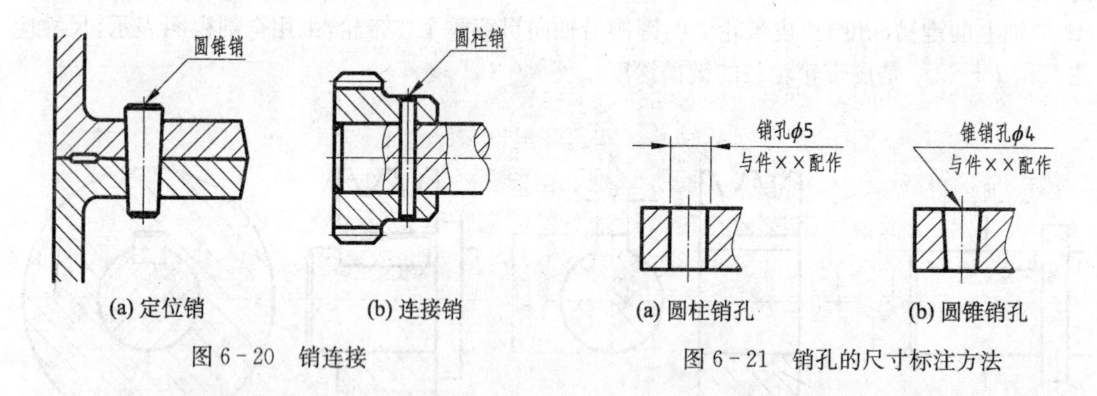

图 6-20　销连接

图 6-21　销孔的尺寸标注方法

用销连接的两零件上的销孔必须在组装状况下一起加工出来，故在零件图上必须加以注明，如图 6-21 所示。图 6-21(b)中的 $\phi 4$ 是所配圆锥销的公称直径，即孔的小端直径。

三、滚动轴承

滚动轴承是支承轴并承受轴上载荷的标准部件，它具有结构紧凑、摩擦阻力小等的特点，因此被广泛应用于机器中。

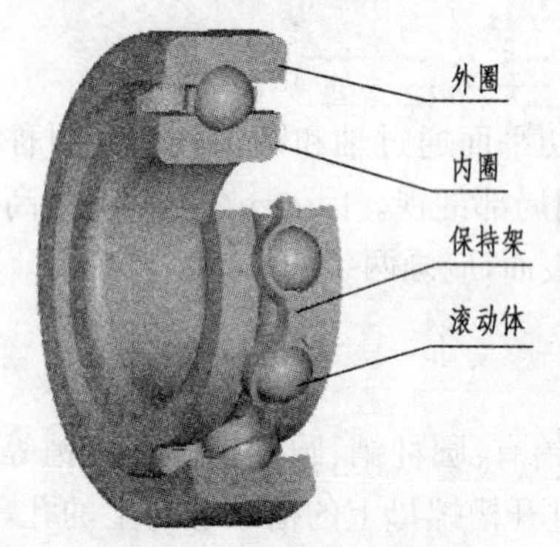

图 6-22　滚动轴承的结构

1. 滚动轴承的结构和规定标记

滚动轴承种类很多，其组成基本相同，一般由外圈、内圈、滚动体及保持架四部分组成，如图 6-22 所示。一般情况下，外圈固定在机座的孔内，内圈则套在转动的轴上，随轴一起转动。为了方便选用，国家标准规定了滚动轴承的型式、结构特点和尺寸等均采用代号来表示(见国标 GB/T 276—1994)。轴承基本代号的组成如下：

轴承类型　　尺寸系列代号　　内径代号

轴承类型代号用数字或字母来表示，见表 6-3。

表 6-3　常用轴承类型代号

代号	0	1	2	3	4	5	6	7	8	N	U	QJ
轴承类型	双列角接触球轴承	调心球轴承	调心滚子轴承和推力调心滚子轴承	圆锥滚子轴承	双列深沟球轴承	退力球轴承	深沟球轴承	角接触球轴承	推力圆柱滚子轴承	圆柱滚子轴承	外球面球轴承	四点接触球轴承

尺寸系列代号由轴承的宽(高)度系列代号和直径系列代号组成,用阿拉伯数字来表示。它的主要作用是区别内径相同而宽度和外径不同的轴承,反映了轴承的承载能力。具体尺寸系列代号查阅相关的国家标准,本书附录 5-1～附录 5-3 中列举了一些轴承。

内径代号表示轴承的公称直径,一般用两位阿拉伯数字表示。代号数字 00, 01, 02, 03 分别表示轴承内径 $d=10\,\text{mm}$, $12\,\text{mm}$, $15\,\text{mm}$, $17\,\text{mm}$;代号数字为 04～96 时,代号数字乘以 5,所得的乘积即为轴承的内径。

现以滚动轴承 6212 为例,说明代号中各位数字的意义:

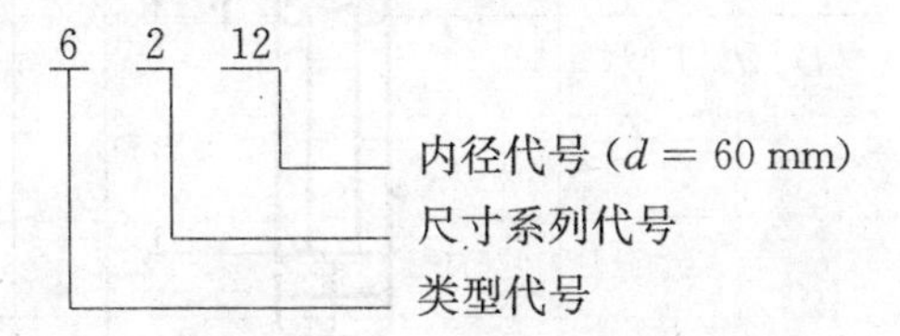

6 为轴承类型代号,是深沟球轴承;(0)2 为尺寸系列代号;12 为内径代号:$d=12\times5=60\,\text{mm}$。经查表得:轴承外径 $D=110\,\text{mm}$;宽度 $B=22\,\text{mm}$。该轴承的规定标记:滚动轴承 6212 GB/T 276—1994。

2. 滚动轴承的画法

因滚动轴承是标准的部件,因此,在画图时不必画出它的零件图,国家标准 GB/T 4459.7—1998 对轴承的画法作了规定:只在装配图中根据内径、外径、宽度等几个主要尺寸,按比例画法将其一半近似地画出它的结构特征,见表 6-4。

表 6-4　常用轴承的特征画法及规定画法

名称标准号代号	主要尺寸	规定画法	特征画法
深沟球轴承 GB/T 276—1994	D、d、B		

（续表）

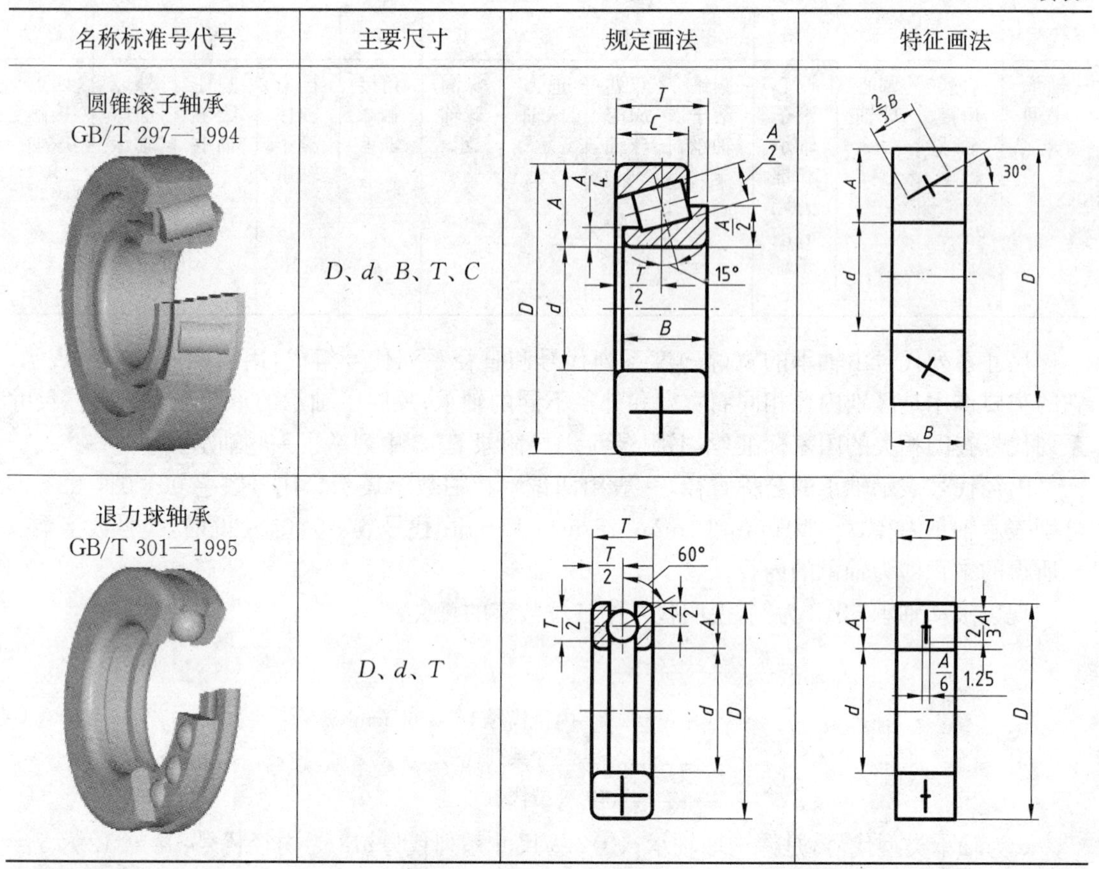

名称标准号代号	主要尺寸	规定画法	特征画法
圆锥滚子轴承 GB/T 297—1994	D、d、B、T、C		
退力球轴承 GB/T 301—1995	D、d、T		

注：上表中 $A=(D-d)/2$

第三讲　齿　轮

齿轮在机器中是起传动作用的，通过一对齿轮的啮合可以完成减速、增速、变向和换向等作用。常用的传动齿轮按传动轴的相对位置分为以下三种，如图 6-23 所示。

(a) 圆柱齿轮

(b) 锥齿轮

(c) 涡轮蜗杆

图 6-23　常见的齿轮传动

圆柱齿轮——用于平行两轴间的传动。

圆锥齿轮——用于垂直相交两轴间的传动。

蜗轮与蜗杆——用于垂直交叉两轴间的传动。

为了使传动平稳、啮合正确，齿轮轮齿的齿廓线制成渐开线、摆线或圆弧，渐开线是较常用的一种。轮齿的方向有直齿、斜齿和人字齿。具有标准齿的齿轮称为标准齿轮。

一、直齿圆柱齿轮的基本参数

图 6－24 中标出了部分直齿圆柱齿轮的参数。

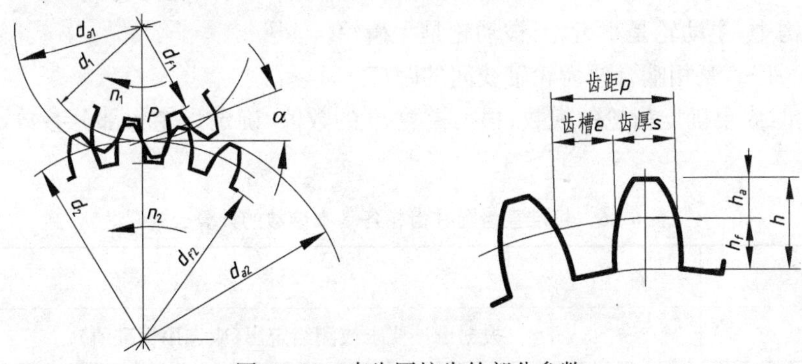

图 6－24 直齿圆柱齿轮部分参数

(1) 分度圆直径 d，加工齿轮时，作为齿轮轮齿分度的圆称为分度圆。

(2) 节圆直径 d'，连心线上两相切的圆称为节圆。对于标准齿轮且安装标准时，节圆和分度圆是一致的，即 $d = d'$。

(3) 节点 P，在一对啮合齿轮上，两节圆的切点。

(4) 齿顶圆直径 d_a，齿轮顶部的圆称齿顶圆。

(5) 齿根圆直径 d_f，齿槽根部的圆称齿根圆。

(6) 齿距 p、齿厚 s、槽宽 e，在节圆或分度圆上，两相邻的同侧齿面间的弧长称齿距；一个轮齿齿廓间的弧长称齿厚；一个齿槽齿廓间的弧长称槽宽。在标准齿轮中，$s = e$，$p = s + e$。

(7) 齿高 h、齿顶高 h_a、齿根高 h_f，齿顶圆与齿根圆的径向距离称齿高；齿顶圆与分度圆的径向距离称齿顶高；分度圆与齿根圆的径向距离称齿根高。齿高等于齿顶高加齿根高即 $h = h_a + h_f$。

(8) 啮合角、压力角、齿形角 α，两相啮合轮齿齿廓在 P 点的公法线与两节圆的公切线所夹的锐角称啮合角，也称压力角，加工齿轮的原始基本齿条的法向压力角称齿形角，对于标准齿轮来说，这三个角相等，即：啮合角＝压力角＝齿形角＝α。国家标准规定，标准齿轮的压力角等于 20°。

(9) 模数 m，模数是设计、制造齿轮的重要参数。为了便于设计和加工，模数的值已经系列化，见表 6－5。

表 6－5 圆柱齿轮的模数 *m*(GB/T 1357—1987)

第一系列	0.1, 0.12, 0.15, 0.2, 0.25, 0.3, 0.4, 0.5, 0.6, 0.8, 1, 1.25, 1.5, 2, 2.5, 3, 4, 5, 6, 8, 10, 12, 16, 20, 25, 32, 40, 50
第二系列	0.35, 0.7, 0.9, 1.75, 2.75, (3.25), 3.5, (3.75), 4.5, 5.5, (6.5), 7, 9, (11), 14, 18, 22, 28, (30), 36, 45

注：在选用时，应优先采用第一系列，括号内的模数尽可能不用。

如齿轮的齿数用 z 表示，分度圆直径用 d 表示，则分度圆上的周长等于：

$$\pi d = zp\text{，故 } d = \frac{p}{\pi}z\text{；令 } m = \frac{p}{\pi}\text{，则 } d = mz$$

从上面的计算公式中可知，模数 m 越大，轮齿就越大；模数 m 越小，轮齿就越小。两相互啮合齿轮，其齿距 p 应相等，因此它们的模数必须相等。

(10) 传动比 i，主动轮转速 n_1(r/mim)与被动轮转速 n_2(r/min)之比。$i = \frac{n_1}{n_2} = \frac{z_2}{z_1}$，其中 z_1、z_2 分别为主动轮的齿数和被动轮的齿数。用于减速的一对齿轮，其传动比 $i > 1$，即 $z_1 < z_2$，在减速机构中，主动轮是小齿轮，被动轮是大齿轮。

(11) 中心距 a，互相啮合两齿轮轴线间的距离。

设计齿轮时先要确定齿轮的模数，根据模数 m 的数值，确定齿轮各部分参数，具体计算方法见表 6-6。

表 6-6 标准直齿圆柱齿轮各基本参数的计算公式

名 称	符号	计 算 公 式
模数	m	根据设计要求或测绘定出(应选用标准值)
齿数	z	根据运动要求 i 确定。z_1 为主动轮齿数，z_2 为被动轮齿数
齿距	p	$p = \pi m$
齿顶高	h_a	$h_a = m$
齿根高	h_f	$h_f = 1.25m$
齿高	h	$h = 2.25m$
分度圆直径	d	$d = mz$
齿顶圆直径	d_a	$d_a = m(z+2)$
齿根圆直径	d_f	$d_f = m(z-2.5)$
中心距	a	$a = \frac{1}{2}m(z_1+z_2)$
传动比	i	$i = \frac{n_1}{n_2} = \frac{d_2}{d_1} = \frac{z_2}{z_1}$

二、齿轮的规定画法

1. 单个圆柱齿轮的规定画法

国家标准(GB/T 4459.2—2003)规定了图样中齿轮的画法：

(1) 齿顶圆和齿顶线用粗实线绘制，见图 6-25。

(2) 分度圆和分度线用点划线绘制，见图 6-25。

(3) 齿根圆和齿根线用细实线绘制，可省略不画；在剖视图中，齿根线用粗实线绘制，见图 6-25。

(4) 在剖视图中，当剖切平面通过齿轮的轴线时，轮齿一律按不剖处理，见图 6 - 25(b)、(c)、(d)。

当需要表示斜齿或人字齿的齿线方向时，可用三条与齿线方向一致的细实线表示，见图 6 - 25(c)、(d)，直齿则不需表示。

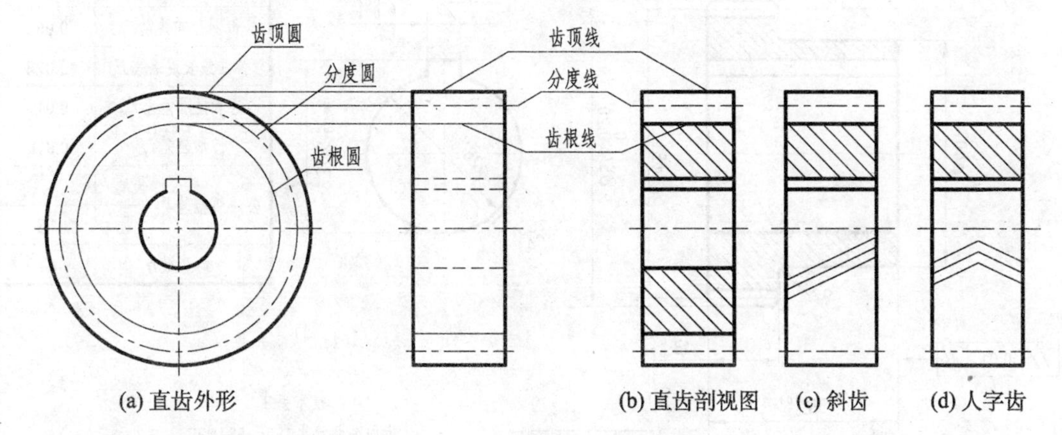

图 6 - 25　单个圆柱齿轮的画法

2. 圆柱齿轮的啮合画法

两标准圆柱齿轮相互啮合时，它们的分度圆处于相切的位置，其规定画法：

(1) 在剖视图中，当剖切平面通过两啮合齿轮的轴线时，在啮合区内，将一个齿轮的轮齿用粗实线绘制，另一个齿轮的轮齿被遮挡部分用虚线绘制(图 6 - 26(a))，也可省略不画。

(2) 在轴向视图中，两个齿轮啮合区的顶圆可以省略不画(图 6 - 26(b))。

(3) 在外形视图中，啮合区的节线以粗实线绘制(图 6 - 26(c)、(d)、(e))。

(4) 在剖视图中，当剖切平面通过啮合齿轮的轴线时，齿轮一律按不剖绘制。

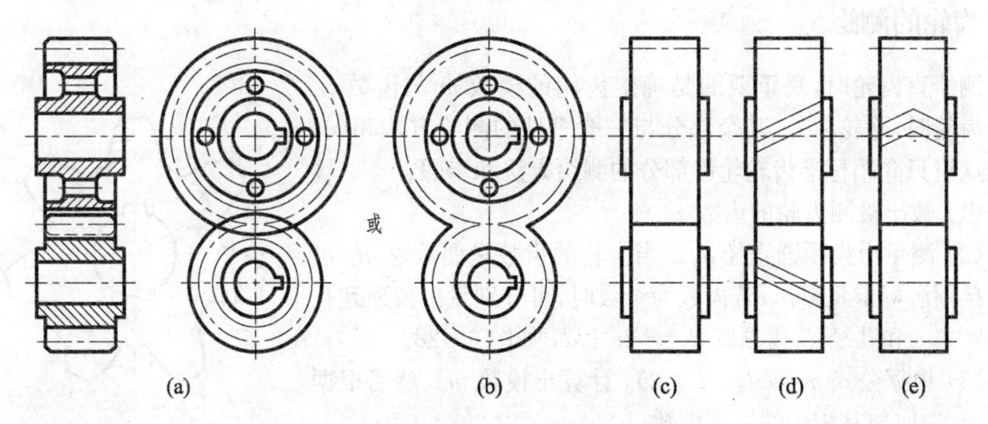

图 6 - 26　圆柱齿轮啮合的画法

3. 圆柱齿轮的零件图画法

齿轮是常用件，必须画出其零件图。图 6 - 27 是圆柱齿轮的零件图，此外，制造齿轮所需的参数应以表格的形式注写在图中，这个参数表一般放在图样的右上角。

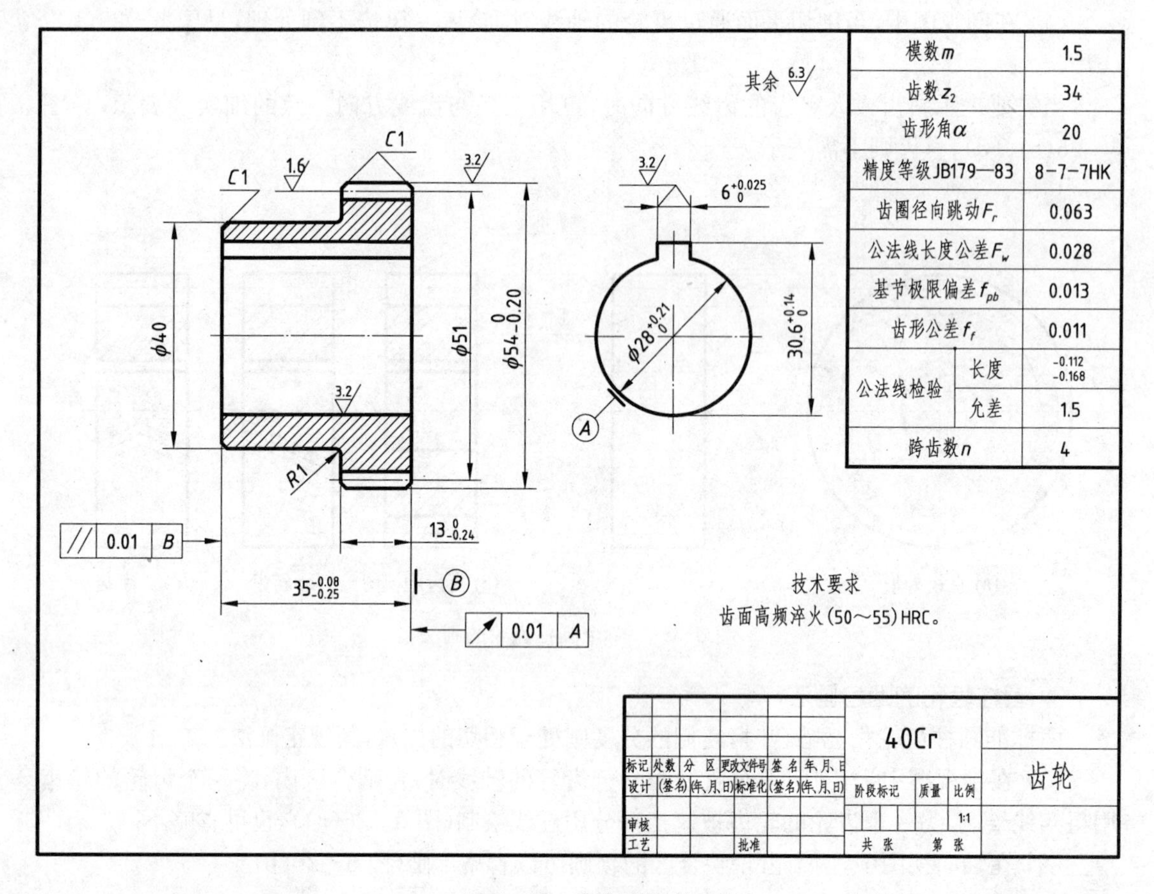

图 6-27 齿轮零件图

三、齿轮的测绘

测绘直齿轮时,最重要的是确定齿轮的模数 m 与齿数 z。测绘齿轮时,除轮齿外,其余部分与一般零件的测绘方法相同,因而这里只介绍标准齿轮轮齿部分的测绘方法和步骤。

(1) 数出被测齿轮的齿数 z。

(2) 测量出齿顶圆直径 d_a。当齿轮的齿数是偶数时,d_a 可以直接用游标卡尺量出;若齿数为奇数时,可分别量出齿顶到孔壁的距离 e 和孔径 d,齿顶圆 $d_a = 2e + d$, 如图 6-28。

(3) 根据公式 $m = d_a/(z+2)$, 计算出模数 m。然后根据表 6-5 选取与其相近的标准模数。

(4) 根据标准模数利用表 6-5,算出各基本尺寸。

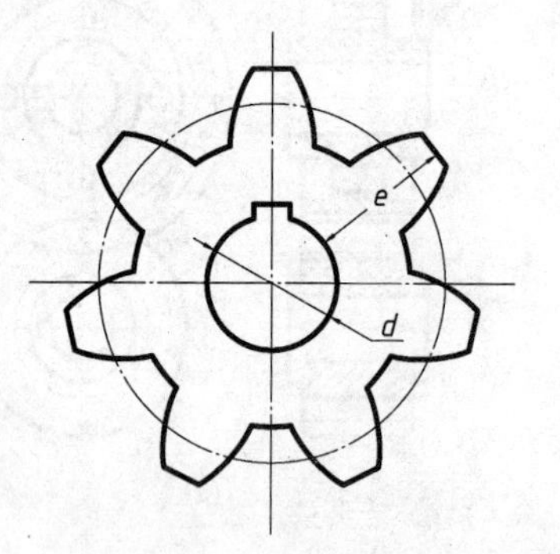

图 6-28 奇数齿轮的测绘

第四讲 弹 簧

弹簧是常用件,通常用于控制机械的运动、减震、夹紧、测力等,它是一种储能的零件。

一、弹簧的种类

弹簧的种类很多，常见的有：圆柱螺旋弹簧、板弹簧、平面涡卷弹簧和碟形弹簧等。根据受力的方向不同，圆柱螺旋弹簧又可分为：压缩弹簧、拉伸弹簧和扭转弹簧三种。其中圆柱螺旋压缩弹簧最为常用，本节着重介绍它的参数及画法。

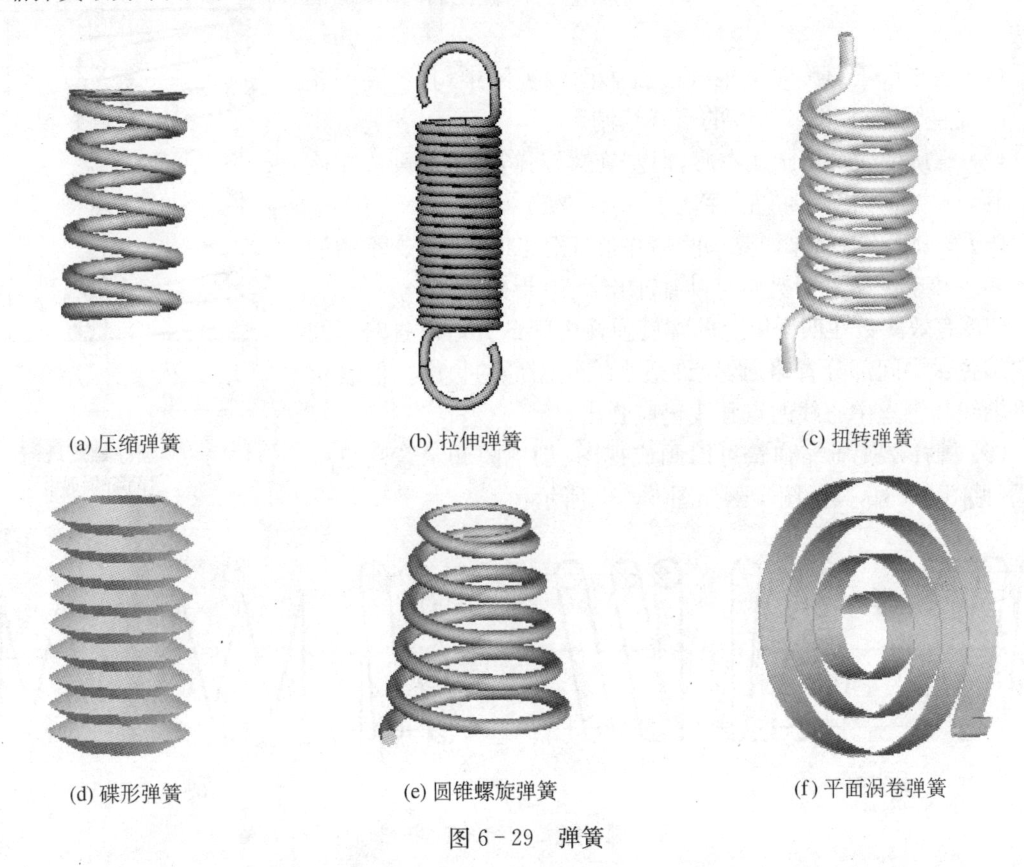

(a) 压缩弹簧　(b) 拉伸弹簧　(c) 扭转弹簧

(d) 碟形弹簧　(e) 圆锥螺旋弹簧　(f) 平面涡卷弹簧

图 6－29　弹簧

二、圆柱螺旋压缩弹簧的基本尺寸

圆柱螺旋压缩弹簧的参数名称、代号及尺寸计算如下：

(1) 簧丝直径 d——制造弹簧的钢丝直径。

(2) 弹簧外径 D——弹簧的最大直径。

(3) 弹簧内径 D_1——弹簧的最小直径，$D_1 = D - 2d$。

(4) 弹簧中径 D_2——弹簧的平均直径，$D_2 = \frac{D + D_1}{2} = D_1 + d = D - d$。

(5) 节距 t——除两端支承圈外，相邻两圈的轴向距离。

(6) 支承圈数 n_2、有效圈数 n 和总圈数 n_1——为了使压缩弹簧工作时受力均匀，增加弹簧的平稳性，要求在制造时将弹簧的两端并紧并磨平。并紧磨平的各圈仅起支承作用，称支承圈。支承圈有 1.5 圈、2 圈及 2.5 圈三种。其中 2.5 圈较为常用。除支承圈数外保持相等的节距的圈数称为有效圈数，它是计算弹簧受力时的重要依据。有效圈数与支承圈数的和为弹簧的总圈数。

(7) 自由高度 H_0——在弹簧不受外力作用时的高度。$H_0 = n \cdot t + (n_2 - 0.5)d$

(8) 展开长度 L——制造弹簧时，坯料的长度 $L \approx n_1 \sqrt{(\pi D_2)^2 + t^2}$

三、圆柱螺旋压缩弹簧的规定画法

国家标准(GB/T 4459.4—2003)规定了机械图样中弹簧的画法：

(1) 在平行于螺旋弹簧轴线的投影面的视图中，其各圈的轮廓应画成直线，并按图 6-30 的形式绘制。

(2) 螺旋弹簧均可画成右旋，但左旋螺旋弹簧，不论画成左旋或右旋，一律要注出旋向“左”字。

(3) 螺旋压缩弹簧，如要求两端并紧且磨平时，不论支承圈的圈数多少和末端贴紧情况如何，均按图 6-30 形式绘制。

(4) 有效圈数在四圈以上的螺旋弹簧中间部分可以省略。圆柱螺旋弹簧中间部分省略后，允许适当缩短图形的长度。但表示弹簧轴线和钢丝中心线的点画线仍应画出。

(5) 圆柱螺旋压缩弹簧可以画成视图、剖视图和示意图三种形式，见图 6-31，其画图步骤如图 6-32 所示。

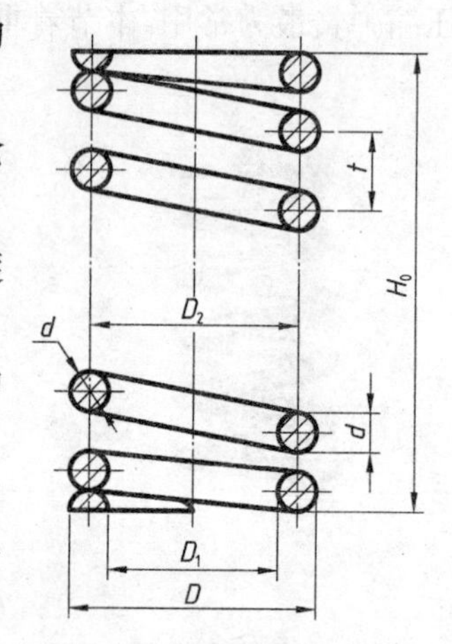

图 6-30　圆柱螺旋压缩弹簧的尺寸

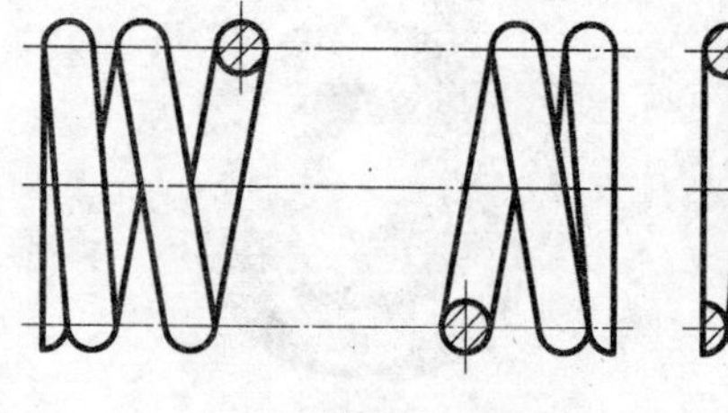

(a) 视图

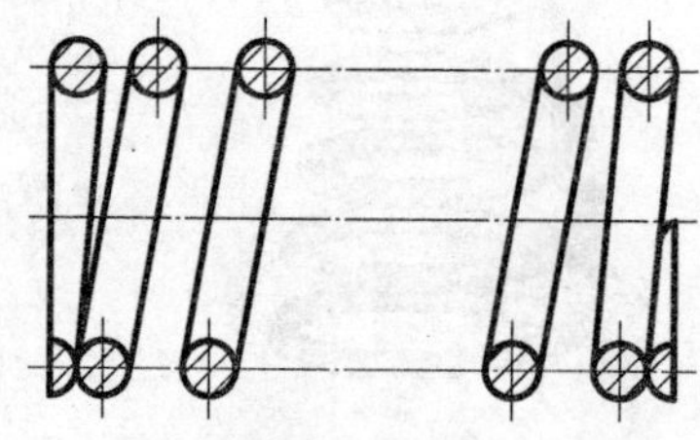

(b) 剖视图

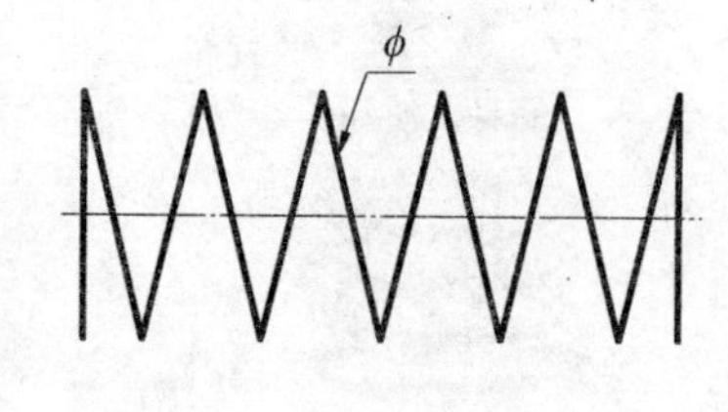

(c) 示意图

图 6-31　圆柱螺旋压缩弹簧的绘制形式

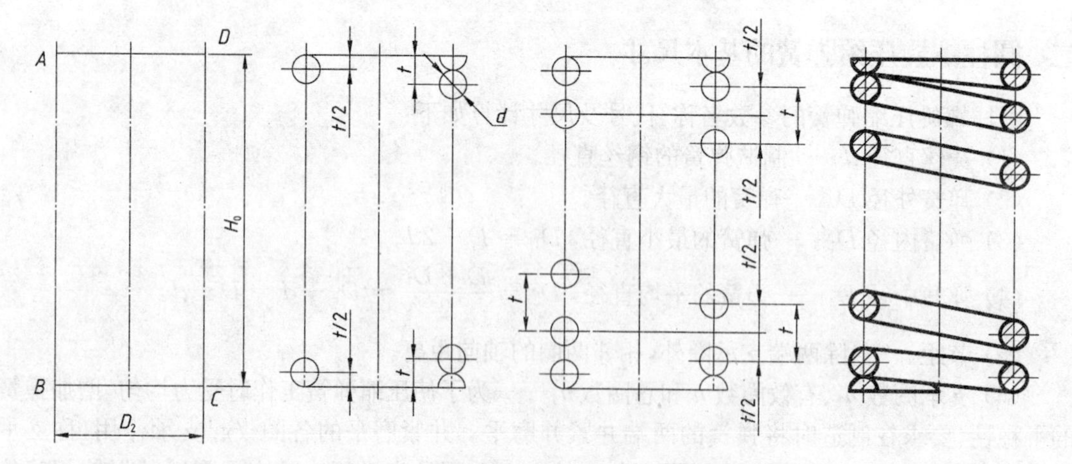

图 6-32　圆柱螺旋压缩弹簧的画图步骤

四、圆柱螺旋压缩弹簧工作图的内容

图 6－33 是圆柱螺旋压缩弹簧工作图，弹簧的参数应直接标注在图形上，在主视图上方用斜线表示弹簧在外力作用下变形量，代号 F_1、F_2 为工作载荷，F_j 为极限负荷。

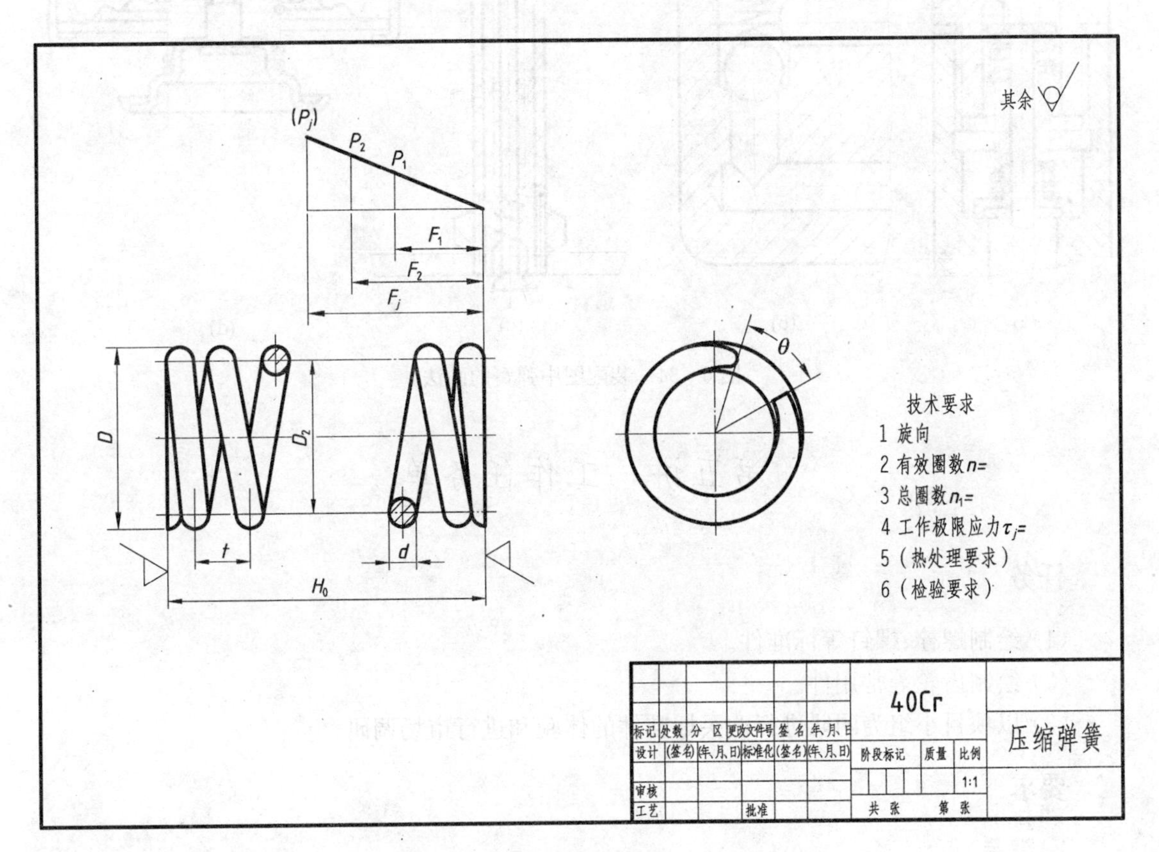

图 6－33　弹簧工作图

五、装配图中弹簧的画法

在装配图中，被弹簧挡住的结构一般不画出，可见部分应从弹簧的外轮廓线或从弹簧钢丝剖面的中心线画起，见图 6－34(a)。

型材直径或厚度在图形上等于或小于 2 mm 的螺旋弹簧、碟形弹簧、片弹簧允许用示意图绘制，见图 6－34(b)。当弹簧被剖切时，剖面直径或厚度在图形上等于或小于 2 mm 时也可用涂黑表示，见图 6－34(d)。

被剖切弹簧的直径在图形上等于或小于 2 mm，并且弹簧内部还有零件，为了便于表达，可按图 6－34(c)的示意图形式绘制。

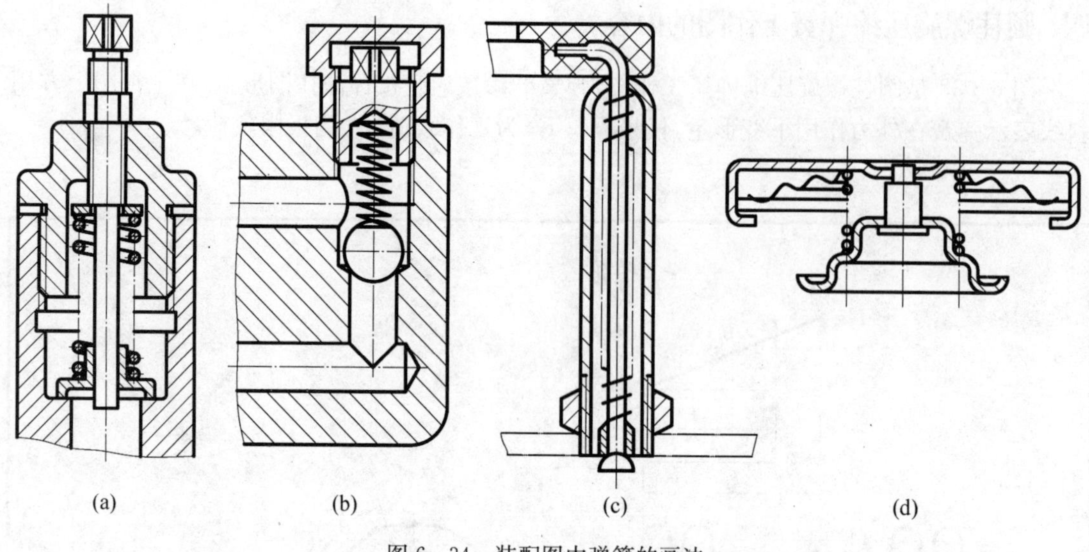

图 6－34　装配图中弹簧的画法

第五讲　工作任务单

一、任务

（1）绘制螺栓、螺钉等标准件。

（2）绘制齿轮等常用件。

（3）以项目小组为团队进行购买标准件的体验和进行市场调研。

二、要求

1. 掌握

（1）标准件的绘制。

（2）常用件的绘制。

（3）常用标准件的规格含义。

（4）标准件的查表方法。

2. 了解

（1）标准件的国标代号。

（2）常用件的结构及用途。

项目七　箱体类零件测绘与绘制

任　务

1. 测绘减速器中的箱盖和箱体，绘制草图。
2. 仪器绘制减速器中的箱盖和箱体。
3. AutoCAD 绘制减速器中的箱盖和箱体。

能力目标

通过完成箱体类零件的工作任务，初步掌握复杂零件的结构分析、视图表达、尺寸标注和合理选用技术要求。

相关知识

第一讲　零件的结构分析

一、零件的结构分析方法

零件是组成机器(或部件)的基本单元。它的结构形状、大小和技术要求是由设计要求和工艺要求决定。

从设计要求来看，零件在机器(或部件)中，可以起到支承、容纳、传动、配合、连接、安装、定位、密封和防松等功用，这是决定零件主要结构的根据。图 7 - 1 是一台一级齿轮减速器，其主要零件的作用如下：一对齿轮用于传递运动；键连接齿轮与轴，避免齿轮与轴相对转动；轴承内圈装在轴上，外圈固定在减速器箱体中用来支承轴和减少磨损；端盖起密封作用；螺钉连接箱盖与箱体；销在箱盖与箱体安装时起定位作用。

从工艺要求来看，为了使零件的毛坯在制造、加工、测量以及装配和调试时能顺利、方便地工作，应设计出铸造圆角、拔模斜度、倒角等结构。

通过对零件进行结构分析，可对零件上每一结构的功用加深了解，这样，才能正确、完整、清晰和简便地表达零件的结构形状，从而能合理地标注出零件的尺寸，注写技术要求等。

二、零件的结构分析举例

图 7 - 2 是减速器箱体，它的主要功用是容纳齿轮和支承轴等。它的结构形状如图，图中所指各部分的作用如下：

(1) 箱体原形：它的原形是中空的长方体，主要容纳齿轮和润滑油。

(2) 放油孔：为了更换润滑油，箱体上开一放油孔。

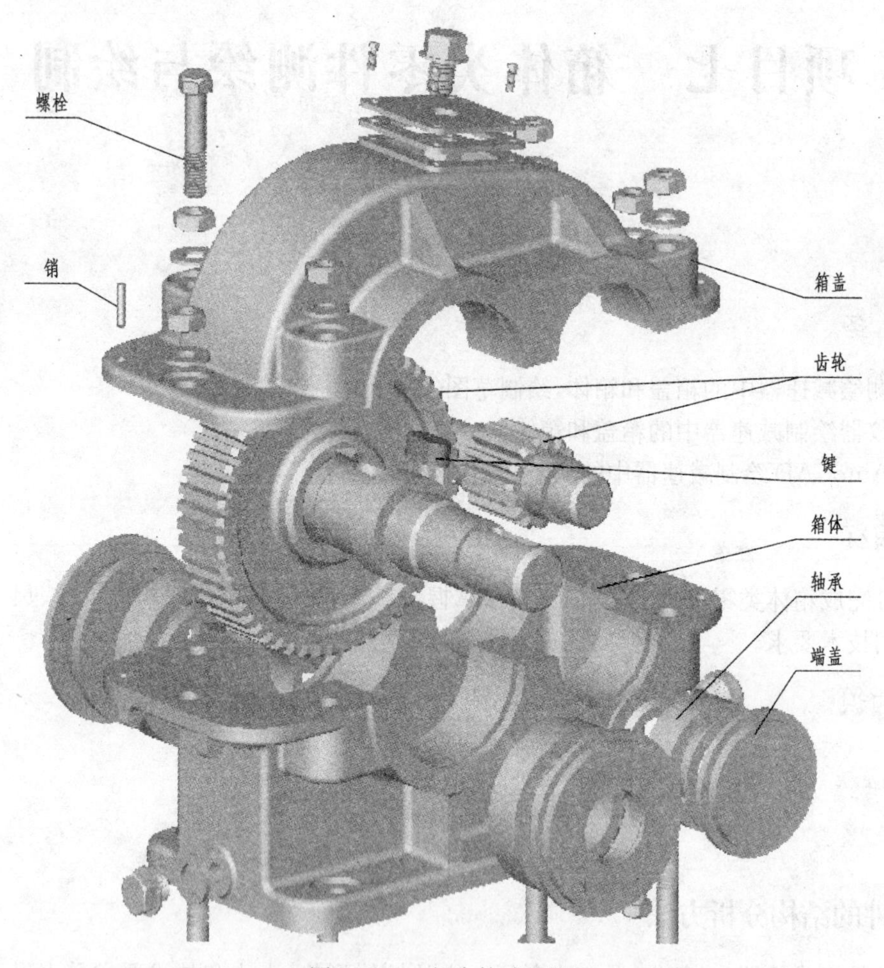

图 7-1　一级齿轮减速器

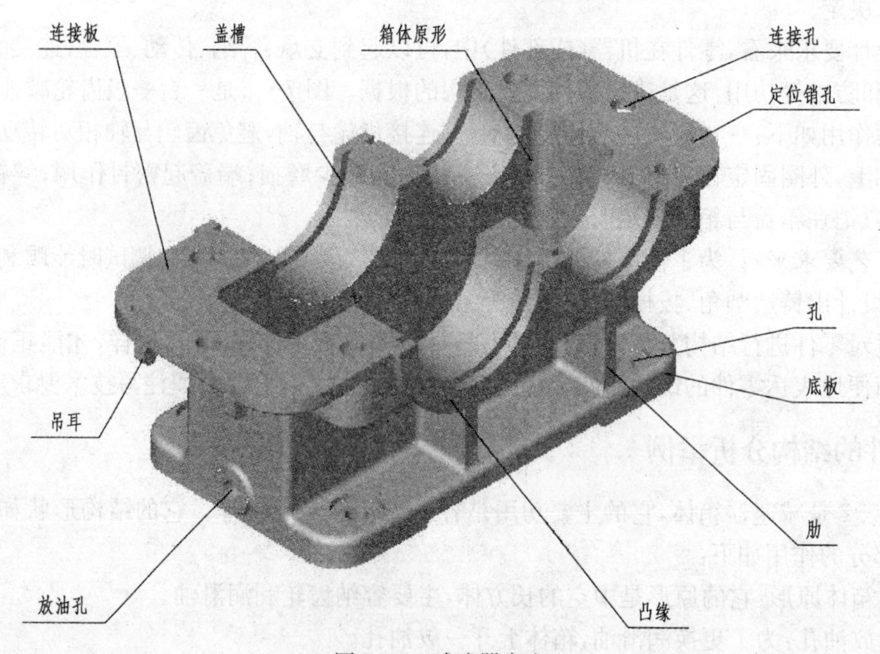

图 7-2　减速器底座

(3) 连接板:为了与减速器箱盖连接,箱体上端加出的边缘。

(4) 连接孔、定位销孔:为了与减速器盖对准和连接,在连接板上应加工定位销孔和连接螺栓孔。

(5) 凸缘:为了支承装在轴上的轴承,在箱体上开两个大孔,为了增加接触面,在大孔处加凸缘。

(6) 肋:为避免凸缘伸出引起变形,在凸缘下部加肋板。

(7) 底板和孔:为了安置方便,便于固定在工作地点,箱体底部加一底板,为了使底板与其他表面接触良好,在底板下部挖去一凹槽,并做出安装孔。

(8) 吊耳:为了安装方便,便于搬动,在连接板下加两吊耳。

(9) 盖槽:为了密封,防止油溅出或灰尘进入,在支承凸缘端部加个端盖,端盖需卡在槽内,因此,必须在凸缘处做出相应的盖槽。

考虑到工艺上的要求,在箱体上设计出铸造圆角、拔模斜度、倒角等工艺结构。

三、零件的工艺结构

零件的结构在满足设计要求的同时,还应考虑加工制造的可行性与合理性。零件结构设计不符合工艺要求,会使加工制造复杂化,甚至使零件成为废品。因此,在设计零件时,要充分考虑其工艺结构的合理性。

1. 铸造工艺结构

机器上许多零件都要经过铸造得到毛坯,然后再经过机械加工而成。如图 7-3 为零件毛坯铸造过程的简图。铸造零件毛坯时,先把木模放在箱体中,用型砂造型后取出木模,将熔化的金属液体浇注到砂箱中,待金属液体冷却凝固后把成形的毛坯取出。为了得到合格的铸造毛坯,零件结构必须满足一些特定的工艺要求。

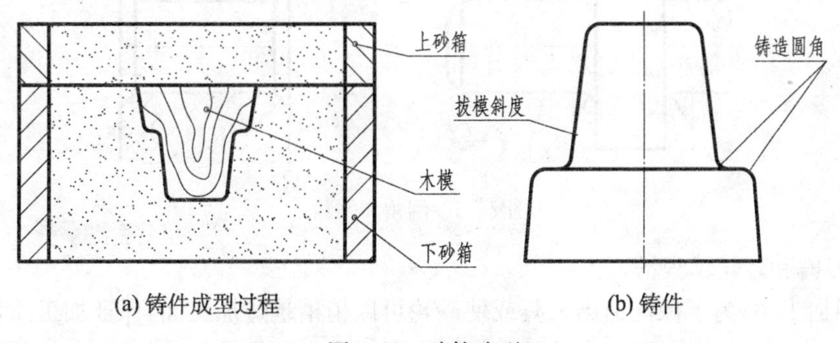

(a) 铸件成型过程　　(b) 铸件

图 7-3　砂箱造型

1) 拔模斜度

用铸造的方法制造毛坯时,为了便于在砂型中取出木模,一般沿拔模方向作成约 1∶20 的斜度,叫做拔模斜度。因此在铸件上也有相应的拔模斜度,如图 7-3(b)所示。这种斜度在图上可以不标注,也不一定画出,必要时,可以在技术要求中用文字说明。

2) 铸造圆角

为了满足铸造工艺要求,在铸件各表面相交处都做成圆角而不做成尖角,如图 7-3(b)所示,这样既能方便起模,又能防止浇铸铁水时将砂型转角处冲坏,还可以避免铸件在冷却时产生裂缝和缩孔。铸件上圆角一般不标注，常常在技术要求中注明。

3）铸件壁厚

在浇铸零件时，为了避免各部分冷却速度的不同而产生缩孔或裂缝，铸件壁厚应保持大致相同或逐渐变化，如图 7-4 所示。

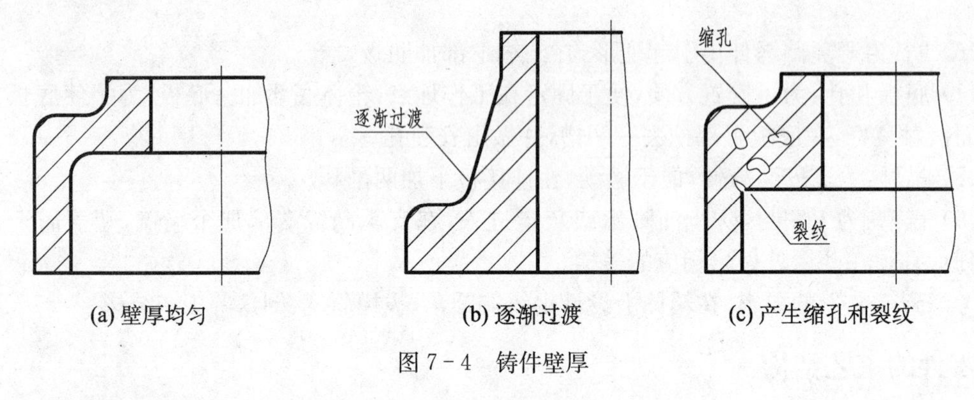

图 7-4　铸件壁厚

2. 机械加工工艺结构

1）倒角和倒圆

为了去除零件毛刺、锐边以及便于安装和操作，在轴或孔的端部，一般都加工出倒角。在轴肩处常加工成圆角的过渡形式，这个圆角称为倒圆，如图 7-5 所示，倒角一般为 45°，也可以是 30°或 60°。倒角和倒圆的尺寸应满足相应的国家标准规定。倒角和倒圆的标注法见表7-2常见工艺结构的尺寸标注。

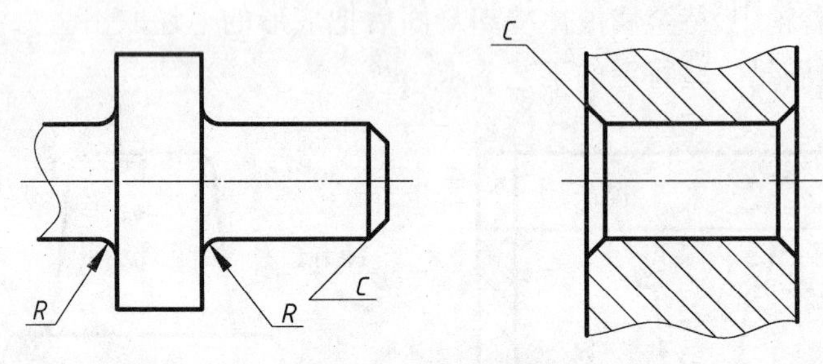

图 7-5　倒角和倒圆

2）退刀槽和砂轮越程槽

在切削加工中，为了保证退出刀具或使砂轮可以稍稍越过加工面，保证加工质量和满足安装要求，常常在零件加工表面的台阶处先加工出退刀槽和砂轮越程槽如图 7-6 所示。退刀槽和砂轮越程槽的尺寸标注见表 7-2 常见工艺结构的尺寸标注。当槽的结构比较复杂时，可画出局部放大图，以表达其详细的结构和尺寸。

3）凸台和凹坑

零件上与其他零件的接触面，一般不允许是毛坯面。为了减少加工面积，并保证零件表面之间有良好的接触，在设计铸件时，常用凸台、凹坑和凹槽结构来合理地减少加工面和接触面，如图 7-7 所示。

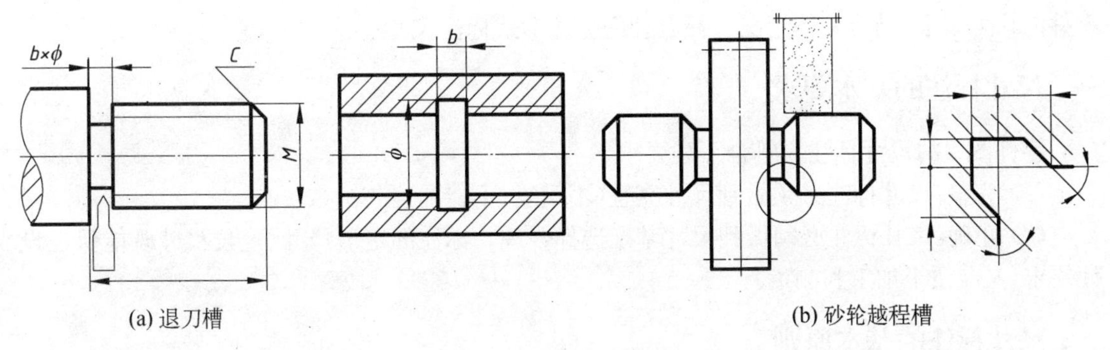

(a) 退刀槽　　(b) 砂轮越程槽

图 7-6　退刀槽和越程槽

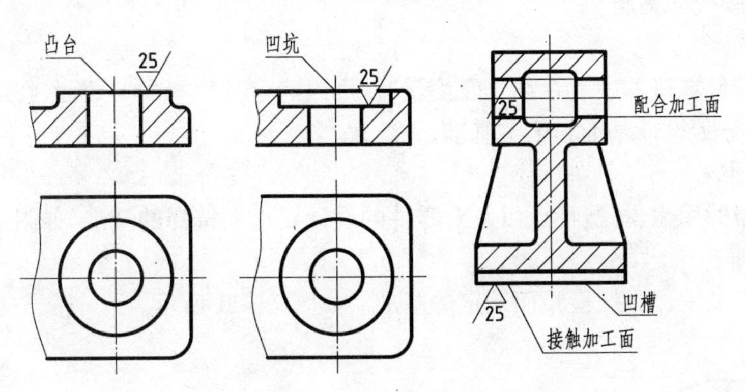

图 7-7　凸台和凹坑

4）钻孔结构

用钻头钻出的盲孔，在底部有一个 120°的锥角，钻孔深度指的是圆柱部分的深度，不包括锥坑，在钻阶梯孔时，过渡处也存在 120°锥角的圆台，如图 7-8 所示。

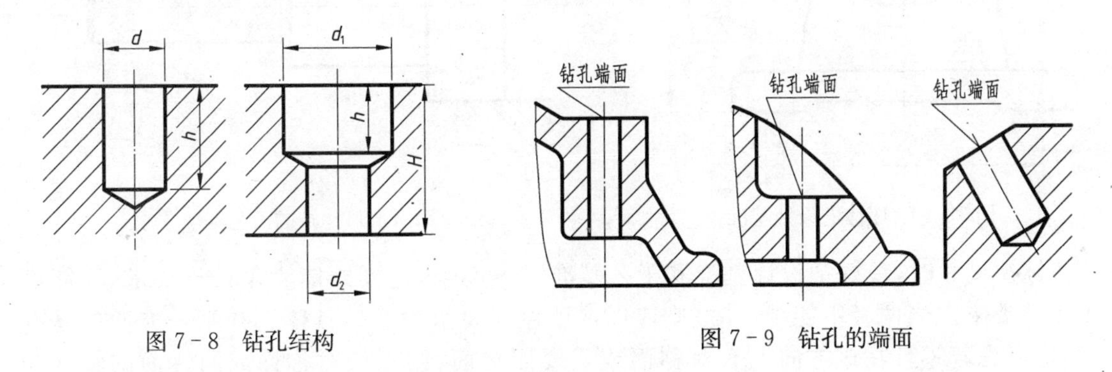

图 7-8　钻孔结构　　图 7-9　钻孔的端面

用钻头加工孔时，钻头的轴线应尽量垂直于被钻孔的端面，以保证钻孔准确和避免钻头折断。图 7-9 表示了钻孔端面的正确结构。

第二讲　零件图的尺寸标注

在零件的制造过程中，必须根据零件图中所标注的尺寸进行加工、检验，因此，尺寸标注是零件图的重要内容之一。标注尺寸时，必须对零件进行形体分析、结构分析和工艺分析，确定零件的尺寸基准,结合具体情况选择合理的标注形式标注尺寸。

一、尺寸标注的基本要求

零件图中的尺寸标注应符合下列要求。

(1) 完整:尺寸标注必须做到尺寸完整(不重复、不遗漏)。

(2) 正确:尺寸标注必须做到尺寸基准选择合理。标注的定形尺寸、定位尺寸既能保证设计要求,又能便于加工和测量。

二、尺寸标注的基本原则

1. 合理选择尺寸基准

1) 基准的概念

基准是指零件在机器中或在加工及测量时,用以确定其位置的一些面、线或点。按照用途的不同,基准可分为设计基准和工艺基准。

2) 设计基准

指根据机器的用途、构造特点以及对零件的设计要求而选择的基准,如图 7-10 所示。

3) 工艺基准

指为了便于加工、测量、检验而选定的基准。如图 7-11 所示。

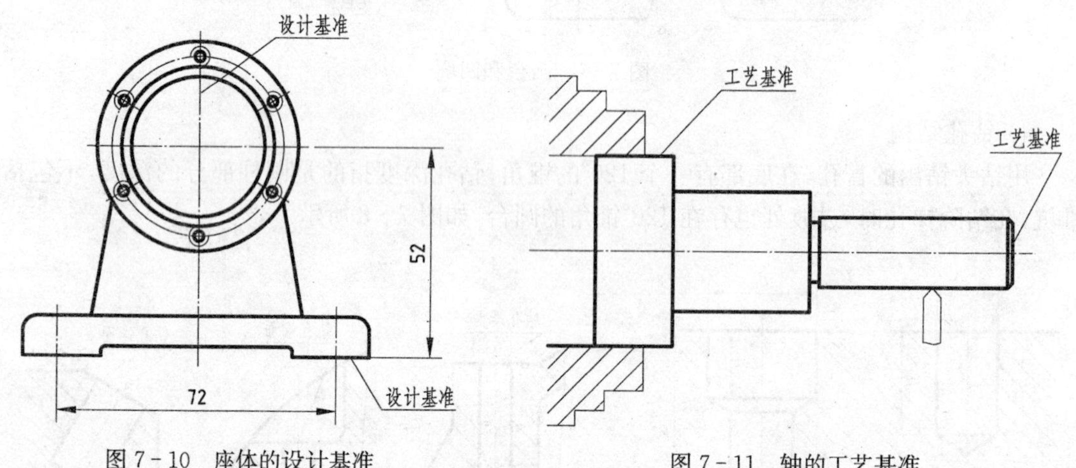

图 7-10　座体的设计基准　　图 7-11　轴的工艺基准

标注尺寸时,最好把设计基准和工艺基准统一起来,这样既能满足设计要求,又能满足工艺要求。当两者不能统一时,则应以保证设计要求为主。具体选择某一方向的基准时,应考虑若零件在该方向上有对称面或重要回转面,则以该对称面或回转面的轴线为基准。否则可根据具体情况选择安装面、重要支撑面和端面、装配结合面等作为该方向的基准。

因为基准是每个方向尺寸的起点,所以,在三个方向(长、宽、高)都应有基准。这个基准一般称为主要基准。在一个方向可能会有几个基准,除主要基准外的基准都称为辅助基准。主要基准与辅助基准之间应有尺寸联系。

2. 标注尺寸的形式

根据尺寸在图上的布置特点,标注尺寸的形式有下列三种:

1）链状法

链状法是把尺寸依次注写成链状，如图 7－12 所示。它常用于标注中心之间的距离、阶梯状零件中尺寸要求十分精确的各段以及用组合刀具加工的零件等。

2）坐标法

坐标法是把各个尺寸从一事先选定的基准注起，如图 7－13 所示。它用于标注需要从一个基准定出一组精确尺寸的零件。

3）综合法

综合法标注尺寸是链状法与坐标法的综合，如图 7－14 所示。标注尺寸时，多用综合法。

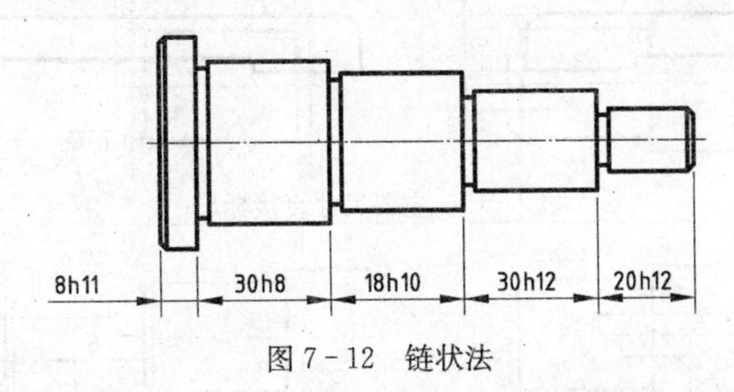

图 7－12　链状法

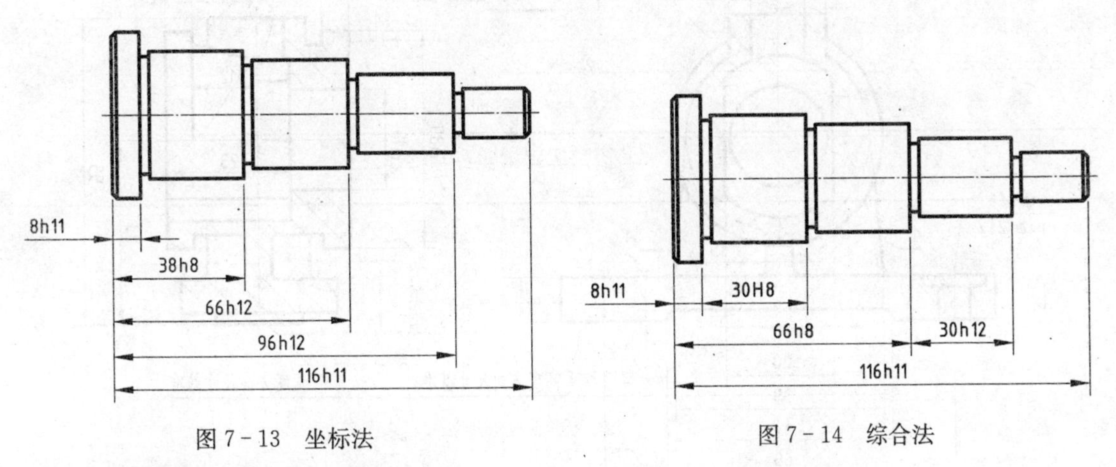

图 7－13　坐标法　　图 7－14　综合法

3. 尺寸标注的方法及步骤

合理标注尺寸的关键是分清尺寸的主、次。零件的主要尺寸又称功能尺寸，是指直接影响机器的规格、性能、互换性和工作精度、配合要求以及零件的安装位置等尺寸。它们还直接影响零件的装配精度和使用性能，因此必须优先标出。如图 7－15(b)所示，中心高 52 是主要尺寸，必须直接从尺寸基准标出。

1）正确选择尺寸基准

要使尺寸标注符合完整、正确、清晰、合理的要求，首先应根据零件的功能、形状结构确定合理的尺寸基准。零件图中通常选用与其他零件相接触的表面（装配时的配合面、安装基面）、零件的对称平面、回转体的轴线和点等几何元素作为尺寸基准。

2）定形尺寸和定位尺寸的标注

定形尺寸的标注主要依据形体分析法，按每个几何体的长、宽、高作尺寸标注。定位尺寸的标注是在分析确定尺寸基础上，由尺寸的基准出发，注出零件上各部分形体的相对位置尺寸，如图 7－16 所示。

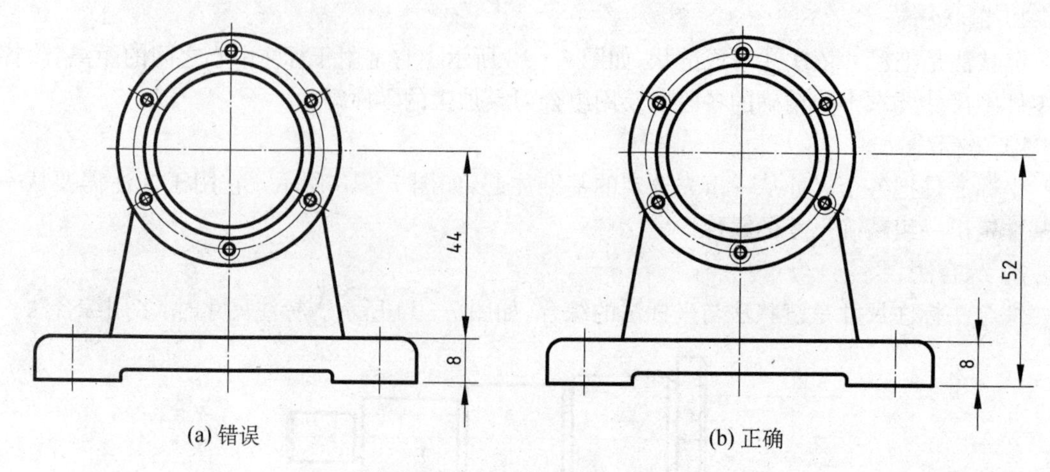

(a) 错误　　(b) 正确

图 7-15　主要尺寸直接标出

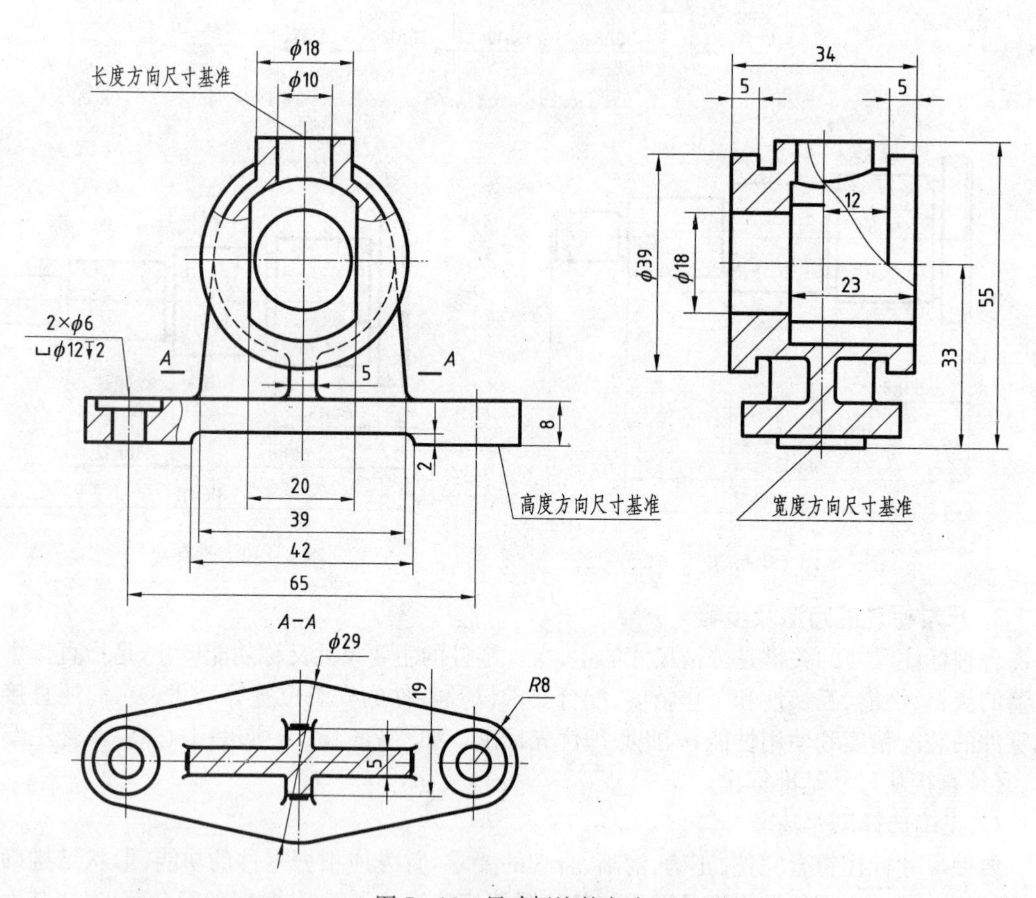

图 7-16　尺寸标注的方法

3）检查

逐个检查每一形体结构的定形、定位尺寸数量是否完全，布置是否合理，不能出现尺寸链封闭的情况，见图 7-17(a)。如在标注尺寸时出现这种情况，应将次要尺寸去掉或加上括号作为参考尺寸。如图中“18H10”。

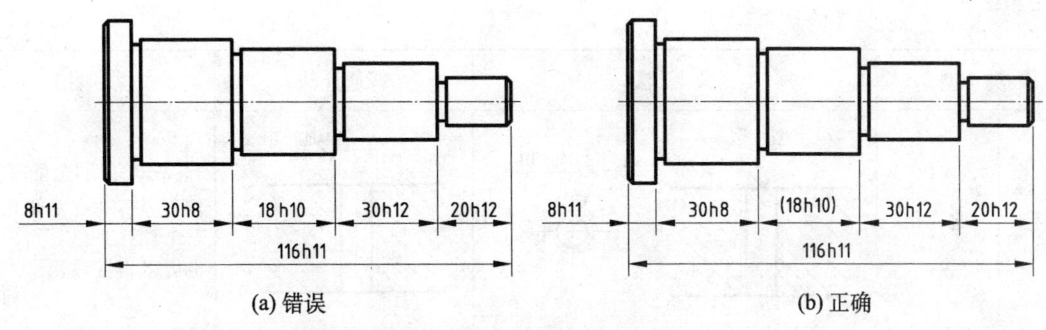

(a) 错误　　(b) 正确

图 7-17　尺寸链不能封闭

三、零件图上常见结构的尺寸注法

零件上常见的结构，如各种孔、铸造圆角、拔模斜度、倒角、退刀槽以及砂轮越程槽等的尺寸，都有固定的标注方法，具体见表 7-1 和表 7-2。

表 7-1　常见孔的尺寸标注

类　型		旁注法	普通注法	说　明
光孔	一般孔	4×ϕ4↧10　4×ϕ4↧10	4×ϕ4　10	4×ϕ4 表示直径为 4 均匀分布的四个小孔，深为 10
	精加工孔	4×ϕ4H7↧10 孔↧12　4×ϕ4↧10 孔↧12	4×ϕ4H7　10　12	光孔深为 12，钻孔后要精加工至 H7，深度为 10
沉孔	锥形孔	6×ϕ7 ∨ϕ13×90°　6×ϕ7 ∨ϕ13×90°	90°　ϕ13　6×ϕ7	6×ϕ7 表示直径为 7 均匀分布的六个孔。锥形部分尺寸可以旁注也可以直接注出
	柱形沉孔	4×ϕ6.4 ⌴ϕ12↧4.5　4×ϕ6.4 ⌴ϕ12↧4.5	ϕ12　4.5　4×ϕ6.4	柱形沉孔的小直径为 ϕ6.4，大直径为 ϕ12，深度为 4.5，均需标注
	锪平孔	4×ϕ9 ⌴ϕ20　4×ϕ9 ⌴ϕ20	ϕ20 锪平　4×ϕ9	锪平 ϕ20 的深度不需标注，一般锪平到不出现毛面为止

（续表）

类型		旁注法	普通注法	说明
螺纹孔	通孔	3×M6-7H　3×M6-7H	3×M6-7H	3×M6 表示公称直径为 $\phi6$ 均匀分布的三个螺孔，可以旁注，也可以直接注出
	不通孔	3×M6-7H↧10　3×M6-7H↧10	3×M6-7H　10	螺孔深度可与螺孔直径连注，也可以分开注
		3×M6-7H↧10 孔↧12　3×M6-7H↧10 孔↧12	3×M6-7H　10　12	需要注出孔深时，应明确标注孔深尺寸

表 7-2　常见工艺结构的尺寸标注

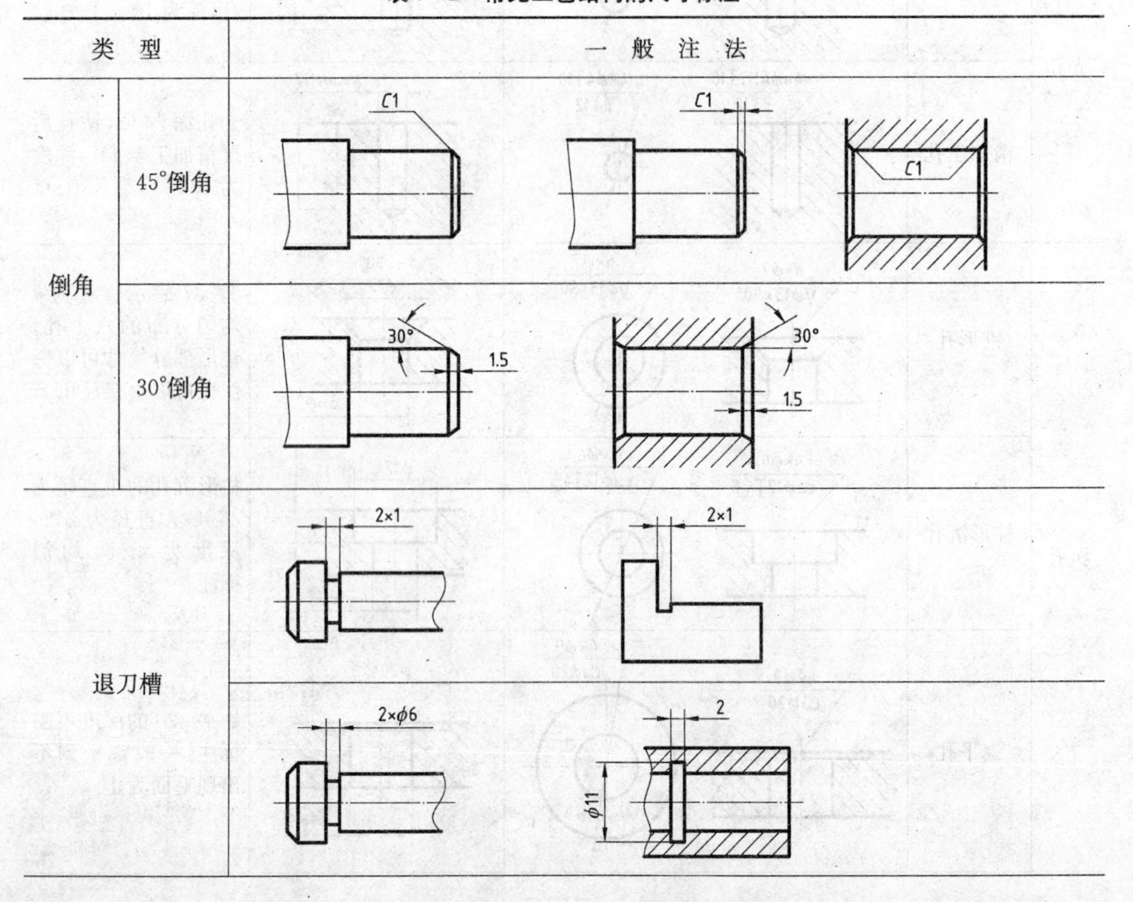

（续表）

类　型	一　般　注　法
越程槽	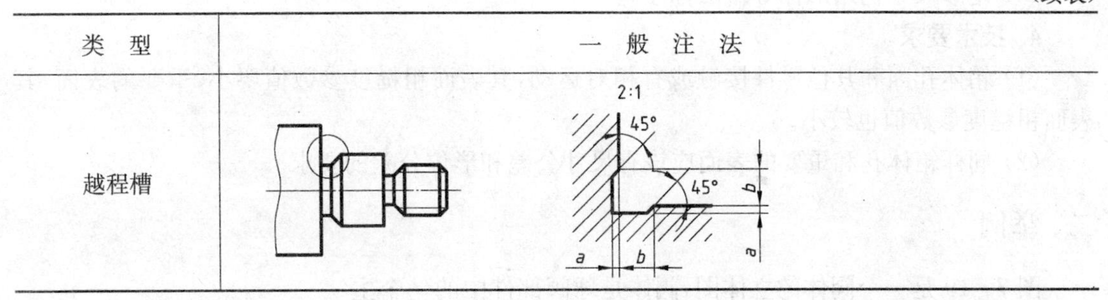

第三讲　箱体类零件

一、箱体类零件

1. 结构和用途

箱体类零件一般由空腔较大的铸件毛坯加工而成，其上常有轴孔、螺孔、凸台、凹坑、肋板等结构，如图 7－18 所示。它一般可起支承、容纳、定位和密封等作用。

图 7－18　箱体类零件

2. 表达方法

（1）箱体类零件多数经过较多工序制造而成，各工序的加工位置不尽相同，因而主视图主要按形状特征和工作位置确定。

（2）箱体类零件一般常需用三个以上的基本视图和局部视图等。对内部结构形状都采用剖视表示。如果外部结构形状简单，内部结构形状复杂，且具有对称平面时，可采用半剖视；如果外部结构形状复杂，内部结构形状简单，且具有对称平面时，可采用局部剖视或用虚线表示；如果内、外结构形状都较复杂，可采用局部剖视。

（3）箱体类零件投影关系复杂，常会出现截交线和相贯线。由于它们的毛坯是铸件，所以经常会遇到过渡线，要仔细分析。

3. 尺寸标注

（1）它们的长度方向、宽度方向、高度方向的主要基准也是采用孔的中心线、轴线、对称平面和较大的加工平面。

（2）它们的定位尺寸更多，各孔中心线（或轴线）间的距离一定要直接标注出来。

(3) 定形尺寸仍用形体分析法标注。

4. 技术要求

(1) 箱体孔因和其他零件接触或有相对运动，其表面粗糙度参数值要小，重要的表面，其表面粗糙度参数值也较小。

(2) 同样箱体孔和重要的表面应该有尺寸公差和形位公差的要求。

二、举例

图 7-19 是一个阀体的立体图，阀体是球阀部件中的一个主要零件。球阀部件是系统中用于启闭和调节流体流量的，阀体是铸件，选用材料是 ZG25，内外表面都有一部分要进行切削加工，但必须进行时效处理后加工。阀体的主体是球形，球形主体结构的左端是方形凸缘；右端和上部都是圆柱形凸缘，凸缘内部的阶梯孔与中间的球形空腔相通。

图 7-19 阀体立体图

1) 视图选择

图 7-20 是阀体的零件图，该阀体用三个基本视图表达它的内外形状。主视图采用全剖视，主要表达内部结构形状；俯视图表达外形；左视图采用 $A-A$ 半剖视，补充表达内部形状及连接板的形状，这三个视图完整、清晰地表达了此阀体。

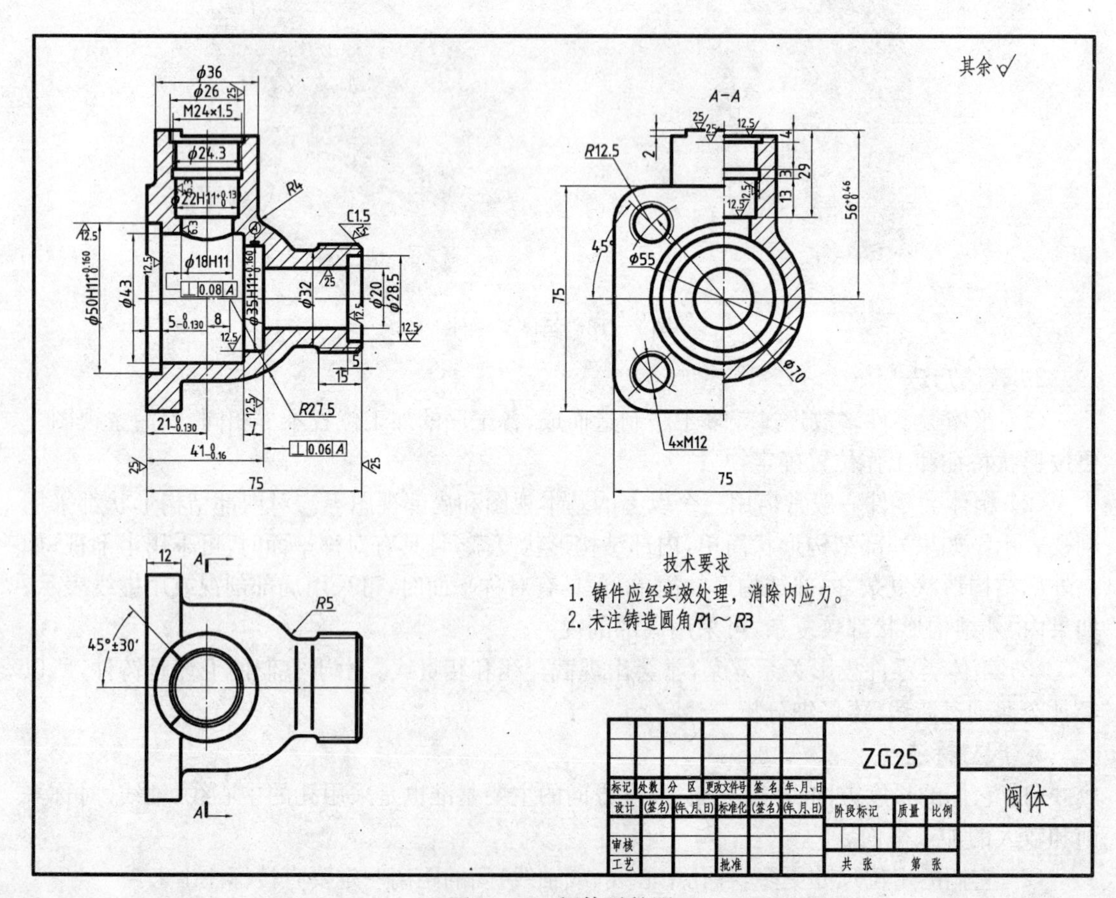

图 7-20 阀体零件图

阀体左端通过螺柱和螺母与阀盖连接，形成球阀容纳阀芯的 $\phi43$ 空腔，左端的 $\phi50H11$ 圆柱形槽与阀盖的圆柱形凸缘相配合；阀体空腔右侧 $\phi35H11$ 圆柱形槽，用来放置球阀关闭时不泄露流体的密封圈；阀体右端有用于连接系统中管道的外螺纹 M36×2，内部阶梯孔 $\phi28.5$、$\phi20$ 与空腔相通；在阀体上部的 $\phi36$ 圆柱体中，有 $\phi26$、$\phi22H11$、$\phi18H11$ 的阶梯孔与空腔相通，在阶梯孔内容纳阀杆、填料压紧套；阶梯孔顶端 90°扇形限位凸块（对照俯视图），用来控制扳手和阀杆的旋转角度。

2) 尺寸标注

阀体的结构形状比较复杂，标注尺寸很多，这里仅分析其中主要尺寸，其余尺寸请自行分析。

以阀体水平轴线为径向（高度方向）尺寸基准，注出水平方向的径向直径尺寸 $\phi50H11$、$\phi35H11$、$\phi20$ 和 M36×2 等。同时还要注出水平轴线到顶端的高度尺寸 $56^{+0.460}_{0}$（在左视图上）。

以阀体垂直孔的轴线为长度方向尺寸基准，注出铅垂方向的径向直径尺寸 $\phi36$、M24×1.5、$\phi22H11$、$\phi18H11$ 等。同时还要注出铅垂孔轴线与左端面的距离 $21^{+0.460}_{0}$。

以阀体前后对称面为宽度方向尺寸基准，注出阀体的圆柱体外形尺寸 $\phi55$、左端面方形凸缘外形尺寸 75×75，以及四个螺孔的定位尺寸 $\phi70$。同时还要注出扇形限位块的角度定位尺寸 45°±30′（在俯视图上）。

3) 技术要求

通过上述尺寸分析可以看出，阀体中的一些主要尺寸多数都标注了公差代号或偏差数值，如上部阶梯孔（$\phi22H11$）与填料压紧套有配合关系、$\phi18H11$ 孔与阀杆有配合关系，与此对应的表面粗糙度要求也较高，R_a 值为 6.3 μm。阀体左端和空腔右端的阶梯孔 $\phi50H11$、$\phi35H11$ 分别与密封圈有配合关系，因为密封圈的材料是塑料，所以相应的表面粗糙度要求稍低，R_a 值为 12.5 μm。零件上不太重要的加工表面的表面粗糙度 R_a 值为 25 μm。主视图中对于阀体的形位公差要求是：空腔右端与相对水平轴线的垂直度公差为 0.06；$\phi18H11$ 圆柱孔的轴线相对 $\phi35H11$ 圆柱孔的轴线的垂直度公差为 0.08。

第四讲 读零件图

一、读零件图

零件图读图步骤：

1) 读标题栏

了解零件的名称，所用的材料和用途以及画图比例，对零件进行归类，对这个零件有一个初步认识。

2) 分析视图，想象形状

开始读图时，必须先找出主视图，然后找其他几个视图，再弄清各视图的表达方法，以及它们之间的关系。用组合体的读图方法（包括视图、剖视图、剖面图等）读懂零件的内、外结构；同时，也可从设计和工艺方面的要求，了解零件一些结构的作用。

3）分析尺寸和技术要求

了解零件中各部分的定形尺寸，定位尺寸和零件的总体尺寸，以及了解尺寸基准，了解功能尺寸和非功能尺寸。读懂技术要求，如零件的表面粗糙度、尺寸公差、形位公差等。

4）综合考虑

把读懂的结构形状、尺寸标注和技术要求等内容结合起来，就能比较全面地读懂这张零件图。

二、读零件图举例

图 7-21 和图 7-22 是传动箱的立体图和零件图，可用以下步骤看图。

图 7-21　传动箱立体图

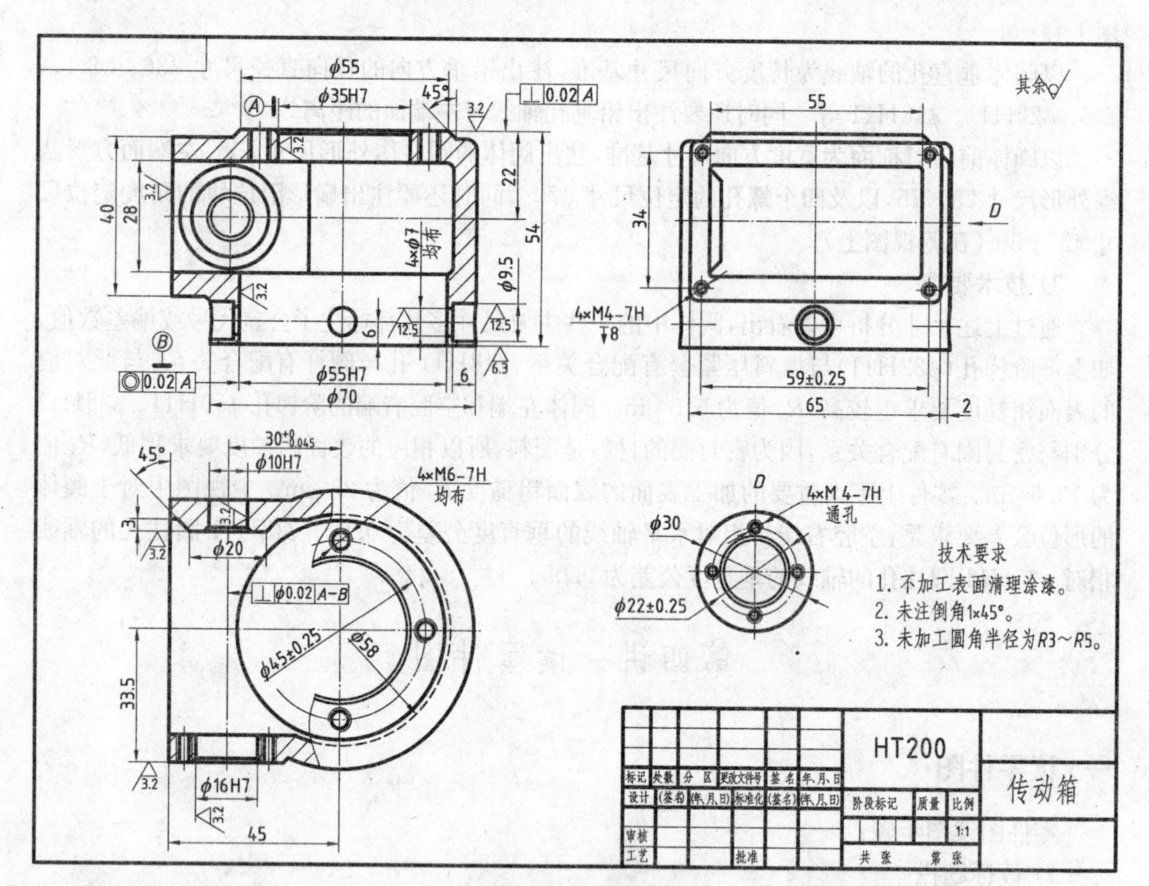

图 7-22　传动箱零件图

(1) 读标题栏。零件的名称是传动箱，属箱体类零件，材料是 HT200（灰铸铁），这个零件是铸件。

(2) 分析视图，想象形状。

(3) 分析尺寸和技术要求。

(4) 综合考虑。

从零件图中看出箱体以垂直于大孔 φ55 轴线的方向为主视图的投影方向。考虑到该零件

外形不是很复杂，主视图采用全剖视图表达；俯视图为了表达 $\phi10$ 和 $\phi16$ 两孔的内部结构及左端面的螺孔的分布位置，采用局部剖视图；左视图表达箱体左端的形状及螺纹孔的位置；D 向局部视图表达 $\phi16$ 的凸缘和螺纹孔的分布情况。

在尺寸标注方面：以大孔 $\phi55$ 的轴线为长度和宽度方向尺寸基准，以 28 的内腔的上下对称面为高度方向的尺寸基准，标出各相应的尺寸。

在技术要求方面：直径分别为 $\phi35H7$、$\phi55H7$、$\phi16H7$ 等的圆孔与其他零件有配合要求，故这些表面的表面粗糙度参数值较小，且有尺寸公差，还有几个平面与其他平面接触，其表面粗糙度要求也较高；直径为 $\phi55H7$ 的圆柱轴线与直径为 $\phi35H7$ 的圆柱轴线有同轴度要求；上端面与 $\phi35H7$ 的轴线有垂直度要求等。

第五讲　工作任务单

一、任务

(1) 测绘箱体。

图 7-23　减速器箱体

图 7-24　减速器箱盖

(2) 测绘箱盖。

绘制上述两个零件图的要求：①先徒手绘制草图，能清楚表达零件结构；②根据徒手图，再用 AutoCAD 绘制正式零件图。

二、要求

1. 掌握

(1) 箱体类零件的视图表达和尺寸标注。

(2) 合理地选用各种技术要求。

(3) 徒手绘图的基本技能。

2. 了解

箱体类零件的功能、结构及用途。

3. 分析

箱体类零件结构形状及功能。

项目八 减速器装配体测绘与绘制

任 务

1. 将以前所测绘一级齿轮减速器的零件装配起来，用绘图仪器在A1图纸上画成装配图。
2. 通过图块插入的方法，将输出轴传动部分的零件装在一起。
3. 读懂装配图。

能力目标

1. 能根据国家标准绘制和阅读装配图。
2. 熟练运用AutoCAD图块命令绘制装配图。

相关知识

第一讲 装配图

任何一台机器或部件都是由若干个不同的零件或部件组成，这些零部件按一定的装配关系和技术要求装配起来，构成了具有一定结构、能够实现一定功能的机器或部件。在机械制图中，表达机器或部件的图样称为装配图，它能够完整地表达机器或部件的结构形状、工作原理以及各主要零件在机器或部件中的作用，各零件间的配合关系和技术要求等。装配图分部件装配图和总装配图。部件装配图或组件装配图是表达机器中某个部件或组件的图样；总装配图是表达一台完整机器的图样，简称总装图。

一、装配图的内容

图8-1是铣刀头装配图，图中包括以下内容：

1）一组视图

装配图由一组视图组成，用来表达各组成零件的相互位置和装配关系，机器或部件的工作原理以及零件的主要结构形状。在表达形式上，可采用一般表达方法和特殊表达方法。

2）必要的尺寸

在装配图中必须注明机器或部件的规格（性能）尺寸、零件间的配合尺寸、外形尺寸、安装尺寸以及一些其他的重要尺寸。

3）技术要求

用文字或符号注写出机器或部件的装配、安装、检验使用和运转等的技术要求。

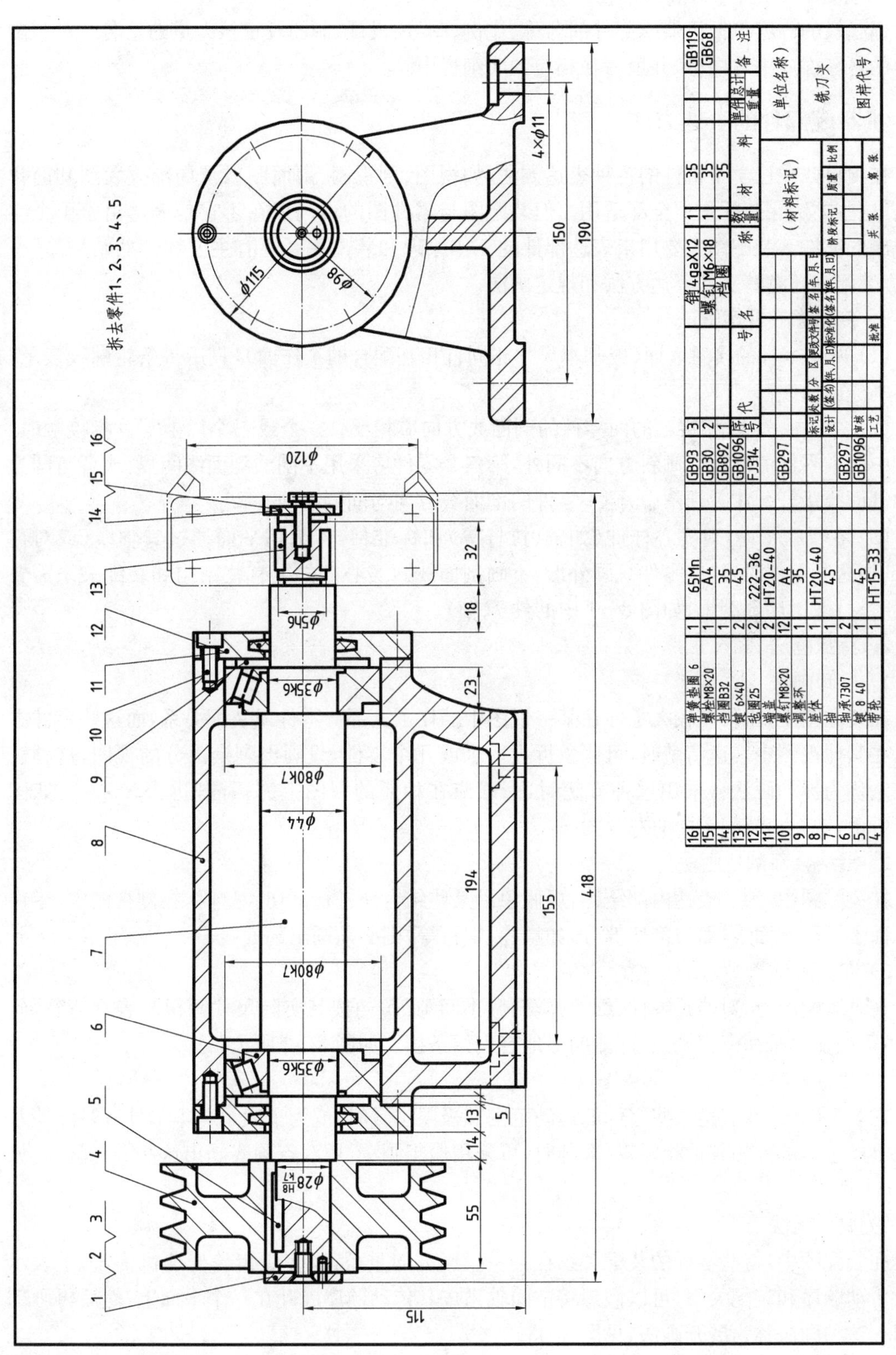

图 8-1　铣刀头装配图

4) 标题栏、零件序号和明细栏

标题栏的内容包括机器或部件的名称、比例、图号、设计、制图及审核人员的签名。对装配图中的各零件应编写序号，并填写在相应的明细栏中。

二、机器或部件的表达方法

在项目四中已学了机件的各种表达方法，如视图、剖视图、剖面图以及局部放大图和简化画法，这些方法在装配图中全部适用。但装配图与零件图的不同点在于它是表达由若干个零件组成的部件。装配图主要用来表达部件的工作原理和装配关系还有主要零件的结构形状，因此，装配图还有特殊的表达方法和规定画法。

1. 装配图的规定画法

(1) 两个零件的接触表面(或基本尺寸相同且相互配合的工作面)，只用一条轮廓线表示，不能画成两条线。

(2) 在剖视图中，相接触的两零件的剖面线方向应相反。三个或三个以上零件相接触时，除其中两个零件的剖面线倾斜方向不同外，第三个零件应采用不同的剖面线间隔，或者与同方向的剖面线错开。在各视图中，同一零件的剖面线方向与间隔必须一致。

(3) 在剖视图中，对实心杆件(如轴、拉杆等)和标准件，若剖切平面通过其轴线(或对称线)剖切这些零件时，这些零件只画外形，不画剖面线。实心杆件上有些结构和装配关系需要表达时，可采用局部剖视，如图 8-1 中的件 7(轴)。

2. 特殊画法

1) 拆卸画法

在装配图中，当某些较大零件在某一视图中挡住了大部分零件或装配关系，而这些零件本身已在其他视图中表达清楚时，可假象拆去一个或几个零件，只画出剩余部分的视图，这种表达方法称为拆卸画法。采用这种方法时，一般应在相应的视图上方标注“拆去××件”如图 8-1所示，铣刀头装配图中的左视图。

2) 沿结合面剖切画法

在装配图中，为了表达内部结构，可假象沿某些结合面进行剖切。这时，在剖视图中，零件结合面上不画剖面线，而被剖切部分，如螺栓、螺钉等，则必须画出剖面线。

3) 夸大画法

在画装配图时，对薄片零件、细丝弹簧、微小间隙等，如按其实际尺寸画很难表示清楚，此时，可不按比例采用夸大画法，即能明显地看到两条线。如图 8-2 所示。

4) 假想画法

在装配图中，在表达某些零件的运动范围和极限位置时，或为了表示与本部件有装配关系但又不属于本部件的其他相邻零、部件时，可采用假想画法，用双点画线画出这些零、部件。见图 8-1 铣刀。

5) 展开画法

在装配图中，有些零件的装配关系在某一投影方向重叠，如多级齿轮变速机构，为了表示齿轮传动顺序和装配关系，可以假想将空间轴系按其传动顺序展开在一个平面上，然后再画剖视图。这种画法称为展开画法，见图 8-3。

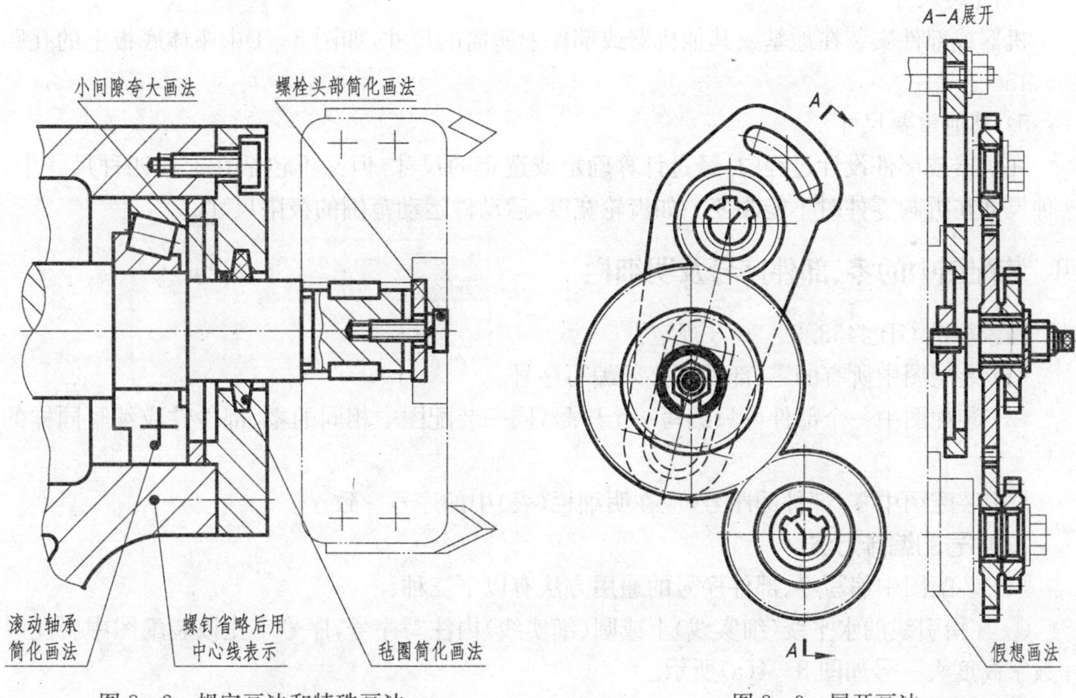

图 8-2　规定画法和特殊画法　　　　图 8-3　展开画法

6）简化画法

（1）在装配图中，零件的工艺结构，如圆角、倒角、退刀槽等允许不画。

（2）在装配图中，螺母和螺栓头部允许采用简化画法。当遇到螺纹连接件等相同的零件组合时，在不影响理解的前提下，允许只画一处，其余只画表示中心线的点画线。

（3）在剖视图中，滚动轴承按国标规定的简化画法画出。

三、装配图中的尺寸标注

在装配图中因组成装配图的各零件均已设计或制造，因此不需标注出每个零件的全部尺寸，只需标出一些必要的尺寸。这些尺寸主要根据装配图的作用确定，它可分为以下几种，现以图 8-1 加以说明。

1）性能尺寸（规格尺寸）

表示机器或部件的性能和规格的尺寸，这些尺寸在设计和制造时就已经确定。也是设计、了解和选用时的主要依据如图 8-1 中的中心高 115，它限制了铣削平面的最大直径。

2）装配尺寸

表示两零件之间配合性质的尺寸和相对位置的尺寸，如图 8-1 中皮带轮与轴之间的配合尺寸，$\phi 28\ \frac{H8}{K7}$轴与轴承之间的配合尺寸 $\phi 35k6$，座体与轴承之间的配合尺寸 $\phi 80k7$，它们是由基本尺寸和孔与轴的公差带代号所组成，是拆画零件图时确定零件尺寸偏差的依据。

3）外形尺寸

是表示机器或部件外形轮廓的尺寸，即总长、总高和总宽。它是机器或部件包装、运输、安装以及相应设施设计的依据，如图 8-1 中的 418 和 190。

4）安装尺寸

机器或部件安装在地基或其他机器或部件上所需的尺寸，如图 8－1 中座体底板上的孔距 155，150。

5）其他重要尺寸

在机器或部件设计过程中，经过计算确定或选定的尺寸，但又不包括在上述四种尺寸中，这种尺寸在拆画零件时不能改变。如齿轮宽度，运动件运动范围的极限尺寸。

四、装配图中的零、部件序号及明细栏

国家标准 GB 4458.2—2003 规定：

(1) 装配图中所有的零、部件都必须编写序号。

(2) 装配图中一个部件可只编写一个序号；同一装配图中相同的零、部件件应编写同样的序号。

(3) 装配图中零、部件的序号，应在明细栏（表）中的序号一致。

1. 序号的编排方法

(1) 装配图中编写零、部件序号的通用方法有以下三种：

① 在指引线的水平线（细实线）上或圆（细实线）内注写序号，序号字比该装配图中所注尺寸数字高度大一号如图 8－4(a)所示。

② 在指引线的水平线（细实线）上或圆（细实线）内注写序号，序号字比该装配图中所注尺寸数字高度大两号如图 8－4(b)所示。

③ 在指引线附近注写序号，序号字高比该装配图中所注尺寸数字高度大两号如图 8－4(c)。

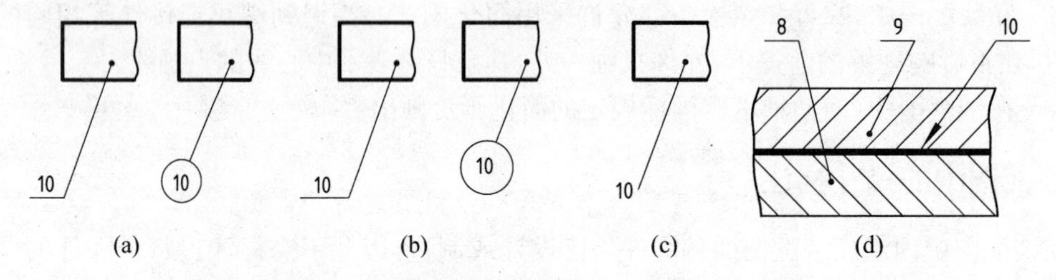

图 8－4　装配图中零、部件序号的编排方法

(2) 同一装配图中编注序号的形式应一致。

(3) 相同的零、部件用一个序号，一般只标注一次。多处出现的相同的零、部件，必要时也可重复标注。

(4) 指引线应自所指部分的可见轮廓内引出，并在末端画一圆点，见图 8－4。若所指部分（很薄的零件或涂黑的剖面）内不便画圆点时，可在指引线的末端画出箭头。并指向该部分的轮廓，见图 8－4(d)。

指引线相互不能相交，当通过有剖面线的区域时，指引线不应与剖面线平行。

指引线可以画成折线，但只可曲折一次，见图 8－5。

一组紧固件以及装配关系清楚的零件组，可以采用公共指引线，见图 8－6。

(5) 装配图中序号应按水平或垂直方向排列整齐。

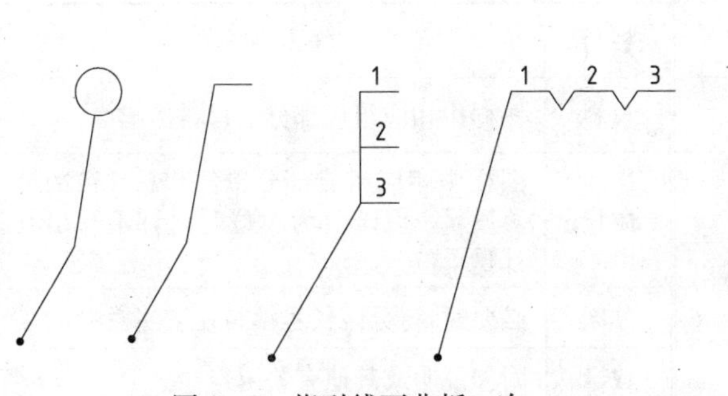

图 8-5　指引线可曲折一次

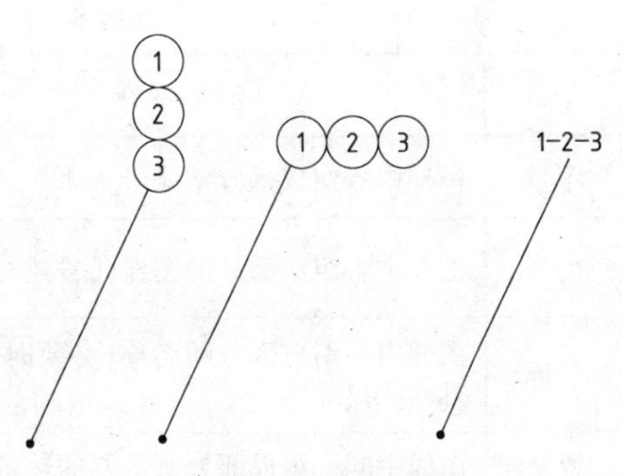

图 8-6　公共指引线

(6) 装配图上的序号可按下列两种方法编排：

① 按顺时针或逆时针方向顺次排列，在整个图上无法连续时，可只在每个水平或垂直方向顺次排列见图 8-7。

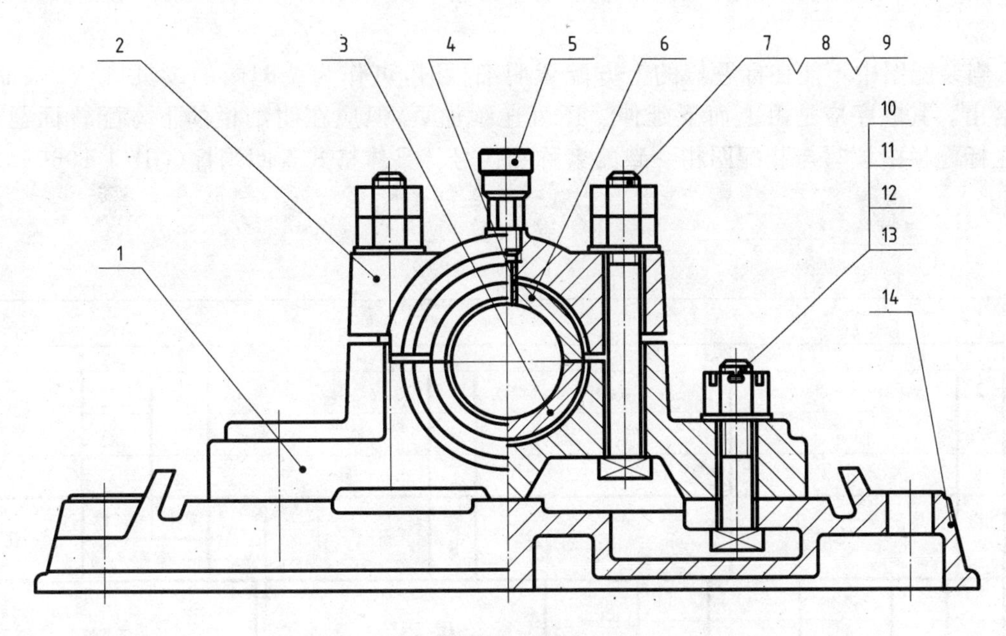

图 8-7　装配图中序号标注

② 也可按装配图明细栏(表)中的序号排列，采用此种方法时，应尽量在每个水平或垂直方向顺次排列。

2. 明细栏

明细栏是机器或部件中全部零、部件的详细目录，国家标准(GB/T 10609.2—1989)对装配图中的明细栏作了规定。

1) 明细栏的组成与填写

明细栏一般由序号、代号、名称、数量、材料、质量(单件、总计)、分区、备注等组成，也可按实际需要增加或减少。各部分内容的填写见表 8-1。

表8-1 明细栏中各栏的填写要求

栏目	填 写 要 求	栏目	填 写 要 求
序号	图样中各组成部分的序号	材料	图样中相应组成部分的材料标记
代号	图样中各组成部分的图样代号或标准号	质量	图样中相应组成部分单件和总件数的计算质量。以千克为单位时允许不写出其计量单位
名称	图样中各组成部分的名称(必要时可写出其型式尺寸)	分区	必要时,将分区代号填写在备注栏中
数量	图样中同一组成部分所需要的数量	数量	附加说明或其他有关内容

2）明细栏的尺寸与格式

装配图中一般应有明细栏。

明细栏一般配置在装配图中标题栏的上方,按由下而上的顺序填写,见图8-8和图8-9。

其格数应根据需要而定。当由下而上延伸位置不够时,可紧靠在标题栏的左边自下而上延续。

当装配图中不能在标题栏的上方配置明细栏时,可作为装配图的续页按A4幅面单独给出。其顺序应是由上而下延伸。还可连续加页,但应在明细栏的下方配置标题栏,并在标题栏中填写与装配图相一致的名称和代号。具体格式查阅国标(GB/T 10609.2—1989)。

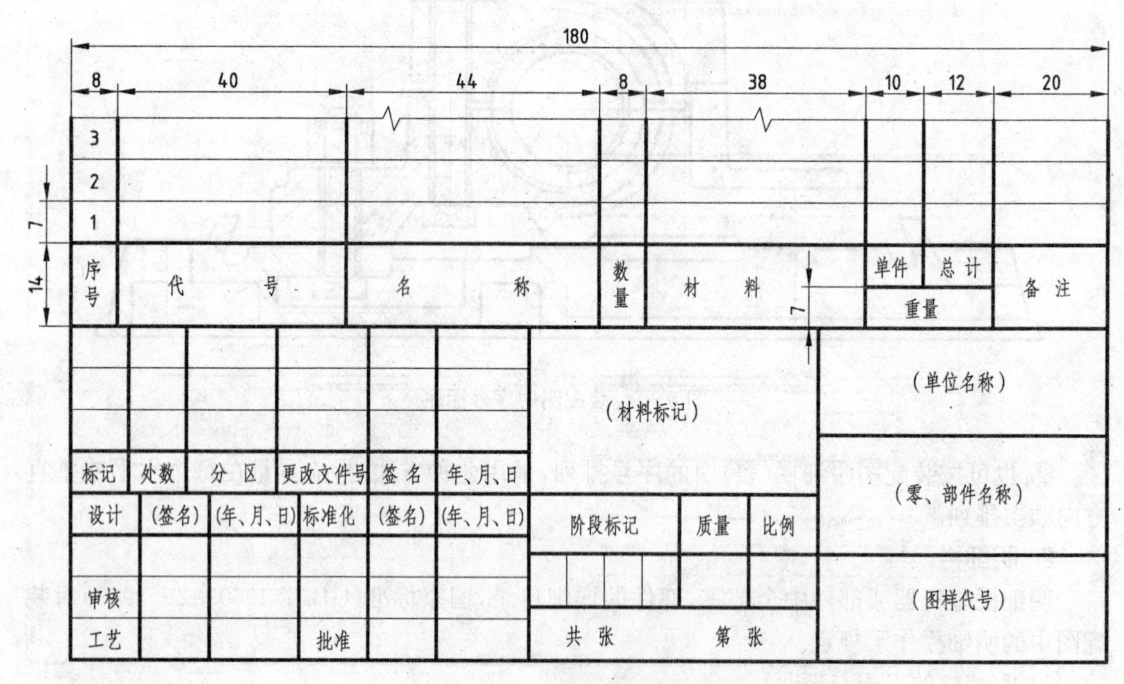

图8-8 明细栏格式1

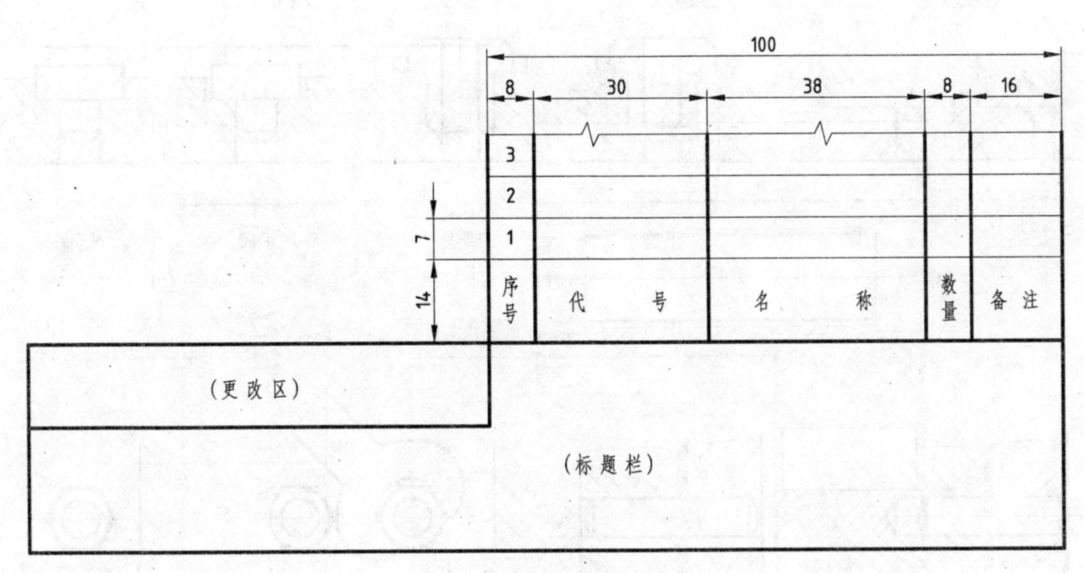

图 8-9　明细栏格式 2

五、装配结构的合理性

机器的装配结构合理与否，会直接影响到机器的工作性能，也会影响机器的拆装、检修和调试。因此，设计者在产品设计时应考虑以下几个常见装配结构问题。

(1) 当轴和孔配合，且轴肩与孔的端面互相接触时，应在孔的端面制成倒角，或在轴肩根部切槽，以保证两零件表面接触，见图 8-10(a)、(b)。

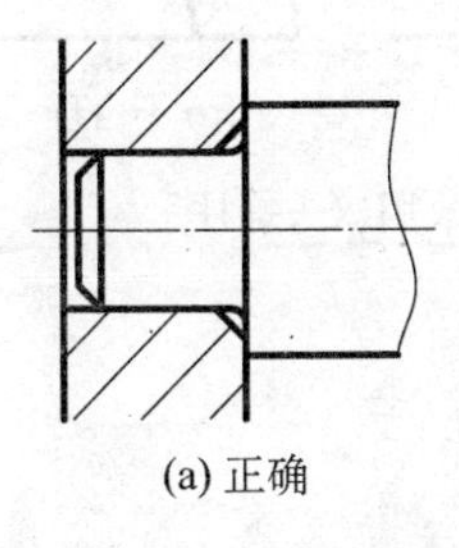

(a) 正确

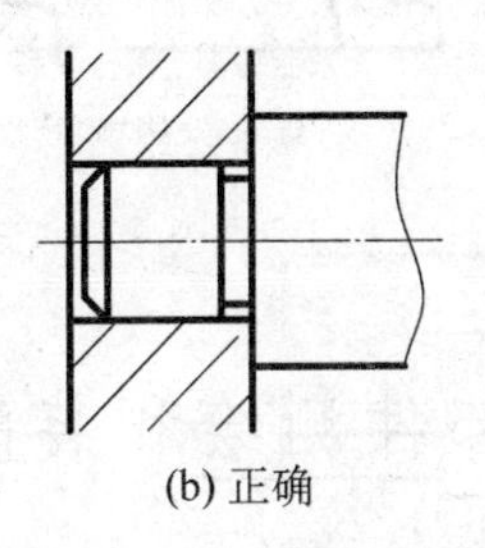

(b) 正确

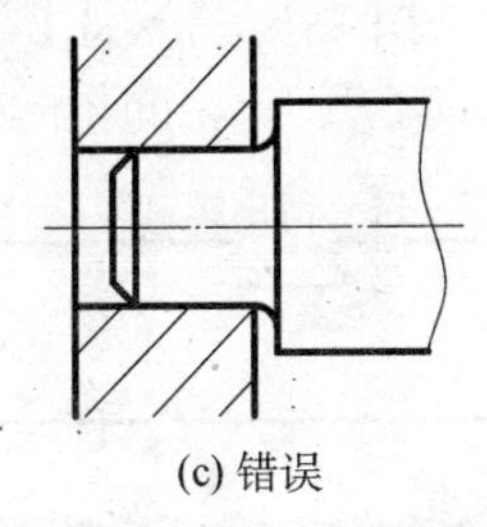

(c) 错误

图 8-10　孔轴装配结构

(2) 当两个零件接触时，在同一方向上的接触面只能有一个，这样既能满足装配要求，也给制造带来了方便。图 8-11 为两零件接触时的正误对照。

(3) 为了保证两零件在装拆前后不致降低装配精度，通常用圆柱销或圆锥销将两零件定位，见图 8-11(a)。同时为了加工和拆卸方便，在可能的情况下，最好将销孔做成通孔，见图 8-11(b)。

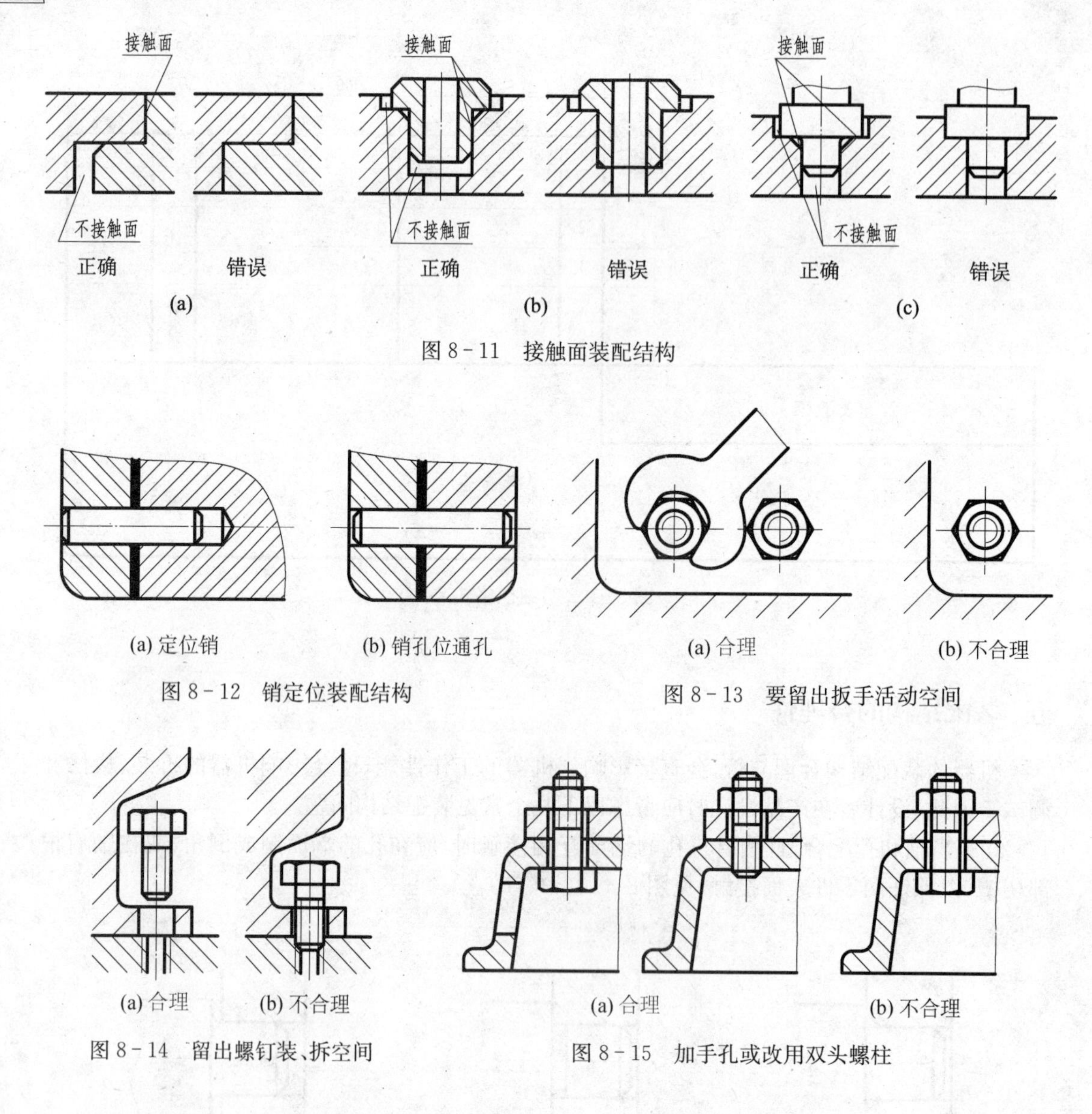

图 8-11　接触面装配结构

图 8-12　销定位装配结构

图 8-13　要留出扳手活动空间

图 8-14　留出螺钉装、拆空间

图 8-15　加手孔或改用双头螺柱

第二讲　部件测绘和装配图画法

一、部件测绘步骤

1. 了解和分析部件

（1）了解测绘部件的任务和目的，决定测绘工作的内容和要求。如为了设计新产品提供参考图样，测绘时可进行修改；如为了补充图样或制作备件，测绘时必须正确、准确，不得修改。

（2）阅读有关技术文件、资料和同类产品图样，或直接向有关人员了解使用情况，分析部件的构造、功用、工作原理、传动系统、大体的技术性能和使用运转情况，并检测有关的技术性能指标和一些重要的装配尺寸。如零件间的相对位置尺寸，极限尺寸以及装配间隙等，为下一步拆装工作和测绘工作打下基础。夹紧卡爪是组合夹具，在机床上用来夹紧工件。当用扳手

旋转螺杆 2 时靠梯形螺纹传动使卡爪在机体内左右移动，以便夹紧或松开工件。

2. 拆卸部件

（1）要周密地制定拆卸顺序，根据部件的组成情况及装配工作的特点，把部件分为几个组成部分，依次拆卸，并用打钢印、扎标签或写件号等方法对每一个部件和零件编上件号，分区分组的放置在规定的地方，避免损坏、丢失、生锈或放乱，以便测绘后重新装配时，能保证部件的性能和要求。如图 8－16 所示的夹紧卡爪，它共有八种零件组成，拆卸顺序为 6 号螺钉→5 号及 7 号盖板→8 号紧定螺钉→2 号螺杆→3 号垫铁→最后分离卡爪及基体。

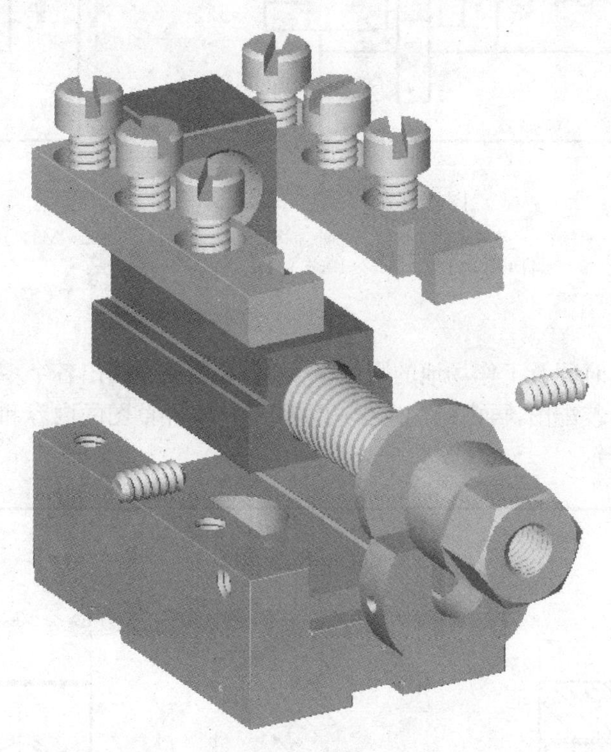

图 8－16　夹紧卡爪

（2）拆卸工作要有相应的工具和正确的方法，保证顺利拆卸。对不可拆卸连接和过盈配合的零件尽量不拆，以免损坏零件。保证部件原有的完整性、精确度和密封性。

3. 画装配示意图

在全面了解后，可以绘制装配示意图。只有在拆卸后才能显示出零件间的真实的装配关系。因此，拆卸时必须一边拆卸，一边补充，更正，画出示意图，记录各零件间的装配关系，并对各个零件编号(注意:要和零件标签上的编号一致)，还要确定标准件的规格尺寸和数量，并及时标注在示意图上。如:夹紧卡爪中，卡爪 1 底部与机体 4 凹槽相配合。螺杆 2 的外螺纹与卡爪的内螺纹连接，螺杆的缩颈被垫铁 3 卡住，使它只能在垫铁中转动，而不能进行轴向移动。垫铁用两个螺钉 8 固定在机体的弧形槽内。用六个螺钉将两块盖板加上，防止卡爪脱离机体。

装配示意图一般用简单的图线，运用国家标准《机械制图》中规定的机构及其组件的简图符号，并采用简化画法和习惯画法，画出零件的大致轮廓。画装配示意图时，一般可从主要零件入手，然后按装配顺序再把其他零件逐个画上。通常对各零件的表达不受前后层次、可见与不可见的限制，尽可能把所有零件集中画在一个视图上。如有必要，也可补充在其他视图上。

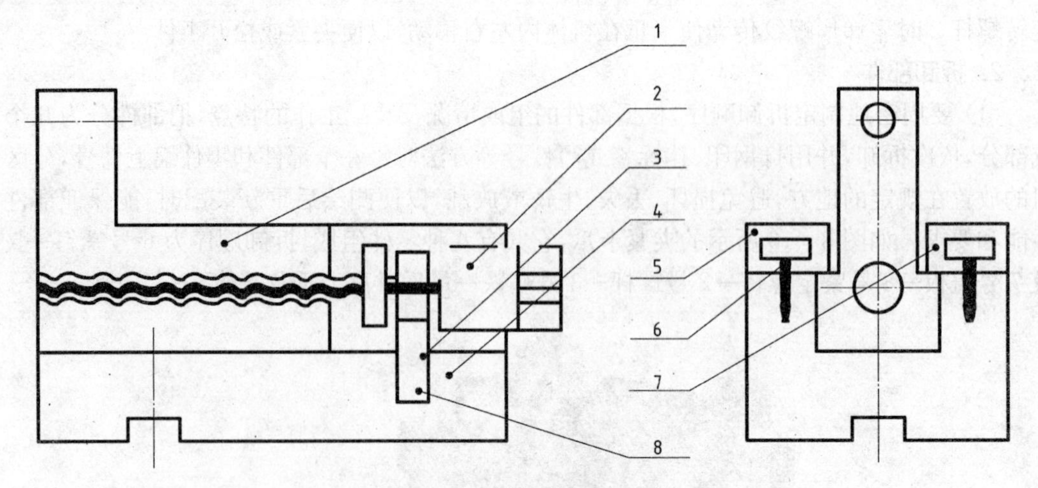

图 8-17　夹紧卡爪装配示意图

1—爪；2—螺杆；3—垫铁；4—基体；5—前盖板；6—螺钉 GB 70—85-M8×16(六件)；
7—后盖板；8—螺钉 GB 71—85-M6×12(二件)

4. 画零件草图

测绘工作往往受时间及工作场地的限制。因此,必须徒手画出各个零件草图,根据零件草图和装配示意图画出装配图,再由装配图拆画零件图。零件草图的内容和要求见前几个项目。完成的草图如下图所示。

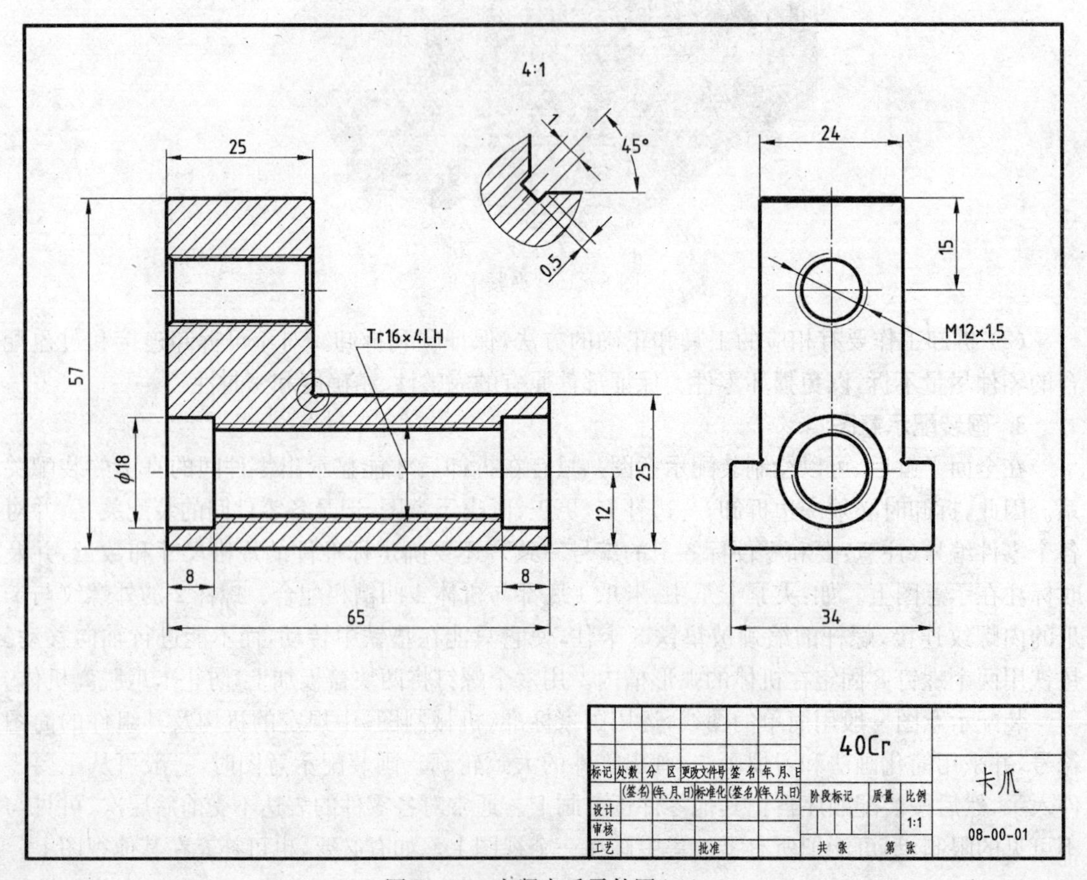

图 8-18　夹紧卡爪零件图(一)

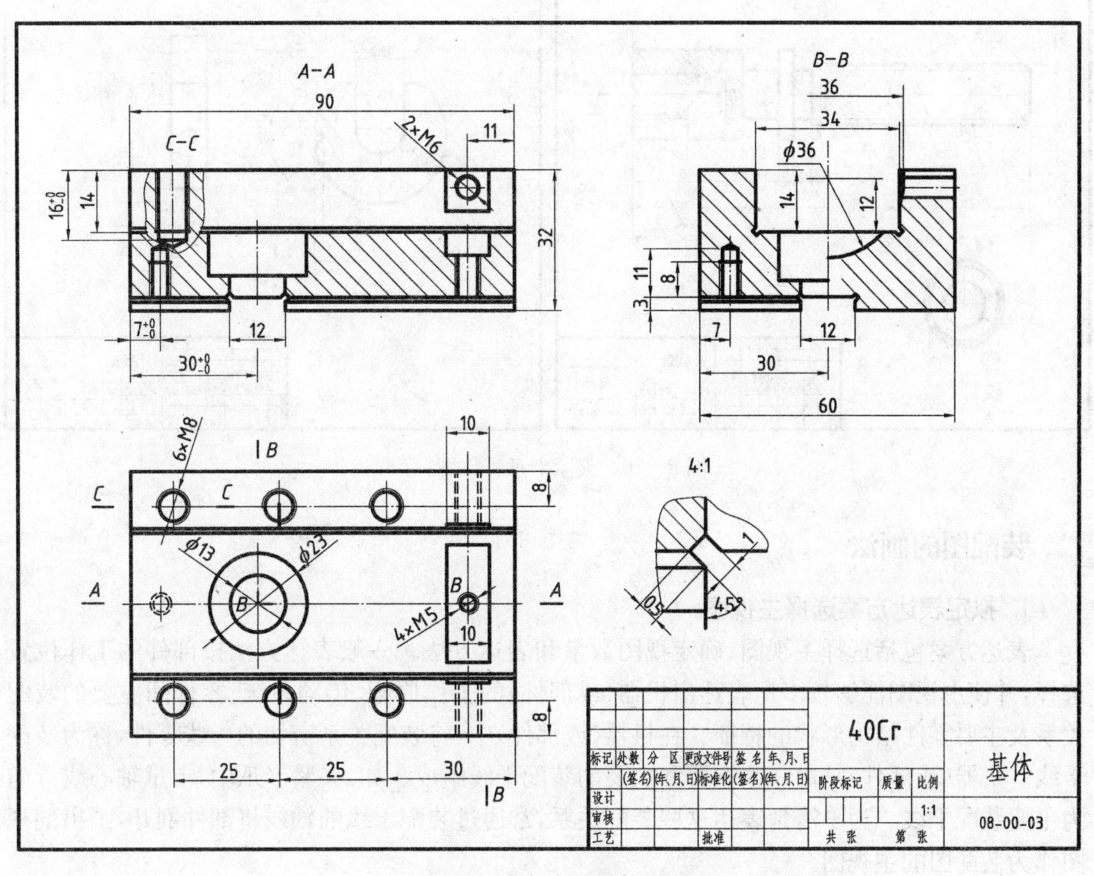

图 8－19　夹紧卡爪零件图(二)

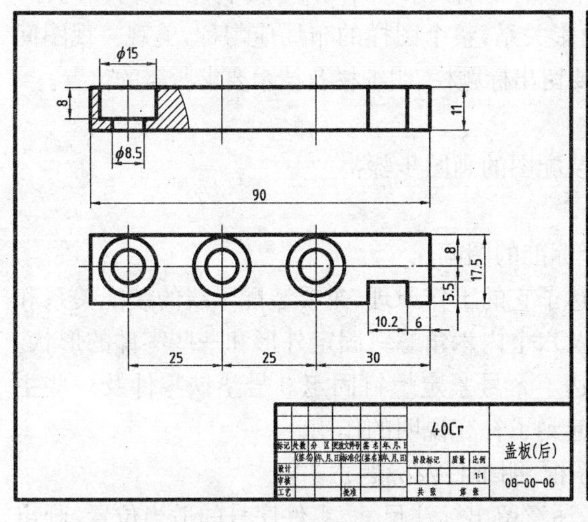

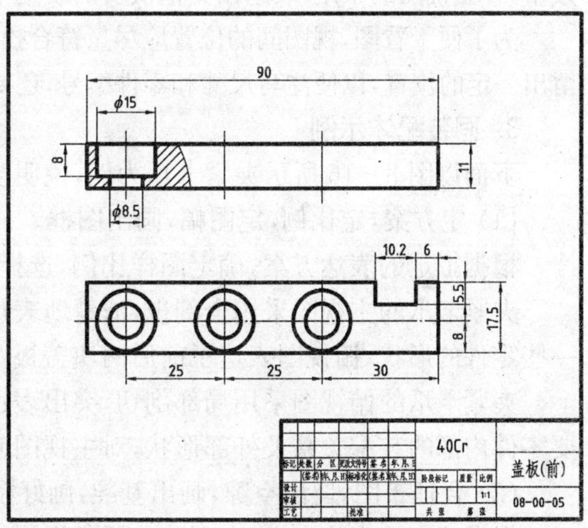

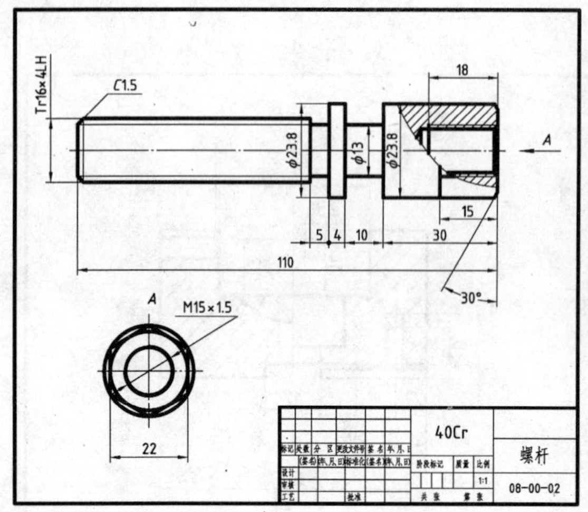

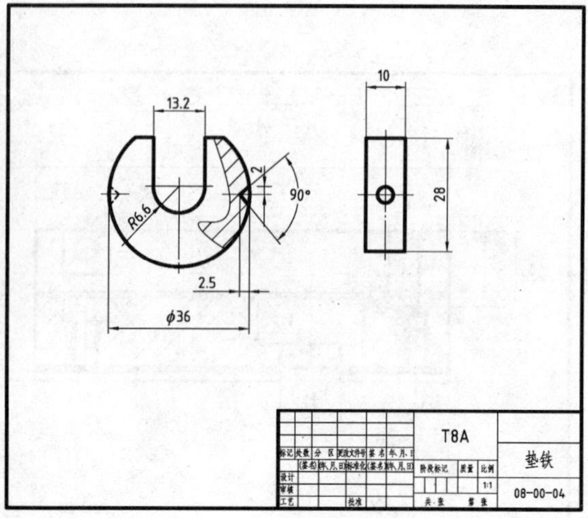

图 8－20　夹紧卡爪零件图(三)

二、装配图的画法

1. 拟定表达方案选择主视图

表达方案包括选择主视图、确定视图数量和表达方法。一般表达方法按部件的工作位置选择,并使主视图能够较多地表达出机器(或部件)的工作原理、传动系统、零件间主要的装配关系及主要零件结构形状的特征。在机器(或部件)中,将装配关系密切的一些零件,称为装配干线。机器(或部件)是由一些主要和次要的装配干线组成。如:夹紧卡爪中,卡爪轴心线方向为主要装配干线。为了清楚表达这些装配关系,常通过装配干线的轴线将部件剖开,画出剖视图作为装配图的主视图。

2. 确定其他表达方法和视图数量

在确定主视图后,还要根据机器(或部件)的结构形状特征,选用其他表达方法,并确定视图数量,补充视图的不足,表达出其他次要的装配干线的装配关系、工作原理、零件结构及其形状。

为了便于看图,视图间的位置应尽量符合投影关系,整个图样的布局应匀称,美观。视图间留出一定的位置,以便注写尺寸和零件编号,还要留出标题栏、明细栏及技术要求所需的位置。

3. 画装配体示例

下面以图 8－16 所示夹紧卡爪为例,说明装配图的画图步骤:

(1) 定方案,定比例,定图幅,画出图框。

根据拟定的表达方案,确定图样比例,选择标准的图幅。

夹紧卡爪的主视图采用全剖视,清楚地表达了它的工作原理,主要装配干线的装配关系和一些零件的形状,俯视图表达了前后两块盖板及六个内六角螺钉固定外形和一些零件的形状。

夹紧卡爪的俯视图采用局部剖切,突出表达了 8 号紧定螺钉固定 3 号垫铁零件及一些主要零件内部的装配关系及外部形状,对主视图起到了补充说明的作用。

(2) 合理布图,留出空隙,画出基准,画好图框、明细栏及标题栏。

根据拟定的表达方案,合理地布置各视图,注意留出标注尺寸、零件序号的适当位置,画出各个视图的主要基准线。主视图和俯视团长度方向的基准线选用基座的左端面,主视图和左视图高度方向的基准线选用基座的底平面(或螺杆轴线),俯视图和左视图宽度方向的基准选

用基座对称面的对称线，如图 8－21。

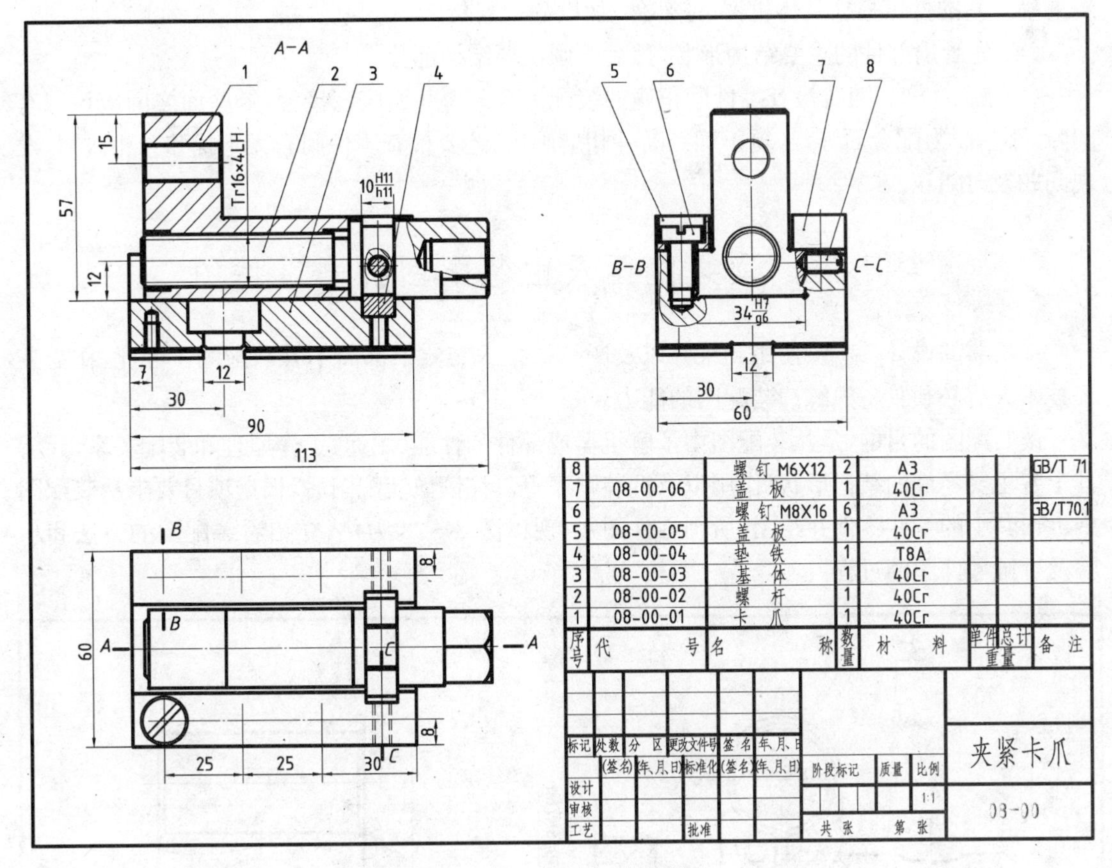

序号	代号	名称	数量	材料	单件	总计重量	备注
8		螺钉 M6X12	2	A3			GB/T 71
7	08-00-06	盖板	1	40Cr			
6		螺钉 M8X16	6	A3			GB/T70.1
5	08-00-05	盖板	1	40Cr			
4	08-00-04	垫铁	1	T8A			
3	08-00-03	基体	1	40Cr			
2	08-00-02	螺杆	1	40Cr			
1	08-00-01	卡爪	1	40Cr			

图 8－21　夹紧卡爪装配图

(3) 画图顺序。

可有两种不同的画图顺序：

- 从主视图画起，几个视图相互配合一起画；
- 先画某一视图，然后再画其他视图。

在画每个视图时，还要考虑从外向内画，或从内向外画的问题。从外向内画就是从机器(或部件)的机体出发，逐次向里画出各个零件。它的优点是便于从整体的合理布局出发，决定主要零件的结构形状和尺寸，其余部分也很容易决定下来。

从内向外画就是从里面的主要装配干线出发，逐次向外扩展。它的优点是从最内层实形零件(或主要，零件)画起，按装配顺序逐步向四周扩展，层次分明，并可避免多画被挡住零件的不可见轮廓线，图形清晰。两方面的问题应根据不同结构灵活选用或结合运用。

(4) 完成主要装配干线后，再画其他装配结构。

(5) 完成全图。

(6) 编件号、填写明细栏、标题栏和技术要求。

(7) 检查、描深。

在绘图时要注意以下几点：

(1) 各视图间要符合投影关系，各零件、各结构要素也要符合投影关系。

(2) 先画起定位作用的主要零件,再画其他零件。这样画图容易保证各零件间的相互位置准确。基准件可根据具体机器(或部件)加以分析判断。

(3) 先画出部件的主要结构形状,然后再画次要结构部分。

(4) 画零件时,随时检查零件间正确的装配关系。哪些面应该接触,哪些面之间应该留有间隙,哪些面为配合面等,必须正确判断并相应画出,还要检查零件间有无干扰和互相碰撞,发现问题及时纠正。

第三讲 读装配图及由装配图拆画零件图

在机器的设计、制造、使用和维修以及产品的技术交流中都离不开装配图。因此,作为工程技术人员必须具备熟练读装配图的能力。

读装配图的目的,是从装配图中了解机器或部件的性能、用途、工作原理和装配关系,弄清其中各主要零件的结构形状、作用以及拆装顺序等。在读懂装配图后,根据项目要求从装配图中拆出其中的一些零件并绘图(所画零件图)。现以图 8-22 为例,介绍看装配图的方法和步骤及拆画零件图的过程。

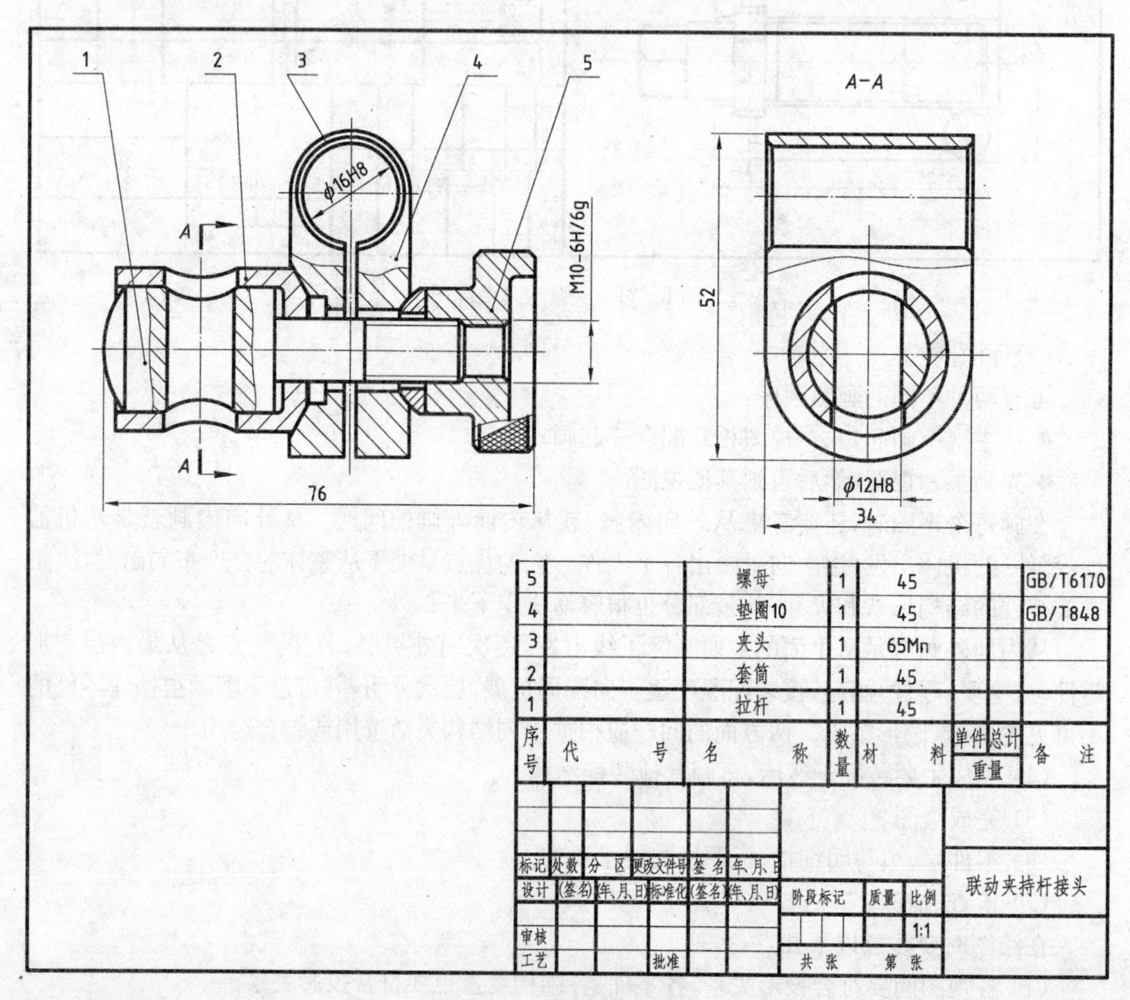

图 8-22 联动夹持杆接头

一、读装配图的步骤和方法

1. 概括了解

首先看标题栏、明细栏，查阅说明书及有关资料，了解机器或部件的名称、性能、功用和工作原理。了解标准零、部件和非标准零、部件的名称、数量，对照明细栏中的零部件序号，在装配图中找出相应的零、部件，看懂各零、件部的主要结构形状以及它们之间的相对位置和装配关系。

对视图进行分析，特别是主视图，根据装配图上视图的表达情况，找出各视图、剖视图、剖面图等配置位置。再结合装配图中的尺寸和技术要求，可了解机器或部件外形大小及主要零件的配合关系。

从图 8-22 的标题栏及明细栏中可知，这是联动夹持杆接头装配图，该夹头是检验用夹具中的一个通用标准部件，用来连接检测用仪表的表杆。它由拉杆、套筒、夹头、螺母和标准件垫圈组成。共有两个视图，主视图和左视图都采用了局部剖视。主视图已较好地表达了各组成零件的装配关系和工作原理。

2. 分析传动路线、工作原理以及装配关系

对照视图仔细分析部件的传动路线，工作原理及装配关系，这是读懂装配图的重要环节。在概括了解的基础上，从机器或部件的传动入手，按一定的方向搞清传动关系，从而也分析出了工作原理。

对图 8-22 的主视图进行分析可了解到这个接头的工作原理：零件夹头 3 对称中心面上开有一个槽，改变这个槽的大小即可起到夹紧和放松的作用，而旋转螺母 5 既能控制这个槽，又能带动拉杆 1，使拉杆左端的 ϕ12H8 孔与套筒 2 上的孔错位夹紧表杆。

套筒 2 的锥面与夹头 3 左端的锥孔相接触，垫圈 4 的球面和夹头 3 右面的锥孔接触，这些零件的轴向位置固定不动，只有拉杆 1 右端的螺纹与螺母 5 连接，螺母的旋转使得拉杆沿轴向移动。

3. 分析零件，看懂零件的结构形状

在对整个装配图有了一定的了解后，还要逐个分析零件，弄清各零件的主要结构形状和用途。由于装配图中有多个零件，因此，在分析时首先要正确区分零件，主要根据剖面线的方向和间距，以及各视图的投影关系，来确定零件在各视图中的轮廓，同时运用形体分析法和线面分析法仔细分析，明确该零件的结构形状。在分析出零件的主要结构后，还要考虑这些结构的作用，以进一步分析零件的功能。

分析零件时，一般先看主要零件，再看次要零件，也可先看简单零件，再看复杂零件。当零件的结构形状在装配图中表达不完整时，可借助其他相关零件的结构形状，根据它们之间的关系和连接方式，以及这个零件的用途来确定其结构形状。

图 8-22 中的夹头 3 是一主要零件，它的结构形状在两个视图中表达得较清晰。因此，其结构形状不难想象。

二、由装配图拆画成零件图

在设计过程中，根据机器或部件的装配图，将零件从中分离出来，并将其画成零件图，这个过程称为拆画零件图。在拆画零件图时应注意的几个问题：

1. 对拆画零件图的要求

（1）画图前，必须认真阅读装配图，全面深入了解设计意图，弄清机器或部件的工作原理、

装配关系、技术要求和主要零件的结构形状。

(2) 画图时，不但要从设计方面考虑零件的作用和要求，还要考虑零件的制造工艺和装配工艺，使所画的零件符合设计和工艺要求。

2. 拆画零件图要处理的步骤

1) 零件分类

机器或部件中的零件一般可分为标准零件、借用零件、特殊零件和一般零件。

(1) 标准零件大多数属于外购件，因此不需要画出零件图，只要按规定标记代号列出标准件的汇总表。

(2) 借用零件是借用定型产品上的零件。这些零件已有零件图，不必再画。

(3) 特殊零件是设计时所确定下来的重要零件，在设计说明书中都附有这类零件的图样或重要数据，对这类零件，应按已给出的图样或数据绘制零件图。

(4) 一般零件是按照装配图所体现的形状、大小和有关的技术要求来画图，是拆画零件图的主要对象。

2) 表达方案的确定

拆画零件图时，零件的表达放案是根据零件的结构形状和特点考虑的，大多数箱体类零件主视图所选的位置可与装配图一致。

3) 零件结构形状的处理

在装配图中，零件中的某些局部结构往往未完全给出；有些标准结构(如倒角、倒圆、退刀槽等)也省略不画。在画零件图时，应根据机器或部件的实际情况确定。

4) 零件图上尺寸的处理

装配图中的尺寸不包含所有零件的尺寸，但各零件的结构形状和大小是按比例画出的，因此，在画图时可直接量取图中尺寸，再按比例折算。在标注零件图中的尺寸时应考虑以下问题：

(1) 装配图上已注出的尺寸可直接注写在相应的零件图上，对于配合尺寸和某些相对位置尺寸要注出偏差数值。

(2) 与标准件相连接或配合的有关尺寸，如螺纹、键、销、轴承等，要从相应的标准中查取。

(3) 某些零件的尺寸在明细栏中已给出，如弹簧、垫片的厚度等，要按给定的尺寸注写。

(4) 根据装配图所给的数据应计算的尺寸，如齿轮的分度圆、齿顶圆等尺寸，要经过计算，然后注写。

(5) 相邻零件接触面的有关尺寸及联接件的有关定位尺寸要一致。

(6) 有标准规定的尺寸，如倒角、沉孔、螺纹退刀槽、砂轮越程槽等，要从手册中查取。

5) 零件图中的技术要求

在完成了零件图的绘制和尺寸标注后，还应根据需要注写相应的技术要求，如表面粗糙度、尺寸公差、形位公差及文字说明等技术要求。

3. 拆画零件图举例

现仍以图 8-22 的联动夹持杆接头装配图为例，拆画其中的零件 3 夹头。

夹头是联动夹持杆接头部件的主要零件之一，由装配图中的主视图可以看出它的大致结构形状：上部是一个带开口圆柱孔的半圆柱体；下部左右是两块板，两板内侧距离与开口圆柱的槽宽相等，左板左面上有阶梯形圆柱孔，右板上有与左板同轴的圆柱孔，左、右板孔口外壁处都有圆锥形沉孔；开口圆柱孔与左右板之间的缝隙连通。从左视图看，左、右板的上端是矩形

板，其前后面与上部半圆柱前后面平齐；板的下端是半圆柱，且与上端矩形板相切。

从装配图主、左视图分离出夹头的视图轮廓，其中有些轮廓线在装配图中被其他零件挡住，因此分离出来的视图轮廓线不完整，需在对零件进行结构分析后，补全所缺的线条。图 8-23是从装配图中分离出的夹头轮廓线，其中几条细线，是后补上的，图 8-24 是夹头立体图。图 8-25 是夹头的零件图。

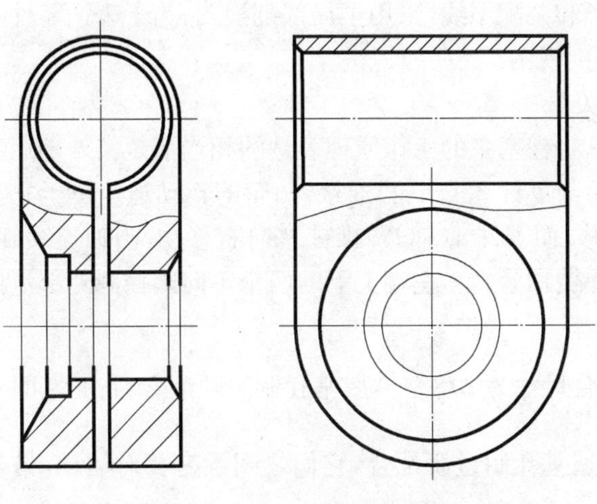

图 8-23　补全夹头的两视图

图 8-24　夹头立体图

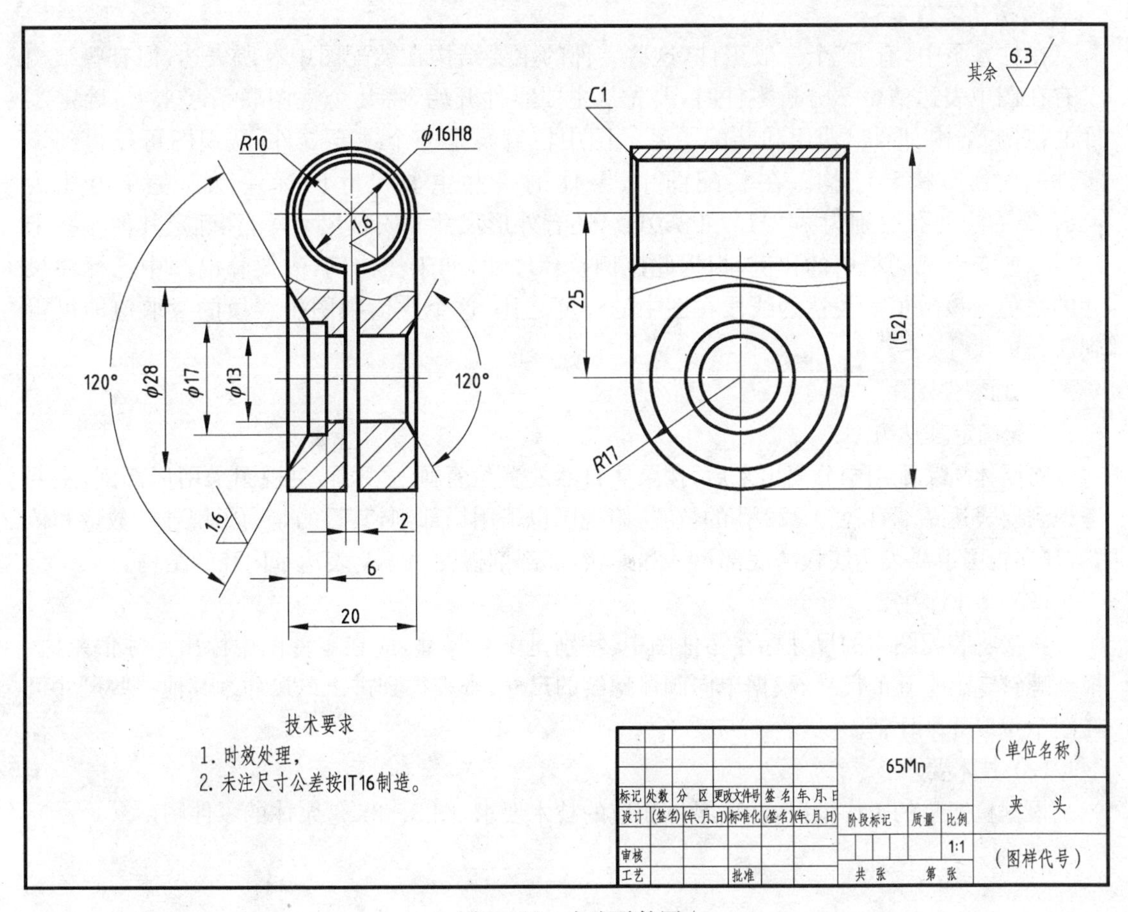

图 8-25　夹头零件图

图 8-26 是柱塞泵装配图，以它为例，进一步说明读装配图的方法和拆画零件图。

1）概括了解和分析视图

（1）看标题栏、明细栏，阅读有关资料，初步了解柱塞泵的功用、性能和工作原理。

（2）读装配图时，应分析各个视图采用了哪些表达方法，找出各视图的投影关系，进一步明确各视图所表达的内容。图中采用了三个基本视图，一个 A 向视图和一个 $B-B$ 剖视图。主视图和左视图为了同时表达的外形和装配干线，采用了局部剖视图；为了表达零件 7 泵体后面的形状，采用了 A 向视图和 $B-B$ 剖视图。

2）进一步了解工作原理和装配关系

主视图和俯视图的几条装配线已将柱塞泵的工作原理表达的相当清楚。外部运动通过零件 10（轴）输入，轴通过标准件 19（键）与零件 22（凸轮）连接，凸轮的转动迫使位于它左边的零件 11（柱塞）在泵套内向左作轴向平移，而零件 4（弹簧）推柱塞向右移动，当轴连续旋转，柱塞即可左右往复运动，零件 15 螺塞给弹簧预紧力。左端上下的两个单向阀控制外部流体与泵的流通。

在图 8-26 中，柱塞与泵套的配合尺寸为 $\phi 18\,\frac{\mathrm{H7}}{\mathrm{h6}}$，属基孔制间隙配合，它们之间有相对运动，套筒与泵体的配合尺寸 $\phi 30\,\frac{\mathrm{H7}}{\mathrm{k6}}$，属基孔制过渡配合，它们之间没有相对运动，另外凸轮与轴之间有配合尺寸，衬套（件 9）、衬盖（件 20）与泵体之间也有配合尺寸。

3）分析零件

在柱塞泵中，有 12 个一般零件，这些零件的主要结构在装配图中有所表达，但有些结构没有在图中表达清楚。分析零件时，要先从主要零件开始，将几个视图联系起来看，确定零件的范围、结构、形状、功用和装配关系。图中柱塞泵是一个主要零件，从视图可以得到该零件的大致形状和结构。在装配图中，泵体的一些主要尺寸已标注，如：左端内孔为 ϕ30H7，右边两孔分别为 ϕ42H7 和 ϕ50H7，还有外形尺寸和安装尺寸等，在确定其他一些未注尺寸时查看标题栏中的比例，根据此比例换算尺寸，如未注比例，先要算出图中已标注尺寸的数值与该数值所表达的线段在图中的长度之比，这个比值乘图中线段的量取值即可得到所需的尺寸。

4）画零件图

（1）确定表达方案：

将泵体从装配图中分离出来后，按泵体自然放置位置画三视图，主视图采用局部剖，主要考虑到要表达左端直径为 ϕ22 孔的位置，俯视图也采用局部剖，其目的是为了螺孔的数量和位置，B 向视图主要表达底板的底部尺寸和形状，局部剖视图 $A-A$ 表达了内腔的结构。

（2）尺寸标注

直接将装配图中的尺寸标在零件图中，特别是配合尺寸，应在零件图中标出尺寸偏差值。根据螺钉定出螺孔的尺寸，根据单向阀体螺纹的尺寸，查表得到进出口尺寸。其他一些尺寸可在图中量取并乘比值。

（3）技术要求：

根据柱塞泵的工作情况，注出泵体相应的技术要求，图 8-27 是泵体的零件图。

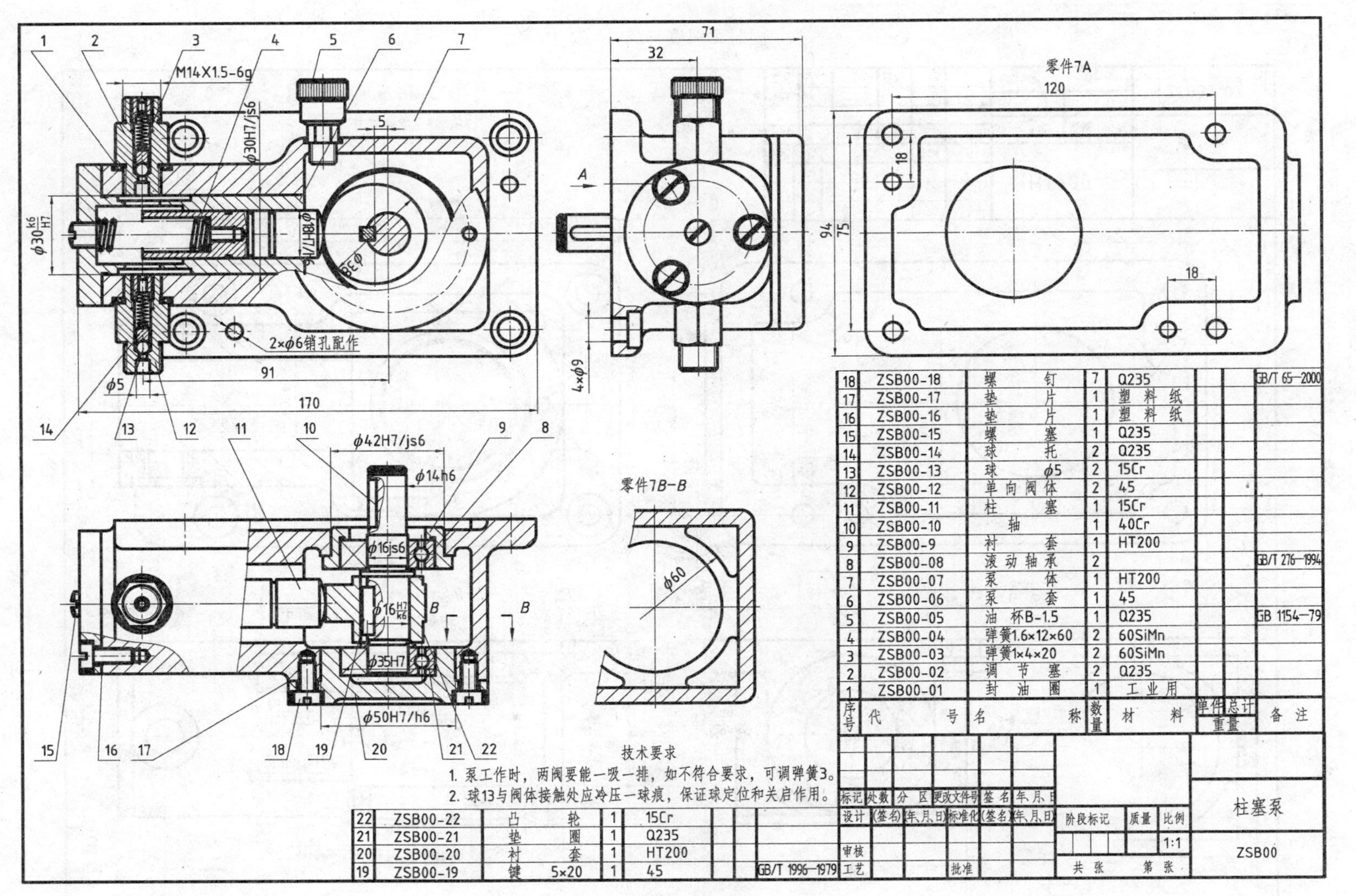
零件7A
零件7B-B
技术要求
1. 泵工作时，两阀要能一吸一排，如不符合要求，可调弹簧3。
2. 球13与阀体接触处应冲压一球痕，保证球定位和关启作用。
22 ZSB00-22 凸轮 1 15Cr
21 ZSB00-21 垫圈 1 Q235
20 ZSB00-20 衬套 1 HT200
19 ZSB00-19 键5×20 1 45 GB/T 1996-1979
18 ZSB00-18 螺钉 7 Q235 GB/T 65-2000
17 ZSB00-17 垫片 1 塑料纸
16 ZSB00-16 垫片 1 塑料纸
15 ZSB00-15 螺塞 1 Q235
14 ZSB00-14 球托 2 Q235
13 ZSB00-13 球φ5 2 15Cr
12 ZSB00-12 单向阀体 2 45
11 ZSB00-11 柱塞 1 15Cr
10 ZSB00-10 轴 1 40Cr
9 ZSB00-9 衬套 1 HT200
8 ZSB00-08 滚动轴承 2 GB/T 276-1994
7 ZSB00-07 泵体 1 HT200
6 ZSB00-06 泵套 1 45
5 ZSB00-05 油杯B-1.5 1 Q235 GB 1154-79
4 ZSB00-04 弹簧1.6×12×60 2 60SiMn
3 ZSB00-03 弹簧1×4×20 2 60SiMn
2 ZSB00-02 调节塞 2 Q235
1 ZSB00-01 封油圈 1 工业用
序号 代号 名称 数量 材料 单件 总计 重量 备注
柱塞泵
ZSB00
比例 1:1

图8-26 柱塞泵装配图

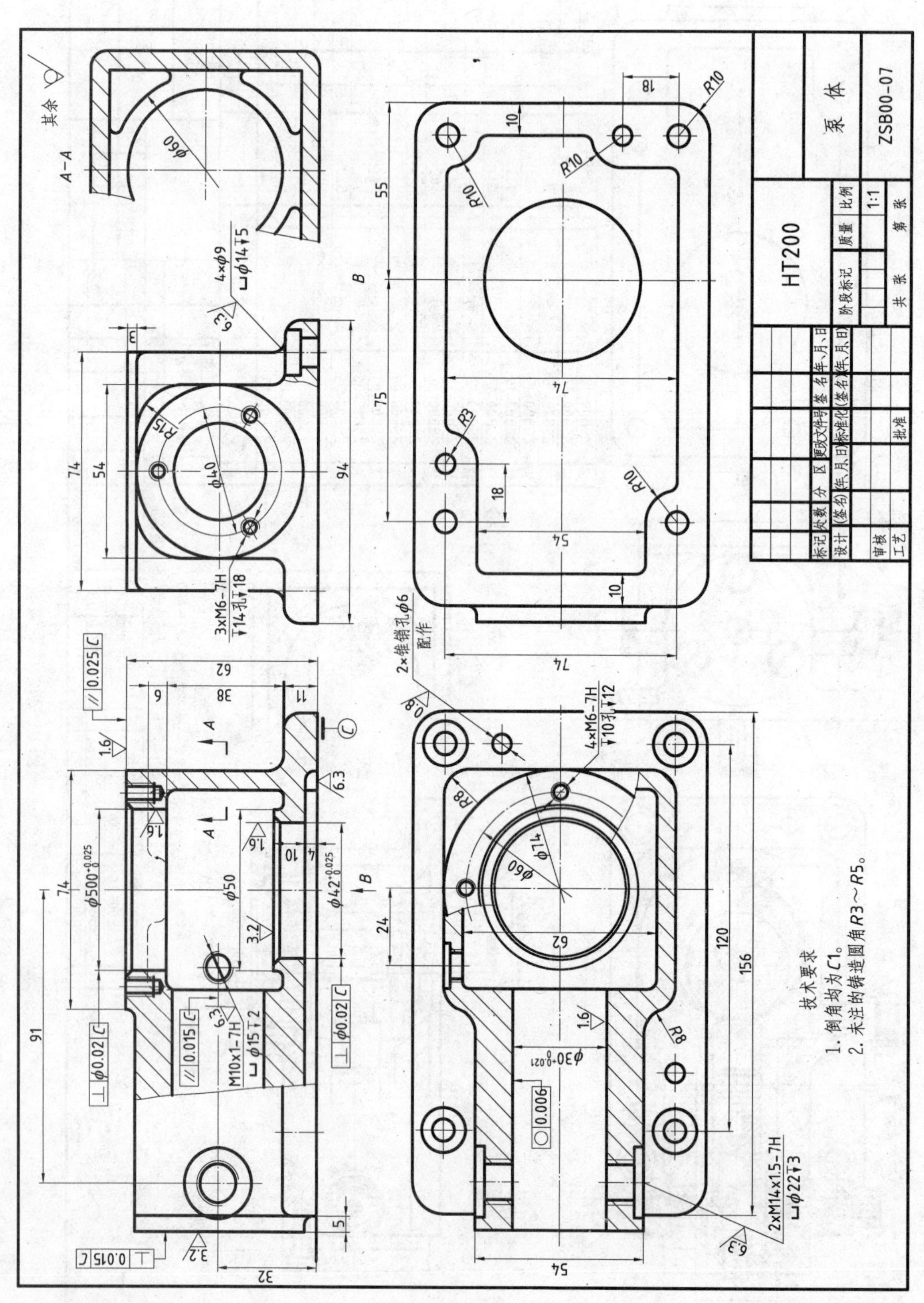
A-A
其余
B
技术要求
1. 倒角均为C1。
2. 未注的铸造圆角R3～R5。
HT200
泵体
ZSB00-07
比例
1:1
4×φ9
3×M6-7H
4×M6-7H
M10×1-7H
2×M14×1.5-7H
2×锥销孔φ6
配作
φ60
φ40
φ50
φ14
φ30
0.006
0.025 C
0.015 C
0.02 C
0.015 C

图 8-27 泵体零件图

第四讲　工作任务单

一、任务

仪器或CAD绘制减速器装配图。

图8-28　减速器

二、要求

1. 掌握

（1）掌握装配体视图的表达方法。

（2）用CAD绘图时，充分利用图块插入方法，方便快捷地完成装配图。

2. 了解

结合减速器的工作状况，了解其各种零件在装配体中的作用。

3. 分析

分析各零件的结构合理性和装配关系等。

附　　录

附录一　螺纹标准

附表 1－1　普通螺纹(摘自 GB/T 193—2003，GB/T 196—2003)　　(单位:mm)

公称直径 D、d		螺距 P		粗牙中径	粗牙小径
第一系列	第二系列	粗牙	细牙	D_2，d_2	D_1，d_1
3		0.5	0.35	2.675	2.459
	3.5	(0.6)		3.110	2.850
4		0.7	0.5	3.545	3.242
	4.5	(0.75)		4.013	3.688
5		0.8		4.480	4.134
6		1	0.75，(0.5)	5.350	4.917
8		1.25	1，0.75，(0.5)	7.188	6.647
10		1.5	1.25，1，0.75，(0.5)	9.026	8.376
12		1.75	1.5，1.25，1，(0.75)，(0.5)	10.863	10.106
	14	2	1.5，(1.25)，1，(0.75)，(0.5)	12.701	11.835
16		2	1.5，1，(0.75)，(0.5)	14.701	13.835
	18	2.5	2，1.5，1，(0.75)，(0.5)	16.376	15.294
20		2.5		18.376	17.294
	22	2.5	2，1.5，1，(0.75)，(0.5)	20.376	19.294
24		3	2，1.5，1，(0.75)	22.051	20.752
	27	3	2，1.5，1，(0.75)	25.051	23.752
30		3.5	(3)，2，1.5，1，(0.75)	27.727	26.711
	33	3.5	(3)，2，1.5，(1)，(0.75)	30.727	29.211
36		4	3，2，1.5，(1)	33.402	31.670
	39	4		36.402	34.670

注：1. 优先选用第一系列，括号内尺寸尽可能不用，第三系列未列入。

2. M14×1.25 仅用于火花塞。

附表 1-2　55°密封管螺纹(摘自 GB/T 7306—2000)　　(单位:mm)

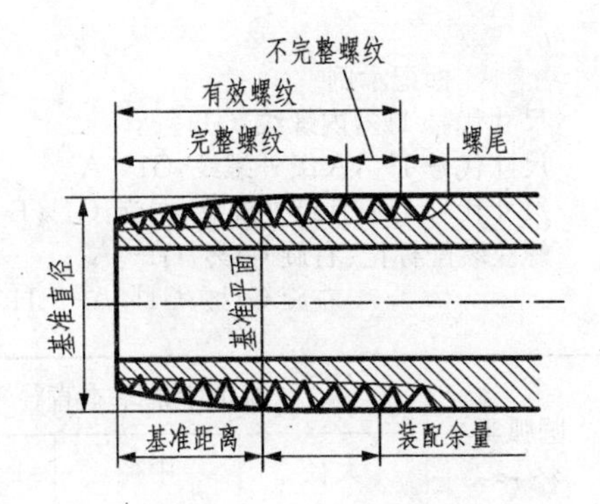

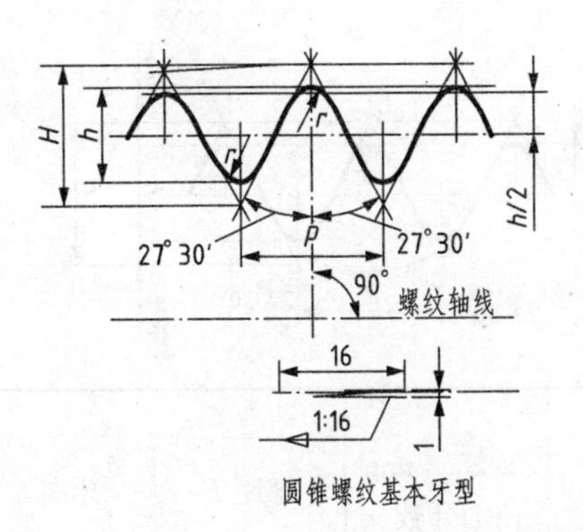

圆锥螺纹基本牙型

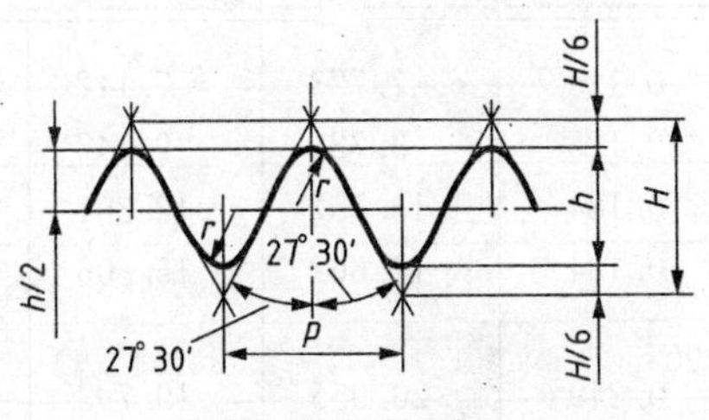

圆柱内螺纹基本牙型

标记示例
1½圆锥内螺纹:Rc1½
1½圆柱内螺纹:Rp1½
1½圆锥外螺纹:R1½
1½圆锥外螺纹,左旋:R1½ —LH

尺寸代号	每 25.4 mm 内的牙数 n	螺距 P	牙高 h	圆弧半径 $r\approx$	基面上的基本直径			基准距离	有效螺纹长度
					大径(基准直径) $d=D$	中径 $d_2=D_2$	小径 $d_2=D_2$		
1/16	28	0.907	0.581	0.125	7.723	7.142	6.561	4.0	6.5
1/8	28	1.907	0.581	0.125	9.728	9.147	8.566	4.0	6.5
1/4	19	1.337	0.856	0.184	13.157	12.301	11.445	6.0	9.7
3/8	19	1.337	0.856	0.184	16.662	15.806	14.950	6.4	10.1
1/2	14	1.814	1.162	0.249	20.955	19.793	18.631	8.2	13.2
3/4	14	1.814	1.162	0.249	26.441	25.279	24.117	9.5	14.5
1	11	2.309	1.479	0.317	33.249	31.770	30.291	10.4	16.8
$1^1/_4$	11	2.309	1.479	0.317	41.910	40.431	38.952	12.7	19.1
$1^1/_2$	11	2.309	1.479	0.317	47.803	46.324	44.845	12.7	19.1
2	11	2.309	1.479	0.317	59.614	58.153	56.656	15.9	23.4
$2^1/_2$	11	2.309	1.479	0.317	75.184	73.705	72.226	17.5	26.7
3	11	2.309	1.479	0.317	87.884	86.405	84.926	20.6	29.8
$3^1/_2$	11	2.309	1.479	0.317	100.330	98.851	97.372	22.2	31.4
4	11	2.309	1.479	0.317	113.030	111.551	110.072	25.4	35.8
5	11	2.309	1.479	0.317	138.951	136.951	135.472	28.6	40.1
6	11	2.309	1.479	0.317	162.351	162.351	160.872	28.6	40.1

* 尺寸代号为 $3^1/_2$ 的螺纹,限用于蒸汽机车。

附表 1-3　55°非密封管螺纹(GB/T 7307—2001)　(单位:mm)

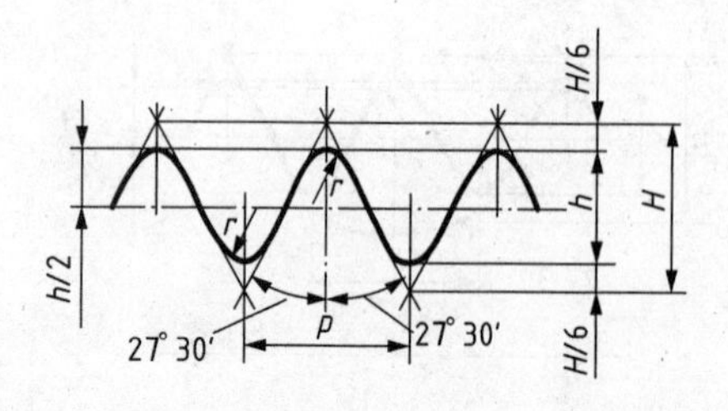

标记示例

尺寸代号 1½,内螺纹:G1½

尺寸代号 1½,A 级外螺纹:G1½A

尺寸代号 1½,B 级外螺纹,左旋:G1½B—LH

螺纹装配标记:右旋 G1½/G1½A

左旋 G1½/G1½A—LH

尺寸代号	每 25.4 mm 内的牙数 n	螺距 P	牙高 h	圆弧半径 $r\approx$	基面上的基本直径		
					大径 $d=D$	中径 $d_2=D_2$	小径 $d_2=D_2$
1/16	28	0.907	0.581	0.125	7.723	7.142	6.561
1/8	28	1.907	0.581	0.125	9.728	9.147	8.566
1/4	19	1.337	0.856	0.184	13.157	12.301	11.445
3/8	19	1.337	0.856	0.184	16.662	15.806	14.950
1/2	14	1.814	1.162	0.249	20.955	19.793	18.631
5/8	14	1.814	1.162	0.249	22.911	21.749	20.587
3/4	14	1.814	1.162	0.249	26.441	25.279	24.117
7/8	14	1.814	1.162	0.249	30.201	29.039	27.877
1	11	2.309	1.479	0.317	33.249	31.770	30.291
$1^{1}/_{8}$	11	2.309	1.479	0.317	37.897	36.418	34.939
$1^{1}/_{4}$	11	2.309	1.479	0.317	41.910	40.431	38.952
$1^{1}/_{2}$	11	2.309	1.479	0.317	47.803	46.324	44.945
$1^{3}/_{4}$	11	2.309	1.479	0.317	53.746	52.267	50.788
2	11	2.309	1.479	0.317	59.614	58.135	56.656
$2^{1}/_{4}$	11	2.309	1.479	0.317	65.710	64.231	62.752
$2^{1}/_{2}$	11	2.309	1.479	0.317	75.184	73.705	72.226
$2^{3}/_{4}$	11	2.309	1.479	0.317	81.534	80.055	78.576
3	11	2.309	1.479	0.317	87.884	86.405	84.926
$3^{1}/_{2}$	11	2.309	1.479	0.317	100.330	96.851	97.372
4	11	2.309	1.479	0.317	113.030	111.551	110.072
$4^{1}/_{2}$	11	2.309	1.479	0.317	125.730	124.251	122.772
5	11	2.309	1.479	0.317	138.430	136.951	135.472
$5^{1}/_{2}$	11	2.309	1.479	0.317	151.130	149.651	148.172
6	11	2.309	1.479	0.317	163.830	162.351	160.872

附表 1-4 梯形螺纹(摘自 GB/T 5796.1—2005、GB/T 5796.2—2005《螺距》) (单位:mm)

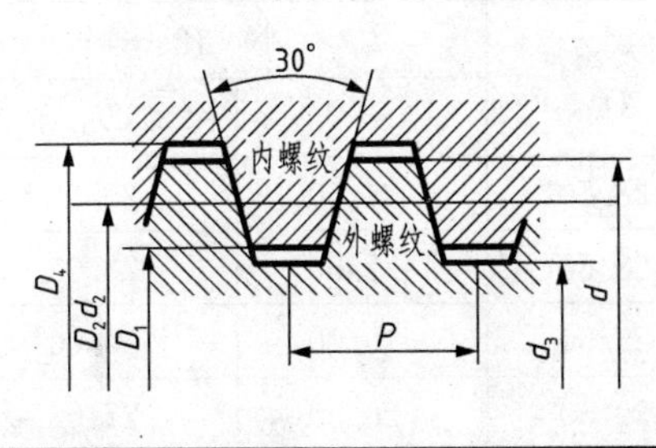

标 记 示 例

Tr40×7—7H(梯形内螺纹,公称直径 $d=40$、螺距 $P=7$、精度等级 7H)

Tr40×14(P7) LH—7e(多线左旋梯形外螺纹,公称直径 $d=40$、导程=14、螺距 $P=7$、精度等级 7e)

Tr40×7—7H/7e(梯形螺旋副,公称直径 $d=40$、螺距 $P=7$、内螺纹精度等级 7H、外螺纹精度等级 7e

公称直径 d		螺距 P	中径 $d_2=D_2$	大径 D_4	小径	
第一系列	第二系列				d_3	D_1
8		1.5	7.25	8.30	6.20	6.50
	9	1.5	8.25	9.30	7.20	7.50
		2	8.00	9.50	6.50	7.00
10		1.5	9.25	10.30	8.20	8.50
		2	9.00	10.50	7.50	8.00
	11	2	10.00	11.50	8.50	9.00
		3	9.50	11.50	7.50	8.00
12		2	11.00	12.50	9.50	10.00
		3	10.50	12.50	8.50	9.00
	14	2	13.00	14.50	11.50	12.00
		3	12.50	14.50	10.50	11.00
16		2	15.00	16.50	13.50	14.00
		4	14.00	16.50	11.50	12.00
	18	2	17.00	18.50	15.50	16.00
		4	16.00	18.50	13.50	14.00
20		2	19.00	20.50	17.50	18.00
		4	18.00	20.50	15.50	16.00
	22	3	20.50	22.50	18.50	19.00
		5	19.50	22.50	16.50	17.00
		8	18.00	23.00	13.00	14.00
24		3	22.50	24.50	20.50	21.00
		5	21.50	24.50	18.50	19.00
		8	20.00	25.00	15.00	16.00
	26	3	24.50	26.50	22.50	23.00
		5	23.50	26.50	20.50	21.00
		8	22.00	27.00	17.00	18.00

（续表）

公称直径 d		螺距 P	中径 $d_2 = D_2$	大径 D_4	小径	
第一系列	第二系列				d_3	D_1
28		3	26.50	28.50	24.50	25.00
		5	25.50	28.50	22.50	23.00
		8	24.00	29.00	19.00	20.00
	30	3	28.50	30.50	26.50	27.00
		6	27.00	31.00	23.00	24.00
		10	25.00	31.00	19.00	20.00
32		3	30.50	32.50	28.50	29.00
		6	29.00	33.00	25.00	26.00
		10	27.00	33.00	21.00	22.00
	34	3	32.50	34.50	30.50	31.00
		6	31.00	35.00	27.00	28.00
		10	29.00	35.00	23.00	24.00
36		3	34.50	36.50	32.50	33.00
		6	33.00	37.00	29.00	30.00
		10	31.00	37.00	25.00	26.00
	38	3	36.50	38.50	34.50	35.00
		7	34.50	39.00	30.00	31.00
		10	33.00	39.00	27.00	28.00
40		3	38.50	40.50	36.50	37.00
		7	36.50	41.00	32.00	33.00
		10	35.00	41.00	29.00	30.00

附录二 螺纹紧固件标准

附表 2-1 六角头螺栓 C 级(摘自 GB/T 5780—2000) (单位:mm)

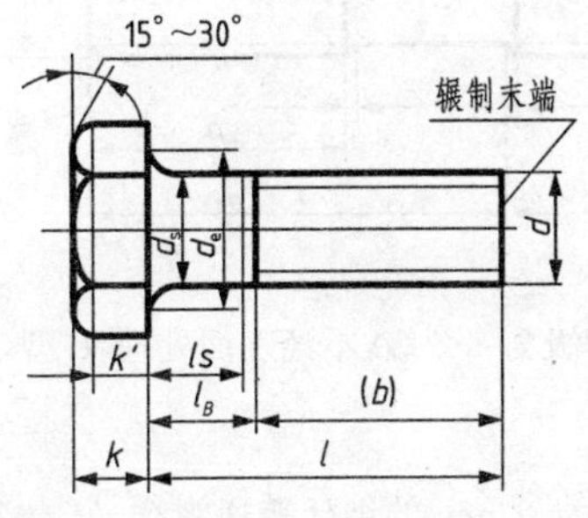

允许制造的型式

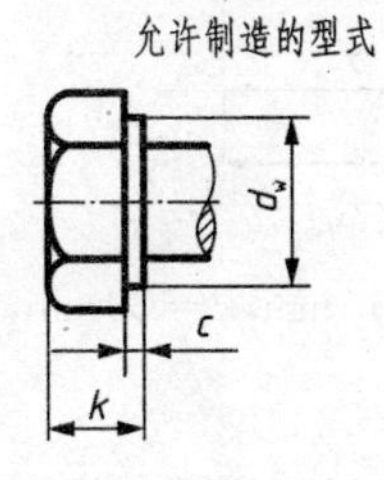

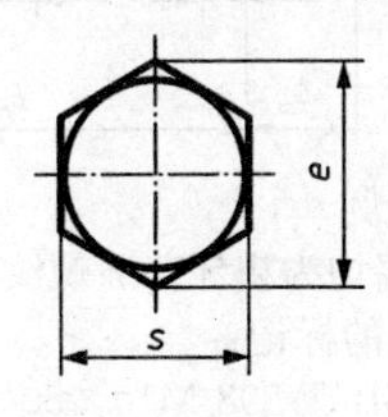

标记示例

螺纹规格 $d=$ M12,公称长度 $l=80$ mm,性能等级为 4.8 级,不经表面处理,产品等级为 C 级的六角头螺栓的标记:

螺栓 GB/T 5780 M12×80

螺纹规格 d		M5	M6	M8	M10	M12	M16	M20	M24	M30	M36
$b_{参考}$	$l\leqslant 125$	16	18	22	26	30	38	46	54	66	78
	$125<l\leqslant 200$	—	—	28	32	36	44	52	60	72	84
	$l>200$	—	—	—	—	—	57	65	73	85	97
c	max	0.5	0.5	0.6	0.6	0.6	0.8	0.8	0.8	0.8	0.8
d_e	max	6	7.2	10.2	12.2	14.7	18.7	24.4	28.4	35.4	42.4
d_s	max	5.48	6.48	8.58	10.58	12.7	16.7	20.84	24.84	30.84	37
	min	4.52	5.52	7.42	9.42	11.3	15.3	19.16	23.16	29.16	35
d_w	min	6.7	8.7	11.4	14.4	16.4	22	27.7	33.2	42.7	51.1
e	min	8.63	10.89	14.20	17.59	19.85	26.17	32.95	39.55	50.85	60.79
k	公称	3.5	4	5.3	6.4	7.5	10	12.5	15	18.7	22.5
	min	3.12	3.62	4.92	5.95	7.05	9.25	11.6	14.1	17.65	21.45
	max	3.88	4.38	5.68	6.85	7.95	10.75	13.4	15.9	19.75	23.85
k'	min	2.2	2.5	3.45	4.2	4.95	6.5	8.1	9.9	12.4	15.0
r	min	0.2	0.25	0.4	0.4	0.6	0.6	0.8	0.8	1	1
s	max	8	10	13	16	18	24	30	36	46	55
	min	7.64	9.64	12.57	15.57	17.57	23.16	29.16	35	45	53.8
l(商品规格范围及通用规格)		25~50	30~60	35~80	40~100	45~120	55~160	65~200	80~240	90~300	110~360
l 系列		25, 30, 35, 40, 45, 50, (55), 60, (65), 70, 80, 90, 100, 110, 120, 130, 140, 150, 160, 180, 200, 220, 240, 260, 280, 300, 340, 360									

注:1. 末端按 GB/T 2—85 规定。

2. $l_{max}=l_{公称}-b_{参考}$。

3. $l_{min}=l_{max}=5P$。

4. P 为螺距。

附表 2-2 双头螺柱(GB/T 897—1988、GB/T 898—1988、GB/T 899—1988、GB/T 900—1988)

(单位:mm)

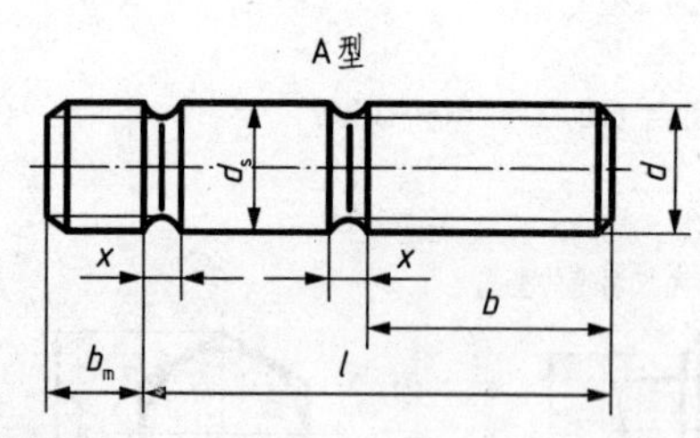

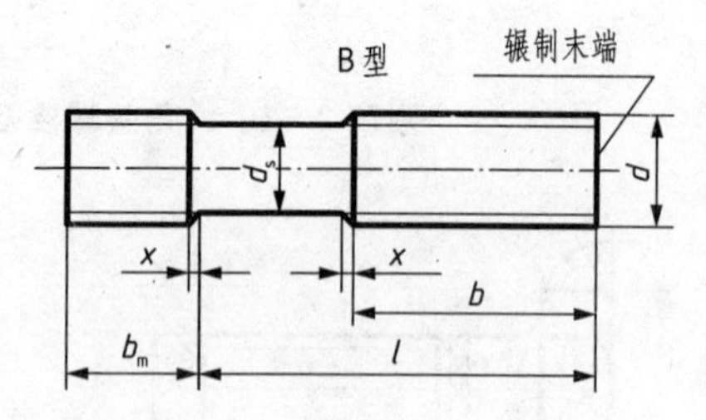

标记示例

1. 两端均为粗牙普通螺纹,$d=10$ mm,$l=50$ mm,性能等级为4.8级,不经表面处理,B型,$b_m=1.25d$ 的双头螺柱的标记:

螺柱 GB/T 898 M10×50

2. 旋入机体一端为粗牙普通螺纹、旋入螺母一端为螺距 $P=1$ mm 的细牙普通螺纹,$d=10$ mm,$l=50$ mm,性能4.8级,不经表面处理,A型,$b_m=1.25d$ 的双头螺柱标记:

螺柱 GB/T 898 AM10—M10×1×50

螺纹规格	b_m				l/b
	GB/T 897—1988 $b_m=1d$	GB/T 898—1988 $b_m=1.25d$	GB/T 899—1988 $b_m=1.5d$	GB/T 900—1988 $b_m=2d$	
M5	5	6	8	10	16~22/10, 25~50/16
M6	6	8	10	10	20~22/10, 25~30/14, 32~75/18
M8	8	10	12	16	20~22/12, 25~30/16, 32~90/22
M10	10	12	15	20	25~28/14, 30~38/16, 40~120/26, 130/32
M12	12	15	18	24	25~30/16, 32~40/20, 45~120/30, 130~180/36
(M14)	14	18	21	28	30~35/18, 38~50/25, 55~120/34, 130~180/40
M16	16	20	24	32	30~35/20, 40~55/30, 60~120/38, 130~200/44
M18	18	22	27	36	35~40/22, 45~60/35, 65~120/42, 130~200/48
M20	20	25	30	40	35~40/25, 45~65/35, 70~120/46, 130~200/52
(M22)	22	28	33	44	40~55/30, 50~70/40, 75~120/50, 130~200/56
M24	24	30	36	48	45~50/30, 55~75/45, 80~120/54, 130~200/60
(M27)	27	35	40	54	50~60/35, 65~85/50, 90~120/60, 130~200/66
M30	30	38	45	60	60~65/40, 70~90/50, 65~120/66, 130~200/72
(M33)	33	41	49	66	65~70/45, 75~95/60, 100~120/72, 130~200/78
M36	36	45	54	72	65~75/45, 80~110/60, 130~200/84, 210~300/97
(M39)	39	49	58	78	70~80/50, 85~120/65, 120/90, 210~300/103
M42	42	52	64	84	70~80/50, 85~120/70, 130~200/96, 210~300/109
M48	48	60	72	96	80~90/60, 95~110/80, 130~200/108, 210~300/121
l	16, (18), 20, (22), 25, (28), 30, (32), 35, (38), 40, 45, 50, (55), 60, (65), 70, (75), 80, (85), 90, (95), 100, 110, 120, 130, 140, 150, 160, 170, 180, 190, 200, 210, 220, 230, 240, 250, 260, 270, 280, 290, 300				

注:1. 尽可能不采用括号内的规格。

2. P 为粗牙螺纹的螺距。

附表 2-3　开槽圆柱头螺钉(摘自 GB/T 65—2000)、开槽盘头螺钉(摘自 GB/T 67—2000)

(单位:mm)

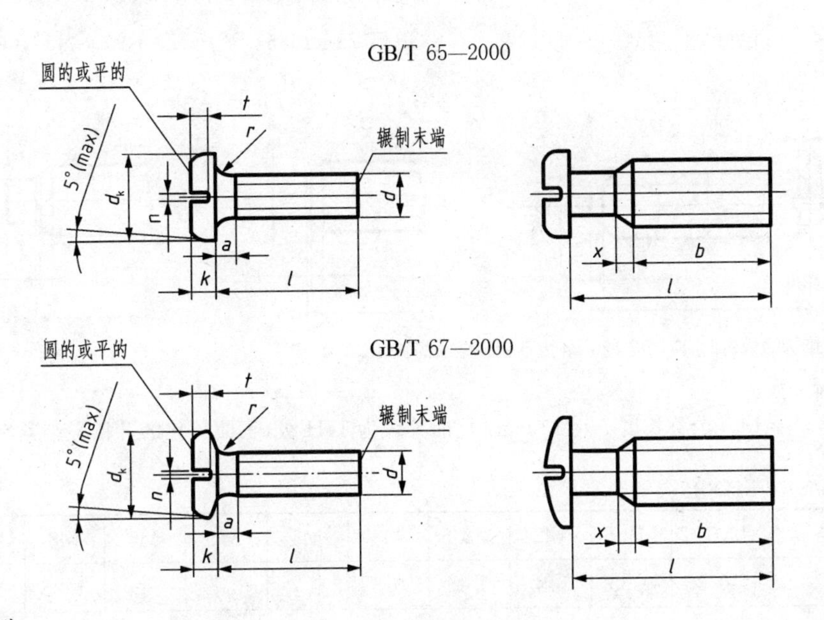

标记示例

1. 螺纹规格 $d=$M5,公称长度 $l=20$ mm,性能等级为 4.8 级,不经表面处理的 A 级开槽圆柱头螺钉的标记:

螺钉 GB/T 65 M5×20

2. 螺纹规格 $d=$M5,公称长度 $l=20$ mm,性能等级为 4.8 级,不经表面处理的 A 级开槽盘头螺钉的标记:

螺钉 GB/T 67 M5×20

螺纹标准 d	P	b (min)	n (公称)	r (min)	l (公称)	GB/T 65—2000			GB/T 67—2008			
						d_k (max)	k (max)	t (min)	d_k (max)	k (max)	t (min)	r (参考)
M3	0.5	25	0.8	0.1	4~30				5.6	1.8	0.7	0.9
M4	0.7	38	1.2	0.2	5~40	7	2.6	1.1	8	2.4	1	1.2
M5	0.8	38	1.2	0.2	6~50	8.5	3.3	1.3	9.5	3	1.2	1.5
M6	1	38	1.6	0.25	8~60	10	3.9	1.6	12	3.6	1.4	1.8
M8	1.25	38	2	0.4	10~80	13	5	2	16	4.8	1.9	2.4
M10	1.5	38	2.5	0.4	12~80	16	6	2.4	20	6	2.4	3

注:1. 长度 l 系列:4, 5, 6, 8, 10, 12, (14), 16, 20, 25, 60, 35, 40, 50, (55), 60, (65), 70, (75), 80,有括号的尽可能不用。

2. 公称长度 $l \leqslant 40$ mm 的螺钉和 M3、$l \leqslant 30$ mm 的螺钉,制出全螺纹 ($b=l-a$)。

3. P 为螺距。

附表 2-4　开槽锥端紧定螺钉(摘自 GB/T 71—1985)、开槽平端紧定螺钉(摘自 GB/T 73—1985)开槽长圆柱端紧定螺钉摘自(GB/T 75—1985)　(单位:mm)

GB/T 71—1985

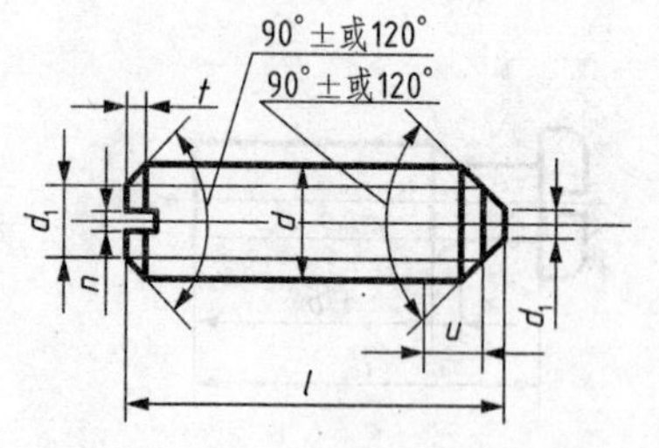

GB/T 73—1985

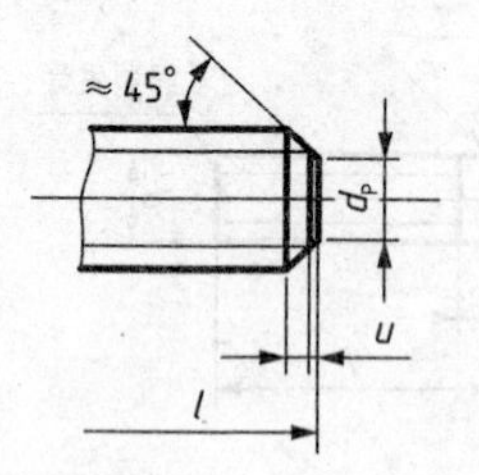

GB/T 75—1985

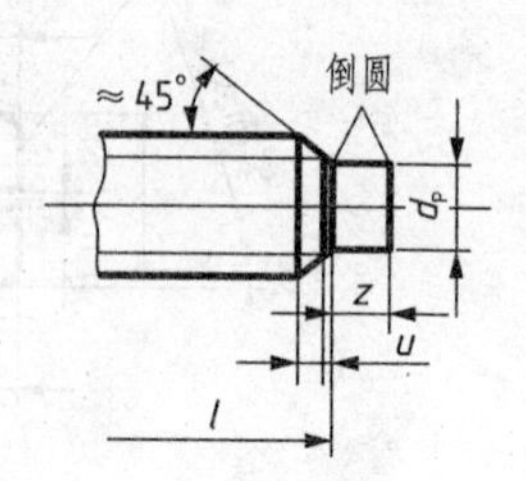

注:公称长度为短螺钉时,应制成 120°,u 为不完整螺纹的长度,$u \leqslant 2P$

标记示例

螺纹规格 $d=$ M5,公称长度 $l=12$ mm,性能等级为 14H 级,表面氧化的开槽平端紧定螺钉的规定标记:

螺钉 GB/T 73 M5×12

螺纹规格 d		M1.2	M1.6	M2	M2.5	M3	M4	M5	M6	M8	M10	M12
P		0.25	0.35	0.4	0.45	0.5	0.7	0.8	1	1.25	1.5	1.75
$d_1 \approx$		螺纹小径										
d_t	min	—	—	—	—	—	—	—	—	—	—	—
	max	0.12	0.16	0.2	0.25	0.3	0.4	0.5	1.5	2	2.5	3
d_p	min	0.35	0.55	0.75	1.25	1.75	2.25	3.2	3.7	5.2	6.64	8.14
	max	0.6	0.8	1	1.5	2	2.5	3.5	4	5.5	7	8.5
n	公称	0.2	0.25	0.25	0.4	0.4	0.6	0.8	1	1.2	1.6	2
	min	0.26	0.31	0.31	0.46	0.46	0.66	0.86	1.06	1.26	1.66	2.06
	max	0.4	0.45	0.45	0.6	0.6	0.8	1	1.2	1.51	1.91	2.31
t	min	0.4	0.56	0.64	0.72	0.8	1.12	1.28	1.6	2	2.4	2.8
	max	0.52	0.74	0.84	0.95	1.05	1.42	1.63	2	2.5	3	3.6
z	min	—	0.8	1	1.2	1.5	2	2.5	3	4	5	6
	max	—	1.05	1.25	1.25	1.75	2.25	2.75	3.25	4.3	5.3	6.3
GB 71—85	l(公称长度)	2~6	2~8	3~10	3~12	4~16	6~20	8~25	8~30	10~40	12~50	14~60
	l(短螺钉)	2	2~2.5	2~2.5	2~3	2~3	2~4	2~5	2~6	2~8	2~10	2~12
GB 73—85	l(公称长度)	2~6	2~8	2~10	2.5~12	3~16	4~20	5~25	6~30	8~40	10~50	12~60
	l(短螺钉)	—	2	2~2.5	2~3	2~3	2~4	2~5	2~6	2~6	2~8	2~10
GB 75—85	l(公称长度)	—	2.5~8	3~10	4~12	5~16	6~20	8~25	8~30	10~40	12~50	14~60
	l(短螺钉)	—	2~2.5	2~3	2~4	2~5	2~6	2~8	2~10	2~14	2~16	2~20
l(系列)		2, 2.5, 3, 4, 5, 6, 8, 10, 12, (14), 16, 20, 25, 30, 35, 40, 45, 50, (55), 60										

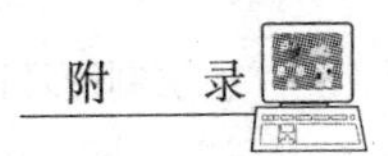

附表 2-5　I 型六角螺母—A 级和 B 级(摘自 GB/T 6170—2000)　(单位:mm)

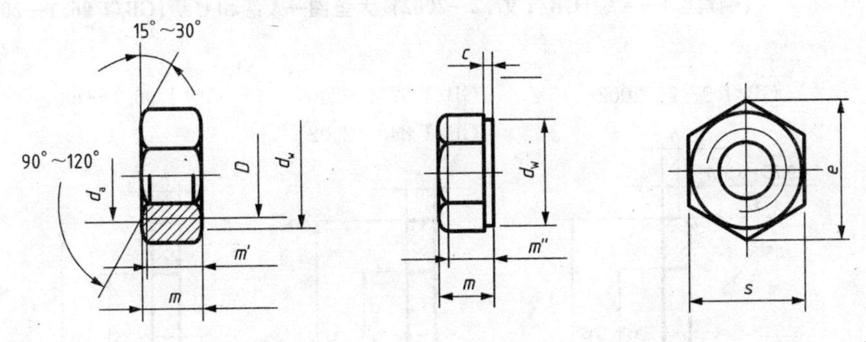

标记示例

螺纹规格 $D=$ M12,性能等级为 8 级,不经表面处理,产品等级为 A 级的 I 型六角螺母的标记:

螺母 GB/T 6170 M12

螺纹规格 D	c	d_a		d_w	e	m		m'	m''	s	
	max	min	max	min	min	max	min	min	min	max	min
M1.6	0.2	1.6	1.84	2.4	3.41	1.3	1.05	0.8	0.7	3.2	3.02
M2	0.2	2	2.3	3.1	4.32	1.6	1.35	1.1	0.9	4	3.82
M2.5	0.3	2.5	2.9	4.1	5.45	2	1.75	1.4	1.2	5	4.82
M3	0.4	3	3.45	4.6	6.01	2.4	2.15	1.7	1.5	5.5	5.32
M4	0.4	4	4.6	5.9	7.66	3.2	2.9	2.3	2	7	6.78
M5	0.5	5	5.75	6.9	8.79	4.7	4.4	3.5	3.1	8	7.78
M6	0.5	6	6.75	8.9	11.05	5.2	4.9	3.9	3.4	10	9.78
M8	0.6	8	8.75	11.6	14.38	6.8	6.44	5.1	4.5	13	12.73
M10	0.6	10	10.8	14.6	17.77	8.4	8.04	6.4	5.6	16	15.73
M12	0.6	12	13	16.6	20.03	10.8	10.37	8.3	7.3	18	17.73
M16	0.8	16	17.3	22.5	26.75	14.8	14.1	11.3	9.9	24	23.67
M20	0.8	20	21.6	27.7	32.95	18	16.9	13.5	11.8	30	29.16
M24	0.8	24	25.9	33.2	39.55	21.5	20.2	16.2	14.1	36	35
M30	0.8	30	32.4	42.7	50.85	25.6	24.3	19.4	17	46	45
M36	0.8	36	38.9	51.1	60.79	31	29.4	23.5	20.6	55	53.8
M42	1	42	45.4	60.6	72.02	34	32.4	25.9	22.7	65	63.8
M48	1	48	51.8	69.4	82.6	38	36.4	29.1	25.5	75	73.1
M56	1	56	60.5	78.7	93.56	45	43.3	34.7	30.4	85	82.8
M64	1.2	64	69.1	88.2	104.86	51	49.1	39.3	34.4	95	92.8

注:1. A 级用于 $D\leqslant 16$ 的螺母;B 级用于 $D>16$ 的螺母。本表仅按商品规格和通用规格列出。

2. 螺纹规格为 M8~M64、细牙、A 级和 B 级的 I 型六角螺母,请查阅 GB/T 6171—1986。

附表 2-6 小垫圈—A 级(GB/T 848—2002)、平垫圈—A 级(GB/T 97.1—2002)、平垫圈(倒角型)—A 级(GB/T 97.2—2002)、大垫圈—A 级和 C 级(GB/T 96.1—2002)

(单位:mm)

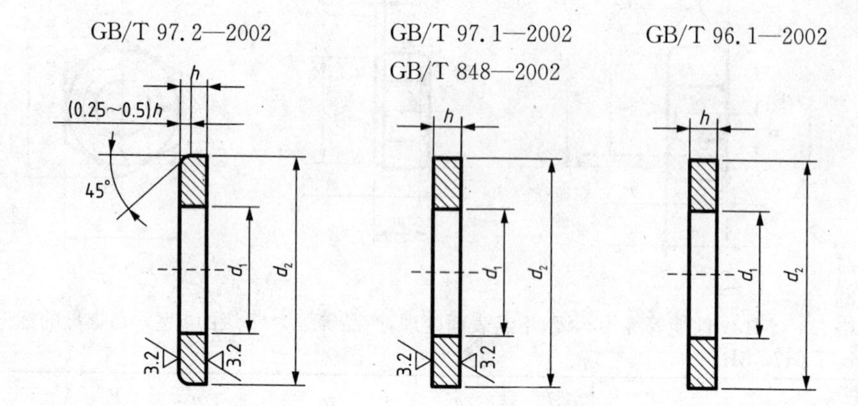

标记示例

1. 标准系列,公称尺寸 $d=8$ mm,由钢制造的硬度等级为 200HV 级,不经表面处理、产品等级为 A 级的平垫圈的标记:

垫圈 GB/T 97.1 8

2. 标准系列,公称尺寸 $d=8$ mm,由 A2 组不锈钢制造的硬度等级为 200HV 级,不经表面处理、产品等级为 A 级的平垫圈的标记:

垫圈 GB/T 97.1 8 A2

<table>
<tr><th colspan="3">公称尺寸(螺纹规格)d</th><th>1.6</th><th>2</th><th>2.5</th><th>3</th><th>4</th><th>5</th><th>6</th><th>8</th><th>10</th><th>12</th><th>14</th><th>16</th><th>20</th><th>24</th><th>30</th><th>36</th></tr>
<tr><td rowspan="8">内径 d_1</td><td rowspan="4">max</td><td>GB/T 848—2002</td><td rowspan="2">1.84</td><td rowspan="2">2.43</td><td rowspan="2">2.84</td><td rowspan="2">3.38</td><td rowspan="2">4.48</td><td rowspan="4">—
5.48</td><td rowspan="4">6.62</td><td rowspan="4">8.62</td><td rowspan="4">10.77</td><td rowspan="4">13.27</td><td rowspan="4">15.27</td><td rowspan="4">17.27</td><td rowspan="3">21.33</td><td rowspan="3">25.33</td><td>31.33</td><td rowspan="3">37.62</td></tr>
<tr><td>GB/T 97.1—2002</td><td rowspan="2">31.39</td></tr>
<tr><td>GB/T 97.2—2002</td><td>—</td><td>—</td><td>—</td><td>—</td><td>—</td></tr>
<tr><td>GB/T 96.1—2002</td><td>—</td><td>—</td><td>—</td><td>3.38</td><td>3.48</td><td>22.52</td><td>26.84</td><td>34</td><td>40</td></tr>
<tr><td rowspan="4">公称(min)</td><td>GB/T 848—2002</td><td rowspan="2">1.7</td><td rowspan="2">2.2</td><td rowspan="2">2.7</td><td rowspan="2">3.2</td><td rowspan="2">4.3</td><td rowspan="4">5.3</td><td rowspan="4">6.4</td><td rowspan="4">8.4</td><td rowspan="4">10.5</td><td rowspan="4">13</td><td rowspan="4">15</td><td rowspan="4">17</td><td rowspan="3">21</td><td rowspan="3">25</td><td rowspan="3">31</td><td rowspan="3">37</td></tr>
<tr><td>GB/T 97.1—2002</td></tr>
<tr><td>GB/T 97.2—2002</td><td>—</td><td>—</td><td>—</td><td>—</td><td>—</td></tr>
<tr><td>GB/T 96.1—2002</td><td>—</td><td>—</td><td>—</td><td>3.2</td><td>4.3</td><td>22</td><td>26</td><td>33</td><td>39</td></tr>
<tr><td rowspan="8">外径 d_2</td><td rowspan="4">公称(max)</td><td>GB/T 848—2002</td><td>3.5</td><td>4.5</td><td>5</td><td>6</td><td>8</td><td>9</td><td>11</td><td>15</td><td>18</td><td>20</td><td>24</td><td>28</td><td>34</td><td>39</td><td>50</td><td>60</td></tr>
<tr><td>GB/T 97.1—2002</td><td>4</td><td>5</td><td>6</td><td>7</td><td>9</td><td rowspan="2">10</td><td rowspan="2">12</td><td rowspan="2">16</td><td rowspan="2">20</td><td rowspan="2">24</td><td rowspan="2">28</td><td rowspan="2">30</td><td rowspan="2">37</td><td rowspan="2">44</td><td rowspan="2">56</td><td rowspan="2">66</td></tr>
<tr><td>GB/T 97.2—2002</td><td>—</td><td>—</td><td>—</td><td>—</td><td>—</td></tr>
<tr><td>GB/T 96.1—2002</td><td>—</td><td>—</td><td>—</td><td>9</td><td>12</td><td>15</td><td>18</td><td>24</td><td>30</td><td>37</td><td>44</td><td>50</td><td>60</td><td>72</td><td>92</td><td>110</td></tr>
<tr><td rowspan="4">min</td><td>GB/T 848—2002</td><td>3.2</td><td>4.2</td><td>4.7</td><td>5.7</td><td>7.64</td><td>8.64</td><td>10.57</td><td>14.57</td><td>17.57</td><td>19.48</td><td>23.48</td><td>27.48</td><td>33.38</td><td>33.38</td><td>49.38</td><td>58.8</td></tr>
<tr><td>GB/T 97.1—2002</td><td>3.7</td><td>4.7</td><td>5.7</td><td>6.64</td><td>8.64</td><td rowspan="2">9.64</td><td rowspan="2">11.57</td><td rowspan="2">15.57</td><td rowspan="2">19.48</td><td rowspan="2">23.48</td><td rowspan="2">27.48</td><td rowspan="2">29.48</td><td rowspan="2">36.38</td><td rowspan="2">43.38</td><td rowspan="2">56.26</td><td rowspan="2">64.8</td></tr>
<tr><td>GB/T 97.2—2002</td><td>—</td><td>—</td><td>—</td><td>—</td><td>—</td></tr>
<tr><td>GB/T 96.1—2002</td><td>—</td><td>—</td><td>—</td><td>8.64</td><td>11.57</td><td>14.57</td><td>17.57</td><td>23.48</td><td>29.48</td><td>36.38</td><td>43.38</td><td>49.38</td><td>58.1</td><td>70.1</td><td>89.8</td><td>107.8</td></tr>
</table>

（续表）

		公称尺寸(螺纹规格)d	1.6	2	2.5	3	4	5	6	8	10	12	14	16	20	24	30	36
厚度 h	公称	GB/T 848—2002	0.3	0.3	0.5	0.5	0.5	1	1.6	1.6	1.6	2	2.5	2.5	3	4	4	5
		GB/T 97.1—2002					0.8				2	2.5		3				
		GB/T 97.2—2002	—	—	—	—	—											
		GB/T 96.1—2002	—	—	—	0.8	1	1.2	1.6	2	2.5	3	3	3	4	5	6	8
	max	GB/T 848—2002	0.35	0.35	0.55	0.55	0.55	1.1	1.8	1.8	1.8	2.2	2.7	2.7	3.3	4.3	4.3	5.6
		GB/T 97.1—2002					0.9				2.2	2.7		3.3				
		GB/T 97.2—2002	—	—	—	—	—											
		GB/T 96.1—2002	—	—	—	0.9	1.1	1.4	1.8	2.2	2.7	3.3	3.3	3.3	4.6	6	7	9.2
	min	GB/T 848—2002	0.25	0.25	0.45	0.45	0.45	0.9	1.4	1.4	1.4	1.8	2.3	2.3	2.7	3.7	3.7	4.4
		GB/T 97.1—2002					0.7				1.8	2.3		2.7				
		GB/T 97.2—2002	—	—	—	—	—											
		GB/T 96.1—2002	—	—	—	0.7	0.9	1.0	1.4	1.8	2.3	2.7	2.7	2.7	3.4	4	5	6.8

附录三　键标准

附表 3-1　普通平键的尺寸和键槽的剖面尺寸（GB/T 1096—2003）　（单位：mm）

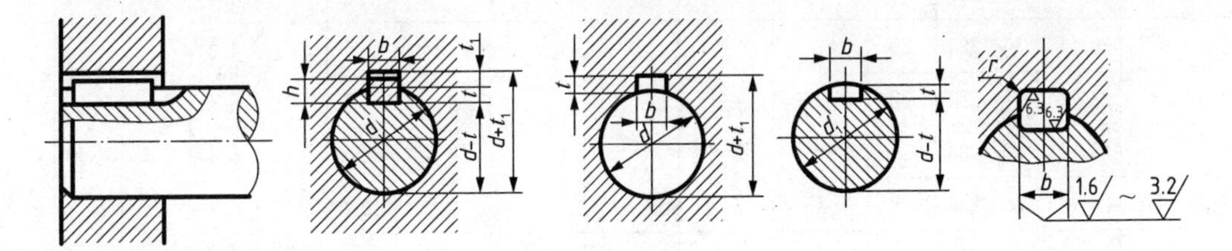

注：在工作图中，轴槽用 t 或 $(d-t)$ 标注，轮毂槽深用 $(d+t_1)$ 标注。

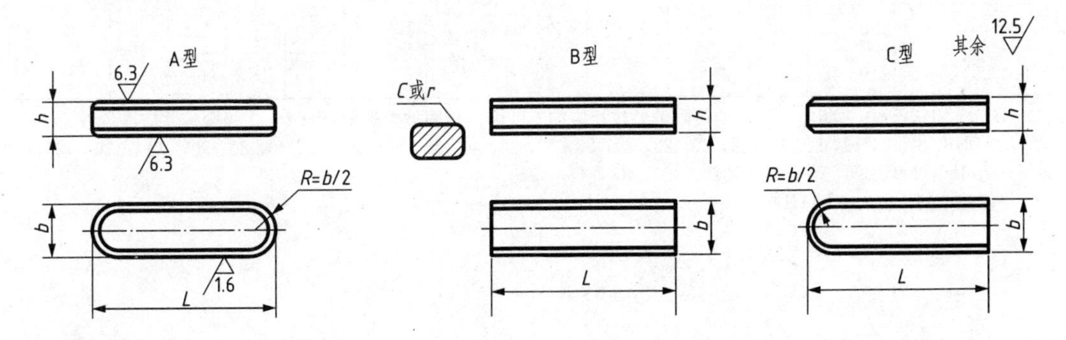

标记示例

1. 圆头普通平键（A 型），$b = 18$ mm、$h = 11$ mm，$L = 100$ mm：GB/T 1096—1979 键 18×11×100
2. 平头普通平键（B 型），$b = 18$ mm、$h = 11$ mm，$L = 100$ mm：GB/T 1096—1979 键 B18×11×100
3. 单圆头普通平键（C 型），$b = 18$ mm、$h = 11$ mm，$L = 100$ mm：GB/T 1096—1979 键 C18×11×100

轴	键		键槽											
			宽度 b						深度				半径 r	
				极限偏差					轴 t		毂 t_1			
公称直径 d	公称尺寸 $b\times h$	长度 L	公称尺寸 b	较松键联结		一般键联结		较紧键联结						
				轴 H9	毂 D10	轴 N9	毂 JS9	轴和毂 P9	公称尺寸	极限偏差	公称尺寸	极限偏差	最小	最大
自 6~8	2×2	6~20	2	+0.025 0	+0.060 +0.020	−0.004 −0.029	±0.012 5	−0.060 −0.031	1.2	+0.1 0	1	+0.1 0	0.08	0.16
>8~10	3×3	6~36	3						1.8		1.4			
>10~12	4×4	8~45	4	+0.030 0	+0.078 +0.030	0 −0.030	±0.015	−0.012 −0.042	2.5		1.8		0.16	0.25
>12~17	5×5	10~56	5						3.0		2.3			
>17~22	6×6	14~70	6						3.5		2.8			
>22~30	8×7	18~90	8	+0.036 0	0.098 +0.040	0 −0.036	±0.018	−0.015 −0.051	4.0	+0.2 0	3.3	+0.2 0	0.25	0.4
>30~38	10×8	22~110	10						5.0		3.3			
>38~44	12×8	28~140	12	+0.043 0	+0.120 +0.050	0 −0.043	±0.021 5	+0.018 −0.061	5.0		3.3			
>44~50	14×9	36~160	14						5.5		3.8			
>50~58	16×10	45~180	16						6.0		4.3			
>58~65	18×11	50~200	18						7.0		4.4			
>65~75	20×12	56~220	20	+0.052 0	+0.149 +0.065	0 −0.052	±0.026	+0.022 −0.074	7.5		4.9		0.40	0.60
>75~85	22×14	63~250	22						9.0		5.4			
>85~95	25×14	70~280	25						9.0		5.4			
>95~110	28×16	80~320	28						10.0		6.4			
>110~130	32×18	90~360	32	+0.062 0	+0.180 +0.080	0 −0.062	±0.031	−0.026 −0.088	11.0	+0.3 0	7.4	+0.3 0	0.70	1.0
>130~150	36×20	100~400	36						12.0		8.4			
>150~170	40×22	100~400	40						13.0		9.4			
>170~200	45×25	110~450	45						15.0		10.4			

注：1. $(d-t)$ 和 $(d-t_1)$ 两组组合尺寸的极限偏差按相应的 t 和 t_1 的极限偏差选取，但 $(d-t)$ 极限偏差应取负号。

2. l 系列：6，8，10，12，14，16，18，20，22，25，28，32，36，40，45，50，56，63，70，80，90，100，110，125，140，160，180，200，220，250，280，320，360，400，450，500。

3. 平键轴槽的长度公差用 H14。

附录四　销标准

附表 4－1　圆柱销（GB/T 119.1—2000）　　（单位：mm）

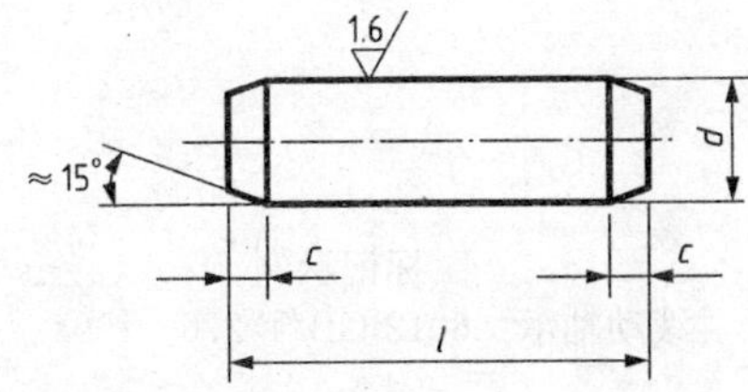

标记示例：
公称直径 $d=6$ mm、公差为 m6、公称长度 $l=30$ mm、材料为钢、不经淬火、不经表面处理的圆柱销标记：
销 GB/T 119.1 6m6×30

d(公称)	0.6	0.8	1	1.2	1.5	2	2.5	3	4	5
a≈	0.08	0.10	0.12	0.16	0.20	0.25	0.30	0.40	0.50	0.63
c≈	0.12	0.16	0.20	0.25	0.30	0.35	0.40	0.50	0.63	0.80
l（商品规格范围公称长度）	2～6	2～8	4～10	4～10	4～16	6～20	6～24	8～30	8～40	10～50
d(公称)	6	8	10	12	16	20	25	30	40	50
a≈	0.80	1.0	1.2	1.6	2.0	2.5	3.0	4.0	5.0	6.3
c≈	1.2	1.6	2.0	2.5	3.0	3.5	4.0	5.0	6.3	8.0
l（商品规格范围公称长度）	12～60	14～80	18～95	22～140	26～180	35～200	50～200	60～200	80～200	95～200
l系列	2，3，4，5，6，8，10，12，14，16，18，20，22，24，26，28，30，32，35，40，45，50，55，60，65，70，75，80，85，90，95，100，120，140，160，180，200									

附表 4－2　圆锥销（摘自 GB/T 117—2000）　　（单位：mm）

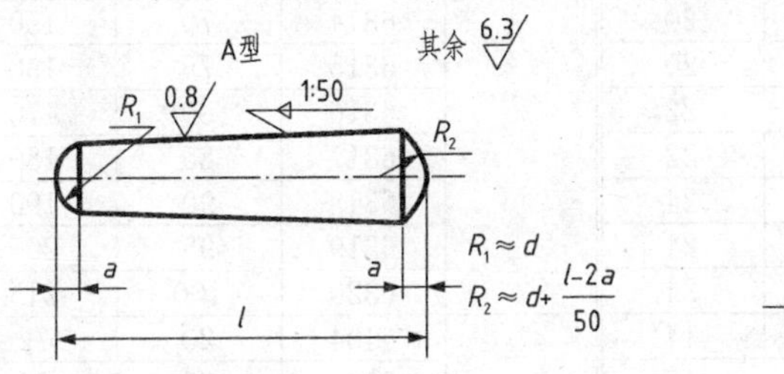

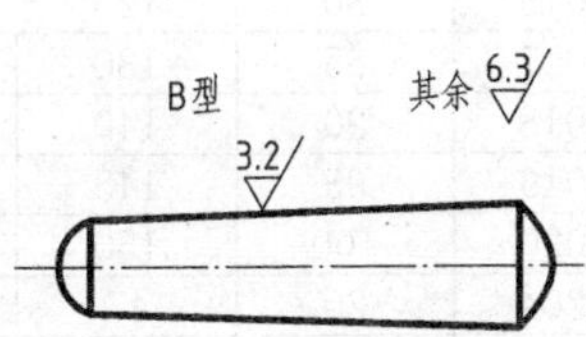

标记示例
公称直径 $d=10$ mm、长度 $l=60$ mm、材料 35 钢、热处理硬度 HRC28～38、表面氧化处理的 A 型圆锥销：
销 GB/T 117—2000　A10×60

d(公称)	0.6	0.8	1	1.2	1.5	2	2.5	3	4	5
a≈	0.08	0.1	0.12	0.16	0.2	0.25	0.3	0.4	0.5	0.63
l（商品规格范围公称长度）	4～8	5～12	6～16	6～20	8～24	10～35	10～35	12～45	14～55	18～60
d(公称)	6	8	10	12	16	20	25	30	40	50
a≈	0.8	1	1.2	1.6	2	2.5	3	4	5	6.3
l（商品规格范围公称长度）	22～90	55～120	26～160	32～180	40～200	45～200	50～200	55～200	60～200	65～200
l系列	2，3，4，5，6，8，10，12，14，16，18，20，22，24，26，28，30，32，35，40，45，50，55，60，65，70，75，80，85，90，95，100，120，140，160，180，200									

附录五　轴承标准

附表 5－1　深沟球轴承(摘自 GB/T 276—1994)　　(单位:mm)

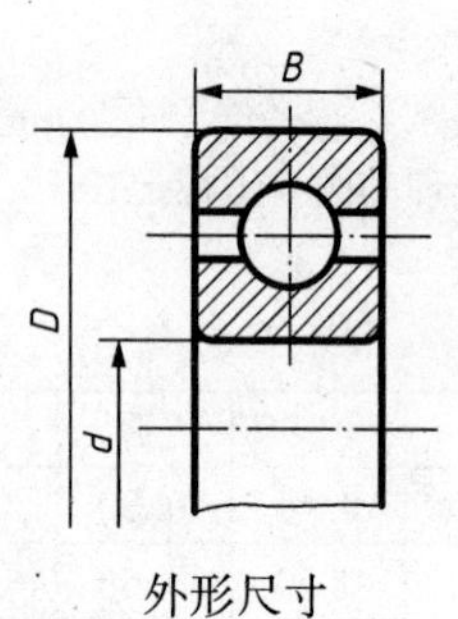

外形尺寸

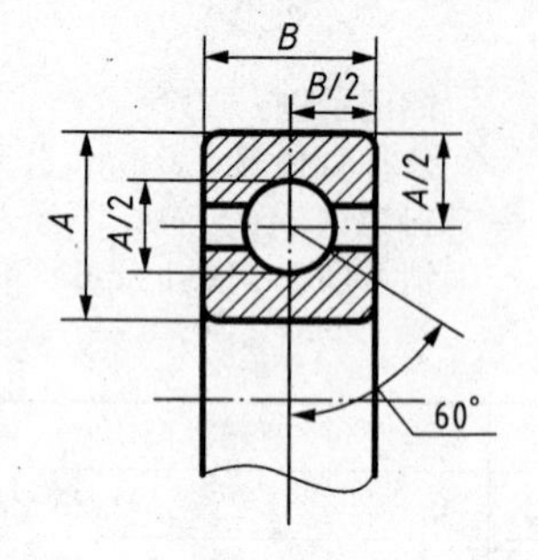

规定画法

标记示例
滚动轴承　6012 GB/T 276—1994

轴承型号		外形尺寸			轴承型号		外形尺寸		
		d	D	B			d	D	B
(0)1 尺寸系列	6004	20	42	12	(0)3 尺寸系列	6304	20	52	15
	6005	25	47	12		6305	25	62	17
	6005	30	55	13		6306	30	72	19
	6007	35	62	14		6307	35	80	21
	6008	40	68	15		6308	40	90	23
	6009	45	75	16		6309	45	100	25
	6010	50	80	16		6310	50	110	27
	6011	55	90	18		6311	55	120	29
	6012	60	95	18		6312	60	130	31
	6013	65	100	18		6313	65	140	33
	6014	70	110	20		6314	70	150	35
	6015	75	115	20		6315	75	160	37
	6016	80	125	22		6316	80	170	39
	6017	85	130	22		6317	85	180	41
	6018	90	140	24		6318	90	190	43
	6019	95	145	24		6319	95	200	45
	6020	100	150	24		6320	100	215	47
(0)2 尺寸系列	6204	20	47	14	(0)4 尺寸系列	6404	20	72	19
	6205	25	52	15		6405	25	80	21
	6206	30	62	16		6406	30	90	23
	6207	35	72	17		6407	35	100	25
	6208	40	80	18		6408	40	110	27
	6209	45	85	19		6409	45	120	29
	6210	50	90	20		6410	50	130	31
	6211	55	100	21		6411	55	140	33
	6212	60	110	22		6412	60	150	35
	6213	65	120	23		6413	65	160	37
	6214	70	125	24		6414	70	180	42
	6215	75	130	25		6415	75	190	45
	6216	80	140	26		6416	80	200	48
	6217	85	150	28		6417	85	210	52
	6218	90	160	30		6418	90	225	54
	6219	95	170	32		6419	95	240	55
	6220	100	180	34		6420	100	250	58

附表 5-2　圆锥滚子轴承(摘自 GB/T 297—1994)　　(单位:mm)

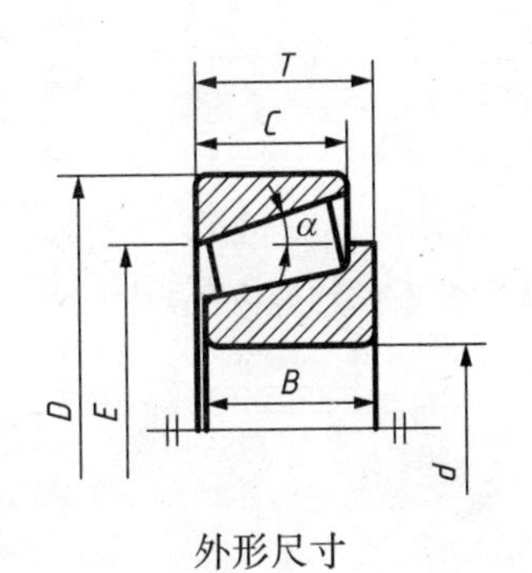

外形尺寸

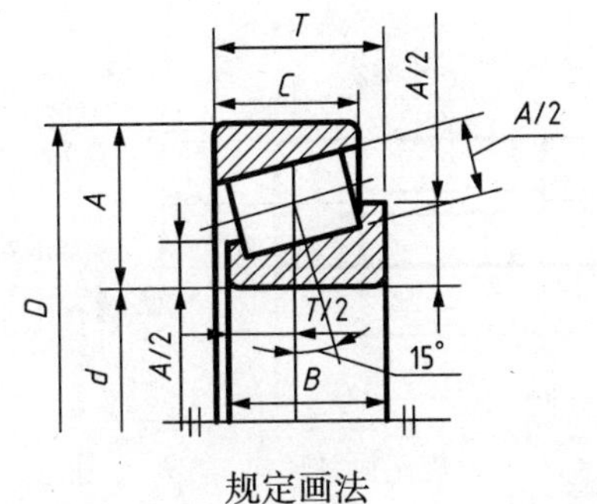

规定画法

标记示例

滚动轴承　30205 GB/T 277—1994

轴承型号		外形尺寸 d	D	T	B	C	轴承型号		外形尺寸 d	D	T	B	C
02 尺寸系列	30204	20	47	15.25	14	12	22 尺寸系列	30204	20	47	19.25	18	15
	30205	25	52	16.25	15	13		30205	25	52	19.25	18	16
	30206	30	62	17.25	16	14		30206	30	62	21.25	20	17
	30207	35	72	18.25	17	15		30207	35	72	24.25	23	19
	30208	40	80	19.75	18	16		30208	40	80	24.75	23	19
	30209	45	85	20.75	19	16		30209	45	85	24.75	23	19
	30210	50	90	21.75	20	17		30210	50	90	24.75	23	19
	30211	55	100	22.75	21	18		30211	55	100	26.75	25	21
	30212	60	110	23.75	22	19		30212	60	110	29.75	28	24
	30213	65	120	24.75	23	20		30213	65	120	32.75	31	27
	30214	70	125	26.25	24	21		30214	70	125	33.25	31	27
	30215	75	130	27.25	25	22		30215	75	130	33.25	31	27
	30216	80	140	28.25	26	22		30216	80	140	35.25	33	28
	30217	85	150	30.50	28	24		30217	85	150	38.50	36	30
	30218	90	160	32.50	30	26		30218	90	160	42.50	40	34
	30219	95	170	34.50	32	27		30219	95	170	45.50	43	37
	30220	100	180	37	34	29		30220	100	180	49	46	39
03 尺寸系列	30204	20	52	16.25	15	13	23 尺寸系列	30204	20	52	22.25	21	18
	30205	25	62	18.25	17	15		30205	25	62	22.25	24	20
	30206	30	72	20.75	19	16		30206	30	72	28.75	27	23
	30207	35	80	22.75	21	18		30207	35	80	32.75	31	25
	30208	40	90	25.25	23	20		30208	40	90	35.25	33	27
	30209	45	100	27.25	25	22		30209	45	100	38.25	36	30
	30210	50	110	29.25	27	23		30210	50	110	42.25	40	33
	30211	55	120	31.50	29	25		30211	55	120	45.50	43	35
	30212	60	130	33.50	31	26		30212	60	130	48.50	46	37
	30213	65	140	36	33	28		30213	65	140	51	48	39
	30214	70	150	38	35	30		30214	70	150	54	51	42
	30215	75	160	40	37	31		30215	75	160	58	55	45
	30216	80	170	42.50	39	33		30216	80	170	61.50	58	48
	30217	85	180	44.50	41	34		30217	85	180	63.50	60	49
	30218	90	190	46.50	43	36		30218	90	190	67.50	64	53
	30219	95	200	49.50	45	38		30219	95	200	71.50	67	55
	30220	100	215	51.50	47	39		30220	100	215	77.50	73	60

附表 5-3　推力球轴承(摘自 GB/T301—1995)

(单位:mm)

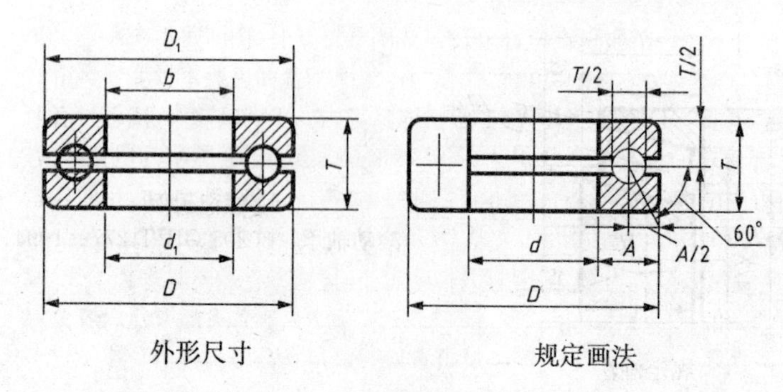

外形尺寸　　　规定画法

标记示例

滚动轴承　51210 GB/T 301—1995

轴承型号		外形尺寸					轴承型号		外形尺寸				
		d	D	T	d_1	D_1			d	D	T	d_1	D_1
11尺寸系列(51000型)	51104	20	35	10	21	35	13尺寸系列(51000型)	51304	20	47	18	22	47
	51105	25	42	11	26	42		51305	25	52	18	27	52
	51106	30	47	11	32	47		51306	30	60	21	32	60
	51107	35	52	12	37	52		51307	35	68	24	37	68
	51108	40	60	13	42	60		51308	40	78	26	42	78
	51109	45	65	14	47	65		51309	45	85	28	47	85
	51110	50	70	14	52	70		51310	50	95	31	52	95
	51111	55	78	16	57	78		51311	55	105	35	57	105
	51112	60	85	17	62	85		51312	60	110	35	62	110
	51113	65	90	18	67	90		51313	65	115	36	67	115
	51114	70	95	18	72	95		51314	70	125	40	72	125
	51115	75	100	19	77	100		51315	75	135	44	77	135
	51116	80	105	19	82	105		51316	80	140	44	82	140
	51117	85	110	19	87	110		51317	85	150	49	88	150
	51118	90	120	22	92	120		51318	90	155	50	93	155
	51120	100	135	25	102	135		51320	100	170	55	103	170
12尺寸系列(51000型)	51204	20	40	14	22	40	14尺寸系列(51000型)	51405	25	60	24	27	60
	51205	25	47	15	27	47		51406	30	70	28	32	70
	51206	30	52	16	32	52		51407	35	80	32	37	80
	51207	35	62	18	37	62		51408	40	90	36	42	90
	51208	40	68	19	42	68		51409	45	100	39	47	100
	51209	45	73	20	47	73		51410	50	110	43	52	110
	51210	50	78	22	52	78		51411	55	120	48	57	120
	51211	55	90	25	57	90		51412	60	130	51	62	130
	51212	60	95	26	62	95		51413	65	140	56	68	140
	51213	65	100	27	67	100		51414	70	150	60	73	150
	51214	70	105	27	72	105		51415	75	160	65	78	160
	51215	75	110	27	77	110		51416	80	170	68	83	170
	51216	80	115	28	82	115		51417	85	180	72	88	177
	51217	85	125	31	88	125		51418	90	190	77	93	187
	51218	90	135	35	93	135		51420	100	210	85	103	205
	51220	100	150	38	103	150		51422	110	230	95	113	225

注:表中轴承类型已按 GB/T 272—93“滚动轴承代号方法”编号,其中 51100、51200、51300、51400 型分别相当于 GB/T 301—84 中的 8100、8200、8300、8400 型。

附录六　倒角、倒圆、越程槽标准

附表 6－1　内外件倒角和倒圆半径尺寸(摘自 GB 6403.4—1986)　　(单位:mm)

型式

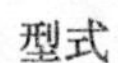

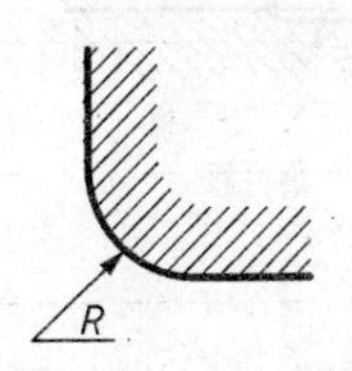

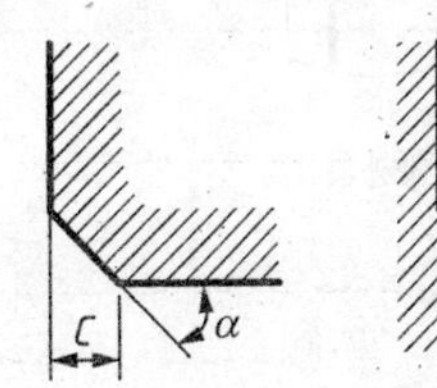

R、C 尺寸系列:
0.1, 0.2, 0.3, 0.4, 0.5, 0.6, 0.8, 1.0,
1.2, 1.6, 2.0, 2.5, 3.0, 4.0, 5.0, 6.0, 8.0, 10,
12, 16, 20, 25, 32, 40, 50

装配方式

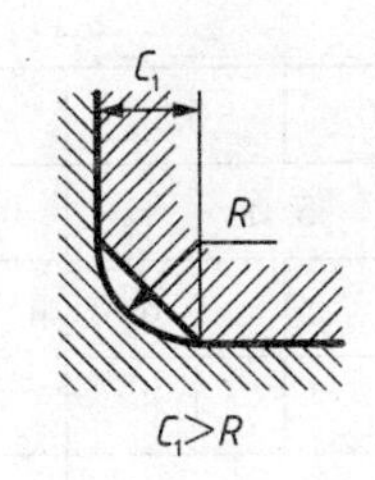

$C_1>R$

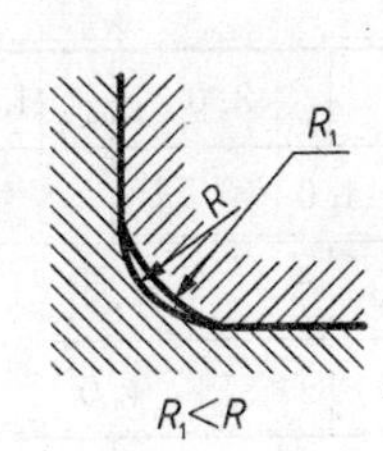

$R_1<R$

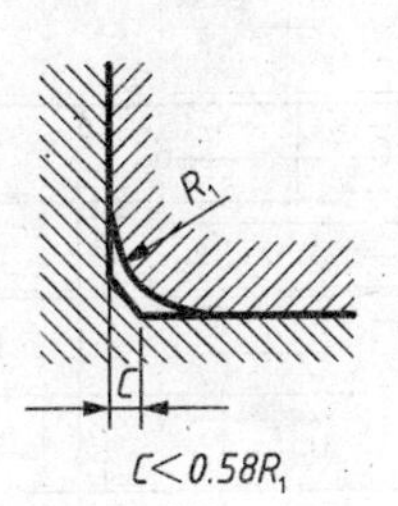

$C<0.58R_1$

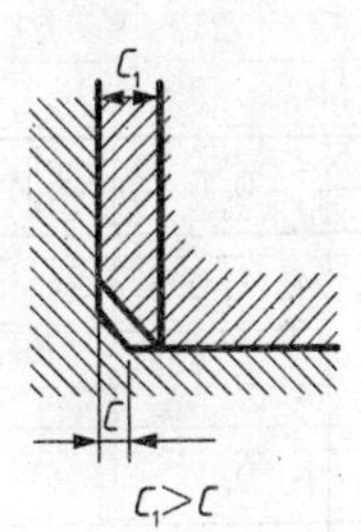

$C_1>C$

尺寸规定:
1. R_1、C_1 的偏差为正: R、C 的偏差为负;
2. 左起第三种装配方式, C 的最大值 C_{max} 与 R_1 的关系如下。

R_1	0.1	0.2	0.3	0.4	0.5	0.6	0.8	1.0	1.2	1.6	2.0	2.5	3.0	4.0	5.0	6.0	8.0	10	12	16	20	25
C_{max}	—	0.1	0.1	0.2	0.2	0.3	0.4	0.5	0.6	0.8	1.0	1.2	1.6	2.0	2.5	3.0	4.0	5.0	6.0	8.0	10	12

直径 ϕ 相应的倒角 C、倒圆 R 的推荐值

ϕ	~3	>3~6	>6~10	>10~18	>18~30	>30~50	>50~80	>80~120	>120~180
C 或 R	0.2	0.4	0.6	0.8	1.0	1.6	2.0	2.5	3.0
ϕ	>180~250	>250~320	>320~400	>400~500	>500~630	>630~800	>800~1 000	>1 000~1 250	>1 250~1 600
C 或 R	4.0	5.0	6.0	8.0	10	12	16	20	25

附表 6-2　回转面及端面砂轮越程槽(摘自 GB 6403.5—1986)　　(单位:mm)

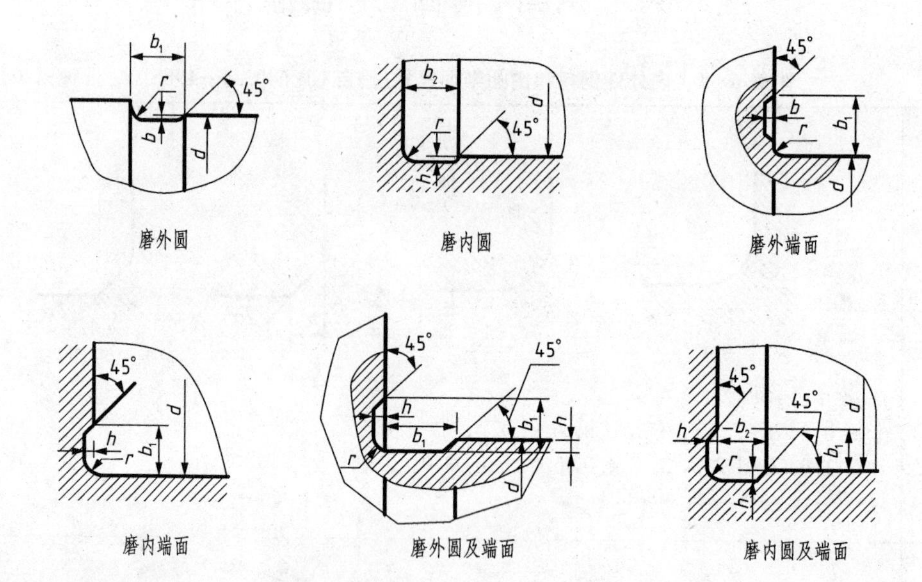

b_1	0.6	1.0	1.6	2.0	3.0	4.0	5.0	8.0	10
b_2	2.0	3.0		4.0		5.0		8.0	10
h	0.1	0.2		0.3	0.4		0.6	0.8	1.2
r	0.2	0.5		0.8	1.0		1.6	2.0	3.0
d	~10			>10~15		>50~100		>100	

注:1. 越程槽内两直线相交处,不允许产生尖角。
2. 越程槽深度 h 与圆弧半径 r 要满足 $r \leqslant 3h$。
3. 磨削具有数个直径的工件时,可使用同一规格的越程槽。
4. 直径 d 值大的零件,吞许选择小规格的砂轮越程槽。

附录七　轴和孔的极限偏差

附表 7-1　标准公差数值(摘自 GB/T 1800.4—1999)

基本尺寸/mm		IT1	IT2	IT3	IT4	IT5	IT6	IT7	IT8	IT9	IT10	IT11	IT12	IT13	IT14	IT15	IT16	IT17	IT18
大于	至	/μm											/mm						
—	3	0.8	1.2	2	3	4	6	10	14	25	40	60	0.1	0.14	0.25	0.4	0.6	1	1.4
3	6	1	1.5	2.5	4	5	8	12	18	30	48	75	0.12	0.18	0.3	0.48	0.75	1.2	4.8
6	10	1	1.5	2.5	4	6	9	15	22	36	58	90	0.15	0.22	0.36	0.58	0.9	1.5	2.2
10	18	1.2	2	3	5	8	11	18	27	43	70	110	0.18	0.28	0.43	0.7	1.1	1.8	2.7
18	30	1.5	2.5	4	6	9	13	21	33	52	84	130	1.21	0.33	0.52	0.84	1.3	2.1	3.3
30	50	1.5	2.5	4	7	11	16	25	39	62	100	160	0.25	0.39	0.62	1	1.6	2.5	3.9
50	80	2	3	5	8	13	19	30	46	74	120	190	0.3	0.46	0.74	1.2	1.9	3	4.6
80	120	2.5	4	6	10	15	22	35	54	87	140	220	0.35	0.54	0.87	1.4	2.2	3.5	5.4
120	180	3.5	5	8	12	18	25	40	63	100	160	250	0.4	0.63	1	1.6	2.5	4	6.3
180	250	4.5	7	10	14	20	29	46	72	115	185	290	0.46	0.72	1.15	1.85	2.9	4.6	7.2
250	315	6	8	12	16	23	32	52	81	130	210	320	0.52	0.87	1.3	2.1	3.2	5.2	8.1
315	400	7	9	13	18	25	36	57	89	140	230	360	0.57	0.89	1.4	2.3	3.6	5.7	8.9
400	500	8	10	15	20	27	40	63	97	155	250	400	0.63	0.97	1.55	2.5	4	6.3	9.7
500	630	9	11	16	22	32	44	70	110	175	280	440	0.7	1.1	1.75	2.8	4.4	7	11
630	800	10	13	18	25	36	50	80	125	200	320	500	0.8	1.25	2	3.2	5	8	12.5
800	1 000	11	15	21	28	40	56	90	140	230	360	560	0.9	1.4	2.3	3.6	5.3	9	14
1 000	1 250	13	18	24	33	47	66	105	165	260	420	660	1.05	1.65	2.6	4.2	6.6	10.5	16.5
1 250	1 600	15	21	29	39	55	78	125	195	310	500	780	1.25	1.95	3.1	5	7.8	12.5	19.5
1 600	2 000	18	25	35	46	65	92	150	230	370	600	920	1.5	2.3	3.7	6	9.2	15	23
2 000	2 500	22	30	41	55	78	110	175	280	440	700	1 100	1.75	2.8	4.4	7	11	17.5	28
2 500	3 150	26	36	50	68	96	135	210	330	540	860	1 350	3.1	3.3	5.4	8.6	13.5	21	33

注：1. 基本尺寸大于 50 mm 的 IT1～IT5 的标准公差数值为试行的。
2. 基本尺寸小于或等于 1 mm 时，无 IT14～IT18。

附表 7-2　轴的基本偏差数

基本尺寸/mm		基本															
		上偏差 es												IT5和IT6	IT7	IT8	IT4和IT7
		所有标准公差等级															
大于	至	a	b	c	cd	d	e	ef	f	fg	g	h	js	j			
—	3	-270	-140	-60	-34	-20	-14	-10	-6	-4	-2	0	偏差=±ITn/2,式中ITn是IT数值	-2	-4	-6	0
3	6	-270	-140	-70	-46	-30	-20	-14	-10	-6	-4	0		-2	—		+1
6	10	-280	-150	-80	-56	-40	-25	-18	-13	-8	-5	0		-2	—		+1
10	14	-290	-150	-95		-50	-32		-16		-6	0		-3			+1
14	18																
18	24	-300	-160	-10		-65	-40		-20		-7	0		-4			+2
24	30																
30	40	-310	-170	-120		-80	-50		-25		-9	0		-5			+2
40	50	-320	-180	-130													
50	65	-340	-190	-140		-100	-60		-30		-10	0		-7			+2
65	80	-360	-200	-150													
80	100	-380	-220	-170		-120	-72		-36		-12	0		-9			+3
100	120	-410	-240	-180													
120	140	-460	-260	-200		-145	-85		-43		-14	0		-11			+3
140	160	-520	-280	-210													
160	180	-580	-310	-230													
180	200	-660	-340	-240		-170	-100		-50		-5	0		-13			+4
200	225	-740	-880	-260													
225	250	-820	-420	-280													
250	280	-920	-480	-300		-190	-110		-56		-17	0		-16			+4
280	315	-1050	-540	-330													
315	355	-1200	-600	-360		-210	-125		-62		-18	0		-18			+4
355	400	-1350	-680	-400													
400	450	-1500	-760	-440		-230	-135		-68		-20	0		-20			+5
450	500	-1650	-840	-480													
500	560					-260	-145		-76		-22	0					0
560	630																
630	710					-290	-160		-80		-24	0					0
710	800																
800	900					-320	-170		-86		-26	0					0
900	1 000																
1 000	1 120					-350	-195		-98		-28	0					0
1 120	1 250																
1 250	1 400					-390	-220		-110		-30	0					0
1 400	1 600																
1 600	1 800					-430	-240		-120		-32	0					0
1 800	2 000																
2 000	2 240					-480	-260		-130		-34	0					0
2 240	2 500																
2 500	2 800					-520	-290		-145		-38	0					0
2 800	3 150																

注:1. 基本尺寸小于或等于 1 mm 时,基本差 a、b 均不采用。

2. 公差带 js7～js11,若 ITn 值数是奇数,则去偏差=±ITn/2。

值(摘自 GB/T 1800.3—1998)　　(单位:μmm)

偏差数值														
	下偏差 ei													
≤IT3 >IT7														
k	m	n	p	r	s	t	u	v	x	y	z	za	zb	zc
0	+2	+4	+6	+10	+14		+18		+20		+26	+32	+40	+60
0	+4	+8	+12	+15	+19		23		+28		+35	+42	+50	+80
0	+6	+10	+15	+19	+23		+28		+34		+42	+52	+67	+97
0	+7	+12	+18	+23	+28		+33		+40		+50	+64	+90	+130
								+39	+45		+60	+77	+108	+150
0	+8	+15	+22	+28	+35		+41	+47	+54	+63	+73	+98	+136	+188
						+41	+48	+55	+64	+75	+88	+118	+160	+218
0	+9	+17	+26	+34	+43	+48	+60	+68	+80	+94	+112	+148	+200	+274
						+54	+70	+81	+97	+114	+136	+180	+242	+325
0	+11	+20	+32	+41	+53	+66	+87	+102	+122	+144	+172	+226	+300	+405
				+43	+59	+75	+102	+120	+146	+174	+210	+274	+30	+480
0	+13	+23	+37	+51	+71	+91	+124	+146	+178	+214	+258	+335	+445	+585
				+54	+79	+104	+144	+172	+210	+254	+310	+400	+525	+690
0	+15	+27	+43	+63	+92	+122	+170	+202	+248	+300	+365	+470	+620	+800
				+65	+100	+134	+190	+228	+280	+340	+415	+535	+700	+900
				+68	+108	+146	+210	+252	+310	+380	+465	+600	+780	+1 000
0	+17	+31	+50	+77	+122	+166	+236	+284	+350	+425	+520	+670	+880	+1 150
				+80	+130	+180	+258	+310	+385	+470	+575	+740	+960	+1 250
				+84	+140	+196	+284	+340	+425	+520	+640	+820	+1 050	+1 350
0	+20	+34	+56	+94	+158	+218	+315	+385	+475	+580	+710	+920	+1 200	+1 550
				+98	+170	+240	+350	+425	+525	+650	+790	+1 000	+1 300	+1 700
0	+21	+37	+62	+108	+190	+268	+390	+475	+590	+730	+900	+1 150	+1 500	+1 900
				+114	+208	+294	+435	+530	+660	+820	+1 000	+1 300	+1 650	+2 100
0	+23	+40	+68	+126	+232	+330	+490	+595	+740	+920	+1 100	+1 450	+1 850	+2 400
				+132	+252	+360	+540	+660	+820	+1 000	+1 250	+1 600	+2 100	+2 600
0	+26	+44	+78	+150	+280	+400	+600							
				+155	+310	+450	+660							
0	+30	+50	+88	+175	+340	+500	+740							
				+185	+380	+560	+840							
0	+34	+56	+100	+210	+430	+620	+940							
				+220	+470	+680	+1 050							
0	+40	+66	+120	+250	+520	+780	+1 150							
				+260	+580	+840	+1 300							
0	+48	+78	+140	+300	+640	+960	+1 450							
				+330	+720	+1 050	+1 600							
0	+58	+92	+170	+370	+820	+1 200	+1 850							
				+400	+920	+1 350	+2 000							
0	+68	+110	+195	+440	+1 000	+1 500	+2 300							
				+460	+1 100	+1 650	+2 500							
0	+76	+135	+240	+550	+1 250	+1 900	+2 900							
				+580	+1 400	+2 100	+3 200							

附表 7-3 孔的基本偏差数

基本尺寸/mm		基本偏差																				
		下偏差 EI																				
		所有标准公差等级												IT6	IT7	IT8	≤IT8	>IT8	≤IT8	>IT8	≤IT8	>IT8
大于	至	A	B	C	CD	D	E	EF	F	FG	G	H	JS	J			K		M		N	
—	3	+270	+140	+60	+34	+20	+14	+10	+6	+4	+2	0		+2	+4	+6	0	0	−2	−2	−4	−4
3	6	+270	+140	+70	+46	+30	+20	+14	+10	+6	+4	0		+5	+6	+10	−1+Δ		−4+Δ	−4	−8+Δ	0
6	10	+280	+150	+80	+56	+40	+25	+18	+13	+8	+5	0		+5	+8	+12	−1+Δ		−6+Δ	−6	−10+Δ	0
10	14	+290	+150	+95		+50	+32		+16		+6	0		+6	+10	+15	−1+Δ		−7+Δ	−7	−12+Δ	
14	18																					
18	24	+300	+160	+110		+65	+40		+20		+7	0		+8	+12	+20	−2+Δ		−8+Δ	−8	−15+Δ	0
24	30																					
30	40	+310	+170	+120		+80	+50		+25		+9	0		+10	+14	+24	−2+Δ		−9+Δ	−9	−17+Δ	0
40	50	+320	+180	+130																		
50	65	+340	+190	+140		+100	+60		+30		+10	0		+13	+18	+28	−2+Δ		−11+Δ	−11	−20+Δ	0
65	80	+360	+200	+150																		
80	100	+380	+220	+170		+110	+72		+36		+12	0		+16	+22	+34	−3+Δ		−13+Δ	−13	−23+Δ	0
100	120	+410	+240	+180																		
120	140	+460	+260	+200		+145	+85		+43		+14	0		+18	+26	+41	−3+Δ		−15+Δ	−15	−27+Δ	0
140	160	+520	+280	+210																		
160	180	+580	+310	+230																		
180	200	+660	+310	+240		+170	+100		+50		+15	0		+22	+30	+47	−4+Δ		−17+Δ	−17	−31+Δ	0
200	225	+740	+380	+260																		
225	250	+820	+420	+280																		
250	280	+920	+480	+300		+190	+110		+56		+17	0	偏差=ITn/2,式中ITn是IT值数	+25	+36	+55	−4+Δ		−20+Δ	−20	−34+Δ	0
280	315	+1 050	+540	+330																		
315	344	+1 200	+600	+360		+210	+125		+62		+18	0		+29	+39	+60	−4+Δ		−21+Δ	−21	−37+Δ	0
344	400	+1 350	+680	+400																		
400	450	+1 500	+760	+440		+230	+135		+68		+20	0		+33	+43	+66	−5+Δ		−23+Δ	−23	−40+Δ	0
450	500	+1 660	+840	+480																		
500	560					+260	+145		+76		+22	0					0		26		44	
560	630																					
630	710					+290	+160		+80		+24	0					0		30		50	
710	800																					
800	900					+320	+170		+86		+26	0					0		34		56	
900	1 000																					
1 000	1 120					+350	+195		+98		+28	0					0		40		65	
1 120	1 250																					
1 250	1 400					+390	+220		+110		+30	0					0		48		78	
1 400	1 600																					
1 600	1 800					+430	+240		+120		+32	0					0		56		92	
1 800	2 000																					
2 000	2 240					+48	+260		+130		+34	0					0		68		110	
2 240	2 500																					
2 500	2 800					+52	+290		+145		+38	0					0		76		135	
2 800	3 150																					

注：1. 基本尺寸小于或等于 1 mm 时，基本偏差 A 和 B 及大于 IT8 的 N 均不采用。

2. 公差带 JS7～JS1，若 ITn 值是奇数，则取偏差＝±(ITn—1)/2。

3. 对小于或等于 IT8 的 K、M、N 和小于或等于 IT7 的 P～ZC，所需 Δ 值从表内右侧选取。
例如，18～30 mm 段的 K7，Δ=8 μm，所以 ES=(−2+8)μm；18～33 mm 段的 S6，Δ=4 μm，所以 ES=(−35+4)μm。

4. 特殊情况：250～315 mm 段的 M6，ES=−9 μm(代替−11 μm)。

值(摘自 GB/T 1800.3—1998)　　　　(单位:μmm)

数值													Δ值					
上偏差 ES																		
≤IT7	标准公差等级大于 IT7												标准公差等级					
P~ZC	P	R	S	T	U	V	X	Y	Z	ZA	ZB	ZC	IT3	IT4	IT5	IT6	IT7	IT8
在大于 IT7 的相应数值上加一个Δ值	−6	−10	−14		−18		−20		−26	−32	−40	−60	0	0	0	0	0	0
	−12	−15	−19		−23		−28		−35	−42	−50	−80	1	1.5	1	3	4	6
	−15	−19	−23		−28		−34		−42	−52	−67	−97	1	1.5	2	3	6	7
	−18	−23	−28		−33		−40		−50	−64	−90	−130	1	2	3	3	7	9
						−39	−45		−60	−77	−108	−150						
	−22	−28	−35		−41	−47	−54	−63	−73	−98	−136	−188	1.5	2	3	4	8	12
				−41	−48	−55	−64	−75	−88	−118	−160	−218						
	−26	−34	−43	−48	−60	−68	−80	−94	−112	−148	−200	−274	1.5	3	4	5	9	14
				−54	−70	−81	−97	−114	−136	−180	−242	−325						
	−32	−41	−53	−66	−87	−102	−122	−144	−172	−226	−300	−405	2	3	5	6	11	16
		−43	−59	−75	−102	−120	−146	−174	−210	−274	−360	−480						
	−37	−51	−71	−91	−124	−146	−178	−214	−258	−335	−445	−585	2	4	5	7	13	19
		−54	−79	−104	−144	−172	−210	−257	−310	−400	−525	−690						
	−43	−63	−92	−122	−170	−202	−248	−300	−365	−470	−620	−800	3	4	6	7	15	23
		−65	−100	−134	−190	−228	−280	−340	−415	−535	−700	−900						
		−68	−108	−146	−210	−252	−310	−380	−465	−600	−780	−1 000						
	−50	−77	−122	−166	−236	−284	−350	−425	−520	−670	−880	−1 150	3	4	6	9	17	26
		−80	−130	−180	−258	−310	−385	−470	−575	−740	−960	−1 250						
		−84	−140	−196	−284	−340	−425	−520	−640	−820	−1 050	−1 350						
	−56	−94	−158	−218	−315	−385	−475	−580	−710	−920	−1 200	−1 550	4	4	7	9	20	29
		−98	−170	−240	−350	−425	−525	−650	−790	−1 000	−1 300	−1 700						
	−62	−108	−190	−268	−390	−475	−590	−730	−900	−1 150	−1 500	−1 900	4	5	7	11	21	32
		−114	−208	−294	−435	−530	−660	−820	−100	−1 300	−1 650	−2 100						
	−68	−126	−232	−330	490	−595	−750	−920	−1 100	−1 450	−1 850	−2 400	5	5	7	13	23	34
		−132	−252	−360	−540	−660	−820	−1 000	−1 250	−1 600	−2 100	−2 600						
	−78	−150	−280	−400	−600													
		−155	−310	−450	−660													
	−88	−175	−340	−500	−740													
		−185	−380	−560	−840													
	−100	−210	−430	−620	−940													
		−220	−470	−680	−1 050													
	−120	−250	−520	−780	−1 150													
		−260	−580	−810	−1 300													
	−140	−300	−640	−960	−1 450													
		−330	−720	−1 050	−1 600													
	−170	−370	−820	−1 200	−1 850													
		−400	−920	−1 350	−2 000													
	−195	−440	−1 000	−1 500	−2 300													
		−460	−1 100	−1 650	−2 500													
	−240	−550	−1 250	−1 900	−2 900													
		−580	−1 400	−2 100	−3 200													

附表 7-4　优先配合中轴的极限偏差(摘自 GB/T 1800.4—1999)　(单位:μmm)

基本尺寸/mm		公差带												
		c	d	f	g	h				k	n	p	s	u
大于	至	11	9	7	6	6	7	9	11	6	6	6	6	6
—	3	−60 −120	−20 −45	−6 −16	−2 −8	0 −6	0 −20	0 −25	0 −60	+6 0	+10 +4	+12 +6	+20 +14	+24 +18
3	6	−70 −145	−30 −60	−10 −22	−4 −12	0 −8	0 −12	0 −30	0 −75	+9 +1	+16 +8	+20 +12	+27 +19	+31 +23
6	10	−80 −170	−40 −76	−13 −28	−5 −14	−0 −9	−0 −15	−0 −36	−0 −90	+10 +1	+19 +10	+24 +15	+32 +23	+37 +28
10	14	−95 −205	−50 −93	−16 −34	−6 −17	−0 −11	−0 −18	−0 −43	−0 −110	+12 +1	+23 +12	+29 +18	+39 +28	+44 +33
14	18													
18	24	−110 −240	−65 −117	−20 −41	−7 −20	−0 −13	−0 −21	−0 −52	−0 −130	+15 +2	+28 +15	+35 +22	+48 +35	+54 +41
24	30													+61 +48
30	40	−120 −280	−18 −142	−25 −50	−9 −25	−0 −16	−0 −25	−0 −62	−0 −160	+18 +2	+33 +17	+42 +26	+59 +43	+76 +60
40	50	−130 −290												+86 +70
50	65	−140 −330	−100 −174	−30 −60	−10 −29	0 −19	0 −30	0 −74	0 −190	+21 +2	+39 +20	+51 +32	+72 +53	+106 +87
65	80	−150 −340											+78 +59	+121 +102
80	100	−170 −390	−120 −207	−36 −71	−12 −34	0 −22	0 −35	0 −87	0 −220	+25 +3	+45 +23	+59 +37	+93 +71	+146 +124
100	120	−180 −400											+101 +79	+166 +144
120	140	−200 −450	−145 −245	−43 −83	−14 −39	0 −25	0 −40	0 −100	0 −250	+28 +3	+52 +27	+68 +43	+114 +92	+195 +170
140	160	−210 −460											+125 +100	+215 +190
160	180	−230 −480											+133 +108	+235 +210
180	200	−240 −530	−170 −285	−50 −96	−15 −44	0 −29	0 −46	0 −115	0 −290	+33 +4	+60 +31	+79 +50	+151 +122	+265 +236
200	225	−260 −550											+159 +130	+287 +258
225	250	−280 −570											+169 +140	+313 +284
250	280	−300 −620	−190 −320	−56 −108	−17 −49	0 −32	0 −52	0 −130	0 −320	+36 +4	+66 +34	+88 +56	+190 +158	+347 +345
280	315	−330 −650											+202 +170	+382 +350
315	355	−360 −720	−210 −350	−62 −119	−18 −54	0 −36	0 −57	0 −140	0 −360	+40 +4	+73 +37	+98 +62	+226 +190	+426 +390
355	400	−400 −760											+244 +208	+471 +435
400	450	−440 −840	−230 −385	−68 −131	−20 −60	0 −40	0 −63	0 −155	0 −400	+45 +5	+80 +40	+108 +68	+272 +232	+530 +490
450	500	−480 −880											+292 +252	+580 +540

附表 7-5　优先配合中孔的极限偏差(摘自 GB/T 1800.4—1999)　(单位:μmm)

基本尺寸/mm		公差带												
		C	D	F	G	H				K	N	P	S	U
大于	至	11	9	8	7	7	8	9	11	7	7	7	7	7
—	3	+120 +60	+45 +20	+20 +6	+12 +2	+10 0	+14 0	+25 0	+60 0	0 −10	−4 −14	−6 −16	−14 −24	−18 −28
3	6	+145 +70	+60 +30	+28 +10	+16 +4	+12 0	+18 0	+30 0	+75 0	+3 −9	−4 −16	−8 −20	−15 −27	−19 −31
6	10	+170 +80	+76 +40	+35 +13	+20 +5	+15 0	+22 0	+36 0	+90 0	+5 −10	−4 −19	−9 −24	−17 −32	−22 −37
10	14	+205 +95	+93 +50	+43 +16	+24 +6	+18 0	+27 0	+43 0	+110 0	+6 −12	−5 −23	−11 −29	−21 −39	−26 −44
14	18													
18	24	+240 +110	+117 +65	+53 +20	+28 +7	+21 0	+33 0	+52 0	+130 0	+6 −15	−7 −28	−14 −35	−27 −48	−33 −54
24	30													−40 −61
30	40	+280 +120	+142 +80	+64 +25	+34 +9	+25 0	+39 0	+62 0	+160 0	+7 −18	−8 −33	−17 −42	−34 −59	−51 −76
40	50	+290 +130												−61 −86
50	65	+330 +140	+174 +100	+76 +30	+40 +10	+30 0	+46 0	+74 0	+190 0	+9 −21	−9 −39	−21 −51	−42 −72	−76 −106
65	80	+340 +150											−48 −78	−91 −121
80	100	+390 +170	+207 +120	+90 +36	+47 +12	+35 0	+54 0	+87 0	+220 0	+10 −25	−10 −45	−24 −59	−58 −93	−111 −146
100	120	+400 +180											−66 −101	−131 −166
120	140	+450 +200	+245 +145	+106 +43	+54 +14	+40 0	+63 0	+100 0	+250 0	+12 −28	−12 −52	−28 −68	−77 −117	−155 −195
140	160	+460 +210											−85 −125	−175 −215
160	180	+480 +230											−93 −133	−195 −235
180	200	+530 +240	+285 +170	+122 +50	+61 +15	+46 0	+72 0	+115 0	+290 0	+13 −33	−14 −60	−33 −79	−105 −151	−219 −265
200	225	+550 +260											−113 −159	−241 −287
225	250	+570 +280											−123 −169	−267 −313
250	280	+620 +300	+320 +190	+137 +56	+69 +17	+52 0	+81 0	130 0	+320 0	+16 −36	−14 −99	−36 −88	−138 −190	−295 −347
280	315	+650 +330											−150 −202	−330 −382
315	355	+720 +360	+350 +210	+151 +62	+75 +18	+57 0	+89 0	+140 0	+360 0	+17 −40	−16 −73	−41 −98	−169 −226	−369 −426
355	400	+760 +400											−187 −244	−414 −471
400	450	+840 +440	+385 +230	+165 +68	+83 +20	+63 0	+97 0	+155 0	+400 0	+18 −45	−17 −80	−45 −108	−209 −272	−467 −530
450	500	+880 +480											−229 −292	−517 −580

附录八 常用金属材料、热处理和表面处理

附表 8-1 常用钢材牌号及用途

名称	牌号	应用举例
碳素结构钢 (GB 700—88)	Q215 Q235	塑性较高，强度较低，焊接性好。常用做各种板材料及型钢，制作工程结构或机器中受力不大的零件，如螺钉、螺母、垫圈、吊钩、拉杆等；也可渗碳，制作不重要的渗碳零件
优质碳素结构钢 (GB 699—88)	15 20	塑性、韧性、焊接性和冷冲性很好，但强度较低。用于制造受力不大、韧性要求较高的零件、紧固件、渗碳零件及不要求热处理的低负荷零件，如螺栓、螺钉、拉条、法兰盘等
	35	有较好的塑性和适当的强度，用于制造曲轴、转轴、轴销、杠杆、连杆、横梁、链轮、垫圈、螺钉、螺母等。这种钢多在正火和调质状态下使用，一般不作焊接用
	40 45	用于要求强度较高、韧性要求中等的零件，通常进行调质或正火处理。用于制造齿轮、齿条、链轮、轴、曲轴等，经高频表面淬火后可替代渗碳钢制作齿轮、轴、活塞销等零件
	55	经热处理后有较高的表面硬度和强度，具有较好韧性，一般经正火或淬火、回火后使用。用于制造齿轮、连杆、轮圈或轮辊等。焊接性及冷变形性均低
	65	一般经淬火中温回火，具有较高弹性，使用于制作小尺寸弹簧
	15Mn	性能与 15 钢相似，但其淬透性、强度和塑性均高于 15 钢。用于制作中心部分的力学性能要求较高且需渗碳的零件。这种钢焊接性好
	65Mn	性能与 65 钢相似，适于制造弹簧、弹簧垫圈、弹簧环和片，以及冷拔钢丝(小于等于 7 mm)和发条
合金结构钢 (GB 3077—88)	20Cr	用于渗碳零件，制作受力不太大、不需要强度很高的耐磨零件，如机床齿轮、齿轮轴、蜗杆、凸轮、活塞销等
	40Cr	调质后强度比碳钢高，常用做中等截面、要求力学性能比碳钢高的重要调质零件，如齿轮、轴、曲轴、连杆螺栓等
	20CrMnTi	强度、韧性均高，是铬镍钢的代用材料。经热处理后，用于承受高速、中等或重负荷以及冲击、磨损等的重要零件，如渗碳齿轮、凸轮等
	38CrMoAl	是渗氮专用钢种，经热处理后用于要求高耐磨性、高疲劳强度和相当高的强度且热处理变形小的零件，如镗杆、主轴、齿轮、蜗杆、套筒、套环等
	35SiMn	除了要求低温(-20℃以下)及冲击韧性很高的情况外，可全面替代 40Cr 作调质钢；亦可部分替代 40CrNi，制作中小型轴类、齿轮等零件
	50CrVA	用于 ϕ30～ϕ50 mm 重要的承受大应力的各种弹簧，也可用做大截面的温度低于 400℃的气阀弹簧、喷油嘴弹簧等
铸钢 (GB 11352—89)	ZG200—400	用于各种形状的零件，如机座、变速箱壳等
	ZG230—450	用于铸造平坦的零件，如机座、机盖、箱体等
	ZG270—500	用于各种形状的零件，如飞机、机架、水压机工作缸、横梁等

附表 8-2 常用铸铁牌号及用途

<table>
<tr><th>名称</th><th>牌号</th><th>应用举例</th><th>说明</th></tr>
<tr><td rowspan="3">灰铸铁
(GB4939—88)</td><td>HT100</td><td>低载荷和不重要零件,如盖、外罩、手轮、支架、重锤等</td><td rowspan="3">牌号中“HT”是“灰铁”二字汉语拼音的第一个字母,其后的数字表示最低抗拉强度(MPa),但这一力学性能与铸件壁厚有关</td></tr>
<tr><td>HT150</td><td>承受中等应力的零件,如支柱、底座、齿轮箱、工作台、刀架、端盖、阀体、管路附件及一般无工作条件要求的零件</td></tr>
<tr><td>HT200
HT250</td><td>承受较大应力和较重要零件,如汽缸、齿轮、机座、飞轮、床身、缸套、活塞、刹车轮、联轴器、齿轮箱、轴承座、油缸等</td></tr>
<tr><td>球墨铸铁
(GB1348—88)</td><td>QT400—15
QT450—10
QT500—7
QT600—3
QT700—2</td><td>球墨铸铁可替代部分碳钢、合金,用来只在一些受力复杂,强度、韧性和耐磨性要求高的零件。前两种牌号球墨铸铁,具有较高的韧性与塑性,常用来只在受压阀门、机器底座、汽车后桥壳等;后两种牌号的球墨铸铁,具有较高的强度与耐磨性,常用来制造拖拉机或柴油机中的曲轴、连杆、凸轮轴,各种齿轮,机床的主轴、蜗杆、蜗轮、轧钢机的轧辊、大齿轮、大型水压机的工作缸、缸套、活塞等</td><td>牌号中“QT”是“球铁”两字汉语拼音的第一个字母,后面两组数字分别表示其最低抗拉强度(MPa)和最小伸长率(*100)</td></tr>
</table>

附表 8-3 常用有色金属牌号及用途

<table>
<tr><th colspan="3">名称</th><th>牌号</th><th>应用举例</th></tr>
<tr><td rowspan="5">加工黄铜
(GB5232—85)</td><td colspan="2" rowspan="3">普通黄铜</td><td>H62</td><td>销钉、铆钉、螺钉、螺母、垫圈、弹簧等</td></tr>
<tr><td>H68</td><td>复杂的冷冲压件、散热器外壳、弹壳、导管、波纹管、轴套等</td></tr>
<tr><td>H90</td><td>双金属片、供水和排水管、证章、艺术品等</td></tr>
<tr><td colspan="2">铍青铜</td><td>QBe2</td><td>用于重要的弹簧及弹性元件,耐磨零件以及在高速高压和高温下工作的轴承等</td></tr>
<tr><td colspan="2">铅青铜</td><td>HPb59—1</td><td>用于仪器仪表等工业部门用的切削加工零件,如销、螺钉、螺母、轴套等</td></tr>
<tr><td rowspan="4">加工青铜
(GB 5232—85)</td><td rowspan="4">锡青铜</td><td rowspan="2">加工锡青铜</td><td>QSn4—3</td><td>弹性元件、管配件、化工机械中耐磨零件及抗磁零件</td></tr>
<tr><td>QSn6.5—0.1</td><td>弹簧、接触片、振动片、精密仪器中的耐磨零件</td></tr>
<tr><td rowspan="2">铸造锡青铜</td><td>ACuSn10Pb1</td><td>重要的减磨零件,如轴承、轴套、蜗轮、摩擦轮、机床丝杆螺母等</td></tr>
<tr><td>ZCuSn5Pb5Zn5</td><td>中速、中载荷的轴承、轴套、蜗轮等耐磨零件</td></tr>
<tr><td colspan="3" rowspan="3">铸造铝合金
(GB 1172—86)</td><td>ZAlSi7Mg
(ZL101)</td><td>形状复杂的砂型、金属型和压力铸造零件,如飞机、仪器的零件,抽水机壳体,工作温度不超过185℃的汽化器等</td></tr>
<tr><td>ZAlSi12
(ZL102)</td><td>形状复杂的砂型、金属型和压力铸造零件,如仪表、抽水机壳体,工作温度在200℃以下要求气密性、承受低负荷的零件</td></tr>
<tr><td>ZAlSi12Cu2Mg1
(ZL108)</td><td>砂型、金属型铸造的要求高温该强度及低膨胀系数的高速内燃机活塞及其他耐热零件</td></tr>
</table>

附表 8-4 常用热处理和表面处理的方法、应用及代号

	名称	说明	应用举例
钢的常用热处理方法及应用	退火（焖火）	退火是将钢件（或钢坯）加热到临界温度以上 30～50℃保温一段时间，然后再缓慢地冷却下来（一般用炉冷）	用来消除铸、焊零件的内应力，降低硬度，以易于切削加工，细化金属晶粒，改善组织，增加韧度
	正火（正常化）	正火是将钢件加热到临界温度以上，保温一段时间，然后用空气冷却，冷却速度比退火快	用来处理低碳和中碳结构钢材及渗碳零件，使其组织细化，增加强度及韧度，减少内应力，改善切削性能
	淬火	淬火是将钢件加热到临界温度以上，保温一段时间，然后放入水、盐水或油中（个别材料在空气中）急剧冷却，使其得到高硬度	用来提高钢的硬度和强度极限。但淬火时会引起内应力使钢变脆，所以淬火后必须回火
	回火	回火是将淬硬的钢件加热到临界点以下的温度，保温一段时间，然后在空气中或油中冷却下来	用来消除淬火后的脆性和内应力，提高钢的塑性和冲击韧度
	调质	淬火后高温回火	用来使钢获得高的韧度和足够的强度，很多重要零件是经过调质处理的
	表面淬火	使零件表层有高的硬度和耐磨性，而心部保持原有的强度和韧度	常用来处理轮齿的表面
	时效	将钢加热到不大于 120～130℃，长时间保温后，随炉或取出在空气中冷却	用来消除或减小淬火后的微观应力，防止变形和开裂，稳定工件形状及储存以及消除机械加工的残余应力
钢的化学热处理方法及应用	渗碳	使表面增碳；渗碳层深度 0.4～6 mm 或大于 6 mm。硬度为 HRC56～65	增加钢件的耐磨性能、表面硬度、抗拉强度及疲劳极限。适用于低碳、中碳（小于 0.40%C）结构钢的中小型零件和大型的重负荷、受冲击、耐磨的零件
	液体碳氮共渗	使表面增加碳与氮；扩散层深度较浅，为 0.02～3.0 mm；硬度高，在共渗层为 0.02～0.04 mm时具有 HRC66～70	增加结构钢、工具钢制件的耐磨性能、表面硬度和疲劳极限，提高刀具切削性能和使用寿命。适用于要求硬度高、耐磨的中、小型及薄片的零件和刀具等
	渗氮	表面增氮，氮化层为 0.025～0.8 mm，而渗氮时间需 4～5 小时，硬度很高（HV1 200），耐磨、抗蚀性能高	增加钢件的耐磨性能、表面硬度、疲劳极限和抗蚀能力。适用于结构钢和铸铁件，如气缸套、气门座、机床主轴、丝杠等耐磨零件，以及在潮湿碱水和燃烧气体介质的环境中工作的零件，如水泵轴、排气阀等零件

附表 8-5 常用热处理工艺及代号(摘自 GB/T 12603—90)

工 艺	代号	工 艺	代号	工艺代号意义
退火	5111	表面淬火和回火	5210	例： 5 1 3 1 e 冷却介质(油) 工艺方法(加热炉) 工艺名称(淬火) 工艺类型(整体热处理) 热处理
正火	5121	感应淬火和回火	5212	
调质	5151	火焰淬火和回火	5213	
淬火	5130	渗碳	5310	
空冷淬火	5131a	固体渗碳	5311S	
油冷淬火	5131e	液体渗碳	5311L	
水冷淬火	5131W	气体渗碳	5311G	
感应加热淬火	5132	渗氮	5330	
淬火和回火	5141	碳氮共渗	5340	

附录九 形状公差与位置公差

(摘自 GB/T 1182—1996)

符号	公差带定义	标注和解释
18.1 直线度公差		
直线度	在给定方向上公差带是距离为公差值 t 的两平行平面之间的区域 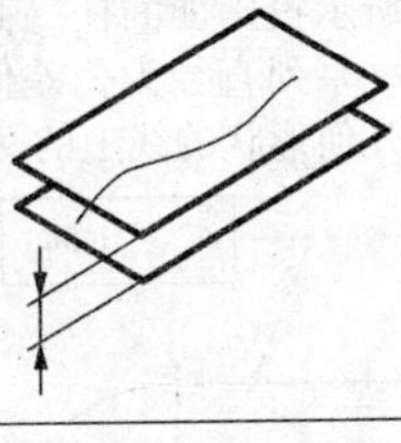	被测圆柱面的任一素线必须位于距离为公差值 0.1 的两平行平面之内 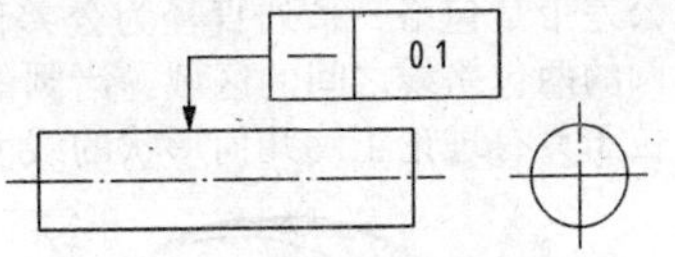 — 0.1
	如在公差值前加注 ϕ，则公差带是直径为 t 的圆柱面内的区域 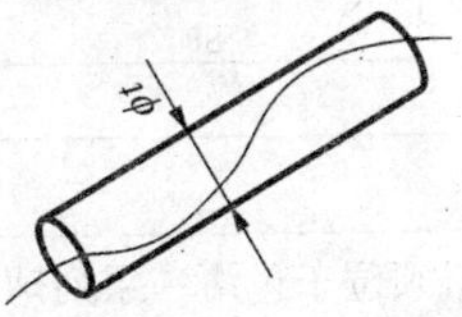 ϕt	被测圆柱面的轴线必须位于直径为公差值 ϕ0.08 的圆柱面内 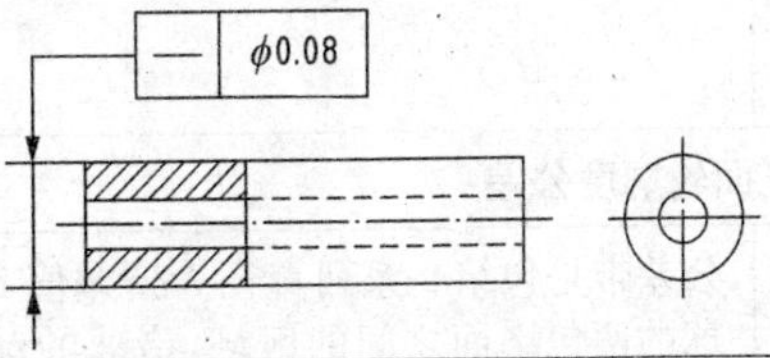 — ϕ0.08
18.2 平面度公差		
平面度	公差带是距离为公差值 t 的两平行平面之间的区域 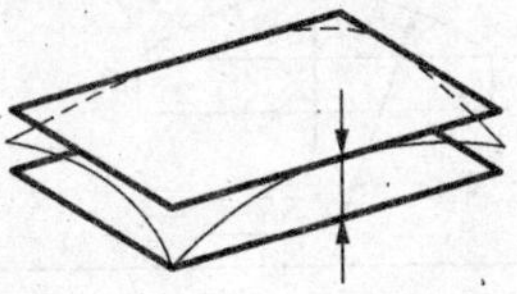	被测表面必须位于距离为公差值 0.08 的两平行平面内 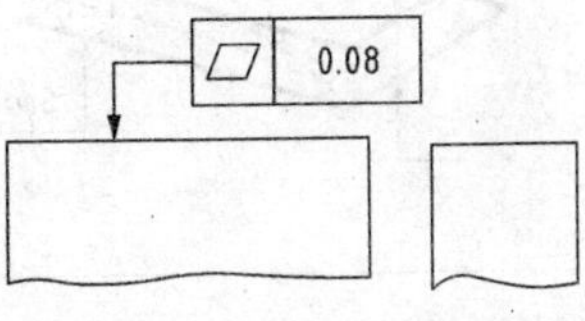 ▱ 0.08

（续表）

符号	公差带定义	标注和解释
18.3　圆度公差		
圆度	公差带是在同一正截面上，半径差为公差值 t 的两同心圆之间的区域 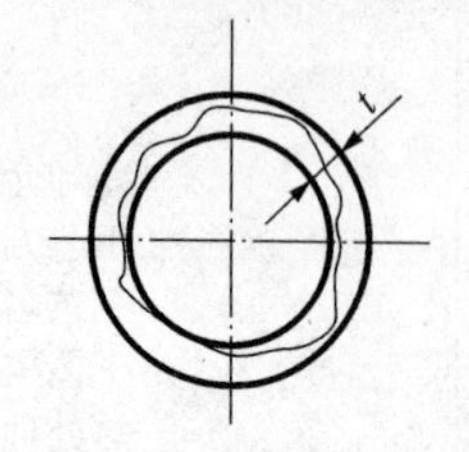	被测圆锥面任一正截面上的圆周必须位于半径差为公差值 0.1 的两同心圆之间 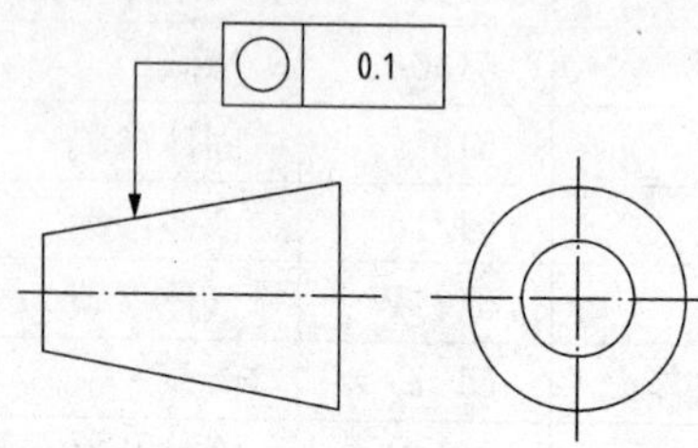
18.4　圆柱度公差		
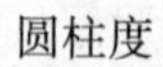 圆柱度	公差带是半径差为公差值 t 的两同轴圆柱面之间的区域 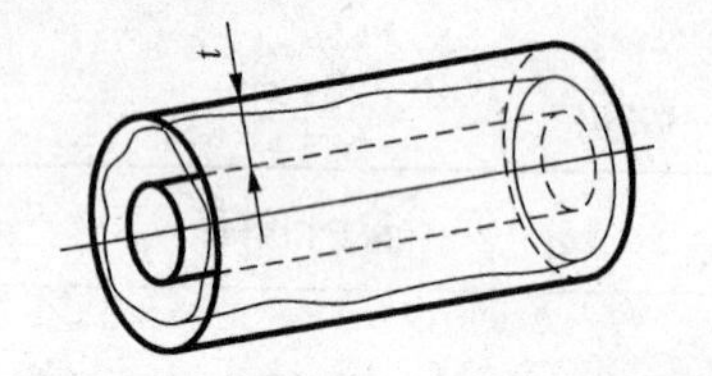	被测圆柱面必须位于半径差为公差值 0.1 的两同轴圆柱面之间 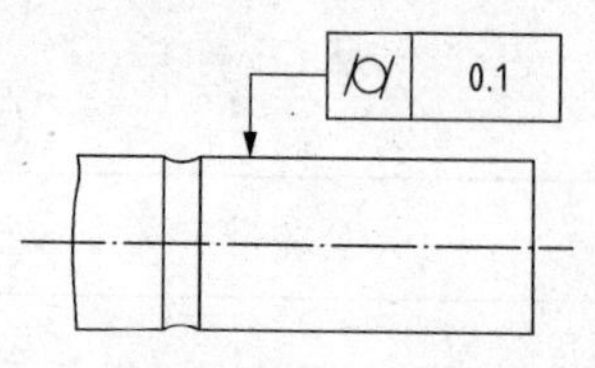
18.5　线轮廓度公差		
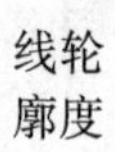 线轮廓度	公差带是包络一系列直径为公差值 t 的圆的两包络线之间的区域。诸圆的圆心位于具有理论正确几何形状的线上 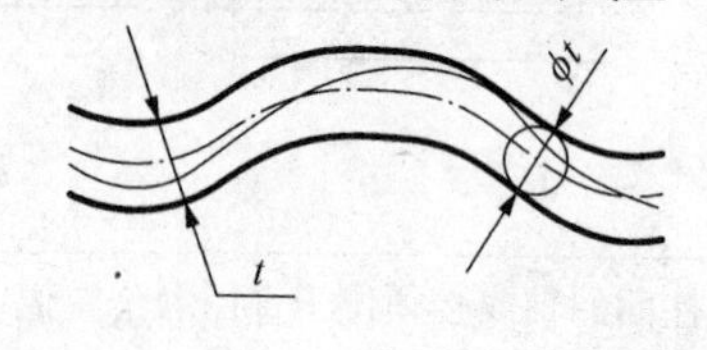	在平行于图样所示投影面的任一截面上，被测轮廓线必须位于包络一系列直径为公差值 0.04 且圆心位于具有理论正确几何形状的线上的两包络线之间 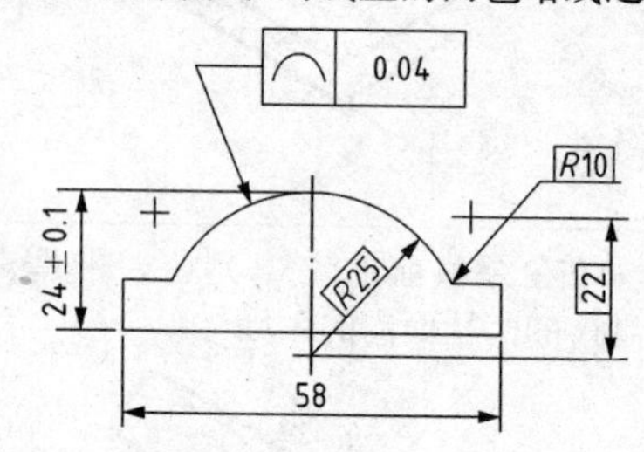
18.6　面轮廓度公差		
面轮廓度	公差带是包络一系列直径为公差值 t 的球的两包络面之间的区域，诸球的球心应位于具有理论正确几何形状的面上 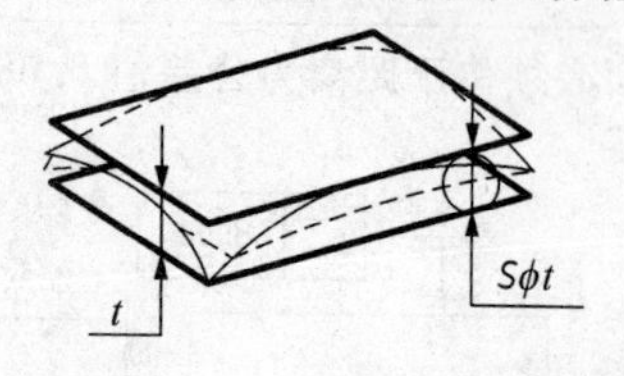	被测轮廓面必须位于包络一系列球的两包络面之间，诸球的直径为公差值 0.02，且球心位于具有理论正确几何形状的面上的两包络面之间 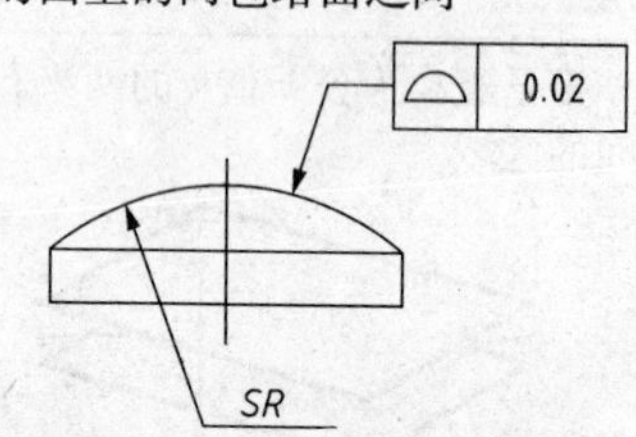

(续表)

<table>
<tr><th>符号</th><th>公差带定义</th><th>标注和解释</th></tr>
<tr><td colspan="3">18.7 平行度公差</td></tr>
<tr><td rowspan="2">平行度</td><td>公差带是距离为公差值 t 且平行于基准线、位于给定方向上的两平行平面之间的区域
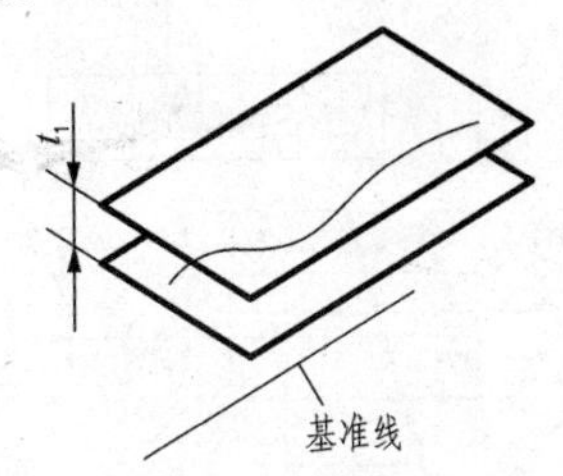
</td><td>被测轴线必须位于距离为公差值 0.2 且在给定方向上平行于基准轴线的两平行平面之间
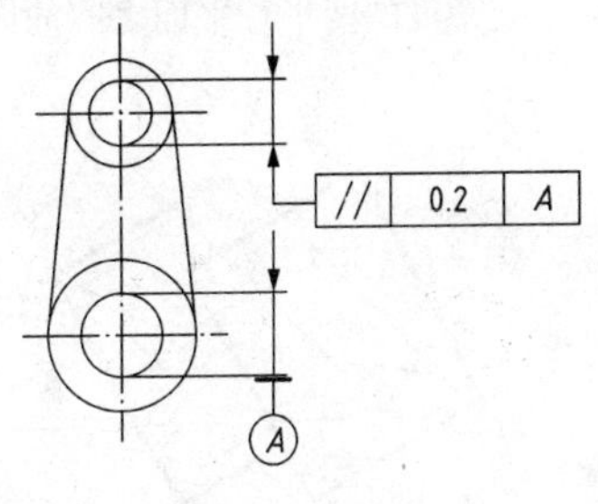
</td></tr>
<tr><td>如在公差值前加注 ϕ，公差带是之间岗位公差值 t 且平行于基准线的圆柱面内的区域
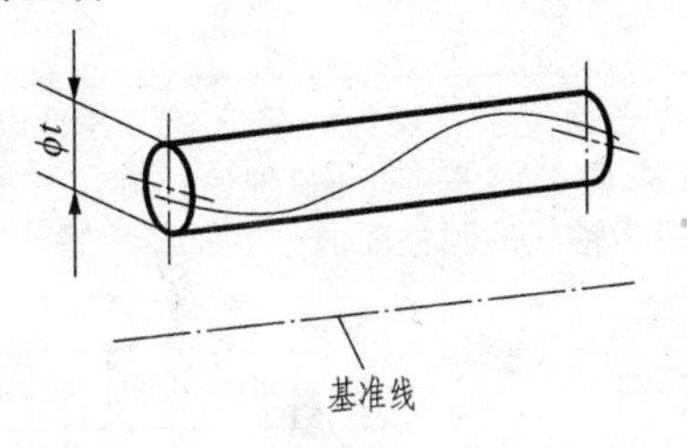
</td><td>被测轴线必须位于直径为公差值 0.03 且平行于基准轴线的圆柱面内
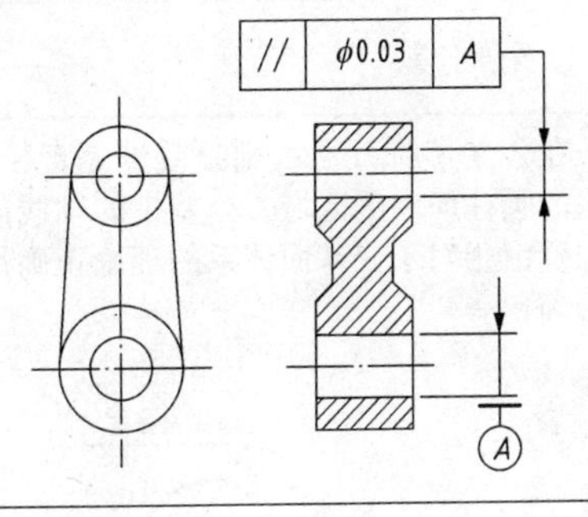
</td></tr>
<tr><td colspan="3">18.8 垂直度公差</td></tr>
<tr><td rowspan="2">垂直度</td><td>如公差值前加注 ϕ，则公差带是之间岗位公差值 t 且垂直于基准面的圆柱面内的区域
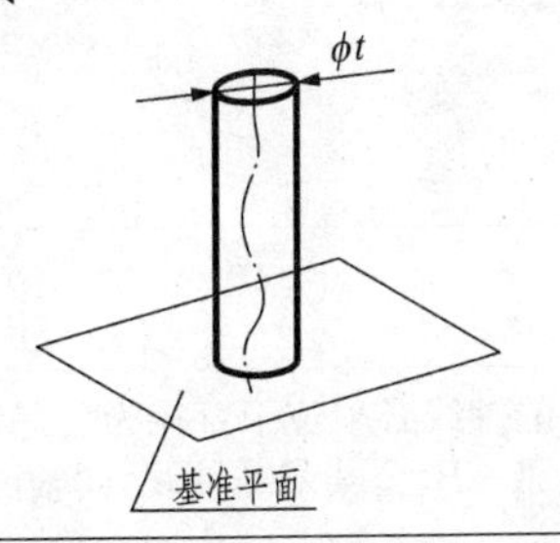
</td><td>被测轴线必须位于直径为公差值 ϕ0.01 且垂直于基准面 A(基准平面)的圆柱面内
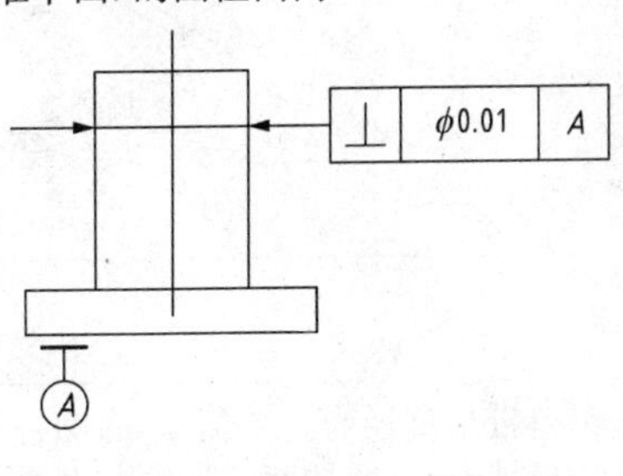
</td></tr>
<tr><td>公差带是距离为公差值 t 且垂直于基准线的两平行平面之间的区域
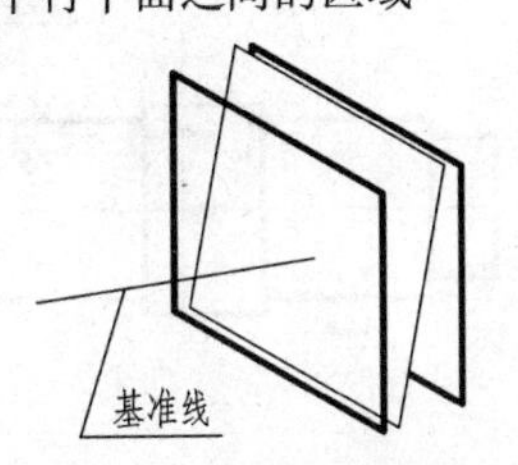
</td><td>被测面必须位于距离为公差值 0.08 且垂直于基准线 A(基准轴线)的两平行平面之间
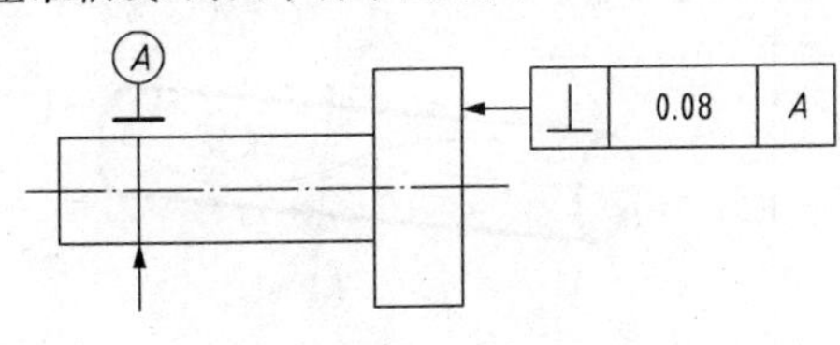
</td></tr>
</table>

（续表）

符号	公差带定义	标注和解释
18.9　倾斜度公差		
倾斜度	公差带是距离为公差值 t 且于基准线成一给定角度的两平行平面之间的区域 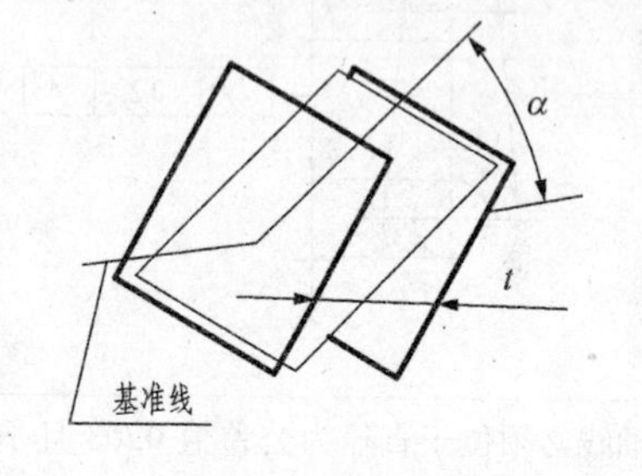	被测表面必须位于距离为公差值 0.1 且与基准线 A（基准轴线）成理论正确角度 75°的两平行平面之间 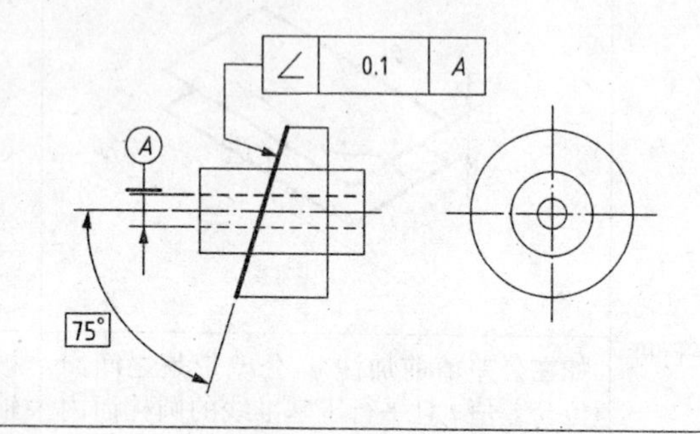
18.10　位置度公差		
位置度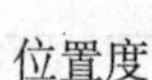	在公差带前加注 ϕ，则公差带是直径为 t 的圆柱面内的区域。公差带的轴线的位置由相对于三基面体系的理论正确尺寸确定 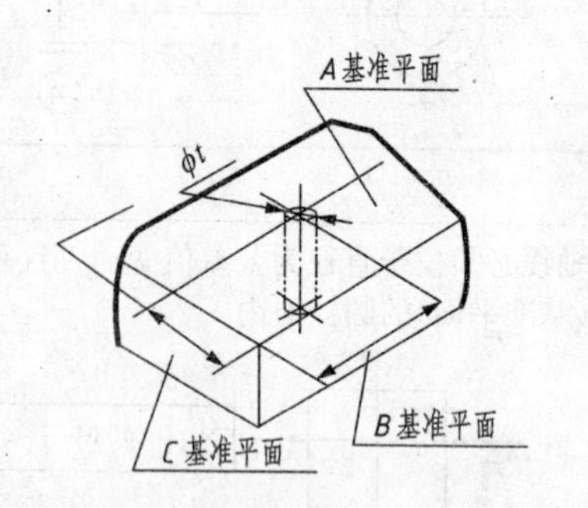	测轴线必须位于直径为公差值 ϕ0.08 且以相对于 C、A、B 基准表面（基准平面）理论正确尺寸所确定的理想位置为轴线的圆柱面内 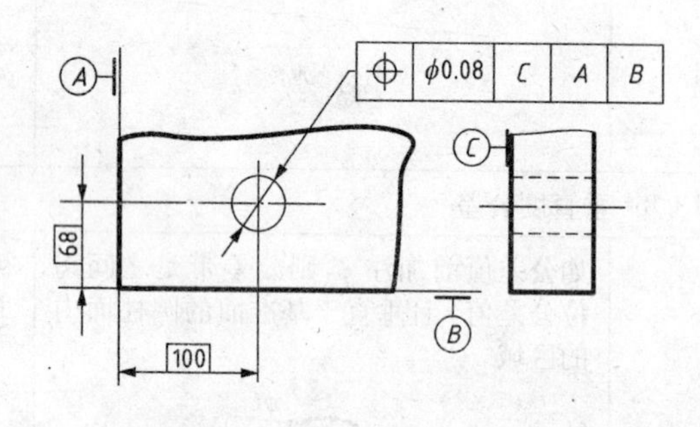
18.11　同轴度公差		
同轴度	公差带是直径为公差值 ϕt 的圆柱面内的区域内，该圆柱面的轴线与基准轴线同轴 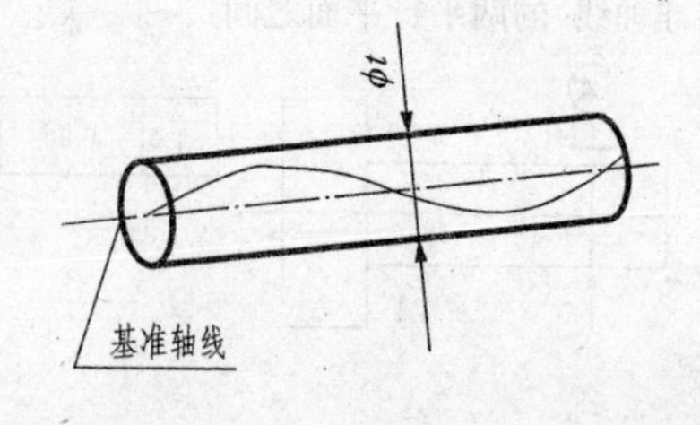	大圆柱面的轴线必须位于直径为公差值 ϕ0.08 且与公共基准线 A—B（公共基准轴线）同轴的圆柱面内 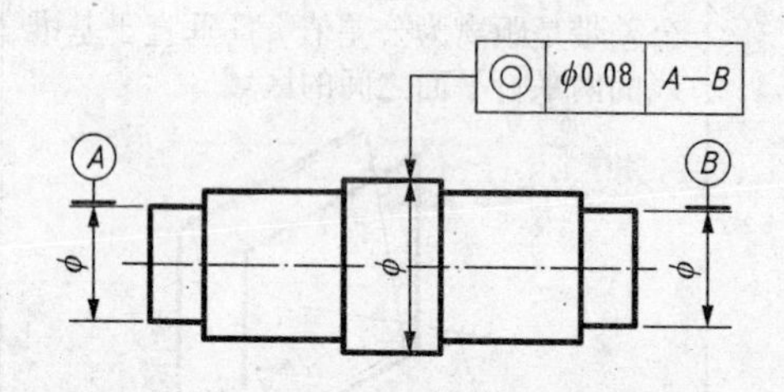

（续表）

符号	公差带定义	标注和解释
18.12　对称度公差		
对称度	公差带是距离为公差值 t 且相对基准的中心平面对称配置的两平行平面之间的区域	被测中心平面必须位于距离为公差值 0.08 切相对于基准中心平面 A 对称配置的两平行平面之间
18.13　圆跳动公差		
圆跳动	公差带是在与基准同轴的任一半径位置的测量圆柱面上距离为 t 的两圆之间的区域 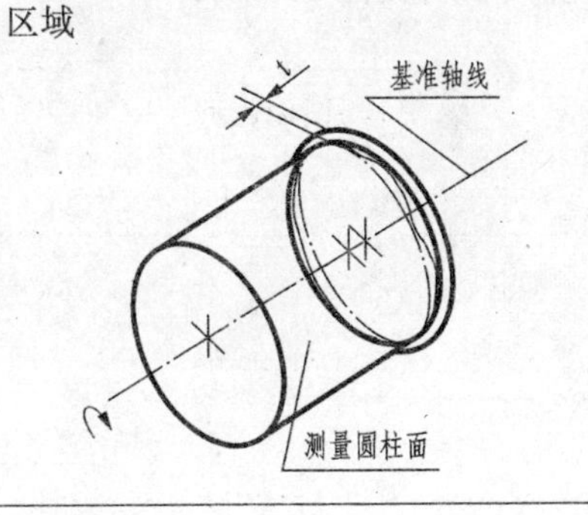	被测面围绕基准线 D(基准轴线)旋转一周时，在任一测量圆柱面内轴向的跳动量均不得大于 0.1 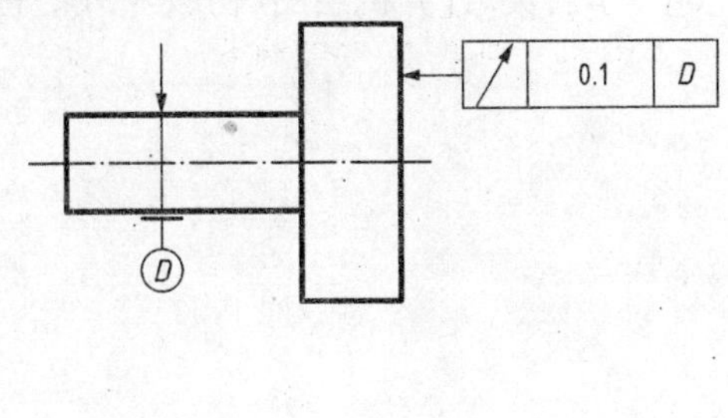
18.14　全跳动公差		
全跳动	公差带是半径差为公差值 t 且与基准同轴的两圆柱面之间的区域 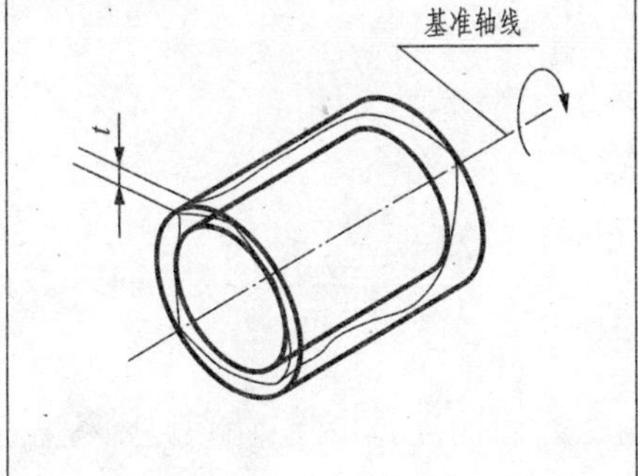	被测要素围绕公共基准线 A—B 作若干次旋转，并在测量仪器与工件间同时作轴向的相对移动时，被测要素上各点间的示值差均不得大于 0.1。测量仪器或工件必须沿着基准轴线方向并相对于公共基准轴线 A—B 移动 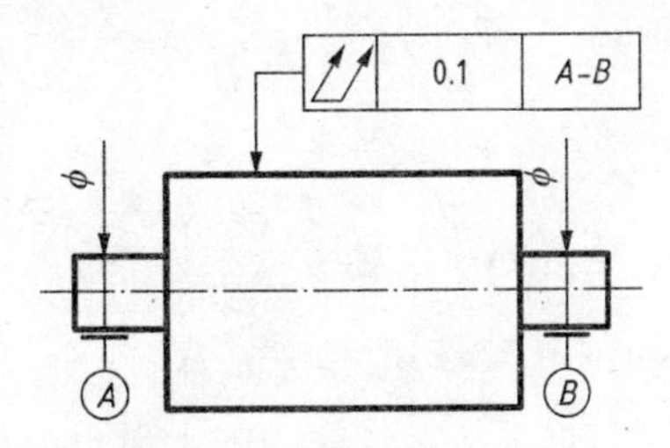

参考文献

[1]　郑风,等.机械制图及计算机绘图[M].北京:清华大学出版社,2005,8.

[2]　蒋知民,等.怎样识读《机械制图》新标准[M].北京:机械工业出版社,2010,1.

[3]　叶玉驹,等.机械制图手册[M].北京:机械工业出版社,2008,8.

[4]　李文.机械制图[M].天津:天津大学出版社,2008,1.

[5]　杨晓辉,等.机械图绘制[M].北京:科学出版社,2008,2.

[6]　上官家桂.机械识图一点通[M].北京:机械工业出版社,2009,5.

[7]　何铭新,等.机械制图[M].北京:机械工业出版社,1997.

[8]　李启炎.计算机绘图(初级)[M].上海:同济大学出版社 2004,7.